河南省“十二五”普通高等教育规划教材

高等数学(轻工类)

（下　册）

第二版

慕运动　焦万堂　主编

科学出版社

北京

内 容 简 介

本书汲取众多国内外优秀教材之所长，融入编者多年的教学经验，以提高学生的综合数学能力、培养学生的数学文化素养为宗旨，结合轻工类的特色，突出实际应用的训练，注重考研能力的培养，创设双语教学的环境，并受到数学科学发展的历程和数学文化的熏陶.

本书分为上、下两册. 本书为下册，内容包括空间解析几何与向量代数、多元函数微分法及其应用、重积分、曲线积分和曲面积分、无穷级数等内容，文末还包括 Matlab 实验和相关的曲面图形，最后还附有相关的习题答案. 其中带“*”的内容可根据学时或分层次教学的需要选讲.

本书可作为高等学校轻工类各专业的高等数学教材，也可以用于学生自学和教师参考.

图书在版编目(CIP)数据

高等数学：轻工类. 下册/慕运动，焦万堂主编. —2 版. —北京：科学出版社，2015. 1

河南省“十二五”普通高等教育规划教材

ISBN 978-7-03-042554-6

Ⅰ. ①高… Ⅱ. ①慕… ②焦… Ⅲ. ①高等数学-高等学校-教材 Ⅳ. ①O13

中国版本图书馆 CIP 数据核字(2014)第 268481 号

责任编辑：张中兴 / 责任校对：胡小洁

责任印制：赵 博 / 封面设计：迷底书装

科学出版社出版

北京东黄城根北街 16 号

邮政编码：100717

http://www.sciencep.com

保定市中画美凯印刷有限公司印刷

科学出版社发行 各地新华书店经销

*

2010 年 1 月第 一 版 开本：720×1000 1/16

2015 年 1 月第 二 版 印张：19

2024 年 8 月第十六次印刷 字数：383 000

定价：49.00 元

（如有印装质量问题，我社负责调换）

《高等数学(轻工类)第二版》编委会

主　编　慕运动　焦万堂

副主编　张新敬　李俊海　谷存昌

编　委　(按姓名汉语拼音排序)

谷存昌　侯长顺　呼青英　胡　博

黄士国　黄守佳　焦万堂　李俊海

慕运动　史本广　张新敬　朱　碧

再 版 说 明

本书第二版是在第一版的基础上，经过几年的使用，应广大读者要求，在原参编人员基础上组建新编写组进行修订. 本次修订由慕运动教授和焦万堂教授任主编，由张新敬副教授、李俊海副教授、谷存昌副教授任副主编组成新的编委会. 本书为下册，其中第 7 章由史本广、谷存昌、朱碧编写，第 8 章由张新敬、黄守佳、侯长顺编写，第 9 章由焦万堂、侯长顺、朱碧编写，第 10 章由李俊海、朱碧、黄士国编写，第 11 章由慕运动、胡博编写，附录由慕运动、谷存昌编写. 每一章节的内容都经过全体编写人员的充分酝酿和讨论，集中了各位教师的智慧和经验，最后由慕运动和焦万堂统撰.

本次修订主要突出以下特点：

(1) 强化新课改后中学与大学数学知识的衔接问题，弥补中学因课改与大学数学脱节的重要知识点；

(2) 强化轻工类的特色，适当增加具有轻工类特色的实例和事例，集学习、生活、娱乐于一体，寓教于乐；

(3) 增加启发学生思维的思考类题目、调动学生主动性的研究类题目、激发学生兴趣的调查类题目等开放性习题；

(4) 附录增加了以 Matlab 为工具的数学实验内容，让学生尽早了解数学软件.

本书的顺利出版得到各方大力支持，在此感谢河南工业大学和郑州轻工业学院各级领导的支持和帮助，感谢科学出版社各位领导和编辑的关怀与鼓励.

编　者

2013 年 12 月 17 日于郑州

目　　录

第 7 章 空间解析几何与向量代数

数形本是相倚依，焉能分作两边飞.
数缺形时少直觉，形少数时难入微.
数形结合百般好，隔离分家万事非.
切莫忘，
几何代数统一体，永远联系莫分离.

——华罗庚

空间解析几何的产生是数学史上一个划时代的成就，法国数学家 Descartes（笛卡儿）和 Fermat（费马）均于 17 世纪对此做了开创性的工作. 代数方法的优越性在于推理的程序化，由此，人们就产生了用代数方法研究几何问题的思想，这就是解析几何的基本思想. 借助于代数方法研究几何问题，需要建立代数与几何间的联系，最基本的就是数与点的联系，其桥梁就是坐标系. 通过坐标系，可以把数学中的数与形有机地结合起来，从而可以用代数方法研究几何问题，这就是所说的解析几何，当然也可以用几何方法去研究代数问题.

在平面解析几何中，通过平面直角坐标系，可以建立平面上的点与一对有序数对的对应、平面上图形与方程的对应；由平面曲线在坐标轴上的投影，可以建立平面曲线变量间的函数关系，并可确定各个变量的变化范围.

将上述方法推广，就可得空间解析几何的相关研究内容，从而建立空间点与对应的三元有序数组、空间内的图形与方程的对应、空间内的图形与各坐标面或各坐标轴上的投影的对应. 通过本章的学习，可以使大家掌握空间直角坐标系的建立、向量的概念及基本运算、常见空间曲面或曲线的方程和图形、空间图形在坐标面上的投影等方面的知识，为以后学习多元函数微积分、研究空间图形打下基础.

本章首先建立空间直角坐标系，并引入向量、曲面、空间曲线等概念，以向量为工具，讨论平面、直线及二次曲面.

7.1 空间直角坐标系

7.1.1 空间直角坐标系

1. 空间直角坐标系

将数轴（一维）、平面直角坐标系（二维）进一步推广，可建立空间直角坐标系（三维）. 如图 7.1 所示，在空间一点 O 处作三条互相垂直的数轴，分别称为 x 轴、y 轴、z

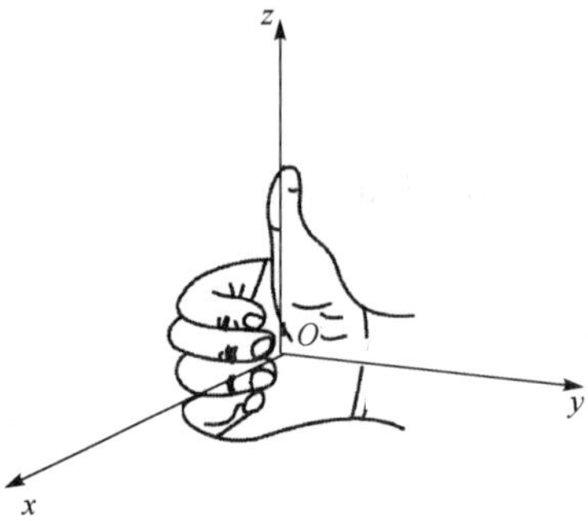

图 7.1

轴，并且符合**右手规则**(right-handed rule)(即以右手握住 z 轴，当右手的四个手指从 x 轴正向以 $\frac{\pi}{2}$ 角度转向 y 轴正向时，大拇指的指向就是 z 轴的正向)(图 7.1 为右手规则演示图). 这样建立的坐标系就称为**空间直角坐标系**(three dimensional Cartesian coordinate system).

2. 坐标面与卦限

空间直角坐标系中任意两轴构成一个**坐标面**，如由 x 轴、y 轴可构成 xOy 面，类似地有 yOz 面、zOx 面.

三个坐标面将整个空间分成 8 个**卦限**(Octant)，坐标面以及卦限的划分如图 7.2 所示，在 xOy 面上方有Ⅰ，Ⅱ，Ⅲ，Ⅳ卦限，下方有Ⅴ，Ⅵ，Ⅶ，Ⅷ卦限.

3. 空间点的坐标表示

设 M 为空间一点，过 M 作分别垂直于三坐标轴的平面，它们与 x 轴、y 轴、z 轴的交点依次为 P，Q，R(图 7.3)，对应的数分别为 x，y，z，依次称为 M 点的横坐标、纵坐标和竖坐标. 这样通过坐标把空间的点与有序数组一一对应起来，记为 $M(x,y,z)$，并称有序数组 (x,y,z) 为 M 点的坐标，称 M 为有序数组 (x,y,z) 对应的点. 根据坐标确定点 M 时，可在 x 轴上 x 点处作垂直与 x 轴的平面，在 y 轴上 y 点处作垂直与 y 轴的平面，在 z 轴上 z 点处作垂直与 z 轴的平面，则这三个平面的交点即为 M 点(图 7.3).

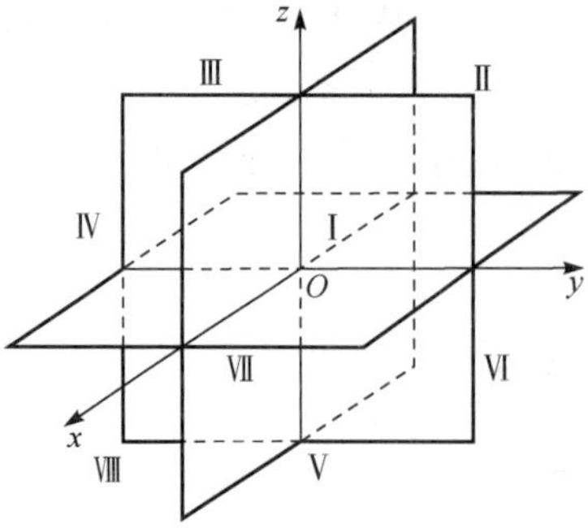

图 7.2

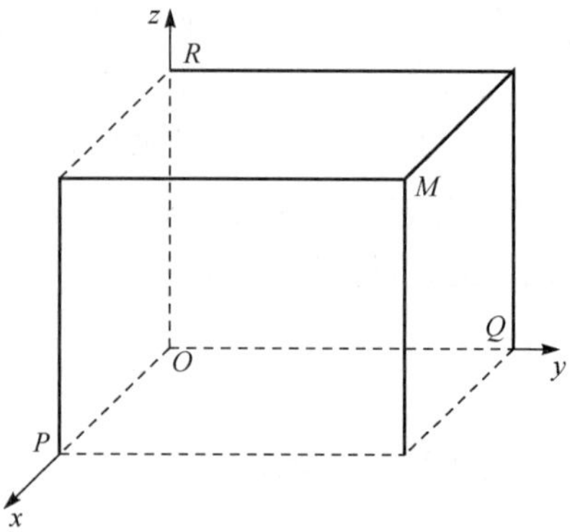

图 7.3

例如，坐标原点 O 的坐标可表示为 $O(0,0,0)$，xOy 面上的点 M 可表示为

$M(x,y,0)$.

注 读者思考以下特殊点坐标的特点：

(1) 各坐标轴、各坐标面上的点的坐标；

(2) 已知一点求关于坐标轴、坐标面、原点对称的点的坐标；

(3) 求空间两点所连直线段中点的坐标.

7.1.2 空间两点间的距离

若 $M_1(x_1,y_1,z_1)$，$M_2(x_2,y_2,z_2)$为空间任意两点，则 M_1M_2 的距离 d(图 7.4)可利用直角三角形勾股定理得

$$d^2=|M_1M_2|^2=|M_1N|^2+|NM_2|^2$$
$$=|M_1P|^2+|PN|^2+|NM_2|^2,$$

而

$$|M_1P|=|x_2-x_1|,\quad |PN|=|y_2-y_1|,$$
$$|NM_2|=|z_2-z_1|,$$

所以

$$d=|M_1M_2|$$
$$=\sqrt{(x_2-x_1)^2+(y_2-y_1)^2+(z_2-z_1)^2}. \tag{7.1}$$

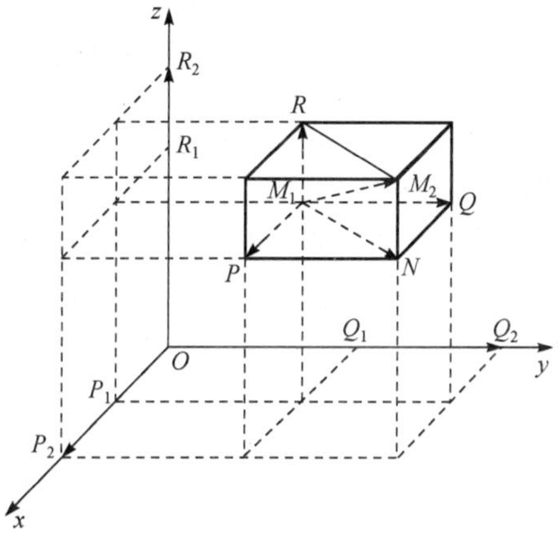

图 7.4

特殊地，

(1) 若两点分别为 $O(0,0,0)$，$M(x,y,z)$，则

$$d=|OM|=\sqrt{x^2+y^2+z^2}; \tag{7.2}$$

(2) M_1，M_2 两点之间的距离等于 0 $\Leftrightarrow M_1=M_2$ 两点重合，也即 $x_1=x_2$，$y_1=y_2$，$z_1=z_2$.

例 1 求证以 $M_1(4,3,1)$，$M_2(7,1,2)$，$M_3(5,2,3)$三点为顶点的三角形是一个等腰三角形.

证 由式(7.1)可求得

$$|M_1M_3|=\sqrt{(5-4)^2+(2-3)^2+(3-1)^2}=\sqrt{6},$$
$$|M_2M_3|=\sqrt{(5-7)^2+(2-1)^2+(3-2)^2}=\sqrt{6},$$

所以，以 M_1，M_2，M_3 三点为顶点的三角形是一个等腰三角形. □

例 2 设点 P 在 x 轴上，它到点 $P_1(0,\sqrt{2},3)$的距离为到点 $P_2(0,1,-1)$的距离的两倍，求点 P 的坐标.

解 设点 P 的坐标为$(x,0,0)$，则由式(7.1)可得

$$|PP_1|=2|PP_2|\Leftrightarrow x^2+2+9=4(x^2+1+1)\Leftrightarrow x=\pm 1,$$

即所求的点 P 为$(-1,0,0)$或$(1,0,0)$.

例 3　给定两点 $M(-2,0,1)$，$N(2,3,0)$，在空间内存在点 A，使 $|AM|=|AN|$，求点 A 的坐标.

解　设点 A 的坐标为 (x,y,z)，则有

$$(x+2)^2+(y-0)^2+(z-1)^2=(x-2)^2+(y-3)^2+z^2,$$

即满足方程 $4x+3y-z-4=0$ 的一切点 (x,y,z) 都可作为点 A 的坐标. 显然，方程 $4x+3y-z-4=0$ 是线段 MN 的垂直平分面.

习　题　7.1

1. 在空间直角坐标系中，描出下列各点的位置：

(1) $A(1,1,2)$；　(2) $B(-2,3,2)$；　(3) $C(2,-2,-3)$；　(4) $D(1,2,0)$.

2. 坐标面上的点各有何特征？坐标轴上的点各有何特征？

3. 过点 $P_0(x_0,y_0,z_0)$ 分别作平行于 z 轴的直线及平行于 xOy 面的平面，问在它们上面的点的坐标各有什么特点？

4. 求点 $(1,2,3)$ 关于坐标面 xOy，yOz，zOx 的对称点，关于 x 轴、y 轴、z 轴及原点对称点.

5. 求点 $P(3,-1,2)$ 关于原点、各坐标轴、各坐标平面的对称点的坐标.

6. 求点 $P(4,-3,5)$ 到坐标原点、各坐标轴、各坐标平面的距离.

7. 求下列各对点之间的距离：

(1) $(0,0,0)$，$(1,2,3)$；　(2) $(1,2,1)$，$(-1,3,-3)$；

(3) $(-2,3,-4)$，$(1,0,3)$；　(4) $(4,-2,3)$，$(-2,1,2)$.

8. 求 z 轴上与 $A(-4,1,7)$，$B(3,5,-2)$ 两点等距离的点.

9. 试证以 $A(4,1,9)$，$B(10,-1,6)$，$C(2,4,3)$ 三点为顶点的三角形是等腰直角三角形.

10. 在第Ⅵ卦限内求一点 M，使 M 与三坐标轴的距离都等于 2.

7.2　向量的线性运算及向量的坐标

向量是本章研究空间直线、平面图形的重要工具. 在其他领域中，向量也有着广泛的应用，如线性代数及其他数学分支、物理学、经济学及其他科学技术. 借助向量可以把空间点的讨论转化为向量的讨论，把点的函数转化为向量的函数，以此研究后继课程中的梯度、曲线积分、曲面积分、流量等内容. 本节及 7.3 节将介绍向量的相关运算及性质.

7.2.1　向量的概念

常遇到的量通常有以下两种：只有大小的量称为数量，如时间、距离、温度、质量等；不仅有大小而且还有方向的量称为向量或矢量，如速度、加速度、力等.

定义 7.1　既有大小，又有方向的量称为**向量**(或**矢量**)(vector). 常用有向线段来表示向量，其长度表示向量的大小，其方向表示向量的方向. 在数学上，只研究与起点无关的向量，称为**自由向量**(free vector)，通常用黑体字母 $\boldsymbol{a}$，$\boldsymbol{i}$，$\boldsymbol{F}$ 或 $\vec{a}$，$\vec{i}$，$\vec{F}$ 及 $\overrightarrow{OM}$

等表示向量.

向量的大小称为向量的**模**(moduel),记为$|\boldsymbol{a}|$,$|\overrightarrow{OM}|$.模为1的向量称为**单位向量**(unit vector),记为$\boldsymbol{e}$或$\vec{e}$;模为零的向量称为**零向量**(zero vector),记作$\boldsymbol{0}$或$\vec{0}$.零向量的方向是任意的.

与向量$\boldsymbol{a}$大小相等但方向相反的向量,称为向量$\boldsymbol{a}$的**负向量**(negative vector),记为$-\boldsymbol{a}$.

如果两个向量$\boldsymbol{a}$,$\boldsymbol{b}$大小相等,方向相同,则称这两个向量**相等**(equality)(即经过平移后能完全重合),记作$\boldsymbol{a}=\boldsymbol{b}$.

两个非零向量$\boldsymbol{a}$,$\boldsymbol{b}$,如果它们的方向相同或相反,则称这两个向量**平行**(parallel),记作$\boldsymbol{a}//\boldsymbol{b}$.规定**零向量与任何向量都平行**.

在直角坐标系中,坐标原点O为始点,M为终点的向量$\overrightarrow{OM}$,称为点M对点O的向径,由黑体字$\boldsymbol{r}$表示.

7.2.2 向量的线性运算

1. 向量的加法

两个向量$\boldsymbol{a}$,$\boldsymbol{b}$的和仍是一个向量,记作$\boldsymbol{a}+\boldsymbol{b}=\boldsymbol{c}$.

仿照物理学中力的合成可得向量和的**平行四边形法则**(parallelogram rule)(有时也称为**三角形法则**(triangle rule)),如图7.5所示.

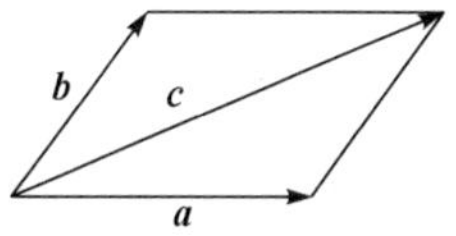

图7.5

向量的加法满足如下的运算规律:

(1) 交换律:$\boldsymbol{a}+\boldsymbol{b}=\boldsymbol{b}+\boldsymbol{a}$;

(2) 结合律:$(\boldsymbol{a}+\boldsymbol{b})+\boldsymbol{c}=\boldsymbol{a}+(\boldsymbol{b}+\boldsymbol{c})$.

2. 向量的减法

$$\boldsymbol{a}-\boldsymbol{b}=\boldsymbol{c},\quad \text{即}\quad \boldsymbol{a}+(-\boldsymbol{b})=\boldsymbol{c}.$$

3. 向量与数的乘积

设λ是一个数,向量$\boldsymbol{a}$与数λ的乘积为一个向量,记作$\lambda\boldsymbol{a}$,规定:

(1) 当$\lambda>0$时,$\lambda\boldsymbol{a}$与$\boldsymbol{a}$同向,$|\lambda\boldsymbol{a}|=\lambda|\boldsymbol{a}|$;

(2) 当$\lambda=0$时,$\lambda\boldsymbol{a}=\boldsymbol{0}$;

(3) 当$\lambda<0$时,$\lambda\boldsymbol{a}$与$\boldsymbol{a}$反向,$|\lambda\boldsymbol{a}|=|\lambda||\boldsymbol{a}|$.

向量与数的乘积满足如下的运算规律:

设λ,μ是两个实数,$\boldsymbol{a}$是一个向量,则有

(1) 结合律:$\lambda(\mu\boldsymbol{a})=\mu(\lambda\boldsymbol{a})=(\lambda\mu)\boldsymbol{a}$;

(2) 分配律:$(\lambda+\mu)\boldsymbol{a}=\lambda\boldsymbol{a}+\mu\boldsymbol{a}$.

向量的加法及数乘运算,称为向量的**线性运算**(linear operation).

设 $\boldsymbol{a}^0$ 表示与非零向量 $\boldsymbol{a}$ 同向的单位向量,那么 $\boldsymbol{a}^0=\dfrac{\boldsymbol{a}}{|\boldsymbol{a}|}$. 这一过程称为**向量的单位化**.

例 1　化简 $\boldsymbol{a}-\boldsymbol{b}+5\left(-\dfrac{1}{2}\boldsymbol{b}+\dfrac{\boldsymbol{b}-3\boldsymbol{a}}{5}\right)$.

解　原式 $=(1-3)\boldsymbol{a}+\left(-\boldsymbol{b}-\dfrac{5}{2}\boldsymbol{b}+5\times\dfrac{1}{5}\boldsymbol{b}\right)=-2\boldsymbol{a}-\dfrac{5}{2}\boldsymbol{b}$.

4. 两向量平行的充要条件

定理 7.1　设向量 $\boldsymbol{a}\neq\boldsymbol{0}$,那么向量 $\boldsymbol{b}$ 平行于 $\boldsymbol{a}$ 的充分必要条件是存在唯一的实数 λ,使得 $\boldsymbol{b}=\lambda\boldsymbol{a}$.

证　充分性　若 $\boldsymbol{b}=\lambda\boldsymbol{a}$,由数乘向量的定义知 $\boldsymbol{a}/\!/\boldsymbol{b}$,即充分性成立.

必要性　设 $\boldsymbol{a}/\!/\boldsymbol{b}$,取 $|\lambda|=\dfrac{|\boldsymbol{b}|}{|\boldsymbol{a}|}$,当 $\boldsymbol{b}$ 与 $\boldsymbol{a}$ 同向时 λ 取正值,当 $\boldsymbol{b}$ 与 $\boldsymbol{a}$ 反向时 λ 取负值,即有 $\boldsymbol{b}=\lambda\boldsymbol{a}$. 这是因为 $\boldsymbol{b}$ 与 $\lambda\boldsymbol{a}$ 同向,并且

$$|\lambda\boldsymbol{a}|=|\lambda||\boldsymbol{a}|=\frac{|\boldsymbol{b}|}{|\boldsymbol{a}|}|\boldsymbol{a}|=|\boldsymbol{b}|.$$

再证数 λ 的唯一性. 设 $\boldsymbol{b}=\lambda\boldsymbol{a}$,又设 $\boldsymbol{b}=\mu\boldsymbol{a}$,两式相减得

$$(\lambda-\mu)\boldsymbol{a}=\boldsymbol{0},\quad 即\quad |\lambda-\mu||\boldsymbol{a}|=0.$$

因 $|\boldsymbol{a}|\neq 0$,故 $|\lambda-\mu|=0$,即 $\lambda=\mu$. □

定理 7.1 是建立数轴的理论依据. 这是因为一个单位向量既确定了方向,又确定了单位长度,所以给定一个点及一个单位向量就确定了一条数轴. 设点 O 及单位向量 $\boldsymbol{i}$ 确定了数轴 Ox(图 7.6),对于轴上任意一点 P,对应一个向量 $\overrightarrow{OP}$. 由于 $\overrightarrow{OP}/\!/\boldsymbol{i}$,根据定理 7.1,必有唯一的实数 x,使 $\overrightarrow{OP}=x\boldsymbol{i}$(实数 x 称为轴上**有向线段 $\overrightarrow{OP}$ 的值**),并知 $\overrightarrow{OP}$ 与实数 x 一一对应. 于是有点 $P\leftrightarrow$ 向量 $\overrightarrow{OP}=x\boldsymbol{i}\leftrightarrow$ 实数 x,从而轴上的点 P 与实数 x 有一一对应的关系.

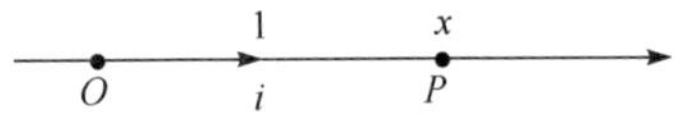

图 7.6

例 2　在平行四边形 $ABCD$ 中,设 $\overrightarrow{AB}=\boldsymbol{a}$,$\overrightarrow{AD}=\boldsymbol{b}$,试用 $\boldsymbol{a}$ 和 $\boldsymbol{b}$ 表示向量 $\overrightarrow{MA}$,$\overrightarrow{MB}$,$\overrightarrow{MC}$ 和 $\overrightarrow{MD}$,其中,M 是平行四边形对角线的交点(图 7.7).

解　因为平行四边形的对角线互相平分,所以

$$\overrightarrow{MA}=-\overrightarrow{AM}=-\frac{1}{2}\overrightarrow{AC}=-\frac{1}{2}(\boldsymbol{a}+\boldsymbol{b}),$$

$$\overrightarrow{MC}=-\overrightarrow{MA}=\frac{1}{2}(\boldsymbol{a}+\boldsymbol{b}),$$

$$\overrightarrow{MD}=-\frac{1}{2}(\boldsymbol{a}-\boldsymbol{b}),\ \overrightarrow{MB}=\frac{1}{2}(\boldsymbol{a}-\boldsymbol{b}).$$

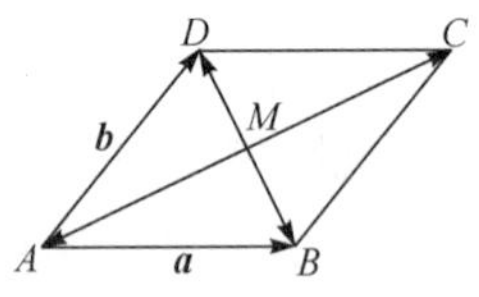

图 7.7

7.2.3 向量的坐标表达式

1. 向量在坐标系上的分向量与向量的坐标

通过坐标系使平面上或空间内的点与有序数组之间建立了一一对应关系,同样地,为了沟通数与向量的联系,需要给出向量与有序数之间的对应关系.

设 $\boldsymbol{a}=\overrightarrow{M_1M_2}$ 是以 $M_1(x_1,y_1,z_1)$ 为起点、$M_2(x_2,y_2,z_2)$ 为终点的向量,$\boldsymbol{i},\boldsymbol{j},\boldsymbol{k}$ 分别表示沿 x,y,z 轴正向的单位向量,并称它们为这一坐标系的**基本单位向量**,由图 7.8及向量的加法规则和定理 7.1 知

$$\overrightarrow{M_1M_2}=\overrightarrow{M_1N}+\overrightarrow{M_1R}=\overrightarrow{M_1P}+\overrightarrow{M_1Q}+\overrightarrow{M_1R}$$
$$=\overrightarrow{P_1P_2}+\overrightarrow{Q_1Q_2}+\overrightarrow{R_1R_2}=(x_2-x_1)\boldsymbol{i}+(y_2-y_1)\boldsymbol{j}+(z_2-z_1)\boldsymbol{k},$$

或

$$\boldsymbol{a}=a_x\boldsymbol{i}+a_y\boldsymbol{j}+a_z\boldsymbol{k}. \qquad (7.3)$$

式(7.3)称为向量 $\boldsymbol{a}$ 按基本单位向量的**分解式**. 其中,$a_x=x_2-x_1$,$a_y=y_2-y_1$,$a_z=z_2-z_1$,$a_x\boldsymbol{i}$,$a_y\boldsymbol{j}$,$a_z\boldsymbol{k}$ 称为向量 $\boldsymbol{a}$ 在各坐标轴上的分向量,a_x,a_y,a_z 为向量 $\boldsymbol{a}$ 在各坐标轴上的坐标. 由于有序数组(a_x,a_y,a_z)与向量 $\boldsymbol{a}$ 一一对应,所以可将向量 $\boldsymbol{a}$ 记为

$$\boldsymbol{a}=(a_x,a_y,a_z). \qquad (7.4)$$

式(7.4)称为向量 $\boldsymbol{a}$ 的**坐标表示式**. 于是,以 $M_1(x_1,y_1,z_1)$ 为起点、$M_2(x_2,y_2,z_2)$ 为终点的向量可以表示为

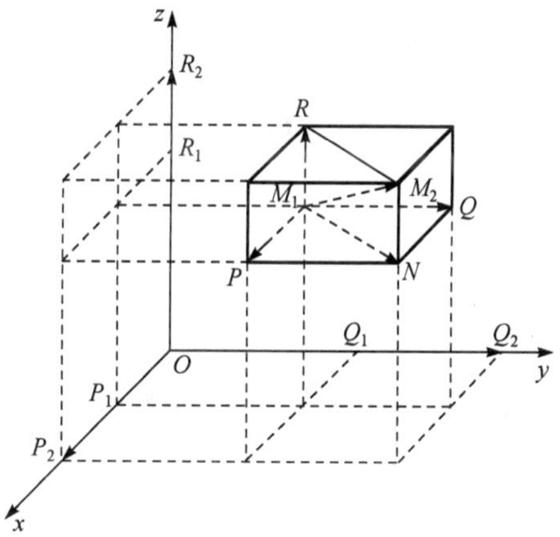

图 7.8

$$\overrightarrow{M_1M_2}=(x_2-x_1,y_2-y_1,z_2-z_1). \qquad (7.5)$$

特别地,点 $M(x,y,z)$ 对于原点 O 的向径为

$$\boldsymbol{r}=\overrightarrow{OM}=(x,y,z). \qquad (7.6)$$

注 向量在坐标轴上的分向量与向量的坐标有本质区别. 向量 $\boldsymbol{a}$ 在坐标轴上的分向量是三个向量 $a_x\boldsymbol{i}$,$a_y\boldsymbol{j}$,$a_z\boldsymbol{k}$,向量 $\boldsymbol{a}$ 的坐标是三个数 a_x,a_y,a_z.

2. 向量线性运算的坐标表示

设 $\boldsymbol{a}=(a_x,a_y,a_z)$,$\boldsymbol{b}=(b_x,b_y,b_z)$,即 $\boldsymbol{a}=a_x\boldsymbol{i}+a_y\boldsymbol{j}+a_z\boldsymbol{k}$,$\boldsymbol{b}=b_x\boldsymbol{i}+b_y\boldsymbol{j}+b_z\boldsymbol{k}$,则

(1) 加法:$\boldsymbol{a}+\boldsymbol{b}=(a_x+b_x)\boldsymbol{i}+(a_y+b_y)\boldsymbol{j}+(a_z+b_z)\boldsymbol{k}$;

(2) 减法:$\boldsymbol{a}-\boldsymbol{b}=(a_x-b_x)\boldsymbol{i}+(a_y-b_y)\boldsymbol{j}+(a_z-b_z)\boldsymbol{k}$;

(3) 数乘:$\lambda\boldsymbol{a}=(\lambda a_x)\boldsymbol{i}+(\lambda a_y)\boldsymbol{j}+(\lambda a_z)\boldsymbol{k}$.

或者表示为

$$\boldsymbol{a}+\boldsymbol{b}=(a_x+b_x,a_y+b_y,a_z+b_z);$$
$$\boldsymbol{a}-\boldsymbol{b}=(a_x-b_x,a_y-b_y,a_z-b_z);$$
$$\lambda\boldsymbol{a}=(\lambda a_x,\lambda a_y,\lambda a_z).$$

注　两个非零向量 $\boldsymbol{b}//\boldsymbol{a}$ 相当于 $\boldsymbol{b}=\lambda\boldsymbol{a}$,即对应向量的坐标成比例,

$$\frac{b_x}{a_x}=\frac{b_y}{a_y}=\frac{b_z}{a_z}. \tag{7.7}$$

若分母 a_x,a_y,a_z 中某一个或两个为 0,则理解为对应的分子也为 0.

例 3　设两个力 $\boldsymbol{F}_1=2\boldsymbol{i}+\boldsymbol{j}+6\boldsymbol{k}$ 和 $\boldsymbol{F}_2=2\boldsymbol{i}+4\boldsymbol{j}+2\boldsymbol{k}$ 都作用于点 $M(1,-2,3)$ 处,并且点 $N(p,q,19)$ 在合力的作用线上,试求 p,q 的值.

解　$\boldsymbol{F}_1$ 与 $\boldsymbol{F}_2$ 的合力为

$$\boldsymbol{F}_1+\boldsymbol{F}_2=(2\boldsymbol{i}+\boldsymbol{j}+6\boldsymbol{k})+(2\boldsymbol{i}+4\boldsymbol{j}+2\boldsymbol{k})=4\boldsymbol{i}+5\boldsymbol{j}+8\boldsymbol{k}.$$

以 $M(1,-2,3)$ 为起点,以 $N(p,q,19)$ 为终点的向量为

$$\overrightarrow{MN}=(p-1)\boldsymbol{i}+(q+2)\boldsymbol{j}+(19-3)\boldsymbol{k}.$$

又由题设知 $\overrightarrow{MN}//(\boldsymbol{F}_1+\boldsymbol{F}_2)$,所以

$$\frac{p-1}{4}=\frac{q+2}{5}=\frac{19-3}{8}=2.$$

则有

$$p=9,\quad q=8.$$

7.2.4　向量的模、方向角、投影

1. 向量的模的坐标表达式

设 $\boldsymbol{a}=\overrightarrow{M_1M_2}$ 是以 $M_1(x_1,y_1,z_1)$ 为起点、$M_2(x_2,y_2,z_2)$ 为终点的向量,则根据空间两点间距离公式可得

$$|\boldsymbol{a}|=\sqrt{(x_2-x_1)^2+(y_2-y_1)^2+(z_2-z_1)^2}. \tag{7.8}$$

若 $\boldsymbol{a}=(a_x,a_y,a_z)$,则其模为

$$|\boldsymbol{a}|=\sqrt{a_x^2+a_y^2+a_z^2}. \tag{7.9}$$

特别地,向径 $\boldsymbol{r}=\overrightarrow{OM}=(x,y,z)$ 的模为

$$|\boldsymbol{r}|=\sqrt{x^2+y^2+z^2}. \tag{7.10}$$

2. 方向角与方向余弦

对于非零向量 $\boldsymbol{a}=(a_x,a_y,a_z)$,可以用它与三个坐标轴的夹角 α,β,γ(均大于等于 0 且小于等于 π)来表示向量 $\boldsymbol{a}$ 的方向,并称 α,β,γ 为非零向量 $\boldsymbol{a}$ 的**方向角**(direction angle)(图 7.9),其余弦 $\cos\alpha,\cos\beta,\cos\gamma$ 称为向量 $\boldsymbol{a}$ 的**方向余弦**(direction cosine).

由图 7.9 可知

$$\begin{cases} a_x = |\overrightarrow{M_1M_2}|\cos\alpha = |\boldsymbol{a}|\cos\alpha, \\ a_y = |\overrightarrow{M_1M_2}|\cos\beta = |\boldsymbol{a}|\cos\beta, \\ a_z = |\overrightarrow{M_1M_2}|\cos\gamma = |\boldsymbol{a}|\cos\gamma. \end{cases}$$

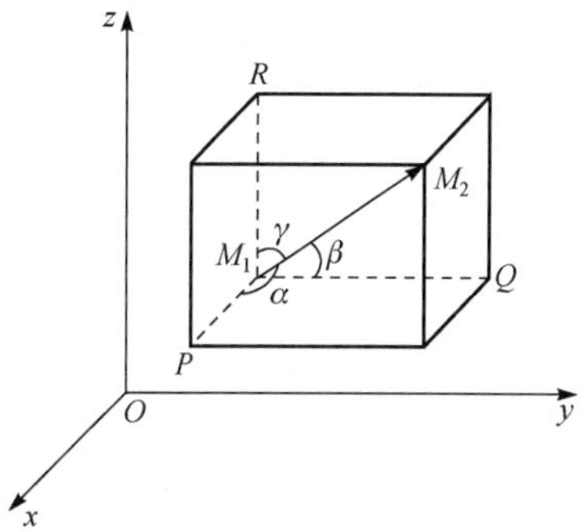

图 7.9

当 $|\boldsymbol{a}| = \sqrt{a_x^2 + a_y^2 + a_z^2} \neq 0$ 时，由方向余弦的表达式

$$\begin{cases} \cos\alpha = \dfrac{a_x}{|\boldsymbol{a}|} = \dfrac{a_x}{\sqrt{a_x^2+a_y^2+a_z^2}}, \\ \cos\beta = \dfrac{a_y}{|\boldsymbol{a}|} = \dfrac{a_y}{\sqrt{a_x^2+a_y^2+a_z^2}}, \\ \cos\gamma = \dfrac{a_z}{|\boldsymbol{a}|} = \dfrac{a_z}{\sqrt{a_x^2+a_y^2+a_z^2}}. \end{cases} \tag{7.11}$$

易知，方向余弦有如下性质：

$$\cos^2\alpha + \cos^2\beta + \cos^2\gamma = 1. \tag{7.12}$$

与非零向量 $\boldsymbol{a}$ 同向的单位向量为

$$\boldsymbol{a}^0 = \frac{\boldsymbol{a}}{|\boldsymbol{a}|} = \frac{1}{|\boldsymbol{a}|}(a_x, a_y, a_z) = (\cos\alpha, \cos\beta, \cos\gamma). \tag{7.13}$$

例 4 已知三个向量 $\boldsymbol{m} = 3\boldsymbol{i} + 5\boldsymbol{j} + 8\boldsymbol{k}$，$\boldsymbol{n} = 2\boldsymbol{i} - 4\boldsymbol{j} - 7\boldsymbol{k}$，$\boldsymbol{p} = 5\boldsymbol{i} + \boldsymbol{j} - 4\boldsymbol{k}$，求向量 $\boldsymbol{a} = 4\boldsymbol{m} + 3\boldsymbol{n} - \boldsymbol{p}$ 在 x 轴上的坐标及在 y 轴上的分向量.

解 因为 $\boldsymbol{a} = 4\boldsymbol{m} + 3\boldsymbol{n} - \boldsymbol{p} = 13\boldsymbol{i} + 7\boldsymbol{j} + 15\boldsymbol{k}$，则向量 $\boldsymbol{a}$ 在 x 轴上的坐标为 13，在 y 轴上的分向量为 $7\boldsymbol{j}$.

例 5 已知两点 $M_1(2, 2, \sqrt{2})$，$M_2(1, 3, 0)$，计算向量 $\overrightarrow{M_1M_2}$ 的模、方向余弦、方向角以及与 $\overrightarrow{M_1M_2}$ 同向的单位向量.

解 向量 $\overrightarrow{M_1M_2} = (-1, 1, -\sqrt{2})$，其模为

$$|\overrightarrow{M_1M_2}| = \sqrt{1^2 + 1^2 + (\sqrt{2})^2} = \sqrt{4} = 2,$$

方向余弦为

$$\cos\alpha = -\frac{1}{2}, \quad \cos\beta = \frac{1}{2}, \quad \cos\gamma = -\frac{\sqrt{2}}{2},$$

方向角为

$$\alpha = \frac{2\pi}{3}, \quad \beta = \frac{\pi}{3}, \quad \gamma = \frac{3\pi}{4},$$

与 $\overrightarrow{M_1M_2}$ 同向的单位向量为

$$\overrightarrow{M_1M_2}^0=\left(-\frac{1}{2},\frac{1}{2},-\frac{\sqrt{2}}{2}\right).$$

注　若例5要求"求与$\overrightarrow{M_1M_2}$平行的单位向量"，则有"与$\overrightarrow{M_1M_2}$平行的单位向量为$\overrightarrow{M_1M_2}^0=\pm\left(-\frac{1}{2},\frac{1}{2},-\frac{\sqrt{2}}{2}\right)$".

例6　设有向量$\overrightarrow{P_1P_2}$，已知$|\overrightarrow{P_1P_2}|=2$，它与$x$轴、$y$轴的夹角分别为$\frac{\pi}{3}$和$\frac{\pi}{4}$，若点$P_1$的坐标为(1,0,3)，求点$P_2$.

解　设向量$\overrightarrow{P_1P_2}$的方向角为α,β,γ且$\alpha=\frac{\pi}{3},\beta=\frac{\pi}{4}$，所以

$$\cos\alpha=\frac{1}{2},\quad \cos\beta=\frac{\sqrt{2}}{2}.$$

又由$\cos^2\alpha+\cos^2\beta+\cos^2\gamma=1$可得$\cos\gamma=\pm\frac{1}{2}$，从而知$\gamma=\frac{\pi}{3}$或$\gamma=\frac{2\pi}{3}$.

设点P_2的坐标为(x,y,z)，由

$$\begin{cases}\cos\alpha=\dfrac{x-1}{|\overrightarrow{P_1P_2}|},\\ \cos\beta=\dfrac{y-0}{|\overrightarrow{P_1P_2}|},\\ \cos\gamma=\dfrac{z-3}{|\overrightarrow{P_1P_2}|}\end{cases}\Rightarrow\begin{cases}\dfrac{x-1}{2}=\dfrac{1}{2},\\ \dfrac{y-0}{2}=\dfrac{\sqrt{2}}{2},\\ \dfrac{z-3}{2}=\pm\dfrac{1}{2}\end{cases}\Rightarrow\begin{cases}x=2,\\ y=\sqrt{2},\\ z=4\text{ 或 }2,\end{cases}$$

所以，点P_2的坐标为$(2,\sqrt{2},4)$或$(2,\sqrt{2},2)$.

3. 向量在轴上的投影

方向角与方向余弦反映了向量与坐标轴之间的关系，为了更好地研究向量，下面把向量与轴的关系推广到一般情形.

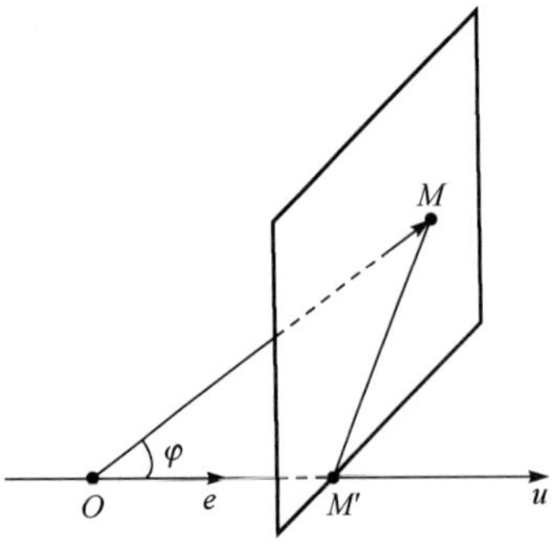

图7.10

设点O及单位向量$\boldsymbol{e}$确定u轴(图7.10). 任给向量$\boldsymbol{a}$，作$\overrightarrow{OM}=\boldsymbol{a}$，再过点$M$作与$u$轴垂直的平面交$u$轴与点$M'$(点$M'$称为**点$M$在$u$轴上的投影**)，则向量$\overrightarrow{OM'}$称为向量$\boldsymbol{a}$在$u$轴上的分向量. 设$\overrightarrow{OM'}=\lambda\boldsymbol{e}$，则数$\lambda$称为**向量$\boldsymbol{a}$在$u$轴上的投影**(projection)，记作$\mathrm{Prj}_u\boldsymbol{a}$或$(\boldsymbol{a})_u$.

设有两个非零向量$\boldsymbol{a}$和$\boldsymbol{b}$，任取空间一点O，作$\overrightarrow{OA}=\boldsymbol{a}$，$\overrightarrow{OB}=\boldsymbol{b}$，规定不超过$\pi$的$\angle AOB$称为向量

$\boldsymbol{a}$ 和 $\boldsymbol{b}$ 的夹角,记为 $\theta=(\widehat{\boldsymbol{a},\boldsymbol{b}})$ 或 $\theta=(\widehat{\boldsymbol{b},\boldsymbol{a}})$.

显然,当 $\boldsymbol{a}$ 和 $\boldsymbol{b}$ 同向时 $\theta=0$,当 $\boldsymbol{a}$ 和 $\boldsymbol{b}$ 反向时 $\theta=\pi$.

如图 7.10 所示,向量 $\overrightarrow{OM}=\boldsymbol{a}$ 与单位向量 $\boldsymbol{e}$ 的夹角 $\varphi=(\widehat{\boldsymbol{a},\boldsymbol{e}})$.

按上述定义可知向量 $\boldsymbol{a}$ 在直角坐标系 $Oxyz$ 中的坐标 a_x,a_y,a_z 就是 $\boldsymbol{a}$ 在三条坐标轴上的投影,即

$$a_x=\mathrm{Prj}_x\boldsymbol{a},\quad a_y=\mathrm{Prj}_y\boldsymbol{a},\quad a_z=\mathrm{Prj}_z\boldsymbol{a},$$

或记作

$$a_x=(\boldsymbol{a})_x,\quad a_y=(\boldsymbol{a})_y,\quad a_z=(\boldsymbol{a})_z.$$

类似地,可定义任意向量 $\overrightarrow{AB}$ 在 u 轴上的投影. 设已知向量 $\overrightarrow{AB}$ 的起点 A 和终点 B 在轴 u 上的投影分别为点 A' 和点 B',那么 u 轴上的有向线段的值 $A'B'$ 称为**向量 $\overrightarrow{AB}$ 在 u 轴上的投影**(图 7.11),记作 $A'B'=\mathrm{Prj}_u\overrightarrow{AB}$.

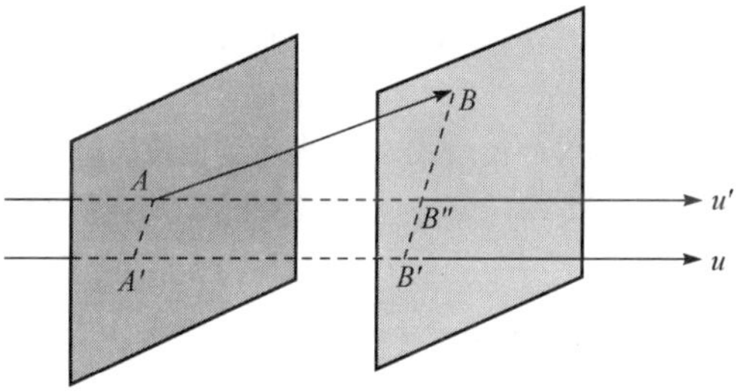

图 7.11

性质 7.1 向量在 u 轴上的投影等于向量的模乘以向量与轴的夹角 φ 的余弦,即

$$\mathrm{Prj}_u\overrightarrow{AB}=|\overrightarrow{AB}|\cos\varphi. \tag{7.14}$$

性质 7.2 两个向量的和在 u 轴上的投影等于两个向量在 u 轴上投影的和,即

$$\mathrm{Prj}_u(\boldsymbol{a}_1+\boldsymbol{a}_2)=\mathrm{Prj}_u\boldsymbol{a}_1+\mathrm{Prj}_u\boldsymbol{a}_2. \tag{7.15}$$

性质 7.3 向量与数的乘积在 u 轴上的投影等于向量在 u 轴上的投影与数的乘积,即

$$\mathrm{Prj}_u(\lambda\boldsymbol{a})=\lambda\mathrm{Prj}_u\boldsymbol{a}. \tag{7.16}$$

习 题 7.2

1. 把 $\triangle ABC$ 的边 BC 五等分,设分点依次为 D_1,D_2,D_3,D_4,再把各点与 A 连接,试以 $\overrightarrow{AB}=\boldsymbol{c}$, $\overrightarrow{BC}=\boldsymbol{a}$ 表示向量 $\overrightarrow{D_1A},\overrightarrow{D_2A},\overrightarrow{D_3A}$ 和 $\overrightarrow{D_4A}$.

2. 如果平面上一个四边形的对角线互相平分,试用向量证明它是平行四边形.

3. 设 $\boldsymbol{u}=\boldsymbol{a}-\boldsymbol{b}+2\boldsymbol{c}$, $\boldsymbol{v}=-\boldsymbol{a}+3\boldsymbol{b}-\boldsymbol{c}$. 试用 $\boldsymbol{a},\boldsymbol{b},\boldsymbol{c}$ 表示 $2\boldsymbol{u}-3\boldsymbol{v}$.

4. 设 $\boldsymbol{a},\boldsymbol{b}$ 均为非零向量,下列等式在什么条件下成立?

(1) $|\boldsymbol{a}+\boldsymbol{b}|=|\boldsymbol{a}-\boldsymbol{b}|$; (2) $|\boldsymbol{a}+\boldsymbol{b}|=|\boldsymbol{a}|+|\boldsymbol{b}|$;

(3) $|\boldsymbol{a}+\boldsymbol{b}|=||\boldsymbol{a}|-|\boldsymbol{b}||$；　　(4) $\dfrac{\boldsymbol{a}}{|\boldsymbol{a}|}=\dfrac{\boldsymbol{b}}{|\boldsymbol{b}|}$.

5. 设向量 $\overrightarrow{OM}$ 的模是 4，它与投影轴的夹角为 $60°$，求这向量在该轴上的投影.

6. 一向量的终点为 $B(2,-1,7)$，它在三坐标轴上的投影依次为 4，-4 和 7，求该向量的起点 A 的坐标.

7. 一向量起点是 $P_1(4,0,5)$，终点是 $P_2(7,1,3)$，试求

(1) $\overrightarrow{P_1P_2}$ 在坐标轴上的投影；　　(2) $\overrightarrow{P_1P_2}$ 的模；

(3) $\overrightarrow{P_1P_2}$ 的方向余弦；　　(4) $\overrightarrow{P_1P_2}$ 方向的单位向量.

8. 设向量 $\boldsymbol{a}$ 的方向角分别为 α,β,γ，若 $\beta=\alpha,\gamma=2\alpha$，求 α,β,γ.

9. 求平行于向量 $\boldsymbol{a}=(6,7,-6)$ 的单位向量.

10. 三个力 $\boldsymbol{F}_1=(1,2,3)$，$\boldsymbol{F}_2=(-2,3,-4)$，$\boldsymbol{F}_3=(3,-4,5)$ 同时作用于一点，求合力 $\boldsymbol{R}$ 的大小和方向余弦.

11. 设 $\boldsymbol{a}=(1,-2,3)$，$\boldsymbol{b}=(4,-3,-1)$，$\boldsymbol{c}=(3,-2,5)$，求 $\boldsymbol{a}+2\boldsymbol{b}$，$2\boldsymbol{a}-3\boldsymbol{b}+\boldsymbol{c}$.

12. 求向量 $\boldsymbol{a}=\boldsymbol{i}+\boldsymbol{j}+\boldsymbol{k}$，$\boldsymbol{b}=2\boldsymbol{i}-3\boldsymbol{j}+5\boldsymbol{k}$，$\boldsymbol{c}=-2\boldsymbol{i}-\boldsymbol{j}+2\boldsymbol{k}$ 的模，并分别用 $\boldsymbol{a},\boldsymbol{b},\boldsymbol{c}$ 的单位向量 $\boldsymbol{e}_1$，$\boldsymbol{e}_2$，$\boldsymbol{e}_3$ 来表达向量 $\boldsymbol{a},\boldsymbol{b},\boldsymbol{c}$.

13. 向量 $\boldsymbol{r}$ 与三坐标轴交成相等的锐角，求这个向量的单位向量.

14. 已知两点 $M_1(2,5,-3)$，$M_2(3,-2,5)$，点 M 在线段 M_1M_2 上，且 $\overrightarrow{M_1M}=3\overrightarrow{MM_2}$，求向径 $\overrightarrow{OM}$ 的坐标.

15. 已知向量 $\boldsymbol{a}=m\boldsymbol{i}+5\boldsymbol{j}-\boldsymbol{k}$ 与向量 $\boldsymbol{b}=3\boldsymbol{i}+\boldsymbol{j}+n\boldsymbol{k}$ 平行，求 m 与 n.

7.3　数量积　向量积　混合积

在实际问题中，关于物理量功的讨论、几何中的垂直问题、线性方程的表示等均可借助于两向量的数量积来研究，关于力矩、矩形或三角形面积等问题的讨论常可借助于两向量的向量积来研究；而常利用向量的混合积研究三向量的共面、平行六面体体积或四面体的体积等问题.

7.3.1　向量的数量积

1. 引例

一物体在常力 $\boldsymbol{F}$ 的作用下沿直线从点 M_1 移动到点 M_2(图 7.12)，以 $\boldsymbol{r}$ 表示位移 $\overrightarrow{M_1M_2}$，则由物理学知识可知力 $\boldsymbol{F}$ 所做的功为

$$W=|\boldsymbol{F}||\boldsymbol{r}|\cos\theta,\quad \theta=(\widehat{\boldsymbol{F},\boldsymbol{r}}).$$

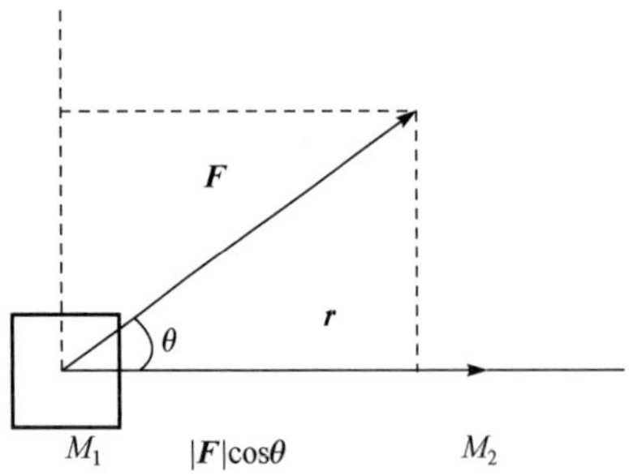

图 7.12

受此启发，两向量作上述形式的运算，其结果是一个数量. 这种运算在其他领域中也会用到，如经济中求多种产品在价格已知时的总收入、垂直问题的讨论、线性方程组的向量表示

等. 为此引入数量积的概念.

2. 数量积的定义

定义 7.2 两向量 $\boldsymbol{a}$ 与 $\boldsymbol{b}$ 的模与它们的夹角余弦的乘积，称为向量 $\boldsymbol{a}$ 与 $\boldsymbol{b}$ 的**数量积**(inner product)(或称**内积**、**点积**). 记作 $\boldsymbol{a}\cdot\boldsymbol{b}$，即

$$\boldsymbol{a}\cdot\boldsymbol{b}=|\boldsymbol{a}||\boldsymbol{b}|\cos\theta=|\boldsymbol{a}|\mathrm{Prj}_{\boldsymbol{a}}\boldsymbol{b}=|\boldsymbol{b}|\mathrm{Prj}_{\boldsymbol{b}}\boldsymbol{a}, \tag{7.17}$$

其中，θ 为向量 $\boldsymbol{a}$ 与 $\boldsymbol{b}$ 的夹角.

由定义 7.2 知物体在常力 $\boldsymbol{F}$ 作用下沿直线的位移 $\boldsymbol{r}$，力 $\boldsymbol{F}$ 所做的功为

$$W=|\boldsymbol{F}||\boldsymbol{r}|\cos\theta=\boldsymbol{F}\cdot\boldsymbol{r},$$

其中，θ 为 $\boldsymbol{F}$ 与 $\boldsymbol{r}$ 的夹角.

3. 数量积的性质

根据数量积的定义，不难验证数量积具有如下性质：

(1) $\boldsymbol{a}\cdot\boldsymbol{a}=|\boldsymbol{a}|^2$；

(2) 两个非零向量 $\boldsymbol{a}$ 与 $\boldsymbol{b}$ 垂直，即 $\boldsymbol{a}\perp\boldsymbol{b}$ 的充分必要条件为 $\boldsymbol{a}\cdot\boldsymbol{b}=0$；

(3) $\boldsymbol{a}\cdot\boldsymbol{b}=\boldsymbol{b}\cdot\boldsymbol{a}$(交换律)；

(4) $(\boldsymbol{a}+\boldsymbol{b})\cdot\boldsymbol{c}=\boldsymbol{a}\cdot\boldsymbol{c}+\boldsymbol{b}\cdot\boldsymbol{c}$(分配律)；

(5) $(\lambda\boldsymbol{a})\cdot\boldsymbol{c}=\lambda(\boldsymbol{a}\cdot\boldsymbol{c})$($\lambda$ 为数).

4. 数量积的坐标表示

(1) 设 $\boldsymbol{a}=(a_x,a_y,a_z)$，$\boldsymbol{b}=(b_x,b_y,b_z)$，则有

$$\boldsymbol{a}\cdot\boldsymbol{b}=a_xb_x+a_yb_y+a_zb_z. \tag{7.18}$$

(2) 两非零向量 $\boldsymbol{a}$，$\boldsymbol{b}$ 夹角的余弦为

$$\cos\theta=\frac{\boldsymbol{a}\cdot\boldsymbol{b}}{|\boldsymbol{a}||\boldsymbol{b}|}=\frac{a_xb_x+a_yb_y+a_zb_z}{\sqrt{a_x^2+a_y^2+a_z^2}\cdot\sqrt{b_x^2+b_y^2+b_z^2}}. \tag{7.19}$$

例 1 已知三点 $M(1,1,1)$，$A(2,2,1)$ 和 $B(2,1,2)$，求 $\angle AMB$.

解 向量 $\overrightarrow{MA}=(1,1,0)$ 及 $\overrightarrow{MB}=(1,0,1)$，由式(7.19)得

$$\cos\angle AMB=\frac{\overrightarrow{MA}\cdot\overrightarrow{MB}}{|\overrightarrow{MA}||\overrightarrow{MB}|}=\frac{1}{2},$$

所以

$$\angle AMB=\frac{\pi}{3}.$$

例 2 求向量 $\boldsymbol{a}=(4,-1,2)$ 在 $\boldsymbol{b}=(3,1,0)$ 上的投影.

解 因为

$$\boldsymbol{a}\cdot\boldsymbol{b}=4\cdot3+(-1)\cdot1+2\cdot0=11,\quad |\boldsymbol{b}|=\sqrt{3^2+1^2+0^2}=\sqrt{10},$$

所以

$$\mathrm{Prj}_{\boldsymbol{b}}\boldsymbol{a}=\frac{\boldsymbol{a}\cdot\boldsymbol{b}}{|\boldsymbol{b}|}=\frac{11}{\sqrt{10}}=\frac{11\sqrt{10}}{10}.$$

例 3　在 xOy 面上求一单位向量与 $\boldsymbol{a}=(-4,3,7)$ 垂直.

解　设所求向量为 (x,y,z)，因为它在 xOy 面上，所以 $z=0$. 又 $(x,y,0)$ 与 $\boldsymbol{a}=(-4,3,7)$ 垂直且是单位向量，故有

$$-4x+3y=0,\quad x^2+y^2=1.$$

由此求得

$$x=\pm\frac{3}{5},y=\pm\frac{4}{5},$$

因此，所求向量为 $\left(\pm\frac{3}{5},\pm\frac{4}{5},0\right)$.

7.3.2　向量的向量积

1. 引例

设 O 为一根杠杆 L 的支点，有一力 $\boldsymbol{F}$ 作用于杠杆上点 P 处，力 $\boldsymbol{F}$ 与 $\overrightarrow{OP}$ 的夹角为 θ（图 7.13），则由物理学知识可知力 $\boldsymbol{F}$ 对支点 O 的力矩是一个向量 $\boldsymbol{M}$，它的模为

$$|\boldsymbol{M}|=|\overrightarrow{OP}||\boldsymbol{F}|\sin\theta.$$

向量 $\boldsymbol{M}$ 的方向垂直于 $\overrightarrow{OP}$ 与 $\boldsymbol{F}$ 所决定的平面，指向符合右手法则.

受此启发，两个向量按这样的规则运算的结果是一个向量，并且力矩可作为其物理背景，从而给出向量积的概念.

2. 向量积的定义

定义 7.3　若由向量 $\boldsymbol{a},\boldsymbol{b}$ 所确定的一个向量 $\boldsymbol{c}$ 满足下列条件：

(1) 向量 $\boldsymbol{c}$ 的方向垂直于 $\boldsymbol{a}$ 与 $\boldsymbol{b}$ 所确定的平面，$\boldsymbol{c}$ 的指向按右手规则从 $\boldsymbol{a}$ 转向 $\boldsymbol{b}$ 来确定（图 7.14）；

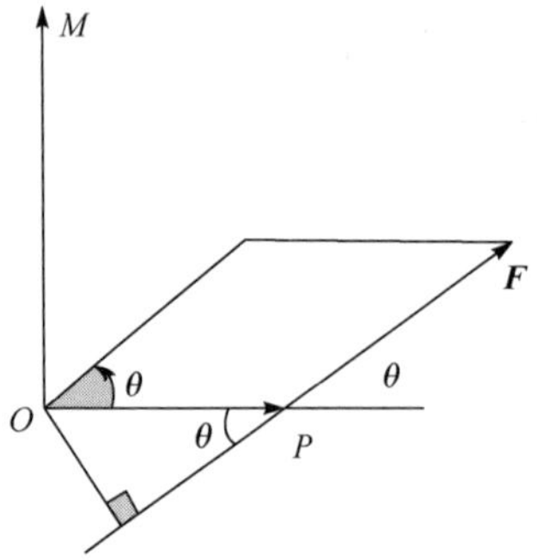

图 7.13

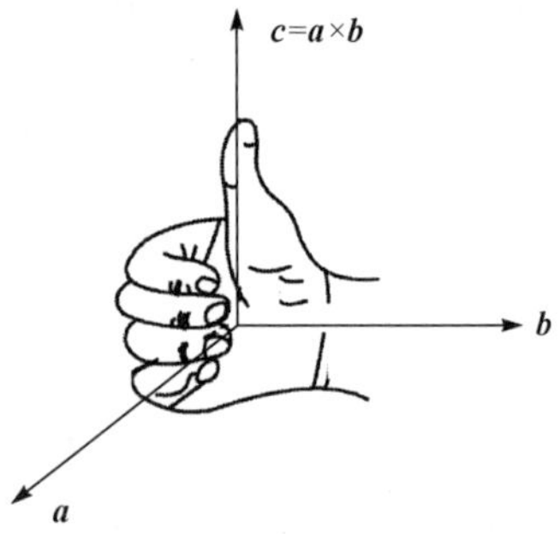

图 7.14

(2) 向量 $\boldsymbol{c}$ 的模

$$|\boldsymbol{c}|=|\boldsymbol{a}||\boldsymbol{b}|\sin\theta,\quad \theta=(\widehat{\boldsymbol{a},\boldsymbol{b}}). \tag{7.20}$$

则称向量 $\boldsymbol{c}$ 为向量 $\boldsymbol{a},\boldsymbol{b}$ 的**向量积**(exterior product)(或称**外积**、**叉积**),记作

$$\boldsymbol{c}=\boldsymbol{a}\times\boldsymbol{b}. \tag{7.21}$$

注 两向量的数量积是一个数值,而向量积得到的是一个向量.

3. 向量积的性质

根据定义 7.3,不难验证向量积具有如下性质:

(1) $\boldsymbol{a}\times\boldsymbol{a}=\boldsymbol{0}$;

(2) 两个非零向量 $\boldsymbol{a}$ 与 $\boldsymbol{b}$ 平行,即 $\boldsymbol{a}//\boldsymbol{b}$ 的充分必要条件为 $\boldsymbol{a}\times\boldsymbol{b}=\boldsymbol{0}$;

(3) $\boldsymbol{a}\times\boldsymbol{b}=-\boldsymbol{b}\times\boldsymbol{a}$(不满足交换律);

(4) $(\boldsymbol{a}+\boldsymbol{b})\times\boldsymbol{c}=\boldsymbol{a}\times\boldsymbol{c}+\boldsymbol{b}\times\boldsymbol{c}\quad \boldsymbol{c}\times(\boldsymbol{a}+\boldsymbol{b})=\boldsymbol{c}\times\boldsymbol{a}+\boldsymbol{c}\times\boldsymbol{b}$(分配律);

(5) $(\lambda\boldsymbol{a})\times\boldsymbol{c}=\boldsymbol{a}\times(\lambda\boldsymbol{c})=\lambda(\boldsymbol{a}\times\boldsymbol{c})$($\lambda$ 为数).

4. 向量积的坐标表示

设 $\boldsymbol{a}=a_x\boldsymbol{i}+a_y\boldsymbol{j}+a_z\boldsymbol{k}$, $\boldsymbol{b}=b_x\boldsymbol{i}+b_y\boldsymbol{j}+b_z\boldsymbol{k}$,则

$$\begin{aligned}\boldsymbol{a}\times\boldsymbol{b}&=(a_x\boldsymbol{i}+a_y\boldsymbol{j}+a_z\boldsymbol{k})\times(b_x\boldsymbol{i}+b_y\boldsymbol{j}+b_z\boldsymbol{k})\\&=a_xb_x(\boldsymbol{i}\times\boldsymbol{i})+a_xb_y(\boldsymbol{i}\times\boldsymbol{j})+a_xb_z(\boldsymbol{i}\times\boldsymbol{k})+a_yb_x(\boldsymbol{j}\times\boldsymbol{i})+a_yb_y(\boldsymbol{j}\times\boldsymbol{j})\\&\quad+a_yb_z(\boldsymbol{j}\times\boldsymbol{k})+a_zb_x(\boldsymbol{k}\times\boldsymbol{i})+a_zb_y(\boldsymbol{k}\times\boldsymbol{j})+a_zb_z(\boldsymbol{k}\times\boldsymbol{k}),\end{aligned}$$

由于

$$\begin{gathered}\boldsymbol{i}\times\boldsymbol{i}=\boldsymbol{j}\times\boldsymbol{j}=\boldsymbol{k}\times\boldsymbol{k}=\boldsymbol{0},\\ \boldsymbol{i}\times\boldsymbol{j}=\boldsymbol{k},\quad \boldsymbol{j}\times\boldsymbol{k}=\boldsymbol{i},\quad \boldsymbol{k}\times\boldsymbol{i}=\boldsymbol{j},\\ \boldsymbol{j}\times\boldsymbol{i}=-\boldsymbol{k},\quad \boldsymbol{k}\times\boldsymbol{j}=-\boldsymbol{i},\quad \boldsymbol{i}\times\boldsymbol{k}=-\boldsymbol{j},\end{gathered}$$

所以

$$\boldsymbol{a}\times\boldsymbol{b}=(a_yb_z-a_zb_y)\boldsymbol{i}+(a_zb_x-a_xb_z)\boldsymbol{j}+(a_xb_y-a_yb_x)\boldsymbol{k}.$$

或写成便于记忆的行列式形式

$$\boldsymbol{a}\times\boldsymbol{b}=\begin{vmatrix}\boldsymbol{i}&\boldsymbol{j}&\boldsymbol{k}\\a_x&a_y&a_z\\b_x&b_y&b_z\end{vmatrix} \tag{7.22}$$

$$=\left(\begin{vmatrix}a_y&a_z\\b_y&b_z\end{vmatrix},\begin{vmatrix}a_z&a_x\\b_z&b_x\end{vmatrix},\begin{vmatrix}a_x&a_y\\b_x&b_y\end{vmatrix}\right). \tag{7.23}$$

由此可以看出,两个非零向量 $\boldsymbol{a}$ 与 $\boldsymbol{b}$ 互相平行的条件为

$$\frac{a_x}{b_x}=\frac{a_y}{b_y}=\frac{a_z}{b_z}. \tag{7.24}$$

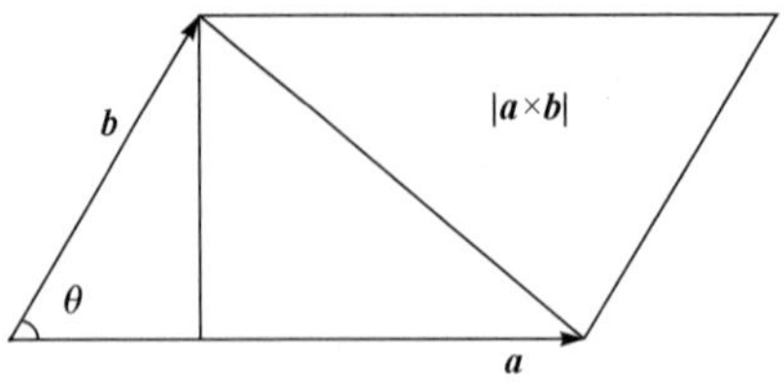

图 7.15

注　(1) 式(7.24)中若分母为0,则理解为对应的分子为0.

(2) $|\boldsymbol{a}\times\boldsymbol{b}|$可视为以向量 $\boldsymbol{a}$ 与 $\boldsymbol{b}$ 为邻边的平行四边形的面积(图7.15),当然,$|\boldsymbol{a}\times\boldsymbol{b}|$的一半可视为以向量 $\boldsymbol{a}$ 与 $\boldsymbol{b}$ 为邻边的三角形的面积.

例 4　求与 $\boldsymbol{a}=3\boldsymbol{i}-2\boldsymbol{j}+4\boldsymbol{k},\boldsymbol{b}=\boldsymbol{i}+\boldsymbol{j}-2\boldsymbol{k}$ 都垂直的单位向量.

解　由向量积的定义得

$$\boldsymbol{c}=\boldsymbol{a}\times\boldsymbol{b}=\begin{vmatrix}\boldsymbol{i}&\boldsymbol{j}&\boldsymbol{k}\\3&-2&4\\1&1&-2\end{vmatrix}=10\boldsymbol{j}+5\boldsymbol{k},$$

$$\boldsymbol{c}^0=\pm\frac{\boldsymbol{c}}{|\boldsymbol{c}|}=\pm\left(\frac{2}{\sqrt{5}}\boldsymbol{j}+\frac{1}{\sqrt{5}}\boldsymbol{k}\right).$$

例 5　已知△ABC的顶点分别为 $A(1,2,3)$,$B(3,4,5)$和 $C(2,4,7)$,求△ABC的面积.

解　△ABC的面积为

$$\frac{1}{2}|\overrightarrow{AB}\times\overrightarrow{AC}|=\frac{1}{2}|(2,2,2)\times(1,2,4)|=\frac{1}{2}\left\|\begin{matrix}\boldsymbol{i}&\boldsymbol{j}&\boldsymbol{k}\\2&2&2\\1&2&4\end{matrix}\right\|$$

$$=\frac{1}{2}|4\boldsymbol{i}-6\boldsymbol{j}+2\boldsymbol{k}|=\frac{1}{2}\sqrt{16+36+4}=\sqrt{14}.$$

7.3.3　向量的混合积

定义 7.4　设有三个非零向量 $\boldsymbol{a},\boldsymbol{b},\boldsymbol{c}$,则称数量$(\boldsymbol{a}\times\boldsymbol{b})\cdot\boldsymbol{c}$为该三个向量的**混合积**(mixed product),记作$[\boldsymbol{abc}]$.

下面给出三个向量混合积的坐标表示.

设 $\boldsymbol{a}=(a_x,a_y,a_z)$,$\boldsymbol{b}=(b_x,b_y,b_z)$,$\boldsymbol{c}=(c_x,c_y,c_z)$. 因为

$$\boldsymbol{a}\times\boldsymbol{b}=\begin{vmatrix}\boldsymbol{i}&\boldsymbol{j}&\boldsymbol{k}\\a_x&a_y&a_z\\b_x&b_y&b_z\end{vmatrix}=\begin{vmatrix}a_y&a_z\\b_y&b_z\end{vmatrix}\boldsymbol{i}-\begin{vmatrix}a_x&a_z\\b_x&b_z\end{vmatrix}\boldsymbol{j}+\begin{vmatrix}a_x&a_y\\b_x&b_y\end{vmatrix}\boldsymbol{k}.$$

再按照两向量的数量积的坐标表示式便得

$$[\boldsymbol{abc}]=(\boldsymbol{a}\times\boldsymbol{b})\cdot\boldsymbol{c}=c_x\begin{vmatrix}a_y&a_x\\b_y&b_x\end{vmatrix}-c_y\begin{vmatrix}a_x&a_z\\b_x&b_z\end{vmatrix}+c_z\begin{vmatrix}a_x&a_y\\b_x&b_y\end{vmatrix}=\begin{vmatrix}a_x&a_y&a_z\\b_x&b_y&b_z\\c_x&c_y&c_z\end{vmatrix}.\tag{7.25}$$

三个向量混合积有以下性质和几何意义：

(1) $[\boldsymbol{abc}]=[\boldsymbol{cab}]=[\boldsymbol{bca}]$；

(2) 三个向量 $\boldsymbol{a},\boldsymbol{b},\boldsymbol{c}$ 共面的充分必要条件为$[\boldsymbol{abc}]=0$；

(3) 以三个向量 $\boldsymbol{a},\boldsymbol{b},\boldsymbol{c}$ 为棱的平行六面体的体积为$|[\boldsymbol{abc}]|$，以三个向量 $\boldsymbol{a},\boldsymbol{b},\boldsymbol{c}$ 为棱的四面体的体积为$\frac{1}{6}|[\boldsymbol{abc}]|$(图 7.16).

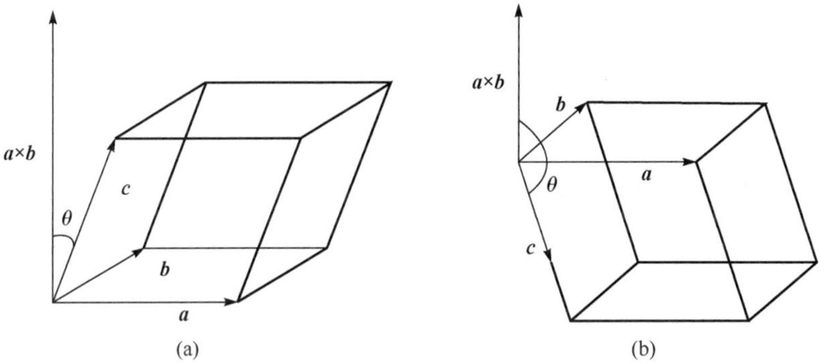

图 7.16

例 6 化简$[(\boldsymbol{b}-\boldsymbol{a})\times(\boldsymbol{a}+\boldsymbol{c})]\cdot(\boldsymbol{b}+\boldsymbol{c})$.

解 原式$=(\boldsymbol{b}\times\boldsymbol{a}+\boldsymbol{b}\times\boldsymbol{c}-\boldsymbol{a}\times\boldsymbol{c})\cdot(\boldsymbol{b}+\boldsymbol{c})$

$$=(\boldsymbol{b}\times\boldsymbol{a})\cdot\boldsymbol{c}-(\boldsymbol{a}\times\boldsymbol{c})\cdot\boldsymbol{b}=[\boldsymbol{bac}]-[\boldsymbol{acb}]$$

$$=[\boldsymbol{acb}]-[\boldsymbol{acb}]=0.$$

例 7 判断下列各向量组是否共面？若不共面，求以它们为棱的平行六面体的体积.

(1) $\boldsymbol{a}=(2,-3,1),\boldsymbol{b}=(1,-1,3),\boldsymbol{c}=(-1,2,2)$；

(2) $\boldsymbol{a}=(2,-1,3),\boldsymbol{b}=(4,3,0),\boldsymbol{c}=(6,0,6)$.

解 (1) $[\boldsymbol{abc}]=\begin{vmatrix}2 & -3 & 1\\ 1 & -1 & 3\\ -1 & 2 & 2\end{vmatrix}=-4+9+2-1-12+6=0$，所以，三向量 $\boldsymbol{a},\boldsymbol{b},\boldsymbol{c}$ 共面；

(2) $[\boldsymbol{abc}]=\begin{vmatrix}2 & -1 & 3\\ 4 & 3 & 0\\ 6 & 0 & 6\end{vmatrix}=36+0+0-54-0+24=6\neq 0$，所以，三向量 $\boldsymbol{a},\boldsymbol{b},\boldsymbol{c}$ 不共面，并且以它们为棱的平行六面体的体积为

$$V=|[\boldsymbol{abc}]|=|(\boldsymbol{a}\times\boldsymbol{b})\cdot\boldsymbol{c}|=6.$$

习　题　7.3

1. 下列结论是否成立，为什么？

(1) 如果 $\boldsymbol{a}\cdot\boldsymbol{b}=0$，那么 $\boldsymbol{a}=\boldsymbol{0}$ 或 $\boldsymbol{b}=\boldsymbol{0}$；

(2) $(\boldsymbol{a}\cdot\boldsymbol{b})^2=\boldsymbol{a}^2\cdot\boldsymbol{b}^2$；

(3) $(\boldsymbol{a}\cdot\boldsymbol{b})\cdot\boldsymbol{c}=\boldsymbol{a}\cdot(\boldsymbol{b}\cdot\boldsymbol{c})$；

(4) $\sqrt{\boldsymbol{a}^2}=\boldsymbol{a}$；

(5) 如果 $\boldsymbol{a}=\boldsymbol{0}$ 且 $\boldsymbol{a}\cdot\boldsymbol{c}=\boldsymbol{a}\cdot\boldsymbol{b}$，那么 $\boldsymbol{c}=\boldsymbol{b}$；

(6) 如果 $\boldsymbol{a}=\boldsymbol{0}$ 且 $\boldsymbol{a}\times\boldsymbol{c}=\boldsymbol{a}\times\boldsymbol{b}$，那么 $\boldsymbol{c}=\boldsymbol{b}$.

2. 已知 $\boldsymbol{a},\boldsymbol{b}$ 的夹角为 $\varphi=\dfrac{2\pi}{3}$，并且 $|\boldsymbol{a}|=3$，$|\boldsymbol{b}|=4$，计算：

(1) $\boldsymbol{a}\cdot\boldsymbol{b}$；　(2) $(3\boldsymbol{a}-2\boldsymbol{b})\cdot(\boldsymbol{a}+2\boldsymbol{b})$.

3. 已知 $\boldsymbol{a}=(4,-2,4)$，$\boldsymbol{b}=(6,-3,2)$，计算：

(1) $\boldsymbol{a}\cdot\boldsymbol{b}$；　(2) $(2\boldsymbol{a}+3\boldsymbol{b})\cdot(\boldsymbol{a}+\boldsymbol{b})$；　(3) $|\boldsymbol{a}-\boldsymbol{b}|^2$.

4. 设 $\boldsymbol{a}=3\boldsymbol{i}-\boldsymbol{j}-2\boldsymbol{k}$，$\boldsymbol{b}=\boldsymbol{i}+2\boldsymbol{j}-\boldsymbol{k}$，求

(1) $\boldsymbol{a}\cdot\boldsymbol{b}$；　(2) $(\boldsymbol{a}-\boldsymbol{b})^2$；　(3) $(3\boldsymbol{a}-2\boldsymbol{b})\times(\boldsymbol{a}+3\boldsymbol{b})$；　(4) $(\widehat{\boldsymbol{a},\boldsymbol{b}})$.

5. 已知 $|\boldsymbol{a}|=1$，$|\boldsymbol{b}|=2$，$|\boldsymbol{c}|=3$ 且 $\boldsymbol{a}+\boldsymbol{b}+\boldsymbol{c}=\boldsymbol{0}$. 求 $\boldsymbol{a}\cdot\boldsymbol{b}+\boldsymbol{b}\cdot\boldsymbol{c}+\boldsymbol{c}\cdot\boldsymbol{a}$.

6. 试用向量证明三角形的余弦定理.

7. 已知 $\boldsymbol{a}=(1,1,-4)$，$\boldsymbol{b}=(1,-2,2)$，求(1) $\boldsymbol{a}\cdot\boldsymbol{b}$；(2) $\boldsymbol{a}$ 与 $\boldsymbol{b}$ 的夹角；(3) $\boldsymbol{a}$ 在 $\boldsymbol{b}$ 上的投影.

8. 设向量 $\boldsymbol{a}+3\boldsymbol{b}$ 与 $7\boldsymbol{a}-5\boldsymbol{b}$ 垂直，$\boldsymbol{a}-4\boldsymbol{b}$ 与 $7\boldsymbol{a}-2\boldsymbol{b}$ 垂直，求 $(\widehat{\boldsymbol{a},\boldsymbol{b}})$.

9. 设 $\boldsymbol{a}=(3,5,-2)$，$\boldsymbol{b}=(2,1,4)$，问 λ 与 μ 有怎样的关系，能使得 $\lambda\boldsymbol{a}+\mu\boldsymbol{b}$ 与 z 轴垂直？

10. 求与 $\boldsymbol{a}=(1,-3,1)$，$\boldsymbol{b}=(2,-1,3)$ 都垂直的单位向量.

11. 已知 $A(1,2,3,)$，$B(2,2,1)$，$C(1,1,0)$，求 $\triangle ABC$ 的面积.

12. 已知 $\boldsymbol{a}=(2,-3,1)$，$\boldsymbol{b}=(1,-1,3)$，$\boldsymbol{c}=(1,-2,0)$，求：

(1) $(\boldsymbol{a}\cdot\boldsymbol{b})\boldsymbol{c}-(\boldsymbol{a}\cdot\boldsymbol{c})\boldsymbol{b}$；　(2) $(\boldsymbol{a}\times\boldsymbol{b})\cdot\boldsymbol{c}$；　(3) $\boldsymbol{a}\cdot(\boldsymbol{b}\times\boldsymbol{c})$.

13. 在空间直角坐标系中，下列各向量组是否共面？若不共面，求以它们为棱的平行六面体的体积.

(1) $\boldsymbol{a}=(-1,3,2)$，$\boldsymbol{b}=(4,-6,2)$，$\boldsymbol{c}=(-3,12,11)$；

(2) $\boldsymbol{a}=(2,-4,3)$，$\boldsymbol{b}=(-1,-2,2)$，$\boldsymbol{c}=(3,0,-1)$.

14. 已知 $(\boldsymbol{a}\times\boldsymbol{b})\cdot\boldsymbol{c}=2$，计算 $[(\boldsymbol{a}+\boldsymbol{b})\times(\boldsymbol{b}+\boldsymbol{c})]\cdot(\boldsymbol{c}+\boldsymbol{a})$.

7.4　曲面及其方程

生活中曲面的例子很多，如水桶的表面、台灯的罩子面、篮球的表面、电厂散热塔的外表面等，均为曲面(surface)(图 7.17). 本节首先给出曲面方程的概念，然后给出一些特殊的曲面方程，如球面、旋转曲面、柱面等；最后讨论一种最简单、最常用的曲面——平面.

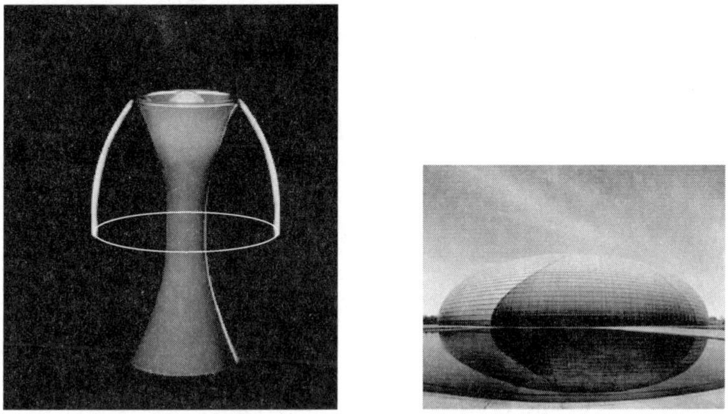

(a)　　　　(b)

图 7.17

7.4.1　曲面方程的概念

类似于平面解析几何中曲线可视为动点的轨迹一样，曲面在空间解析几何中也被看成是动点的几何轨迹.

定义 7.5　如果曲面 S 与三元方程

$$F(x,y,z)=0 \tag{7.26}$$

有下述关系：

(1) 曲面 S 上任一点的坐标都满足方程(7.26)；

(2) 以方程(7.26)的解为坐标的点都在曲面 S 上.

那么，方程(7.26)就称为曲面 S 的方程，而曲面 S 就称为方程(7.26)的图形.

建立了曲面及其方程的联系后，就可以通过研究方程的解析性质来研究曲面的几何性质. 对于曲面通常要研究以下两个基本问题：

(1) 已知某种曲面或给定某种条件限制下的点的轨迹或满足某种几何条件的点的全体，如何建立曲面的方程；

(2) 已知某曲面方程，如何研究曲面的几何性质或作出它的图形.

下面作为两个基本问题的例子，分别讨论几种常见曲面.

1. 球面

例 1　建立球心在 $M_0(x_0,y_0,z_0)$，半径为 R 的球面(sphere)的方程.

解　设点 $M(x,y,z)$ 为球面上任一点，由球面上任一点到球心的距离为 R 及两点间距离公式得

$$\sqrt{(x-x_0)^2+(y-y_0)^2+(z-z_0)^2}=R,$$

即

$$(x-x_0)^2+(y-y_0)^2+(z-z_0)^2=R^2. \tag{7.27}$$

反之，满足方程(7.27)的点 $M(x,y,z)$ 必在球面上，故称方程(7.27)为球面的**标准方程**(standard equation).

特别地，球心在原点 $O(0,0,0)$，半径为 R 的球面方程为

$$x^2+y^2+z^2=R^2. \tag{7.28}$$

例 2　讨论方程 $x^2+y^2+z^2-2x+4y-6z-22=0$ 是否表示球面？若是，请求出球心及半径.

解　将方程配方得

$$(x-1)^2+(y+2)^2+(z-3)^2-36=0,$$

即

$$(x-1)^2+(y+2)^2+(z-3)^2=6^2,$$

所以，原方程代表一个球心在(1，-2，3)，半径为 6 的球面.

2. 旋转曲面

定义 7.6　一条平面曲线绕其平面上的一条直线旋转一周所成的曲面称为**旋转曲面**(rotating surface)，这条平面曲线和直线分别称为旋转曲面的**母线**(generating curve)和**轴**(axle).

为简单起见，下面仅就某一坐标面上的曲线 Γ 绕此坐标面上的某一坐标轴旋转而得的旋转曲面进行讨论.

设 yOz 面上的曲线 $F(y,z)=0$，求其绕 y 轴旋转一周所产生的旋转曲面方程.

如图 7.18 所示，设旋转曲面上某一点 $M(x,y,z)$ 是由曲线 Γ 上的点 $M_0(0,y_0,z_0)$ 绕 y 轴旋转得到，所以 $y_0=y$. 又因为点 M 和点 M_0 到 y 轴的距离相等，所以

$$|z_0|=\sqrt{z^2+x^2} \quad 或 \quad z_0=\pm\sqrt{z^2+x^2}.$$

由于点 $M_0(0,y_0,z_0)$ 在曲线 Γ 上，所以有 $F(y_0,z_0)=0$. 将 $y_0=y, z_0=\pm\sqrt{z^2+x^2}$ 代入 $F(y_0,z_0)=0$ 得

$$F(y,\pm\sqrt{z^2+x^2})=0. \tag{7.29}$$

这就是所求的**旋转曲面方程**.

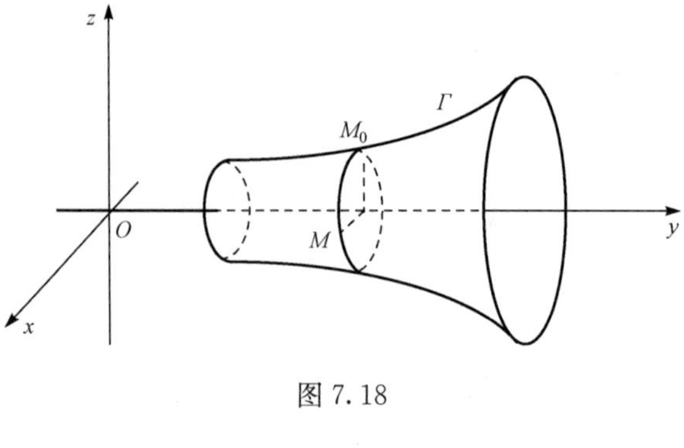

图 7.18

同理，yOz 面上的曲线 $F(y,z)=0$ 绕 z 轴旋转所形成的旋转曲面方程为 $F(\pm\sqrt{x^2+y^2},z)=0$；xOy 面上的曲线 $F(x,y)=0$ 绕 x 轴旋转所形成的旋转曲面方程为 $F(x,\pm\sqrt{y^2+z^2})=0$，绕 y 轴旋转形成的旋转曲面方程为 $F(\pm\sqrt{z^2+x^2},y)=0$ 等.

例 3 求 yOz 面上的曲线 $\frac{y^2}{b^2}-\frac{z^2}{c^2}=1$ 分别绕 y 轴、z 轴旋转一周形成的旋转曲面方程.

解 曲线绕 y 轴旋转一周形成的旋转曲面方程(图 7.19)为

$$\frac{y^2}{b^2}-\frac{z^2+x^2}{c^2}=1.$$

曲线绕 z 轴旋转一周形成的旋转曲面方程(图 7.20)为

$$\frac{x^2+y^2}{b^2}-\frac{z^2}{c^2}=1.$$

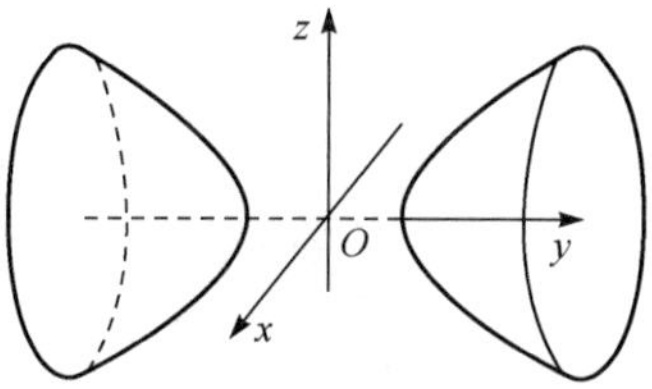

图 7.19

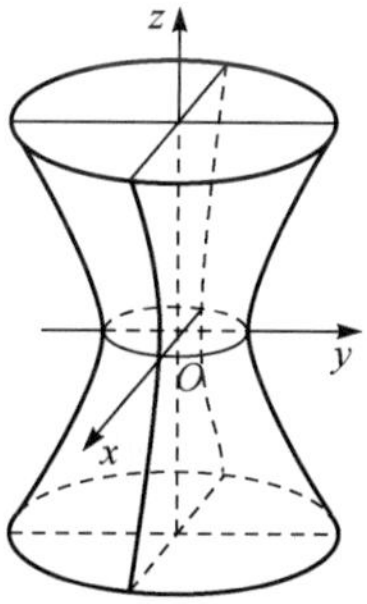

图 7.20

综上可知，旋转曲面的方程为平面曲线绕哪个轴旋转时，该变量不变，另一个变量变为该变量与所缺变量二者的正负完全平方根形式. 常见旋转曲面还有以下两种形式.

(1) 由 yOz 面上过原点的直线 $z=ay$ 绕 z 轴旋转一周所得的**锥面**(cone)(图 7.21)方程为

$$z^2=a^2(x^2+y^2), \tag{7.30}$$

其中，直线与 z 轴的夹角为 α $(0<\alpha<\frac{\pi}{2}$，称为锥面的半顶角)，$a=\cot\alpha$.

(2) 由 yOz 面上的抛物线 $z=ay^2(a>0)$ 绕 z 轴旋转一周所得**旋转抛物面**(rotating parabolic)(图 7.22)的方程为

$$z=a(x^2+y^2). \tag{7.31}$$

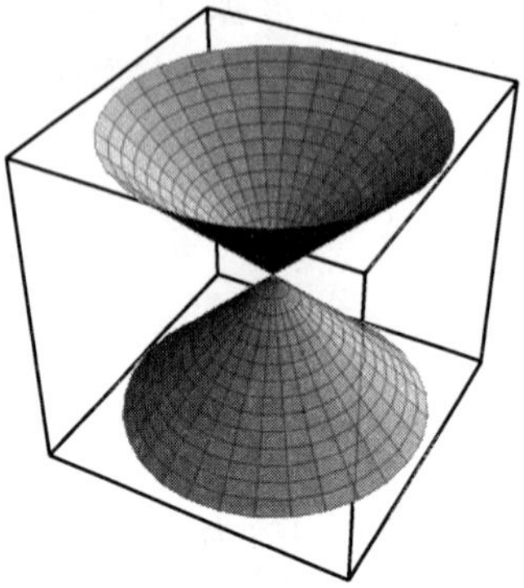

图 7.21

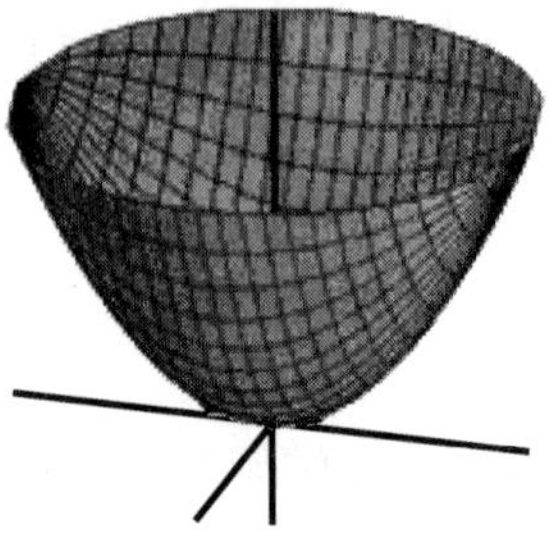

图 7.22

3. 柱面方程

如图 7.23(a)所示,设 C 是一条空间曲线,动直线 L 沿定曲线 C 平行移动所形成的曲面称为**柱面**,定曲线 C 称为柱面的**准线**(directrix),动直线 L 称为柱面的**母线**.

在此,仅对母线平行于某坐标轴的柱面进行讨论,下面用例子予以说明.

例 4 方程 $x^2+y^2=r^2$ 表示什么曲面?

解 在平面直角坐标系 xOy 中,方程 $x^2+y^2=r^2$ 表示圆心在原点,半径为 r 的圆.在空间直角坐标系 $Oxyz$ 中,此方程不含 z,即不论空间点的坐标 z 怎样,只要其坐标 x 与 y 能满足此方程,那么这些点就在此方程所表示的曲面 S 上.反之,凡是点的坐标 x 与 y 不满足此方程,不论其 z 怎样,这些点都不在曲面 S 上.换句话说,凡是通过 xOy 面上的圆 $x^2+y^2=r^2$ 上的点 $M(x,y,0)$,并且平行 z 轴的直线 L 都在曲面 S 上,所以,曲面 S 可以看作是平行 z 轴的直线 L 沿 xOy 面上的圆 $x^2+y^2=r^2$ 平行移动所形成的轨迹.它是一个柱面,称为**圆柱面**(cylinder)(图 7.23(b)).

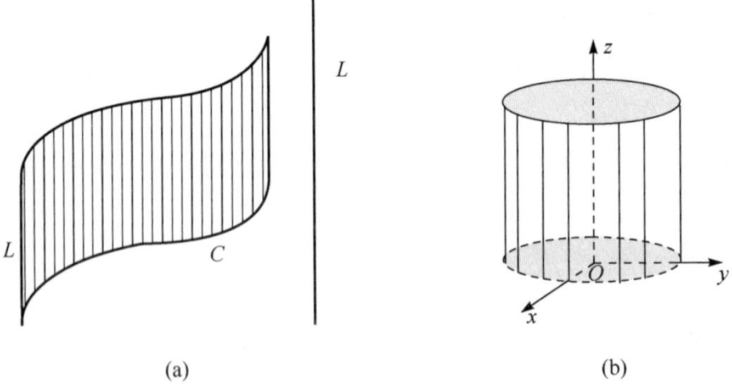

图 7.23

由此可见,在空间直角坐标系中,不含 z 的方程 $x^2+y^2=r^2$ 是表示一条母线平

行于 z 轴,准线是 xOy 面上的圆 $x^2+y^2=r^2$ 的圆柱面.

一般地,不含变量 z 的方程表示准线在 xOy 面上,母线平行于 z 轴的柱面.类似地,不含 x 的方程表示准线在 yOz 平面上,母线平行于 x 轴的柱面;不含 y 的方程表示准线在 zOx 平面上,母线平行于 y 轴的柱面.

例如,方程$\frac{x^2}{a^2}+\frac{y^2}{b^2}=1$,$\frac{x^2}{a^2}-\frac{y^2}{b^2}=1$,$y^2=2px$,在空间直角坐标系中分别表示母线平行于 z 轴的椭圆柱面,双曲柱面,抛物柱面(图 7.24).

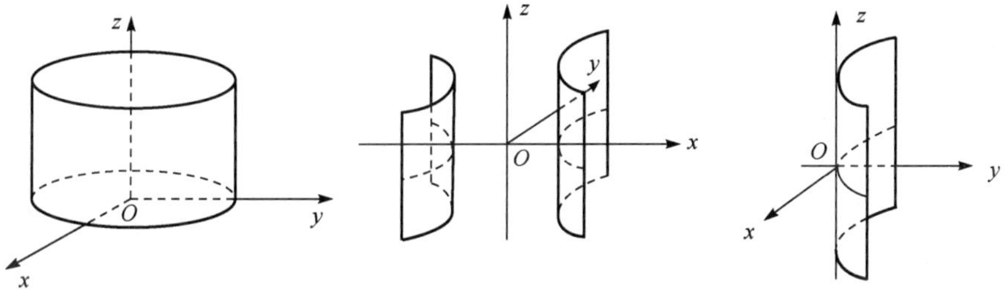

图 7.24

以上柱面的特征是方程中 x,y,z 三个变量中若缺其中之一(如 y),则表示母线平行于该坐标轴(如 y 轴)的柱面.

7.4.2 平面方程

下面讨论最简单、最常用的一种特殊曲面——**平面**(plane)及其方程.

1. 平面的点法式方程

定义 7.7 垂直于一平面的非零向量称为**平面的法向量**(plane normal vector).

已知平面上的一点 $M_0(x_0,y_0,z_0)$ 和它的一个法向量 $\boldsymbol{n}=(A,B,C)$,求平面的方程.

显然,平面内的任一向量均与该平面的法向量垂直.对平面上的任一点 $M(x,y,z)$,有向量$\overrightarrow{M_0M}\perp\boldsymbol{n}$(图 7.25),即

$$\boldsymbol{n}\cdot\overrightarrow{M_0M}=0,$$

从而得

$$A(x-x_0)+B(y-y_0)+C(z-z_0)=0. \quad (7.32)$$

式(7.32)称为平面的**点法式方程**(point normal equation).

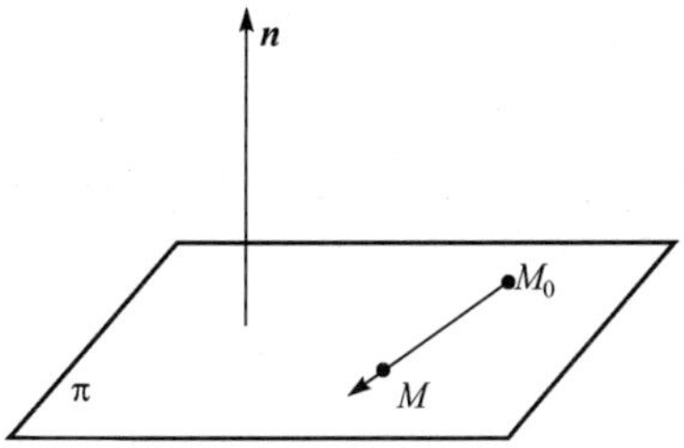

图 7.25

2. 平面的一般式方程

对于曲面 $F(x,y,z)=0$ 的最简单形式是 $F(x,y,z)$ 为 x,y,z 的线性形式(线性函数),即

$$Ax+By+Cz+D=0, \tag{7.33}$$

其中,A,B,C,D 为已知的常数,并且 A,B,C 不同时为零. 式(7.33)表示一个平面,通常称为平面的**一般式方程**(general equation).

事实上,设 $M(x,y,z)$ 是方程(7.33)上的任一点,取满足方程(7.33)的一个点 $M_0(x_0,y_0,z_0)$,则

$$Ax_0+By_0+Cz_0+D=0,$$

式(7.33)减去上式得该平面点法式方程

$$A(x-x_0)+B(y-y_0)+C(z-z_0)=0,$$

即式(7.32). 式(7.32)与式(7.33)表示同一个曲面,即过点 $M_0(x_0,y_0,z_0)$ 以 $\boldsymbol{n}=(A,B,C)$ 为法向量的平面.

由式(7.33)不难得出如下特殊平面图形的特点:

(1) 当 $D=0$ 时,平面通过原点.

(2) 当 $A=0$ 时,表示一个平行于 x 轴的平面. 同理,当 $B=0$ 或 $C=0$ 时,分别表示一个平行于 y 轴或 z 轴的平面.

(3) 当 $A=B=0$ 时,方程为 $Cz+D=0$ 是一个平行于 xOy 面的平面. 同理,$Ax+D=0$ 和 $By+D=0$ 分别表示平行于 yOz 面和 xOz 面的平面.

例 5　求过三点 $M_1(2,-1,4)$,$M_2(-1,3,-2)$ 和 $M_3(0,2,3)$ 的平面方程.

解　在平面内作向量 $\overrightarrow{M_1M_2}$,$\overrightarrow{M_1M_3}$,可取法向量为

$$\begin{aligned}\boldsymbol{n}&=\overrightarrow{M_1M_2}\times\overrightarrow{M_1M_3}=(-3,4,-6)\times(-2,3,-1)\\&=(14,9,-1).\end{aligned}$$

又因平面过 $M_3(0,2,3)$,所以由式(7.32)得平面的点法式方程为

$$14(x-0)+9(y-2)-(z-3)=0,$$

即

$$14x+9y-z-15=0.$$

3. 平面的三点式方程

一般地,若三点 $M_1(x_1,y_1,z_1)$,$M_2(x_2,y_2,z_2)$,$M_3(x_3,y_3,z_3)$ 不共线,则此三点可以确定一平面. 仿例 5 的方法可得三点确定的平面的一般形式为

$$\begin{vmatrix}x-x_1 & y-y_1 & z-z_1\\ x_2-x_1 & y_2-y_1 & z_2-z_1\\ x_3-x_1 & y_2-y_1 & z_3-z_1\end{vmatrix}=0, \tag{7.34}$$

称式(7.34)为平面的**三点式方程**(three point equation).

例 6 设平面过原点及点(6,−3,2)且与平面 $4x-y+2z=8$ 垂直,求此平面方程.

解 由平面过原点,故可设平面方程为

$$Ax+By+Cz=0. \tag{7.35}$$

又因平面过点(6,−3,2)且与平面 $4x-y+2z=8$ 垂直,于是可得

$$6A-3B+2C=0, \tag{7.36}$$

$$4A-B+2C=0, \tag{7.37}$$

因为 A,B,C 中至少有一个不为零,不妨设 $C\neq0$,则由式(7.36)和式(7.37)联立解得

$$A=B=-\frac{2}{3}C.$$

代入式(7.35),化简即得所求的平面方程为

$$2x+2y-3z=0.$$

4. 平面的截距式方程

设平面方程为

$$Ax+By+Cz+D=0,$$

若 $D\neq0$,取 $a=-\frac{D}{A}$,$b=-\frac{D}{B}$,$c=-\frac{D}{C}$,则得平面的**截距式方程**(intercept equation)

$$\frac{x}{a}+\frac{y}{b}+\frac{z}{c}=1 \tag{7.38}$$

它与 x,y,z 轴的交点为 $(a,0,0)$,$(0,b,0)$,$(0,0,c)$,其中,a,b,c 依次称为该平面在 x,y,z 轴上的**截距**(intercept).

例 7 将平面 $x+2y+3z-6=0$ 化为截距式方程.

解 将方程中常数项移项,并同除以 6 得

$$\frac{x}{6}+\frac{y}{3}+\frac{z}{2}=1,$$

这就是所求平面的截距式方程,其中,三个坐标轴上的截距为 $a=6$,$b=3$,$c=2$.

5. 两平面的夹角

定义 7.8 两平面法向量之间的夹角 $\varphi\left(0\leqslant\varphi\leqslant\frac{\pi}{2}\right)$称为两平面的夹角.

设平面 $\pi_1:A_1x+B_1y+C_1z+D_1=0$,$\pi_2:A_2x+B_2y+C_2z+D_2=0$,对应的法向量为 $\boldsymbol{n}_1=(A_1,B_1,C_1)$,$\boldsymbol{n}_2=(A_2,B_2,C_2)$(图 7.26).由两向量夹角余弦公式有

$$\cos\varphi=\frac{|A_1A_2+B_1B_2+C_1C_2|}{\sqrt{A_1^2+B_1^2+C_1^2}\cdot\sqrt{A_2^2+B_2^2+C_2^2}} \tag{7.39}$$

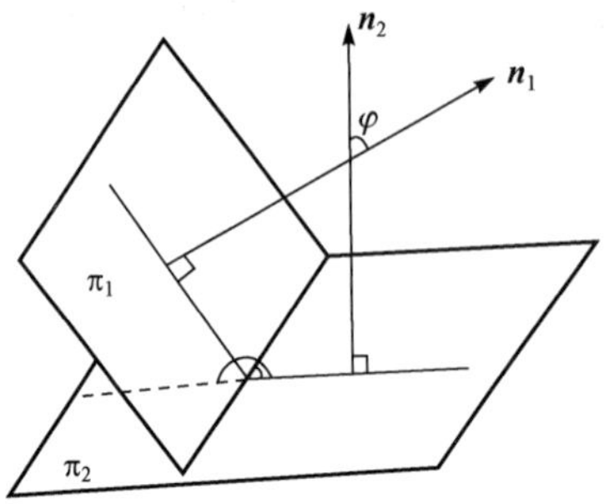

图7.26

由式(7.39)可得两平面之间重要的关系式：

(1) 两平面垂直 $\Leftrightarrow A_1A_2+B_1B_2+C_1C_2=0$（法向量垂直）；

(2) 两平面平行 $\Leftrightarrow \dfrac{A_1}{A_2}=\dfrac{B_1}{B_2}=\dfrac{C_1}{C_2}$（法向量平行）；

(3) 平面外一点到平面的**距离公式**(distance formula)：设平面外的一点 $P_0(x_0,y_0,z_0)$，平面的方程为 $Ax+By+Cz+D=0$，则点到平面的距离为

$$d=\frac{|Ax_0+By_0+Cz_0+D|}{\sqrt{A^2+B^2+C^2}}. \tag{7.40}$$

例8　研究以下各组里两平面的位置关系：

(1) $-x+2y-z+1=0$，　$y+2z-1=0$；

(2) $2x-y+z-1=0$，　$-4x+2y-2z-1=0$；

(3) $2x-y-z+1=0$，　$-4x+2y+2z-2=0$.

解　(1) 由 $\boldsymbol{n}_1=(-1,2,-1)$，$\boldsymbol{n}_2=(0,1,2)$ 且 $\boldsymbol{n}_1\cdot\boldsymbol{n}_2=0$，则 $\boldsymbol{n}_1\perp\boldsymbol{n}_2$，所以两平面垂直.

(2) 由 $\boldsymbol{n}_1=(2,-1,1)$，$\boldsymbol{n}_2=(-4,2,-2)$，则 $\boldsymbol{n}_1$ 与 $\boldsymbol{n}_2$ 平行，所以两平面平行但不重合.

(3) 由 $\boldsymbol{n}_1=(2,-1,-1)$，$\boldsymbol{n}_2=(-4,2,2)$，则 $\boldsymbol{n}_1$ 与 $\boldsymbol{n}_2$ 平行并且均过点(0,0,1)，所以两平面平行且重合.

例9　设两平面 π_1，π_2 的方程分别为 $x-y+5=0$ 和 $x-2y+2z-3=0$，求 π_1 与 π_2 的夹角 φ.

解　由 $\boldsymbol{n}_1=(1,-1,0)$，$\boldsymbol{n}_2=(1,-2,2)$ 得

$$\cos\varphi=\frac{|\boldsymbol{n}_1\cdot\boldsymbol{n}_2|}{|\boldsymbol{n}_1||\boldsymbol{n}_2|}=\frac{|1\times1-1\times(-2)+0\times2|}{\sqrt{1^2+(-1)^2}\cdot\sqrt{1^2+(-2)^2+2^2}}=\frac{\sqrt{2}}{2},$$

所以

$$\varphi=\frac{\pi}{4}.$$

例10　求两平面 π_1：$10x+2y-2z-5=0$ 和 π_2：$5x+y-z-1=0$ 之间的距离 d.

解　因为两平面平行，可在 π_2 上任意取一点，该点到 π_1 的距离即为这两平面间的距离. 为此，在 π_2 上取一点(0,1,0)，则

$$d=\frac{|10\times0+2\times1-2\times0-5|}{\sqrt{10^2+2^2+(-2)^2}}=\frac{\sqrt{3}}{6}.$$

习 题 7.4

1. 求下列球面的球心与半径：

(1) $x^2+y^2+z^2-6x+8y+2z+10=0$；

(2) $x^2+y^2+z^2+2x-4y-4=0$.

2. 指出下列方程所表示的曲面的名称，并作出曲面图形：

(1) $4y^2+9z^2=36$； (2) $x^2-z^2=9$； (3) $y^2=4z$； (4) $x^2-2x+y^2=0$.

3. 求下列旋转曲面方程：

(1) xOy 面上的曲线$\frac{x^2}{4}+\frac{y^2}{9}=1$绕 x 轴旋转；

(2) yOz 面上的曲线$-\frac{y^2}{4}+z^2=1$绕 y 轴旋转.

4. 求通过点$(2,3,-1)$且以向量$(1,-1,5)$为法向量的平面方程.

5. 求满足以下条件的平面方程：

(1) 过点$(0,1,-1)$，$(1,-1,2)$，$(2,-1,3)$；

(2) 过点$(2,6,-1)$且平行于平面 $3x-2y+z-2=0$；

(3) 过点$(-1,2,1)$且与两平面 $x-y+z-1=0$ 和 $2x+y+z+1=0$ 垂直的平面方程；

(4) 过点$(2,3,-5)$且平行于 zOx 面；

(5) 过点$(1,-5,1)$，$(3,2,-2)$且平行于 y 轴；

(6) 过 x 轴，且点$(5,4,13)$到平面的距离为 8.

6. 求两平行平面 $3x+6y-2z-7=0$ 与 $3x+6y-2z+21=0$ 的距离.

7. 求点$(1,2,1)$到平面 $x+2y-3z-10=0$ 的距离.

8. 求平面 $x-y-z+5=0$ 与平面 $2x-2y-z-1=0$ 之间夹角的余弦.

9. 求两平面 $2x-y+z-7=0$ 与 $x+y+2z-11=0$ 之间的夹角.

10. 椭圆面 S_1 是由椭圆$\frac{x^2}{4}+\frac{y^2}{3}=1$绕 x 轴旋转而成，圆锥面 S_2 是由过点$(4,0)$且与椭圆$\frac{x^2}{4}+\frac{y^2}{3}=1$相切的直线绕 x 轴旋转而成，求 S_1，S_2 的方程.

7.5 空间曲线及其方程

7.5.1 空间曲线

1. 空间曲线的一般式方程

空间曲线(space curve) C 可以看作两个曲面的交线，故可以将两个曲面联立成方程组的形式来表示曲线

$$C:\begin{cases}F(x,y,z)=0,\\G(x,y,z)=0.\end{cases}\tag{7.41}$$

其特点是曲线 C 上的点都满足方程(7.41)，满足方程(7.41)的点都在曲线 C 上，不在曲线 C 上的点不能同时满足这两个方程(图 7.27). 称式(7.41)为曲线 C 的**一般式**

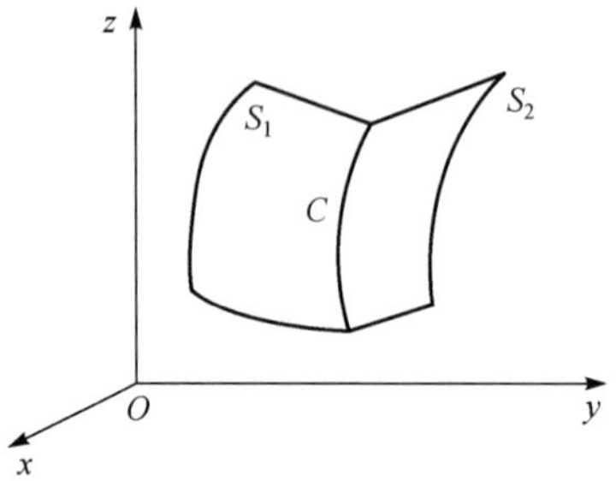

图 7.27

方程(general equation).

2. 空间曲线的参数方程

将曲线 C 上的动点的坐标表示为参数 t 的函数

$$C:\begin{cases} x=x(t), \\ y=y(t), \quad t\in[\alpha,\beta]. \\ z=z(t), \end{cases} \tag{7.42}$$

当给定 $t=t_1$ 时,就得到曲线 C 上的一个点 (x_1,y_1,z_1),随着参数 $t(t\in[\alpha,\beta])$ 的变化,可得到曲线 C 上的全部点. 称式(7.42)为曲线 C 的**参数方程**(parametric equation).

例 1 方程组 $\begin{cases} x^2+y^2=1, \\ 2x+3z=6 \end{cases}$ 表示怎样的曲线? 并将其化为参数方程.

解 方程 $x^2+y^2=1$ 表示母线平行于 z 轴的圆柱面,$2x+3z=6$ 表示平行于 y 轴的平面,所以它们的交线 $\begin{cases} x^2+y^2=1, \\ 2x+3z=6 \end{cases}$ 表示一个椭圆(图 7.28). 根据方程 $x^2+y^2=1$ 的特点,由圆的参数形式知该椭圆的参数方程可化为

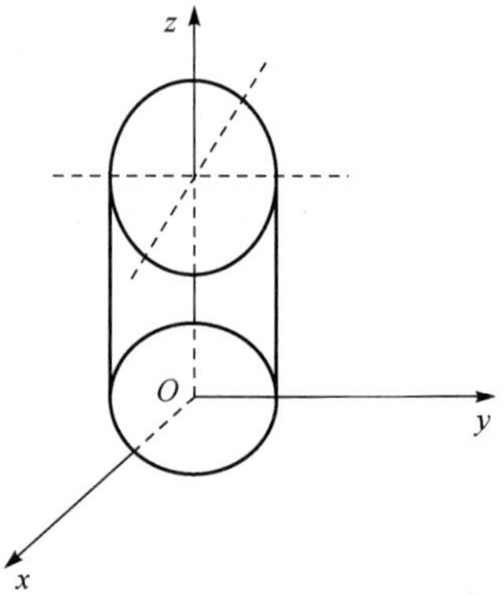

图 7.28

$$\begin{cases} x=\cos t, \\ y=\sin t, \\ z=2-\dfrac{2}{3}\cos t, \end{cases} \quad 0\leqslant t\leqslant 2\pi.$$

例 2 如果空间一点 M 在圆柱面 $x^2+y^2=a^2$ 上以角速度 ω 绕 z 轴旋转,同时又以线速度 v 沿平行于 z 轴的正方向上升(其中,ω,v 都是常数),那么点 M 构成的图形称为**螺旋线**(helical line). 试建立其参数方程.

解 取时间 t 为参数. 设当 $t=0$ 时,动点位于 x 轴上的一点 $A(a,0,0)$ 处. 经过时间 t,动点由点 A 运动到点 $M(x,y,z)$(图 7.29(a)). 记点 M 在 xOy 面上的投影为 M',点 M' 的坐标为 $(x,y,0)$. 由于动点在圆柱面上以角速度 ω 绕 z 轴旋转,所以经过时间 t,$\angle AOM'=\omega t$,从而

$$x=|OM'|\cos\angle AOM'=a\cos\omega t,$$
$$y=|OM'|\sin\angle AOM'=a\sin\omega t.$$

由于动点同时以线速度 v 沿平行于 z 轴的正方向上升,所以

$$z=M'M=vt.$$

因此,螺旋线的参数方程为

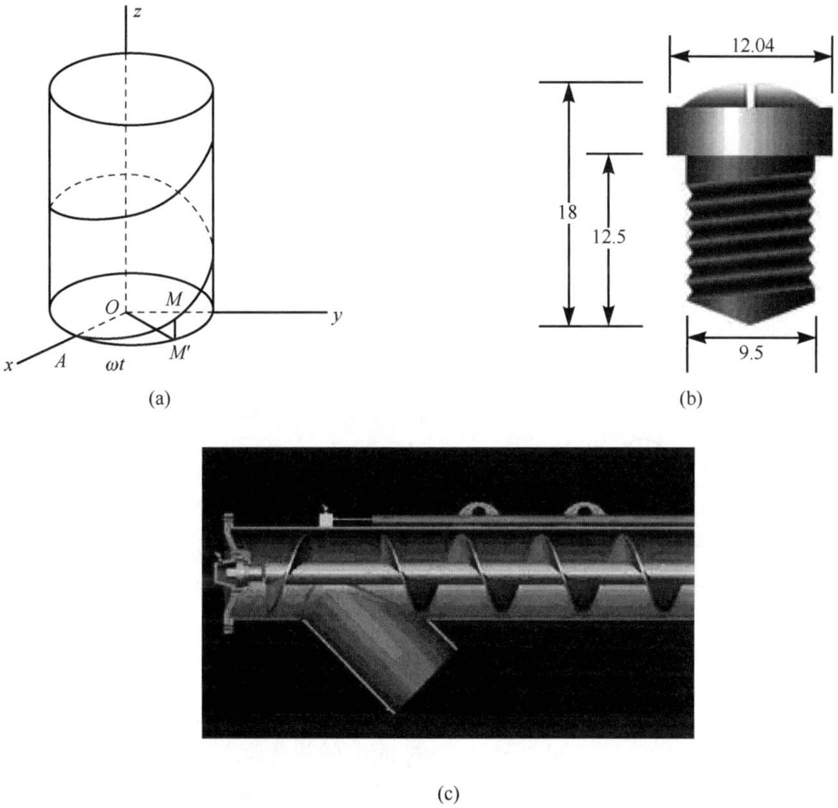

图 7.29

$$\begin{cases} x=a\cos\omega t, \\ y=a\sin\omega t, \\ z=vt. \end{cases}$$

如果令 $\theta=\omega t, b=\dfrac{v}{\omega}$,则螺旋线的参数方程为

$$\begin{cases} x=a\cos\theta, \\ y=a\sin\theta, \\ z=b\theta, \end{cases} \quad \theta \text{ 为参数.}$$

螺旋线是一种常用的曲线. 例如,平头螺丝钉的外缘曲线就是螺旋线(图 7.29(b)). 当拧紧平头螺丝钉时,它的外缘曲线上的任一点 M,一方面绕螺丝钉的轴旋转,另一方面又沿平行于轴线的方向前进,点 M 就走出一段螺旋线. 当参数 θ 从 θ_0 变到 $\theta_0+\alpha$ 时,z 由 $b\theta_0$ 变到 $b\theta_0+b\alpha$,这说明当 OM' 转过角 α 时,点 M 沿螺旋线上升了高度 $b\alpha$,即上升的高度与 OM' 转过的角度成正比. 特别是当 OM' 转过一周,即 $\alpha=2\pi$ 时,点 M 就上升固定的高度 $h=2\pi b$. 这个高度在工程技术上称为**螺距**(pitch). 螺距的大小与

实际产品的应用紧密相关，例如，在食品加工生产中常用的绞龙(图 7.29(c))就是根据运送量的大小来设计产品的螺距.

3. 空间曲线在坐标面上的投影

设空间曲线 C 的一般方程为

$$\begin{cases} F(x,y,z)=0, \\ G(x,y,z)=0, \end{cases}$$

消去其中一个变量(如 z)得到方程

$$H(x,y)=0, \tag{7.43}$$

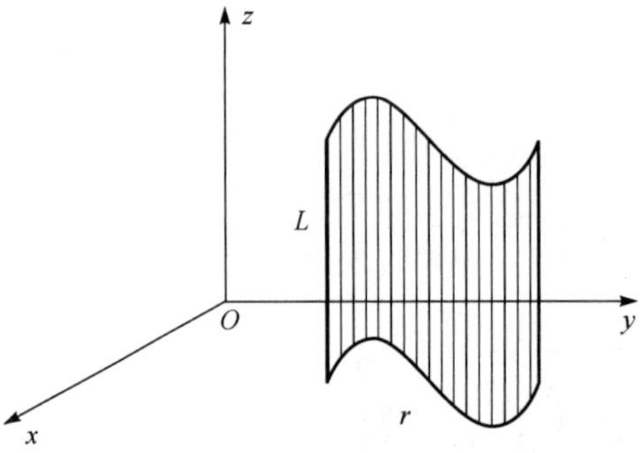

图 7.30

曲线 C 上的所有点都在方程(7.43)所表示的曲面上. 此曲面是垂直于 xOy 平面柱面，因此称为曲线 C 在 xOy 面上的**投影柱面**，投影柱面与 xOy 面的交线称为空间曲线 C 在 xOy 面上的**投影曲线**(图 7.30)，简称**投影**，用方程表示为

$$\begin{cases} H(x,y)=0, \\ z=0. \end{cases} \tag{7.44}$$

同理，可以求出空间曲线 C 在其他坐标面上的投影曲线.

注意到式(7.43)表示柱面，即投影柱面，式(7.44)表示该柱面与 xOy 面的交线，即投影曲线. 在以后学习重积分和曲面积分时，以及工程制图、CT 技术等的实际应用中，常要确定立体或曲面在坐标面上投影区域，这时可以转化为利用投影柱面和投影曲线来确定.

例 3　设一个立体由上半球面 $z=\sqrt{4-x^2-y^2}$ 和锥面 $z=\sqrt{3(x^2-y^2)}$ 所围成，求它在 xOy 面上的投影区域.

解　将立体的上、下两曲面的方程联立，即得交线方程为

$$\begin{cases} z=\sqrt{4-x^2-y^2}, \\ z=\sqrt{3(x^2+y^2)}, \end{cases}$$

消去 z 得投影柱面方程为

$$x^2+y^2=1.$$

投影曲线方程为

$$\begin{cases} x^2+y^2=1, \\ z=0. \end{cases}$$

该立体在 xOy 面上的投影区域为单位圆域，可表示为(图 7.31)

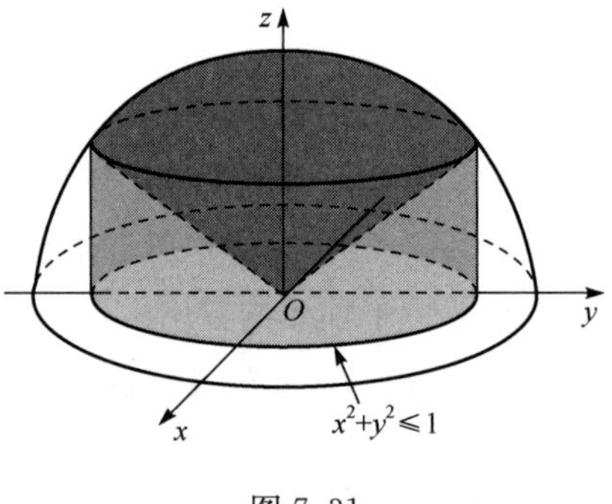

图 7.31

$$x^2+y^2\leqslant 1.$$

7.5.2 空间直线及其方程

作为空间曲线的特例，下面讨论最简单、最实用的一类空间曲线——空间直线.

1. 空间直线的一般式方程

空间直线可以看成是两个相交平面的交线，故其一般式方程为

$$L:\begin{cases}A_1x+B_1y+C_1z+D_1=0,\\A_2x+B_2y+C_2z+D_2=0.\end{cases}\tag{7.45}$$

通过空间一条直线 L 的平面有无穷多个，在这无穷多个平面中任意选两个，把它们联立，都可以作为 L 的方程. 设空间直线 L 的方程中，系数 A_1,B_1,C_1 与 A_2,B_2,C_2 不成比例，则三元一次方程

$$(A_1x+B_1y+C_1z+D_1)+\lambda(A_2x+B_2y+C_2z+D_2)=0\ ,\tag{7.46}$$

对于任何一个给定的 λ 值（λ 为任意常数），方程(7.46)就表示一个过直线 L 的平面. 过直线 L 的所有平面的全体称为**平面束**(plane pencil)（图 7.32），称方程(7.46)为通过直线 L 的**平面束方程**.

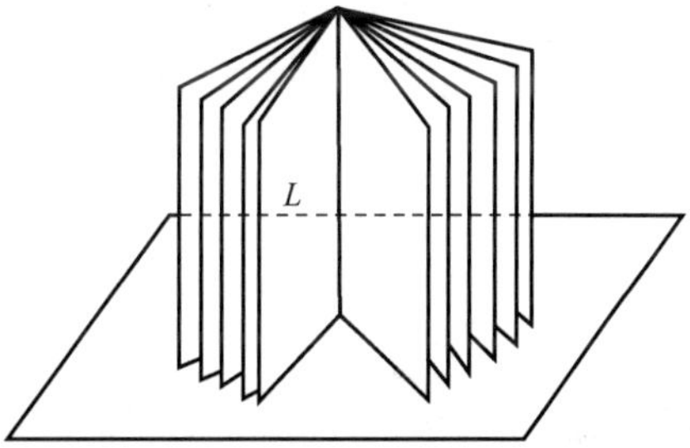

图 7.32

注意到方程(7.46)不包含平面 $A_2x+B_2y+C_2z+D_2=0$.

例 4 求直线 $L:\begin{cases}x+y-z-1=0,\\x-y+z+1=0\end{cases}$ 在平面 $\pi:x+y+z=0$ 上的投影直线的方程.

解 设过直线 L 的平面束方程为

$$(x+y-z-1)+\lambda(x-y+z+1)=0,$$

即

$$(1+\lambda)x+(1-\lambda)y+(-1+\lambda)z+(-1+\lambda)=0,$$

其中，λ 为待定常数. 该平面与已知平面 π 垂直的条件是

$$(1+\lambda)\cdot 1+(1-\lambda)\cdot 1+(-1+\lambda)\cdot 1=0,$$

故

$$\lambda=-1.$$

将 $\lambda=-1$ 代入平面束方程得到与已知平面垂直的平面方程为

$$2y-2z-2=0,$$

即

$$y-z-1=0,$$

所以求得投影直线（图 7.33）的方程为

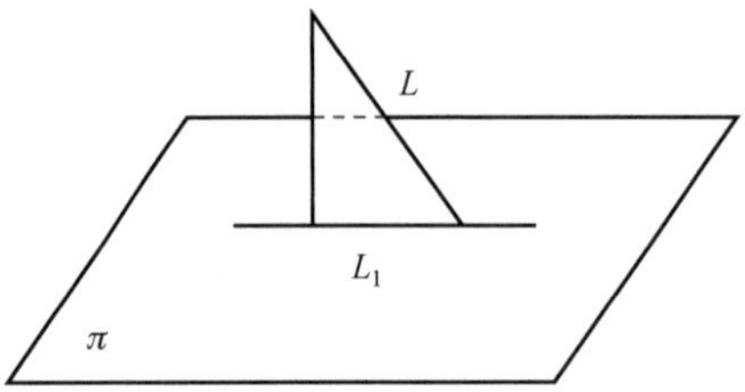

图 7.33

$$L_1:\begin{cases}y-z-1=0,\\x+y+z=0.\end{cases}$$

2. 空间直线的对称式方程与参数方程

定义 7.9　平行于已知直线的非零向量称为这条直线的**方向向量**(direction vector).

已知直线上的一点 $M_0(x_0,y_0,z_0)$ 和它的一个方向向量 $\boldsymbol{s}=(m,n,p)$,求直线方程.

设直线上任一点为 $M(x,y,z)$,那么 $\overrightarrow{M_0M}$ 与 $\boldsymbol{s}$ 平行,由平行的坐标表示式有

$$\frac{x-x_0}{m}=\frac{y-y_0}{n}=\frac{z-z_0}{p}\ ,\tag{7.47}$$

式(7.47)称为空间直线 L 的**对称式方程**(symmetrical equation)(或称为**点向式方程**).其中,m,n,p 称为空间直线 L 的**方向数**(direction numbers).

这里 m,n,p 不同时为零,若 m,n,p 中有某一个或两个为零,则对应式(7.47)的分子为零.

若设

$$\frac{x-x_0}{m}=\frac{y-y_0}{n}=\frac{z-z_0}{p}=t,$$

则可将直线的对称式方程写成**参数方程**(parametric equation)

$$\begin{cases}x=x_0+mt,\\y=y_0+nt,\\z=z_0+pt,\end{cases}\tag{7.48}$$

其中,t 为参数.

空间直线 L 的三种形式:一般式、对称式(点向式)、参数式可以相互转换,按具体要求写成相应的方程.

例 5　用对称式方程及参数方程表示直线 $\begin{cases}x+y+z+1=0,\\2x-y+3z+4=0.\end{cases}$

解　先找出直线上的一点 $M_0(x_0,y_0,z_0)$,如取 $x_0=1$,代入直线方程中可解得 $y_0=0,z_0=-2$,即得 $M_0(1,0,-2)$.取方向向量

$$\boldsymbol{s}=(1,1,1)\times(2,-1,3)=(4,-1,-3),$$

所以该直线的对称式方程为

$$\frac{x-1}{4}=\frac{y-0}{-1}=\frac{z+2}{-3},$$

该直线的参数方程为

$$\begin{cases} x=1+4t, \\ y=-t, \\ z=-2-3t. \end{cases}$$

例 6 已知一直线过点 $A(2,-3,4)$ 且和 y 轴垂直相交，求其方程.

解 过点 $A(2,-3,4)$ 且和 y 轴垂直的平面为 $y+3=0$. 它与 y 轴交点为 $B(0,-3,0)$，则所求直线的方向向量为 $\boldsymbol{s}=\overrightarrow{AB}=(-2,0,-4)$，所以直线方程为

$$\frac{x}{-2}=\frac{y+3}{0}=\frac{z}{-4},$$

或

$$\begin{cases} y+3=0, \\ 2x-z=0. \end{cases}$$

3. 两直线的夹角

两直线的方向向量的夹角(通常指锐角)称为**两直线的夹角**(图 7.34).

设两直线 L_1 和 L_2 的方向向量依次为 $\boldsymbol{s}_1=(m_1,n_1,p_1)$ 和 $\boldsymbol{s}_2=(m_2,n_2,p_2)$，两直线的夹角可以按两向量夹角公式来计算

$$\cos\varphi=\frac{|m_1m_2+n_1n_2+p_1p_2|}{\sqrt{m_1^2+n_1^2+p_1^2}\cdot\sqrt{m_2^2+n_2^2+p_2^2}}. \tag{7.49}$$

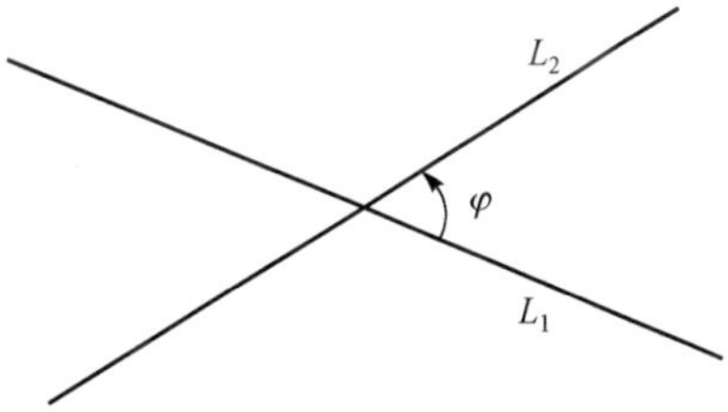

图 7.34

两直线 L_1 和 L_2 垂直的充分必要条件是

$$m_1m_2+n_1n_2+p_1p_2=0,$$

两直线 L_1 和 L_2 平行的充分必要条件是

$$\frac{m_1}{m_2}=\frac{n_1}{n_2}=\frac{p_1}{p_2}.$$

例 7 求过点 $(-3,2,5)$ 且与两平面 $x-4z=3$ 和 $2x-y-5z=1$ 的交线平行的直线方程.

解 两已知平面的法向量分别为 $\boldsymbol{n}_1=(1,0,-4)$，$\boldsymbol{n}_2=(2,-1,-5)$，则所求直线的方向向量可取

$$\boldsymbol{s}=\boldsymbol{n}_1\times\boldsymbol{n}_2=(1,0,-4)\times(2,-1,-5)=(-4,-3,-1),$$

则所求直线方程为

$$\frac{x+3}{4}=\frac{y-2}{3}=\frac{z-5}{1}.$$

4. 直线与平面的夹角

当直线与平面不垂直时，直线与它在平面上的投影直线的夹角 $\varphi\left(0\leqslant\varphi\leqslant\frac{\pi}{2}\right)$ 称

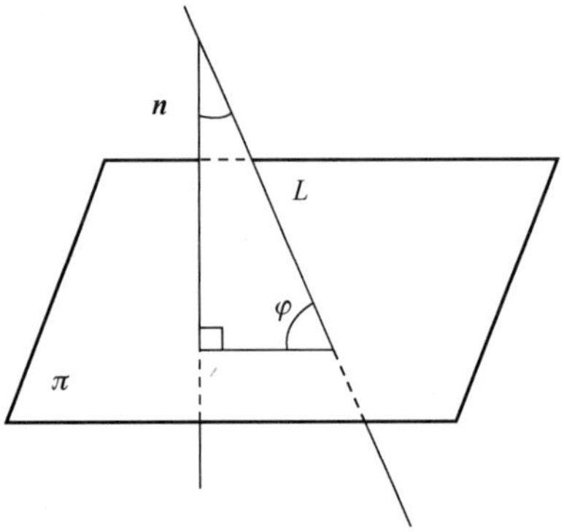

图 7.35

为**直线与平面的夹角**(图 7.35);当直线与平面垂直时,规定直线与平面的夹角为$\frac{\pi}{2}$.

设直线 L 的方向向量为 $\boldsymbol{s}=(m,n,p)$,平面的法向量为 $\boldsymbol{n}=(A,B,C)$,直线与平面的夹角为 φ,那么

$$\sin\varphi=\frac{|Am+Bn+Cp|}{\sqrt{A^2+B^2+C^2}\cdot\sqrt{m^2+n^2+p^2}}.\quad(7.50)$$

直线与平面垂直的充分必要条件为 $\boldsymbol{s}/\!/\boldsymbol{n}$,相当于

$$\frac{A}{m}=\frac{B}{n}=\frac{C}{p},$$

直线与平面平行的充分必要条件为 $\boldsymbol{s}\perp\boldsymbol{n}$,相当于

$$Am+Bn+Cp=0.$$

例 8　求直线 $L:\frac{x}{1}=\frac{y-1}{-2}=\frac{z-2}{3}$ 与平面 $\pi:x-y+z-7=0$ 的交点及直线与平面的夹角.

解　(1) 令 $\frac{x}{1}=\frac{y-1}{-2}=\frac{z-2}{3}=t$,将直线方程化为参数方程

$$\begin{cases}x=t,\\y=1-2t,\\z=2+3t.\end{cases}$$

代入平面方程 $x-y+z-7=0$ 得

$$t-(1-2t)+(2+3t)-7=0,$$

解得　$t=1$,所以直线与平面的交点为 $(1,-1,5)$.

(2) 因为直线的方向向量为 $\boldsymbol{s}=(1,-2,3)$,平面的法向量为 $\boldsymbol{n}=(1,-1,1)$,直线与平面夹角的正弦为

$$\sin\varphi=\frac{|1\times1+(-2)\times(-1)+3\times1|}{\sqrt{1^2+(-2)^2+3^2}\cdot\sqrt{1^2+(-1)^2+1^2}}=\frac{\sqrt{42}}{7},$$

所以,直线与平面的夹角为 $\varphi=\arcsin\frac{\sqrt{42}}{7}$.

7.5.3　二次曲面

已经知道方程 $F(x,y,z)=0$ 一般代表曲面,若 $F(x,y,z)=0$ 为一次方程,则它代表一次曲面,即平面.若 $F(x,y,z)=0$ 为二次方程,则它表示的曲面称为**二次曲面**(quadric surface).如何通过方程去了解它表示曲面的形状呢?通常可以用坐标面和

平行于坐标面的平面与曲面相截，考察其交线(即截痕)的形状，然后加以综合，从而了解曲面的全貌，这种方法称为**截痕法**(truncation law). 下面用截痕法来研究几个二次曲面的形状.

1. 椭球面

方程

$$\frac{x^2}{a^2}+\frac{y^2}{b^2}+\frac{z^2}{c^2}=1 \tag{7.51}$$

所表示的曲面称为**椭球面**(ellipsoid). 它关于三个坐标面、三条坐标轴都对称.

使用截痕法，先求出它与三个坐标面的交线分别为

$$\begin{cases}\dfrac{x^2}{a^2}+\dfrac{y^2}{b^2}=1,\\ z=0,\end{cases}\quad \begin{cases}\dfrac{x^2}{a^2}+\dfrac{z^2}{c^2}=1,\\ y=0,\end{cases}\quad \begin{cases}\dfrac{y^2}{b^2}+\dfrac{z^2}{c^2}=1,\\ x=0,\end{cases}$$

这些交线都是椭圆. 再看这个曲面与平行于坐标面的平面的交线. 椭球面与平面 $y=y_1$ 的交线为椭圆

$$\begin{cases}\dfrac{x^2}{\dfrac{a^2}{b^2}(b^2-y_1^2)}+\dfrac{z^2}{\dfrac{c^2}{b^2}(b^2-y_1^2)}=1,\\ y=y_1,\end{cases}\quad |y_1|<b.$$

同理，与平面 $x=x_1$ 和 $z=z_1$ 的交线也是椭圆. 椭圆截面的大小随平面位置的变化而变化. 综上可知，其形状如图 7.36 所示.

特别地，当 a,b,c 中有两个相等时，它是一个旋转椭球面. 例如，当 $a=b\neq c$ 时，方程 $\frac{x^2}{a^2}+\frac{y^2}{a^2}+\frac{z^2}{c^2}=1$ 是一个旋转椭球面；当 $a=b=c$时，方程$\frac{x^2}{a^2}+\frac{y^2}{a^2}+\frac{z^2}{a^2}=1$ 就是一个球面.

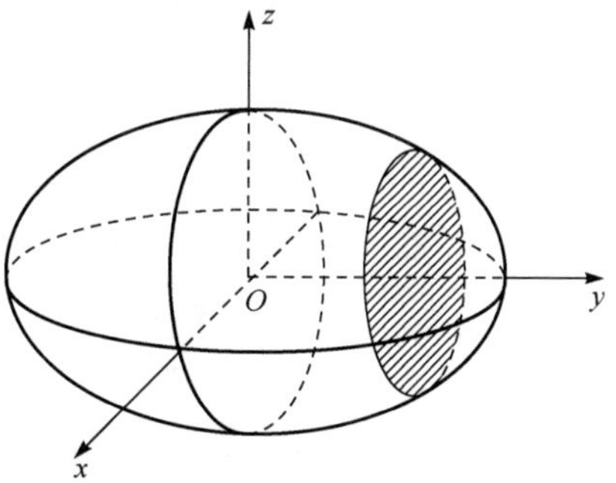

图 7.36

2. 抛物面(paraboloid)

(1) 椭圆抛物面的方程为

$$\frac{x^2}{2p}+\frac{y^2}{2q}=z,\quad p \text{ 与 } q \text{ 同号},$$

其形状如图 7.37 所示.

(2) 旋转抛物面方程为

$$\frac{x^2}{2p}+\frac{y^2}{2p}=z.$$

(3) 双曲抛物面(鞍形曲面)方程为

$$-\frac{x^2}{2p}+\frac{y^2}{2q}=z,\quad p \text{ 与 } q \text{ 同号},$$

当 $p>0,\ q>0$ 时,其形状如图 7.38 所示.

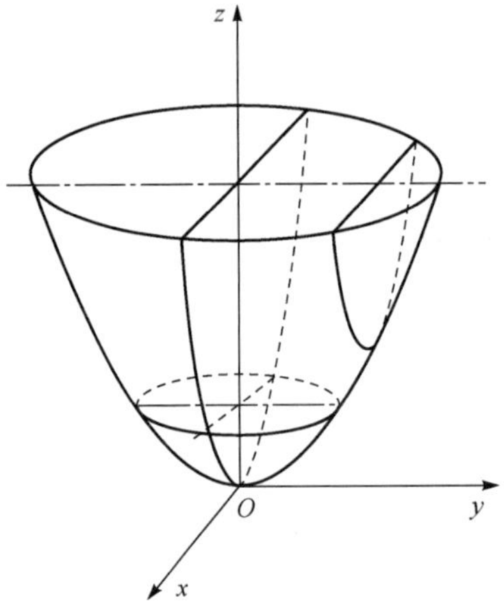

图 7.37

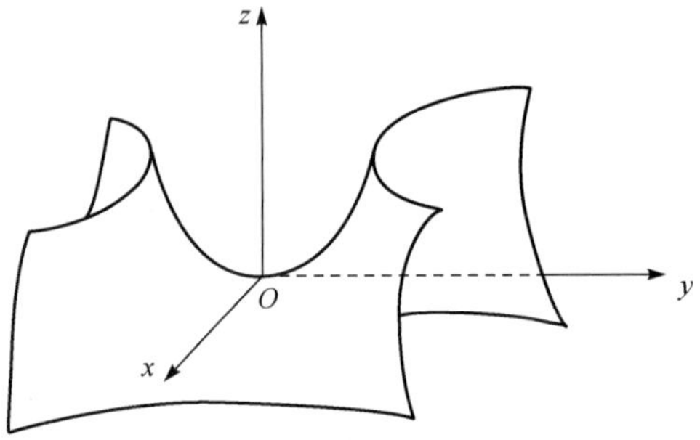

图 7.38

3. 双曲面(hyperboloid)

(1) 单叶双曲面. 由方程

$$\frac{x^2}{a^2}+\frac{y^2}{b^2}-\frac{z^2}{c^2}=1,\quad a>0,b>0,c>0,$$

所确定的曲面称为**单叶双曲面**(hyperboloid of one sheet)(图 7.39). 单叶双曲面与椭球面一样,也关于三个坐标面对称.

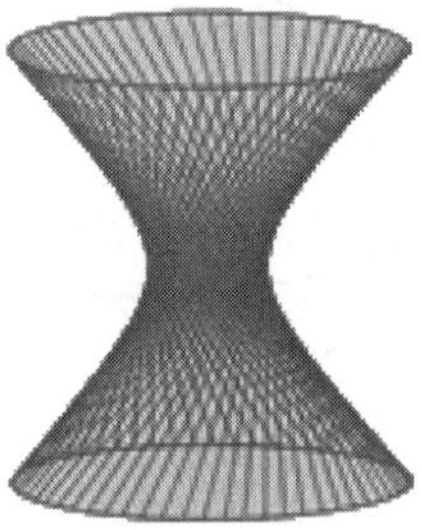

(a)

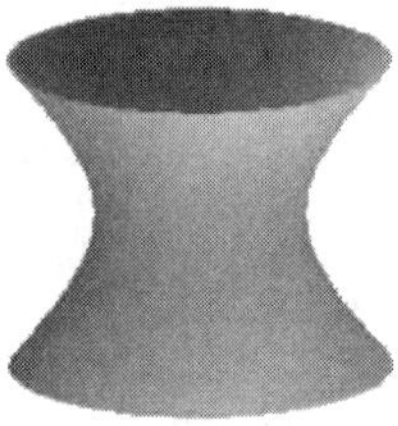

(b)

图 7.39

用平面 $z=h$ 截得的曲线为

$$\begin{cases}\dfrac{x^2}{a^2}+\dfrac{y^2}{b^2}=1+\dfrac{h^2}{c^2}, & 0\leqslant h\leqslant c,\\ z=h,\end{cases}$$

它是 $z=h$ 平面上的一个椭圆.

用 $x=h$ 平面去截单叶双曲面截得的曲线为

$$\begin{cases}\dfrac{y^2}{b^2}-\dfrac{z^2}{c^2}=1-\dfrac{h^2}{a^2},\\ x=h.\end{cases}$$

当 $|h|\neq a$ 时,它是 $x=h$ 平面上的双曲线;当 $|h|=a$ 时,它是两条相交的直线. 同理,用 $y=h$ 平面去截曲面的情形与此类似,如图 7.40 所示.

综上可知,单叶双曲面的图形如图 7.40 所示.

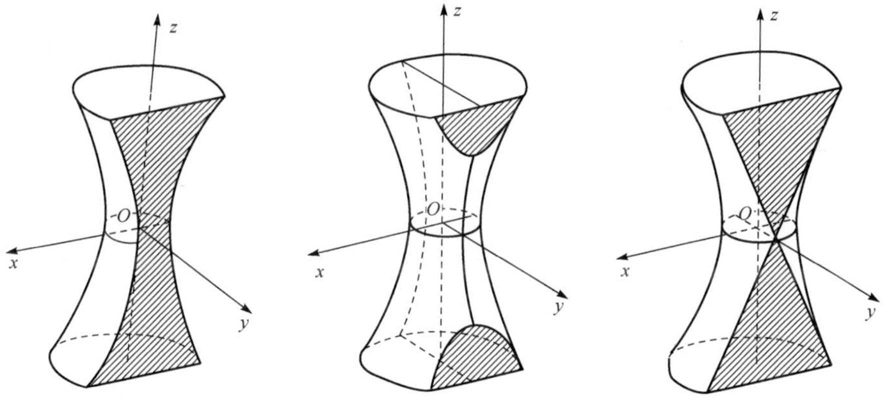

图 7.40

(2) 双叶双曲面. 由方程

$$\frac{x^2}{a^2}+\frac{y^2}{b^2}-\frac{z^2}{c^2}=-1,\quad a>0,b>0,c>0\ ,$$

所确定的曲面称为**双叶双曲面**(hyperboloid of two sheets),其图形如图 7.41 所示.

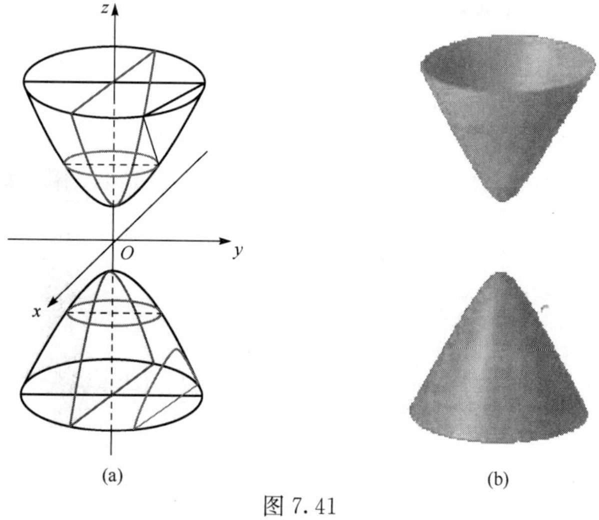

图 7.41

习　题　7.5

1. 指出下列方程组在平面解析几何中与在空间解析几何中分别表示什么曲线：

(1) $\begin{cases} y=5x+1, \\ y=2x-5; \end{cases}$　　(2) $\begin{cases} \dfrac{x^2}{4}+\dfrac{y^2}{9}=1, \\ y=3. \end{cases}$

2. 求空间曲线 Γ: $\begin{cases} 2x^2+4y+z^2=4z, \\ x^2-8y+3z^2=12z \end{cases}$ 对三个坐标平面上的投影柱面方程.

3. 求 $\begin{cases} x^2+y^2-z=0, \\ z=x+1 \end{cases}$ 在三个坐标面的投影曲线方程.

4. 求满足以下条件的直线方程

(1) 过点(3,2,−1)和(−2,3,5)；

(2) 过点(0,−3,1)且平行于平面 $x+2z=1$ 和 $y-3z=2$；

(3) 过点(2,−3,1)且垂直于平面 $2x+3y-z-1=0$.

5. 求直线 $\dfrac{x}{2}=\dfrac{y-1}{3}=\dfrac{z}{-6}$ 与直线 $\begin{cases} x=2t, \\ y=3+3t, \\ z=-6+t \end{cases}$ 之间夹角的余弦.

6. 求直线 $\begin{cases} x=3+2t, \\ y=1+t, \\ z=5-t \end{cases}$ 与平面 $3x+6y+3z-1=0$ 的夹角.

7. 求点(−1,2,1)在平面 $x+2y-z+1=0$ 上的投影.

8. 求点 $A(2,3,-1)$ 到直线 $\dfrac{x-1}{2}=\dfrac{y+5}{1}=\dfrac{z+15}{-2}$ 的距离.

9. 求旋转抛物面 $z=x^2+y^2\ (0\leqslant z\leqslant 4)$ 在三坐标面上的投影.

10. 画出下列各曲面所围立体的图形：

(1) 抛物柱面 $2y^2=x$，平面 $z=0$ 及 $\dfrac{x}{4}+\dfrac{y}{2}+\dfrac{z}{2}=1$；

(2) 抛物柱面 $x^2=1-z$，平面 $y=0$，$z=0$ 及 $x+y=1$；

(3) 圆锥面 $z=\sqrt{x^2+y^2}$ 及旋转抛物面 $z=2-x^2-y^2$；

(4) 旋转抛物面 $z=x^2+y^2$，柱面 $y^2=x$，平面 $z=0$ 及 $x=1$.

11. 作图题:利用 Matlab 或 Mathematic 软件描绘本页第 10 题中立体的图形.

模拟考场七

一、填空题(每小题 3 分,共 15 分)

1. 在空间直角坐标系中,点 $M(1,2,3)$ 关于坐标原点 O 的对称点为____________.

2. 已知向量 $\boldsymbol{m}=(\lambda,1,2)$，$\boldsymbol{n}=(2,2,4)$ 平行,则 $\lambda=$____________.

3. 已知 $|\boldsymbol{a}|=4$，$|\boldsymbol{b}|=3$，$(\widehat{\boldsymbol{a},\boldsymbol{b}})=\dfrac{\pi}{6}$，则以 $\boldsymbol{a},\boldsymbol{b}$ 为边的平行四边形的面积为____________.

4. yOz 面上的曲线方程为 $F(y,z)=0$，该曲线绕 z 轴旋转一周得一旋转曲面，则该旋转曲面的方程为____________.

5. 三个非零向量 $\boldsymbol{a},\boldsymbol{b},\boldsymbol{c}$ 共面的充分必要条件是____________.

二、单项选择题(每小题 3 分，共 15 分)

6. 点 $(-1,2,1)$ 关于 z 轴的对称点是(　　).

(A) $(1,-2,1)$　　(B) $(-1,2,-1)$　　(C) $(1,-2,-1)$　　(D) $(-1,-2,-1)$

7. 在球面 $x^2+y^2+z^2-2x=0$ 内部的点是(　　).

(A) $(2,0,0)$　　(B) $(0,2,0)$　　(C) $\left(\frac{1}{2},\frac{1}{2},\frac{1}{2}\right)$　　(D) $\left(-\frac{1}{2},\frac{1}{2},\frac{1}{2}\right)$

8. 已知直线 $L:\begin{cases}2x-y-1=0,\\x+y-z=0,\end{cases}$ 与平面 $\Pi:x-2y+z-1=0$，L 与 Π 的关系是(　　).

(A) $L\perp\Pi$　　(B) $L//\Pi$，但 L 不在 Π 内　　(C) L 在 Π 内　　(D) L 与 Π 斜交

9. 方程 $x^2+2y-3z^2-1=0$ 表示的曲面是(　　).

(A) 单叶双曲面　　(B) 双曲抛物面　　(C) 双叶双曲面　　(D) 椭圆抛物面

10. 点 $(0,-2,2)$ 到平面 $2x+y-2z-3=0$ 的距离是(　　).

(A) 2　　(B) 9　　(C) $\frac{1}{9}$　　(D) 3

三、计算题(每小题 8 分，共 64 分)

11. 已知向量 $\boldsymbol{a},\boldsymbol{b},\boldsymbol{c}$ 满足 $|\boldsymbol{a}|=1,|\boldsymbol{b}|=2,|\boldsymbol{c}|=\sqrt{5}$，且 $\boldsymbol{a}+\boldsymbol{b}+\boldsymbol{c}=\boldsymbol{0}$，求 $\boldsymbol{a}\cdot\boldsymbol{b}+\boldsymbol{b}\cdot\boldsymbol{c}+\boldsymbol{c}\cdot\boldsymbol{a}$.

12. 已知点 $A(1,0,0)$ 及点 $B(0,2,1)$，试在 z 轴上求一点 C，使 $\triangle ABC$ 的面积最小.

13. 求过点 $M(2,-3,0)$ 且与直线 $L:\begin{cases}4x-y-z-2=0,\\x+y+z-5=0\end{cases}$ 平行的直线方程.

14. 设一平面 π 过 $L_1:x-y-z+2=0,y+z=0$ 且平行于 $L_2:x-1=\frac{y+1}{2}=\frac{z-2}{-3}$，求平面 π 的方程.

15. 求原点关于平面 $x-2y+3z+21=0$ 的对称点及该点到此平面的距离.

16. 求锥面 $z=\sqrt{x^2+y^2}$ 与柱面 $z^2=2x$ 所围立体在三坐标面上的投影.

17. 求两直线 $L_1:\frac{x-3}{3}=\frac{y}{-1}=\frac{z-2}{2}$ 与 $L_2:x=y=z+1$ 间的距离 d.

18. 求直线 $L:x-1=\frac{y+2}{-1}=z+1$ 绕 z 轴旋转所得曲面的方程.

四、证明题(本题 6 分)

19. 利用向量证明：菱形的两条对角线互相垂直.

数学家史话　一宵奇梦定终生——Descartes

Rene Descartes(勒奈·笛卡儿)，1596 年 3 月 31 日生于法国都兰城. Descartes 是伟大的哲学家、物理学家、数学家、生理学家，是解析几何的创始人. 因家境富裕又从小多病，学校允许他在床上早读，这使他养成了终生沉思的习惯，形成了孤僻的性格.

Descartes 于 1612 年到普瓦捷大学攻读法学，四年后获博士学位. 毕业后，便背离家庭的职业

传统，开始探索人生之路，投笔从戎，想借机游历欧洲，开阔眼界.

这期间有几次经历对他产生了重大的影响. 一次，Descartes 在街上散步，偶然间看到了一张数学题悬赏的启事. 两天后，Descartes 竟然把那个问题解答出来了，引起了著名学者伊萨克 · 皮克曼的注意. 皮克曼向 Descartes 介绍了数学的最新发展，给了他许多有待研究的问题.

据说，Descartes 曾在一个晚上做了三个奇特的梦. 第一个梦是他被风暴吹到一个风力吹不到的地方，第二个梦是他得到了打开自然宝库的钥匙，第三个梦是他开辟了通向真正知识的道路. 这三个奇特的梦增强了他创立新学说的信心. 这一天是 Descartes 思想上的一个转折点，有些学者也把这一天定为解析几何的诞生日.

Descartes 不仅在哲学领域里开辟了一条新的道路，同时 Descartes 又是一勇于探索的科学家，在物理学、生理学等领域都有值得称道的创见，特别是在数学上他创立了解析几何，从而打开了近代数学的大门，在科学史上具有划时代的意义.

Descartes 的主要数学成果集中在他的"几何学"中. 当时，代数还是一门比较新的科学，几何学的思维还在数学家的头脑中占有统治地位. 在 Descartes 之前，几何与代数是数学中两个不同的研究领域. Descartes 站在方法论的自然哲学的高度，认为希腊人的几何学过于依赖于图形，束缚了人的想象力. 对于当时流行的代数学，他觉得它完全从属于法则和公式，不能成为一门改进智力的科学. 因此他提出必须把几何与代数的优点结合起来，建立一种"真正的数学". Descartes 的思想核心是把几何学的问题归结成代数形式的问题，用代数学的方法进行计算、证明，从而达到最终解决几何问题的目的. 依照这种思想他创立了我们现在称之为"解析几何学"的学科. 1637 年，Descartes 发表了《几何学》，创立了直角坐标系. 他用平面上的一点到两条固定直线的距离来确定点的位置，用坐标来描述空间上的点. 他进而又创立了解析几何学，表明了几何问题不仅可以归结成为代数形式，而且可以通过代数变换来实现发现几何性质，证明几何性质. 解析几何的出现，改变了自古希腊以来代数和几何分离的趋向，把相互对立着的"数"与"形"统一了起来，使几何曲线与代数方程相结合. Descartes 的这一天才创见，更为微积分的创立奠定了基础，从而开拓了变量数学的广阔领域. 最为可贵的是，Descartes 用运动的观点，把曲线看成点运动的轨迹，不仅建立了点与实数的对应关系，而且把形(包括点、线、面)和"数"两个对立的对象统一起来，建立了曲线和方程的对应关系. 这种对应关系的建立，不仅标志着函数概念的萌芽，而且标明变数进入了数学，使数学在思想方法上发生了伟大的转折——由常量数学进入变量数学的时期. 正如恩格斯所说："数学中的转折点是 Descartes 的变数. 有了变数，运动进入了数学，有了变数，辨证法进入了数学，有了变数，微分和积分也就立刻成为必要了."Descartes 的这些成就为后来 Newton、Leibniz 发现微积分，并为一大批数学家的新发现开辟了道路.

Descartes 是欧洲近代哲学的奠基人之一，黑格尔称他为"现代哲学之父". 他自成体系，熔唯物主义与唯心主义于一炉，在哲学史上产生了深远的影响. 同时，他又是一位勇于探索的科学家，他所建立的解析几何在数学史上具有划时代的意义. Descartes 堪称 17 世纪的欧洲哲学界和科学界最有影响的巨匠之一，被誉为"近代科学的始祖".

轶事：蜘蛛织网和平面直角坐标系的创立　据说有一天，Descartes 生病卧床，病情很重，尽管如此他还反复思考一个问题：几何图形是直观的，而代数方程是比较抽象的，能不能把几何图形和代数方程结合起来，也就是说能不能用几何图形来表示方程呢？要想达到此目的，关键是如何把组成几何图形的点和满足方程的每一组"数"挂上钩，他苦苦思索，拼命琢磨，通过什么样的方法，才能把"点"和"数"联系起来. 突然，他看见屋顶角上的一只蜘蛛，拉着丝垂了下来. 一会儿功夫，蜘蛛又顺着丝爬上去，在上边左右拉丝. 蜘蛛的"表演"使 Descartes 的思路豁然开朗. 他想，可以把蜘蛛看作一个点. 他在屋子里可以上、下，左、右运动，能不能把蜘蛛的每一个位置用一组数确定下来呢？他又想，屋子里相邻的两面墙与地面交出了三条线，如果把地面上的墙角作为起点，把交出来的三条线作为三根数轴，那么空间中任意一点的位置就可以在这三根数轴上找到有顺序的三个数. 反过来，任意给一组三个有顺序的数也可以在空间中找到一点 P 与之对应，同样道理，用一组数 (X,Y) 可以表示平面上的一个点，平面上的一个点也可以用一组两个有顺序的数来表示，这就是坐标系的雏形.

Descartes 与克里斯汀心形线(即心脏线)的故事　据说 Descartes 在欧洲大陆爆发黑死病时流浪到瑞典，认识了瑞典一个小公国 18 岁的小公主克里斯蒂娜(Kristina)，后来成为了她的数学老师，日日相处使他们彼此产生爱慕之心，公主的父亲国王知道了后勃然大怒，下令将 Descartes 处死，后因女儿求情将其流放回法国，克里斯蒂娜公主也被父亲软禁起来. Descartes 回法国后不久便染上黑死病，他日日给公主写信，因被国王拦截，克里斯蒂娜一直没收到 Descartes 的信. Descartes 在给克里斯蒂娜寄出第十三封信后就气绝身亡了，这第十三封信内容只有短短的一个公式：$r=a(1-\sin\theta)$. 国王看不懂，觉得他们俩之间并不是总是说情话的，大发慈悲就把这封信交给一直闷闷不乐的克里斯蒂娜，公主看到后，立即明白了恋人的心意，她马上在纸上建立了极坐标系，把方程的图形画出来，看到了方程所表示的心脏线，看到图形她开心极了，她知道恋人仍然爱着她，理解了 Descartes 对自己的深深爱意. 这也就是著名的"心形线".

第 8 章　多元函数微分法及其应用

当我们感受到自然界和人类的美并用美丽的语言去讴歌她，这就是诗歌；用美丽的颜色和笔调去描述她，这就是绘画；用美丽的音符和旋律去表现她，这就是音乐；当我们感受到存在于自然中的数和形之美并以理智引导下的证明和计算去表现她，这就是数学.

——摘自张楚廷《数学文化》

从哲学角度看，一元函数的微分与积分之间既对立又统一，它们是一对矛盾，但这对矛盾是在二维空间中讨论的. 实际上，在三维及三维以上的高维空间(higher dimensional space)中，也可以讨论微积分这对矛盾，虽然情况复杂一些，但其内容也包括微分、积分以及体现微分与积分是一对矛盾的微积分基本定理. 本章主要研究多元函数的微分.

在上册中已经讨论过一元函数及其微分的相关问题，但在工程技术、物理化学、经济管理等众多领域中，许多问题往往涉及多个因素之间的关系，这种关系在数学上表现为一个变量依赖于多个变量，抽象出这种关系可以导出多元函数的概念. 本章将讨论多元函数的微分法及其应用，它是一元函数微分的自然推广，虽有诸多相似之处，但由于自变量个数的不同，也存在一些质的区别. 抓住一元函数和多元函数相关概念及其关系的同与异，是学习本章内容的重要方法. 本章主要以二元函数为研究对象，二元以上的多元函数微分问题可由二元函数相关问题推广得到，并无本质差异.

8.1　多元函数的极限与连续

8.1.1　平面点集与 n 维空间

空间是数学中一个非常重要的概念，不同研究问题有不同的研究空间，即使相同研究问题在不同的空间中也有不同的含义. 例如，一元函数 $y=f(x)$ 在二维空间中表示一条曲线，但在三维空间中却表示一张曲面. 在讨论一元函数时，已经定义过邻域、区间等概念，但在研究多元函数问题时，变量个数的增加导致研究空间的不同，也导致多元函数的一些概念发生了较大的改变. 为此，先引入平面点集的一些基本概念，将有关概念从一维空间推广到二维空间，并在引入 n 维空间后，这些概念可推广到 n 维空间之中.

1. 平面点集

设 $P_0(x_0,y_0)$和 $P_1(x_1,y_1)$是 xOy 平面上的两点，点 P_0 与点 P_1 的距离记为 $\rho(P_0,P_1)$，则有

$$\rho(P_0,P_1)=|P_0P_1|=\sqrt{(x_1-x_0)^2+(y_1-y_0)^2}.$$

如果固定 xOy 平面上的点 P_0，显然，平面上到 P_0 点的距离为 δ 的点有无限多个，这些点的集合即构成了以 P_0 为中心、以 δ 为半径的圆. 因此，圆实际上就是一个平面点集，可以写成

$$\{P(x,y)\mid |P_0P|=\delta\}.$$

至此，很容易给出二维空间中邻域的定义.

设 $P_0(x_0,y_0)$是 xOy 平面上的一个点，δ 是某一正数，与点 $P_0(x_0,y_0)$距离小于 δ 的点 $P(x,y)$的全体，称为**点 P_0 的 δ 邻域**，记为 $U(P_0,\delta)$，即

$$U(P_0,\delta)=\{P\mid |P_0P|<\delta\}$$

或

$$U(P_0,\delta)=\{(x,y)\mid \sqrt{(x-x_0)^2+(y-y_0)^2}<\delta\}.$$

点 P_0 称为邻域 $U(P_0,\delta)$的中心，δ 称该邻域的半径.

显然，从几何上来看，邻域 $U(P_0,\delta)$表示 xOy 平面上以点 P_0 为中心、以 δ 为半径的圆内部所有点 $P(x,y)$的集合.

$U(P_0,\delta)$实际上就是一个平面点集. 去掉中心 P_0 点后，所有其他 $U(P_0,\delta)$中点的集合称为以 P_0 为中心、以 δ 为半径的**去心邻域**，记作 $\mathring{U}(P_0,\delta)$，即

$$\mathring{U}(P_0,\delta)=\{P\mid 0<|P_0P|<\delta\}.$$

如果不需要强调邻域的半径 δ，则用 $U(P_0)$表示点 P_0 的某个邻域，$\mathring{U}(P_0)$表示点 P_0 的某个去心邻域.

借助于邻域的概念，可以比较方便地定义平面点集 E 中一些特殊的点，并由此定义一些重要的平面点集.

内点 如果存在点 P 的某一邻域 $U(P)$，使得 $U(P)\subset E$，则称点 P 为 E 的**内点**(interior point)(如图 8.1 中点 P_1).

外点 如果存在点 P 的某个邻域 $U(P)$，使得 $U(P)\cap E=\varnothing$，则称点 P 为 E 的**外点**(exterior point)(如图 8.1 中点 P_2).

边界点 如果点 P 的任一邻域内既含属于 E 的点，也含不属于 E 的点，则称点 P 为 E 的**边界点**(boundary point)(如图 8.1 中点 P_3,P_4). E 的**边界点**的全体称为 E 的边界(boundary)，记作 ∂E.

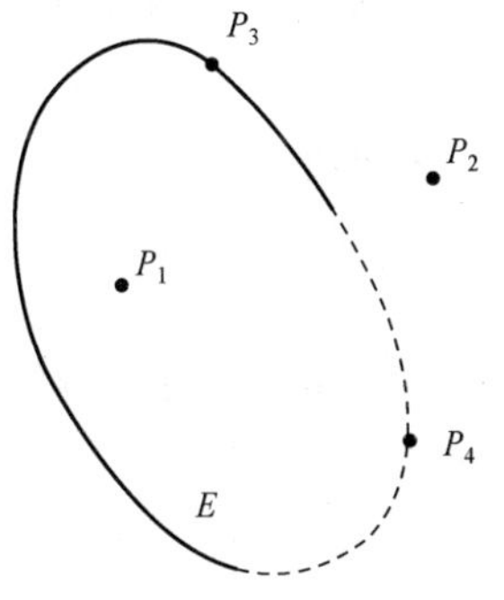

图 8.1

在二维空间中,任意一点 P 与任意一点集 E 之间的关系必为上述三种关系之一. 由上述定义可知,E 的内点必属于 E,E 的外点必不属于 E,E 的边界点可能属于 E(如图 8.1 中点 P_3),也可能不属于 E(如图 8.1 中点 P_4).

有一类特殊的边界点,称为**孤立点**(isolated point).

孤立点　如果点 P 属于 E,且存在某个去心邻域 $\mathring{U}(P)$ 使得 $\mathring{U}(P)\cap E=\varnothing$,则称点 P 为 E 的孤立点. 根据定义,所有的孤立点其实也是边界点.

内点和非孤立的边界点可以归并为另一特殊的点,即下面定义的聚点(point of accumulation).

聚点　如果点 P 的任何去心邻域 $\mathring{U}(P)$ 内都含有 E 中的点,则称点 P 为 E 的聚点.

根据内点、边界点与点集 E 之间的关系,E 的聚点可能属于 E,也可能不属于 E.

例如,平面点集 $E=\{(x,y)\mid 1<x^2+y^2\leqslant 2\}$,满足 $1<x^2+y^2<2$ 的一切点 (x,y) 都是 E 的内点;满足 $x^2+y^2=1$ 的一切点 (x,y) 都是 E 的边界点,它们都不属于 E;满足 $x^2+y^2=2$ 的一切点 (x,y) 也是 E 的边界点,但它们都属于 E;点集 E 以及它的一切边界点都是 E 的聚点.

开集　如果平面点集 E 中的所有点都是内点, 则称 E 为开集(open set).

闭集　如果平面点集 E 的边界 $\partial E\subset E$,则称 E 为闭集(closed set).

例如,点集 $E_1=\{(x,y)\mid 1<x^2+y^2<4\}$ 中每个点都是 E_1 的内点,因此,E_1 为开集. 点集 $E_2=\{(x,y)\mid 1<x^2+y^2\leqslant 4\}$ 中满足 $x^2+y^2=4$ 的一切点 (x,y) 都属于 E,但不是 E_2 的内点,因此 E_2 不是开集,又由于满足 $x^2+y^2=1$ 的一切点 (x,y) 都是 E 的边界点但都不属于 E,因此,E_2 也不是闭集;点集 $E_3=\{(x,y)\mid 1\leqslant x^2+y^2\leqslant 4\}$ 是闭集.

连通集　如果点集 E 内的任意两点之间都可用完全含于 E 的折线连结起来,则称 E 为连通集(connected set).

区域　连通的开集称为区域(region). 例如,点集 E_1 为区域.

闭区域　区域及其边界所构成的点集称为闭区域(closed region). 例如,E_3 为闭区域.

有界集　对于平面点集 E,如果存在某一正数 r, 使得 $E\subset U(O,r)$,其中,O 是坐标原点,则称 E 为有界点集(bounded set of points),简称为有界集. 如果存在一个矩形区域 $D=[a,b]\times[c,d]\supset E$,也可说明 E 为有界点集.

无界集　如果一个平面点集不是有界集,则称该点集为无界集(unbounded set of points).

例如,点集 E_3 是有界闭区域(bouded closed region);点集 $\{(x,y)\mid x^2+y^2>1\}$ 是无界区域(unbounded open region);点集 $\{(x,y)\mid x^2+y^2\geqslant 1\}$ 是无界闭区域(unbouded closed region).

2. n 维空间

设 n 为自然数，$\mathbf{R}^n$ 表示 n 元有序数组$(x_1,x_2,\cdots,x_n)$的全体所构成的集合，即

$$\mathbf{R}^n=\mathbf{R}\times\mathbf{R}\times\cdots\times\mathbf{R}=\{(x_1,x_2,\cdots,x_n)\mid x_i\in\mathbf{R},i=1,2,\cdots,n\}.$$

$\mathbf{R}^n$ 中的元素$(x_1,x_2,\cdots,x_n)$也可用单个字母 $\boldsymbol{x}$ 来表示，即 $\boldsymbol{x}=(x_1,x_2,\cdots,x_n)$. 当 $x_i(i=1,2,\cdots,n)$都为零时，称这种元素为 $\mathbf{R}^n$ 中的零元，记为 $\mathbf{0}$ 或 $\boldsymbol{O}$.

设 $\boldsymbol{x}=(x_1,x_2,\cdots,x_n)$，$\boldsymbol{y}=(y_1,y_2,\cdots,y_n)$为 $\mathbf{R}^n$ 中任意两个元素，$\lambda\in\mathbf{R}$，在集合 $\mathbf{R}^n$ 中定义如下线性运算：

$$\boldsymbol{x}+\boldsymbol{y}=(x_1+y_1,x_2+y_2,\cdots,x_n+y_n),\quad \lambda\boldsymbol{x}=(\lambda x_1,\lambda x_2,\cdots,\lambda x_n).$$

定义了这种线性运算的集合 $\mathbf{R}^n$ 称为 **n 维空间**(n-dimensional space). 特殊地，当 $n=1$，$n=2$，$n=3$ 时，分别是非常熟悉的一维空间（实数集）$\mathbf{R}$、二维空间 $\mathbf{R}^2$ 和三维空间 $\mathbf{R}^3$.

在几何中，$\mathbf{R}$ 中的元素与数轴上的点一一对应；在平面（空间）直角坐标系下，$\mathbf{R}^2$（或 $\mathbf{R}^3$）中的元素与平面（或空间）中的点或向量一一对应. 类似地，$\mathbf{R}^n$ 中的元素 $\boldsymbol{x}=(x_1,x_2,\cdots,x_n)$也称为 $\mathbf{R}^n$ 中的一个点或一个 n 维向量，x_i 称为点 $\boldsymbol{x}$ 的第 i 个坐标或 n 维向量 $\boldsymbol{x}$ 的第 i 个分量. 特别地，$\mathbf{R}^n$ 中的零元 $\mathbf{0}$ 称为 $\mathbf{R}^n$ 中的坐标原点或 n 维零向量.

n 维空间 $\mathbf{R}^n$ 中两点 $P(x_1,x_2,\cdots,x_n)$及 $Q(y_1,y_2,\cdots,y_n)$间的距离规定为

$$\rho(P,Q)=|PQ|=\sqrt{(y_1-x_1)^2+(y_2-x_2)^2+\cdots+(y_n-x_n)^2}.$$

显然，当 $n=1,2,3$ 时，由上式便得解析几何中关于直线上、平面内、空间中两点间的距离公式.

n 维空间的引入使得前面讨论过的有关平面点集的一系列概念，可以推广到 $n(n\geqslant 3)$维空间中来. 例如，设 $P_0\in\mathbf{R}^n$，δ 是某一正数，则 n 维空间中的点集

$$U(P_0,\delta)=\{P\mid |PP_0|<\delta,P\in\mathbf{R}^n\}$$

就定义为点 P_0 的 δ 邻域. 以邻域为基础，仿照前述定义方式，在 n 维空间中，同样可定义内点、边界点、聚点、区域等一系列概念.

8.1.2 多元函数的概念

先考察几个实际例子.

例 1 圆柱体的体积 V 和它的底半径 r、高 h 之间具有关系：

$$V=\pi r^2h,$$

当 r,h 在集合$\{(r,h)\mid r>0,h>0\}$内取定一对值(r,h)时，V 对应的值就随之确定.

例 2 NO 的氧化过程为

$$2NO+O_2\rightarrow 2NO_2,$$

由试验可知在此过程中，其氧化速度 v 和 NO 的克分子浓度 x 与氧气 O_2 的克分子浓

度 y 之间的关系为

$$v=kx^2y,\quad 0\leqslant x\leqslant 1, 0\leqslant y\leqslant 1,$$

其中，k 是反应速度常数. 当变量 x 与 y 在它们各自的变化范围内任取确定的值时，相应地就有一个确定的 v 值与之对应.

例 3　考虑猎手群体对食饵群体的捕食，其食饵群体的损害率 Z 与食饵群体的个体数目 x 成正比，与猎手群体的个体数目 y 也成正比. 即

$$Z=kxy,$$

其中，k 为常数. 如果食饵群体和猎手群体的个体数目确定，则食饵群体的损害率也相应确定.

例 4　设某物体在加热过程的某一瞬间，其内部不是恒温状态，即其内部各点的温度 T 随点的位置而变化，当点的坐标 (x,y,z) 确定时，可得相应的温度 T 值.

例 1～例 4 是涉及不同背景的 4 个问题，但其共性都是研究三个或三个以上变量之间的相互依赖关系，即一个变量在其他两个或两个以上变量任意取定有意义的值后，按给定的法则而取确定的相应值. 抽象出这种数量关系，可以得到多元函数的概念. 首先给出二元函数的定义.

定义 8.1　设 D 是 $\mathbf{R}^2$ 的一个非空子集，若对于 D 中的任一点 $P(x,y)$，按照某个确定的法则 f，都有唯一确定的数值 z 与之对应，则称 z 为变量 x,y 的**二元函数**(bivariate function)，记为

$$z=f(x,y),\quad (x,y)\in D,$$

或简记为

$$z=f(P),\quad P(x,y)\in D,$$

其中，点集 D 称为该函数的定义域，x,y 称为自变量，z 称为因变量.

数集 $\{z \mid z=f(x,y),(x,y)\in D\}$ 称为该函数的值域，记作 $f(D)$，即

$$f(D)=\{z \mid z=f(x,y),(x,y)\in D\}.$$

当自变量 x,y 依次取值 x_0,y_0 时，因变量的对应值 $z_0=f(x_0,y_0)$ 称为函数 $z=f(x,y)$ 在点 (x_0,y_0) 的函数值.

类似地，可定义三元函数(ternary function) $u=f(x,y,z)$ $((x,y,z)\in D)$ 以及三元以上的函数. 一般地，设 D 是 n 维空间 $\mathbf{R}^n$ 中的非空点集，对任意的 $P(x_1,x_2,\cdots,x_n)\in D$，按照某一确定的对应法则 f，都有唯一确定的数值 z 与之对应，则称 z 为变量 $x_1,x_2,\cdots,x_n$ 的 n 元函数(function of n-variables)，记为

$$z=f(x_1,x_2,\cdots,x_n),\quad (x_1,x_2,\cdots,x_n)\in D,$$

可简记为

$$z=f(P),\quad P(x_1,x_2,\cdots,x_n)\in D.$$

特殊地，当 $n=1$ 时，即为一元函数；当 $n=2$ 时，即为二元函数；当 $n=3$ 时，相应为三元函数.

二元及二元以上的函数统称为**多元函数**(function of several variables). 与一元

函数类似，多元函数的定义域也分为实际定义域与自然定义域. 在讨论实际问题时，根据问题的实际意义而确定的定义域为实际定义域；使函数表达式有意义的所有点构成的集合为自然定义域. 例 1～例 4 中函数的定义域都是根据实际问题的意义而确定的实际定义域；函数 $z=\ln(x+y)$ 的定义域为 $\{(x,y)\mid x+y>0\}$（图 8.2），函数 $z=\arcsin(x^2+y^2)$ 的定义域为 $\{(x,y)\mid x^2+y^2\leqslant 1\}$（图 8.3），这两个定义域均为自然定义域.

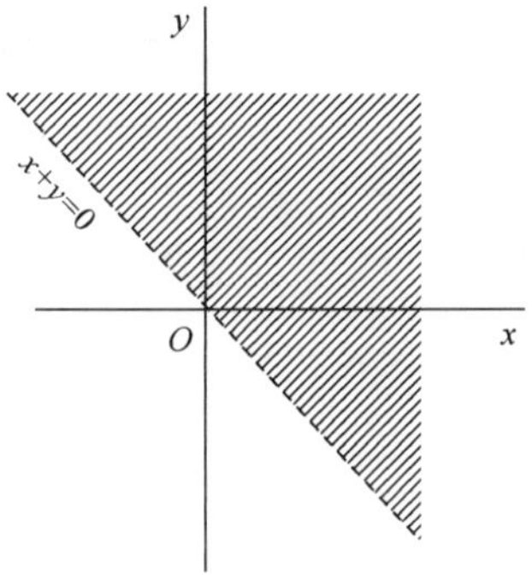

图 8.2

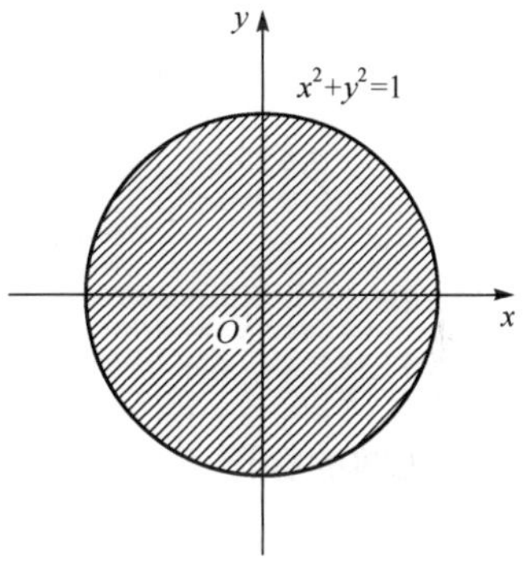

图 8.3

例 5　求函数 $z=\sqrt{1-x^2-y^2}+\dfrac{1}{\sqrt{y-x}}$ 的定义域.

解　欲使上式有意义，需要 $1-x^2-y^2\geqslant 0$ 与 $y-x>0$ 同时成立. 因此，函数的定义域为

$$\{(x,y)\mid x^2+y^2\leqslant 1 \text{ 且 } y>x\},$$

如图 8.4 所示.

设函数 $z=f(x,y)$ 的定义域为 D，对于 D 中任意取定的点 $P(x,y)$，有唯一的数值 $z=f(x,y)$ 与之对应，从而可确定空间中一点 $M(x,y,z)$. 当 (x,y) 遍取 D 上的一切点时，得到一个空间点集

$$\{(x,y,z)\mid z=f(x,y),(x,y)\in D\},$$

该点集称为二元函数 $z=f(x,y)$ 的图形（图 8.5）. 由空间解析几何知二元函数的图形通常是空间直角坐标系中的一张曲面，该曲面在 xOy 平面上的投影就是该函数的定义域 D.

例如，在空间解析几何中，函数 $z=x^2+y^2$ 的图形是旋转抛物面，函数 $z=x^2-y^2$ 的图形为双曲抛物面（马鞍面）.

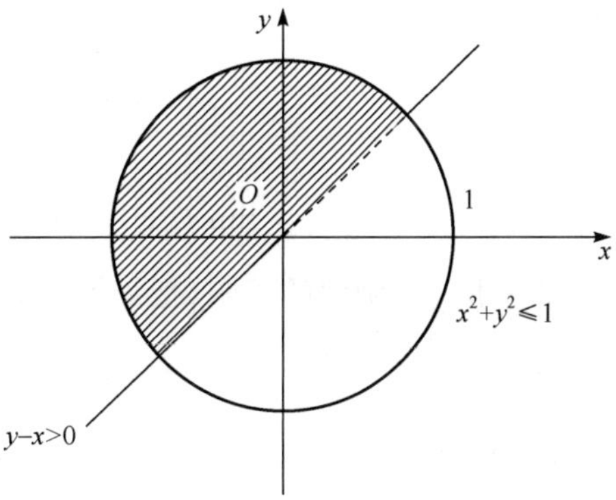

图 8.4

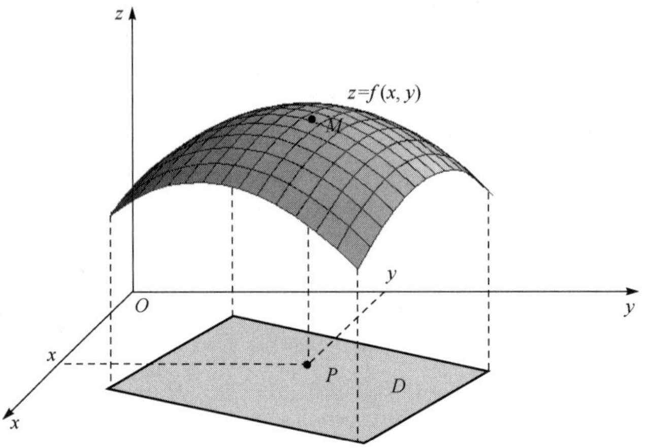

图 8.5

8.1.3　多元函数的极限

一元函数极限的概念类似地可推广到二元函数 $z=f(x,y)$ 极限的概念. 如果在点 $P(x,y)$ 无限接近于 $P_0(x_0,y_0)$ 的过程中,对应的函数值 $f(x,y)$ 无限接近于一个确定的常数 A,则称 A 为二元函数 $z=f(x,y)$ 当 $(x,y)\to(x_0,y_0)$ 时的极限. 同样,可用"距离无限小"来刻画"无限接近",因此给出二元函数极限下述精确定义.

定义 8.2　设二元函数 $z=f(P)=f(x,y)$ 的定义域为 D,$P_0(x_0,y_0)$ 是 D 的聚点. 如果存在常数 A,对于任意给定的正数 ε,总存在正数 δ,使得当 $P(x,y)\in D\cap \mathring{U}(P_0,\delta)$ 时,都有

$$|f(P)-A|=|f(x,y)-A|<\varepsilon$$

成立,则称常数 A 为函数 $f(x,y)$ 当 $(x,y)\to(x_0,y_0)$ 时的极限,也说二元函数在 (x_0,y_0) 点的极限存在且为 A,记为

$$\lim_{(x,y)\to(x_0,y_0)} f(x,y)=A \text{ 或 } f(x,y)\to A,(x,y)\to(x_0,y_0),$$

有时也写成

$$\lim_{\substack{x\to x_0\\ y\to y_0}} f(x,y)=A,$$

或简记为

$$\lim_{P\to P_0} f(P)=A \text{ 或 } f(P)\to A,P\to P_0 .$$

相对于一元函数的极限,把二元函数的极限称为**二重极限**(double limit).

例 6　设 $f(x,y)=(x^2+y^2)\sin\dfrac{1}{x^2+y^2}$,求证 $\lim\limits_{(x,y)\to(0,0)} f(x,y)=0$.

证　因为

$$|f(x,y)-0|=\left|(x^2+y^2)\sin\frac{1}{x^2+y^2}-0\right|=|x^2+y^2|\cdot\left|\sin\frac{1}{x^2+y^2}\right|\leqslant x^2+y^2,$$

可见对$\forall\varepsilon>0$，取$\delta=\sqrt{\varepsilon}$，则当$0<\sqrt{(x-0)^2+(y-0)^2}<\delta$时，对任意的$P(x,y)\in D\cap\mathring{U}(O,\delta)$总有

$$|f(x,y)-0|\leqslant x^2+y^2<\delta^2=\varepsilon,$$

因此，

$$\lim_{(x,y)\to(0,0)}f(x,y)=0.$$

□

对于一元函数的极限，由于自变量只有一个，$x\to x_0$只能有两条路径：$x\to x_0^+$和$x\to x_0^-$（$x\to\infty$类似），由此产生左、右极限的概念. 只要自变量x沿着这两条路径无限接近于x_0时$f(x)$都无限接近于同一个常数，则说明一元函数极限存在，否则，一元函数的极限不存在；而对于二元函数，因有两个自变量，故定义域中的$(x,y)\to(x_0,y_0)$有无限条路径，二重极限存在要求沿任何一条路径$(x,y)\to(x_0,y_0)$时，函数$f(x,y)$都无限接近于同一个常数；否则，二重极限不存在. 这一点不同于一元函数的极限，同时也是判断二重极限是否存在的一个重要方法.

例 7 当$(x,y)\to(0,0)$时，判断函数$f(x,y)=\begin{cases}\dfrac{xy}{x^2+y^2}, & x^2+y^2\neq 0,\\ 0, & x^2+y^2=0\end{cases}$的极限是否存在?

解 当点(x,y)沿x轴趋于点$(0,0)$时，

$$\lim_{(x,y)\to(0,0)}f(x,y)=\lim_{x\to 0}f(x,0)=\lim_{x\to 0}0=0;$$

当点(x,y)沿y轴趋于点$(0,0)$时，

$$\lim_{(x,y)\to(0,0)}f(x,y)=\lim_{y\to 0}f(0,y)=\lim_{y\to 0}0=0.$$

以上结果并不能说明函数相应的极限存在，因为当点(x,y)沿直线$y=kx(k\neq 0)$趋于点$(0,0)$时有

$$\lim_{\substack{(x,y)\to(0,0)\\ y=kx}}\frac{xy}{x^2+y^2}=\lim_{x\to 0}\frac{kx^2}{x^2+k^2x^2}=\frac{k}{1+k^2}.$$

显然，(x,y)沿不同的直线路径$y=kx(k\neq 0)$趋于$(0,0)$时，函数趋于不同的常数. 因此，函数$f(x,y)$在$(0,0)$处极限不存在.

多元函数的极限有与一元函数极限类似的结论，如运算法则、夹逼准则、局部保号性以及无穷小的运算性质等，同时二元函数极限的概念可推广到n元函数$z=f(x_1,x_2,\cdots,x_n)$，在此不再赘述.

例 8 求$\displaystyle\lim_{(x,y)\to(0,2)}\frac{\sin(xy)}{x}$.

解

$$\lim_{(x,y)\to(0,2)}\frac{\sin(xy)}{x}=\lim_{(x,y)\to(0,2)}\frac{\sin(xy)}{xy}\cdot y=\lim_{(x,y)\to(0,2)}\frac{\sin(xy)}{xy}\cdot\lim_{(x,y)\to(0,2)}y$$

$$=\lim_{xy\to 0}\frac{\sin(xy)}{xy}\cdot\lim_{y\to 2}y=1\times 2=2.$$

例 9　证明 $\lim\limits_{(x,y)\to(0,0)}\dfrac{x^3y}{\sqrt{x^2+y^2}}=0$.

证　由于 $\lim\limits_{(x,y)\to(0,0)}x^3=0$, $\left|\dfrac{y}{\sqrt{x^2+y^2}}\right|\leqslant 1$,根据有界量与无穷小的乘积仍是无穷小,则有

$$\lim_{(x,y)\to(0,0)}\frac{x^3y}{\sqrt{x^2+y^2}}=0. \qquad \square$$

例 10　设 $f(x,y)=\begin{cases}\dfrac{\sin xy}{x(y^2+1)}, & x\neq 0,\\ 0, & x=0,\end{cases}$ 考察函数在(0,0)点极限的存在性.

解　由于函数 $f(x,y)$ 为二元分段函数,考察其在(0,0)点极限的存在性时需要分段讨论. 根据函数的表达式,当 $x\neq 0, y=0$ 时,函数值均为 0,又 $x=0$ 时函数值也都为 0,则

当 $xy=0$ 时, $f(x,y)=0$;当 $xy\neq 0$ 时, $f(x,y)=\dfrac{\sin xy}{x(y^2+1)}$.

因此

$$\lim_{\substack{(x,y)\to(0,0)\\ xy=0}}f(x,y)=0,$$

并且

$$\lim_{\substack{(x,y)\to(0,0)\\ xy\neq 0}}f(x,y)=\lim_{\substack{(x,y)\to(0,0)\\ xy\neq 0}}\frac{\sin xy}{x(y^2+1)}=\lim_{\substack{(x,y)\to(0,0)\\ xy\neq 0}}\left(\frac{\sin xy}{xy}\cdot\frac{y}{y^2+1}\right)$$
$$=\lim_{\substack{(x,y)\to(0,0)\\ xy\neq 0}}\frac{\sin xy}{xy}\cdot\lim_{\substack{(x,y)\to(0,0)\\ xy\neq 0}}\frac{y}{y^2+1}=0,$$

综上可得

$$\lim_{(x,y)\to(0,0)}\frac{\sin xy}{x(y^2+1)}=0.$$

8.1.4　多元函数的连续性

借助于多元函数极限的概念,可以考察多元函数的连续性.

定义 8.3　设函数 $z=f(x,y)=f(P)$ 的定义域为 D, $P_0(x_0,y_0)$ 是 D 的聚点且 $P_0\in D$. 若

$$\lim_{(x,y)\to(x_0,y_0)}f(x,y)=f(x_0,y_0)\quad 或\quad \lim_{P\to P_0}f(P)=f(P_0),$$

则称函数 $f(x,y)$ 在 $P_0(x_0,y_0)$ 点**连续**;否则,称函数 $f(x,y)$ 在 $P_0(x_0,y_0)$ 点不连续或间断,点 $P_0(x_0,y_0)$ 称为函数 $f(x,y)$ 的**间断点**.

若 $f(x,y)$ 在开区域 D 内任一点都连续,则称 $f(x,y)$ 在 D 内连续,或称 $f(x,y)$ 是 D 内的连续函数;如果 $f(x,y)$ 在闭区域 D 上有定义,在闭区域 D 去掉边界后形

成的开区域内连续，且当动点在闭区域上趋向于任一边界点时，函数的极限都等于该边界点的函数值，则称函数 $f(x,y)$ 在闭区域 D 上连续，或称 $f(x,y)$ 是闭区域 D 上的连续函数. 如果 D 是有界闭区域，上述条件下的函数称为有界闭区域 D 上的连续函数.

二元函数在某点连续，也可用其他两种等价的方式来叙述.

(1) ε-δ **语言描述** 设函数 $z=f(x,y)=f(P)$ 的定义域为 D，$P_0(x_0,y_0)$ 是 D 的聚点且 $P_0\in D$，如果对任意的 $\varepsilon>0$，总存在 $\delta>0$，使得当 $P(x,y)\in D\cap U(P_0,\delta)$ 时，恒有

$$|f(x,y)-f(x_0,y_0)|<\varepsilon,$$

则称函数 $f(x,y)$ 在 $P_0(x_0,y_0)$ 点连续.

(2) **增量描述** 设 $P_0(x_0,y_0)\in D$，$P(x,y)\in D$，$\Delta x=x-x_0$，$\Delta y=y-y_0$，称

$$\Delta z=f(x,y)-f(x_0,y_0)=f(x_0+\Delta x,y_0+\Delta y)-f(x_0,y_0)$$

为函数 $z=f(x,y)$ 在 $P_0(x_0,y_0)$ 点的**全增量**(total increment). 函数 $f(x,y)$ 在点 $P_0(x_0,y_0)$ 连续等价于

$$\lim_{(\Delta x,\Delta y)\to(0,0)}\Delta z=0.$$

根据多元函数极限与连续的定义，可以很容易获知多元函数在某点连续，则在该点极限必定存在. 这一结论与一元函数相同. 类似地，二元函数的连续性概念可相应地推广到 n 元函数 $z=f(x_1,x_2,\cdots,x_n)$ 的情形.

例 11 考察函数 $f(x,y)=\begin{cases}(x^2+y^2)\sin\dfrac{1}{x^2+y^2}, & (x,y)\neq(0,0),\\ 0, & (x,y)=(0,0)\end{cases}$ 在 $(0,0)$ 处的连续性.

解 由例 6 知 $\lim\limits_{(x,y)\to(0,0)}f(x,y)=0$，又 $f(0,0)=0$，因此，

$$\lim_{(x,y)\to(0,0)}f(x,y)=f(0,0).$$

所以 $f(x,y)$ 在 $(0,0)$ 处连续.

例 12 证明如果二元函数 $f(x,y)$ 在 $P_0(x_0,y_0)$ 点处连续，则一元函数 $f(x,y_0)$ 在点 x_0 处连续，$f(x_0,y)$ 在点 y_0 处连续.

证 根据连续的定义，

$$\lim_{(x,y)\to(x_0,y_0)}f(x,y)=f(x_0,y_0).$$

当 (x,y) 沿特殊路径 $y=y_0$ 趋向于 (x_0,y_0) 时，上式仍然成立，即

$$\lim_{\substack{(x,y)\to(x_0,y_0)\\ y=y_0}}f(x,y)=f(x_0,y_0),$$

也就是

$$\lim_{x\to x_0}f(x,y_0)=f(x_0,y_0).$$

这就说明一元函数 $f(x,y_0)$ 在点 x_0 处连续. 类似地，可证函数 $f(x_0,y)$ 在点 y_0 处

连续.

例 12 表明若二元函数连续，则固定一个自变量后得到的一元函数对另一个自变量仍是连续的. 但反之不成立，如例 7 中的函数.

与一元函数类似，多元连续函数有如下性质：多元连续函数的和、差、积、商(分母不为 0)仍是连续函数；多元连续函数的复合函数也是连续函数.

根据基本初等函数的连续性和多元连续函数的性质，很容易得出以下结论：

多元初等函数在其定义区域内是连续的.

所谓**多元初等函数**(elementary function of several variables)是指由常数及具有不同自变量的基本初等函数经过有限次的四则运算和复合运算而得到，并且可用一个式子表示的多元函数. 例如，$\cos(x^2-y^2)$，$\ln(x+y+z)$，e^{x-y}，$\arctan(x^2+y^2)$等.

所谓**定义区域**(domain of definition)就是指包含在定义域内的区域.

例 13　讨论函数

$$f(x,y)=\begin{cases}\dfrac{xy}{x^2+y^2}, & x^2+y^2\neq 0,\\ 0, & x^2+y^2=0\end{cases}$$

的连续性.

解　由例 7 的讨论结果可得函数 $f(x,y)$在点$(0,0)$处极限不存在，因此，$(0,0)$是该函数的一个间断点. 而对于任意的 $x^2+y^2\neq 0$，即$(x,y)\neq(0,0)$，函数 $f(x,y)=\dfrac{xy}{x^2+y^2}$是二元初等函数，由上述结论可知函数 $f(x,y)$在定义区域$\{(x,y)\,|\,x^2+y^2\neq 0\}$内连续. 因此，函数 $f(x,y)$在整个 xOy 平面上除$(0,0)$外处处连续.

例 14　求函数 $f(x,y)=\sin\dfrac{1}{x^2+y^2-1}$的间断点.

解　函数定义域为 $D=\{(x,y)\,|\,x^2+y^2\neq 1\}$，圆周 $C=\{(x,y)\,|\,x^2+y^2=1\}$上的点都是 D 的聚点，因函数 $f(x,y)$为二元初等函数，故在 D 内连续，而 $f(x,y)$在 C 上没有定义，当然 $f(x,y)$在 C 上各点都不连续，所以圆周 C 上的点都是该函数的间断点.

可见二元函数的间断点可以形成一条曲线，简称**间断线**(curve of discontinuity). 实际上，三元函数的间断点可以形成**间断面**(surface of discontinuity). 例如，函数 $f(x,y,z)=\dfrac{1}{x^2+y^2+z^2-1}$在满足 $x^2+y^2+z^2=1$ 的点处都不连续，因此，球面 $x^2+y^2+z^2=1$就是函数的间断面.

根据多元初等函数在定义区域内连续可知，多元初等函数在定义域中的内点 P_0 处一定连续. 因此，利用这一性质，可以求多元函数在内点 P_0 的极限，即

$$\lim_{P\to P_0}f(P)=f(P_0).$$

例 15 求$\lim\limits_{\substack{x\to1\\y\to2}}\dfrac{x+y}{xy}$.

解 函数$f(x,y)=\dfrac{x+y}{xy}$是二元初等函数,其定义域为$D=\{(x,y)\mid x\neq0,y\neq0\}$,记点(1,2)为$P_0$. 虽然定义域$D$不是开区域,但$D_1=\{P(x,y)\mid |PP_0|<\delta<1\}$是开区域,并且$D_1\subset D$,$P_0(1,2)\in D_1$,所以$D_1$是函数$f(x,y)$的一个定义区域,$P_0(1,2)$是定义域$D$的内点. 因此,二元初等函数$f(x,y)$在$P_0(1,2)$处必连续,故有

$$\lim_{\substack{x\to1\\y\to2}}\frac{x+y}{xy}=f(1,2)=\frac{3}{2}.$$

例 16 求$\lim\limits_{\substack{x\to0\\y\to0}}\dfrac{\sqrt{xy+1}-1}{xy}$.

解 $\lim\limits_{\substack{x\to0\\y\to0}}\dfrac{\sqrt{xy+1}-1}{xy}=\lim\limits_{\substack{x\to0\\y\to0}}\dfrac{xy+1-1}{xy(\sqrt{xy+1}+1)}=\lim\limits_{\substack{x\to0\\y\to0}}\dfrac{1}{\sqrt{xy+1}+1}=\dfrac{1}{2}.$

一元连续函数在闭区间上有着非常重要的性质,同样,多元连续函数在有界闭区域上也有类似的性质.

性质 8.1(有界性定理) 有界闭区域D上连续的函数$f(x,y)$,必定在D上有界,即存在正数M,使得对任意的点$P(x,y)\in D$都有

$$|f(x,y)|\leqslant M.$$

性质 8.2(最值定理) 有界闭区域D上连续的函数$f(x,y)$,必定在D上存在最大值和最小值,即存在点$P_1,P_2\in D$,使得

$$f(P_1)=\max_{P\in D}f(P),\quad f(P_2)=\min_{P\in D}f(P).$$

性质 8.3(介值定理) 有界闭区域D上的多元连续函数必取得介于最大值和最小值之间的任何值.

习 题 8.1

1. 已知三角形的三条边长为x,y,z,试将三角形的三个内角α,β,γ表示为x,y,z的函数.

2. 求下列函数的定义域,画出定义域的图形,并说明它是何种点集:

(1) $z=\ln(1-x^2-y^2)$;

(2) $z=\arcsin\dfrac{x^2+y^2}{4}+\arccos\dfrac{1}{x^2+y^2}$;

(3) $z=\sqrt{y-x^2}+\sqrt{2-x-y}$;

(4) $z=\dfrac{1}{2x^2+3y^2}$.

3. 若函数$z=f(x,y)$恒满足$f(tx,ty)=t^kf(x,y)$,$t\neq0$,则称该函数为k次齐次函数. 试证k次齐次函数$z=f(x,y)$可以表示为$z=x^kF\left(\dfrac{y}{x}\right)$的形式.

4. 求下列各问题:

(1) 设$f(x+y,x-y)=2(x^2+y^2)e^{x^2-y^2}$,求$f(x,y)$;

(2) 设$f(x,y)=\dfrac{2xy}{x^2+y^2}$,求$f\left(1,\dfrac{y}{x}\right)$.

5. 求下列极限：

(1) $\lim\limits_{(x,y)\to(0,0)}\left(x\sin\dfrac{1}{y}+y\cos\dfrac{1}{x}\right)$；　(2) $\lim\limits_{(x,y)\to(0,0)}(1+x)^{\frac{1+y}{x}}$；

(3) $\lim\limits_{(x,y)\to(0,0)}\dfrac{xy}{\sqrt{2-e^{xy}}-1}$；　(4) $\lim\limits_{(x,y)\to(0,0)}\dfrac{\sin(x^3+y^3)}{x^2+y^2}$；

(5) $\lim\limits_{(x,y)\to(0,1)}\dfrac{1-xy}{x+y}$；　(6) $\lim\limits_{(x,y)\to(1,0)}\dfrac{\ln(x+e^y)}{\sqrt{x^2+y^2}}$.

6. 讨论下列极限是否存在.

(1) $\lim\limits_{(x,y)\to(0,0)}\dfrac{x^2y}{x^4+y^2}=0$；　(2) $\lim\limits_{(x,y)\to(0,0)}\dfrac{x-y^2}{x}$；

(3) $f(x,y)=\begin{cases}\dfrac{x-y}{x+y}, & y\neq -x,\\ 0, & y=-x\end{cases}$ 在(0,0)点处.

7. 下列函数在何处间断.

(1) $f(x,y)=\tan(x^2+y^2)$；　(2) $f(x,y)=\dfrac{1}{\sin x\sin y}$.

8. 下列函数在定义域内是否连续.

(1) $f(x,y)=(x+y)\ln(x+y)$；　(2) $f(x,y)=\begin{cases}1, & xy=0,\\ 0, & xy\neq 0.\end{cases}$

8.2 偏 导 数

对于一元函数，由于自变量只有一个，可以直接研究函数关于自变量的变化率，并由此引入了导数的概念. 对于多元函数，由于自变量多于一个，这种情形下该如何研究函数关于自变量的变化率呢？这也是许多实际问题研究中常常遇到的问题. 例如，理想气体的体积 V 是温度 T 和压强 P 的二元函数 $V=\dfrac{RT}{P}$. 在保持温度不变的情况下，可以考虑体积 V 对压强 P 的变化率. 当然，在保持压强不变的情况下，可以考虑体积 V 对温度 T 的变化率. 这样就产生了偏导数的概念. 偏导数不仅在许多实际问题研究中作用非凡，而且利用它也可以考察多元函数的局部性态.

8.2.1 偏导数定义及其求法

为给出偏导数的定义，先介绍多元函数增量的概念. 由于多元函数的自变量多于一个，所以多元函数的增量分为全增量和偏增量. 以二元函数为例，全增量在 8.1 节已有定义，下面给出偏增量的定义.

定义 8.4　设函数 $z=f(x,y)$ 在点 (x_0,y_0) 的某一邻域内有定义，

(1) 当固定 y 为 y_0，而 x 在 x_0 处有增量 Δx 时（相当于在全增量中令 $\Delta y=0$），相应地，函数有增量

$$f(x_0+\Delta x,y_0)-f(x_0,y_0),$$

称该增量为函数 $z=f(x,y)$ 在 (x_0,y_0) 点关于 x 的**偏增量**(partial increment),记为 $\Delta_x z$,即

$$\Delta_x z=f(x_0+\Delta x,y_0)-f(x_0,y_0);$$

(2) 当固定 x 为 x_0,而 y 在 y_0 处有增量 Δy 时(相当于在全增量中令 $\Delta x=0$),相应地,函数有增量

$$f(x_0,y_0+\Delta y)-f(x_0,y_0),$$

称该增量为函数 $z=f(x,y)$ 在 (x_0,y_0) 点关于 y 的偏增量,记为 $\Delta_y z$,即

$$\Delta_y z=f(x_0,y_0+\Delta y)-f(x_0,y_0).$$

有了偏增量的概念,可以方便地给出偏导数的定义.

定义 8.5 设函数 $z=f(x,y)$ 在点 (x_0,y_0) 的某一邻域内有定义,如果

$$\lim_{\Delta x\to 0}\frac{\Delta_x z}{\Delta x}=\lim_{\Delta x\to 0}\frac{f(x_0+\Delta x,y_0)-f(x_0,y_0)}{\Delta x} \tag{8.1}$$

存在,则称此极限为函数 $z=f(x,y)$ 在点 (x_0,y_0) 处对 x 的**偏导数**(partial derivative),记作

$$\left.\frac{\partial z}{\partial x}\right|_{\substack{x=x_0\\y=y_0}},\ \left.\frac{\partial f}{\partial x}\right|_{\substack{x=x_0\\y=y_0}},\ z_x\Big|_{\substack{x=x_0\\y=y_0}} \quad 或 \quad f_x(x_0,y_0).$$

类似地,函数 $z=f(x,y)$ 在点 (x_0,y_0) 处对 y 的偏导数定义为

$$\lim_{\Delta y\to 0}\frac{\Delta_y z}{\Delta y}=\lim_{\Delta y\to 0}\frac{f(x_0,y_0+\Delta y)-f(x_0,y_0)}{\Delta y}. \tag{8.2}$$

记作 $\left.\frac{\partial z}{\partial y}\right|_{\substack{x=x_0\\y=y_0}}$, $\left.\frac{\partial f}{\partial y}\right|_{\substack{x=x_0\\y=y_0}}$, $z_y\Big|_{\substack{x=x_0\\y=y_0}}$ 或 $f_y(x_0,y_0)$.

由极限的唯一性知若偏导数存在,则唯一.如果函数 $z=f(x,y)$ 在区域 D 内每一点 (x,y) 处对 x 的偏导数都存在,则偏导数就是 x,y 的函数,称其为函数 $z=f(x,y)$ 对自变量 x 的**偏导函数**(partial derivate function),记作

$$\frac{\partial z}{\partial x}=\lim_{\Delta x\to 0}\frac{f(x+\Delta x,y)-f(x,y)}{\Delta x},$$

也可写成$\frac{\partial f}{\partial x}$,$z_x$ 或 $f_x(x,y)$.

类似地,可以定义函数 $z=f(x,y)$ 对自变量 y 的偏导函数,记作

$$\frac{\partial z}{\partial y}=\lim_{\Delta y\to 0}\frac{f(x,y+\Delta y)-f(x,y)}{\Delta y},$$

也可写成 $\frac{\partial f}{\partial y}$,$z_y$ 或 $f_y(x,y)$.

需要注意的是,这里的$\frac{\partial z}{\partial x}$,$\frac{\partial z}{\partial y}$或$\frac{\partial f}{\partial x}$,$\frac{\partial f}{\partial y}$是一个整体记号,不能看作为商式,这与

一元函数的导数$\frac{\mathrm{d}y}{\mathrm{d}x}$可以看作为微分 $\mathrm{d}y,\mathrm{d}x$ 的商不同.

由偏导数的概念可知,$f(x,y)$在点(x_0,y_0)处对 x 的偏导数 $f_x(x_0,y_0)$就是偏导函数 $f_x(x,y)$在点(x_0,y_0)处的函数值;$f_y(x_0,y_0)$就是偏导函数 $f_y(x,y)$在点(x_0,y_0)处的函数值. 一元函数的导函数简称为导数,在不至于混淆的情况下,也把偏导函数简称为偏导数.

偏导数的概念可以推广到二元以上的函数. 例如,三元函数 $u=f(x,y,z)$ 在点 (x,y,z) 处对 x 的偏导数定义为

$$f_x(x,y,z)=\lim_{\Delta x\to 0}\frac{f(x+\Delta x,y,z)-f(x,y,z)}{\Delta x},$$

其中,(x,y,z)是函数 $u=f(x,y,z)$定义域的内点.

进一步理解多元函数偏导数的定义可以发现,多元函数的偏导数本质上就是一元函数的导数. 以二元函数 $z=f(x,y)$在点(x_0,y_0)处对 x 的偏导数为例,固定 $y=y_0$,则 $z=f(x,y_0)$,显然该函数是关于 x 的一元函数,其在 $x=x_0$ 处的导数为

$$\lim_{\Delta x\to 0}\frac{f(x_0+\Delta x,y_0)-f(x_0,y_0)}{\Delta x}.$$

对比式(8.1)可以看出,上式就是二元函数 $z=f(x,y)$在点(x_0,y_0)处关于 x 的偏导数. 因此,求多元函数的偏导数实际上就是求一元函数的导数,并不需要新的方法. 求$\frac{\partial f}{\partial x}$时,只要把 y 暂时看作常量而对 x 求导数;求$\frac{\partial f}{\partial y}$时,只要把 x 暂时看作常量而对 y 求导数即可. 类似地,二元以上的函数对某个变量求偏导数时,仅需将其余变量视为常量而按一元函数求导即可.

例 1　求 $z=x^2+3xy+y^2$ 在点(1,2)处的偏导数.

解　根据偏导数的求法有

$$z_x=2x+3y,\quad z_y=3x+2y.$$

将(1, 2)代入上面的式子可得

$$z_x(1,2)=2\cdot 1+3\cdot 2=8,\quad z_y(1,2)=3\cdot 1+2\cdot 2=7.$$

例 2　设 $f(x,y)=\mathrm{e}^{\arctan\frac{y}{x}}\ln(x^2+y^2)$,求 $f_x(1,0)$.

解　如果先求偏导函数 $f_x(x,y)$,而后再求 $f_x(1,0)$,运算将比较麻烦. 由于 $f_x(1,0)$就是一元函数 $f(x,0)=\ln x^2=2\ln|x|$在 $x=1$ 的导数,从而

$$f_x(1,0)=\left.\frac{\mathrm{d}f(x,0)}{\mathrm{d}x}\right|_{x=1}=\left.\frac{2}{x}\right|_{x=1}=2.$$

例 3　考察函数 $f(x,y)=\begin{cases}\dfrac{xy}{\sqrt{x^2+y^2}}, & x^2+y^2\neq 0,\\ 0, & x^2+y^2=0\end{cases}$ 在(0,0)点的偏导数是否存在.

解 由于二元函数为分段函数,在原点的偏导数需用定义来考察.

$$f_x(0,0)=\lim_{\Delta x\to 0}\frac{f(0+\Delta x,0)-f(0,0)}{\Delta x}=\lim_{\Delta x\to 0}\frac{0-0}{\Delta x}=0,$$

$$f_y(0,0)=\lim_{\Delta y\to 0}\frac{f(0,0+\Delta y)-f(0,0)}{\Delta y}=\lim_{\Delta y\to 0}\frac{0-0}{\Delta y}=0.$$

因此,函数 $f(x,y)$在$(0,0)$点的偏导数存在且都为 0.

例 4 求 $r=\sqrt{x^2+y^2+z^2}$ 的偏导数.

解 把 y 和 z 都看作常量关于 x 求导得

$$\frac{\partial r}{\partial x}=\frac{x}{\sqrt{x^2+y^2+z^2}}=\frac{x}{r}.$$

根据函数关于自变量的对称性可得

$$\frac{\partial r}{\partial y}=\frac{y}{r},\quad \frac{\partial r}{\partial z}=\frac{z}{r}.$$

例 5 对理想气体的状态方程 $V=\dfrac{RT}{P}$ (R 为常量),验证热力学中一个重要的关系式

$$\frac{\partial P}{\partial V}\cdot\frac{\partial V}{\partial T}\cdot\frac{\partial T}{\partial P}=-1.$$

证 因为

$$P=\frac{RT}{V},\text{则}\frac{\partial P}{\partial V}=-\frac{RT}{V^2};$$

$$V=\frac{RT}{P},\text{则}\frac{\partial V}{\partial T}=\frac{R}{P};$$

$$T=\frac{PV}{R},\text{则}\frac{\partial T}{\partial P}=\frac{V}{R}.$$

所以

$$\frac{\partial P}{\partial V}\cdot\frac{\partial V}{\partial T}\cdot\frac{\partial T}{\partial P}=-\frac{RT}{V^2}\cdot\frac{R}{P}\cdot\frac{V}{R}=-\frac{RT}{PV}=-1.$$

□

8.2.2 偏导数的几何意义

偏导数是一元函数导数的推广,这种推广也具有相应的几何意义.

设 $M_0(x_0,y_0,f(x_0,y_0))$为曲面 $z=f(x,y)$上的一点,过 M_0 作平面 $y=y_0$,截此曲面得一曲线,此曲线在平面 $y=y_0$ 上的方程为 $z=f(x,y_0)$. 由上面的分析,导数 $\left.\dfrac{\mathrm{d}f(x,y_0)}{\mathrm{d}x}\right|_{x=x_0}$,即偏导数 $f_x(x_0,y_0)$为该曲线在点 M_0 处的切线 M_0T_x 对 x 轴的斜率(图 8.6). 同样,偏导数 $f_y(x_0,y_0)$的几何意义是曲面被平面 $x=x_0$ 所截得的曲线在点 M_0 处的切线 M_0T_y 对 y 轴的斜率.

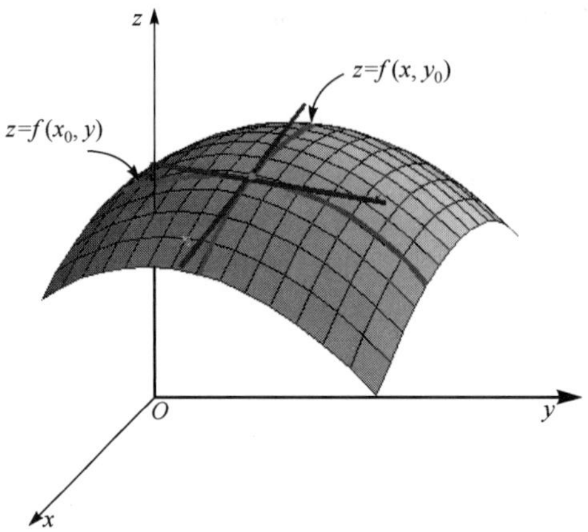

图 8.6

对于一元函数，如果函数在某点可导，则它在该点必定连续. 根据多元函数偏导数与一元函数导数之间的关系，多元函数在某点处的偏导数都存在，只能保证点 $P(x,y)$ 沿着平行于坐标轴的方向趋于 $P_0(x_0,y_0)$ 时，函数值 $f(P)$ 趋于 $f(P_0)$，但不能保证点 P 按任何方式趋于 P_0 时，函数值 $f(P)$ 都趋于 $f(P_0)$. 例如，若二元函数 $z=f(x,y)=f(P)$ 在点 $P_0(x_0,y_0)$ 处对 x 的偏导数存在，则有 $f_x(x_0,y_0)=\left.\dfrac{\mathrm{d}f(x,y_0)}{\mathrm{d}x}\right|_{x=x_0}$，从而 $\lim\limits_{x\to x_0}f(x,y_0)=f(x_0,y_0)$，也即 $\lim\limits_{\substack{(x,y)\to(x_0,y_0)\\ y=y_0}}f(x,y)=f(x_0,y_0)$，说明当 P 沿着平行于 x 轴的方向趋于 P_0 时，函数值 $f(P)$ 趋于 $f(P_0)$，除此之外，并不能说明函数其他更多的变化趋势. 因此，多元函数偏导数存在并不能保证函数在该点连续，同时函数连续也不能保证多元函数偏导数存在，也就是说，多元函数偏导数存在与连续没有必然的因果关系. 这是与一元函数微分学很重要的区别之一. 例如，对于 8.1 节例 13 的函数

$$z=f(x,y)=\begin{cases}\dfrac{xy}{x^2+y^2}, & x^2+y^2\neq 0,\\ 0, & x^2+y^2=0,\end{cases}$$

在点 $(0,0)$ 处的偏导数为

$$f_x(0,0)=\lim_{\Delta x\to 0}\frac{f(0+\Delta x,0)-f(0,0)}{\Delta x}=0,$$

$$f_y(0,0)=\lim_{\Delta y\to 0}\frac{f(0,0+\Delta y)-f(0,0)}{\Delta y}=0,$$

但是，由例 13 的讨论可知函数在点 $(0,0)$ 并不连续.

例 6　讨论函数 $f(x,y)=\sqrt{x^2+y^2}$ 在点 $(0,0)$ 处的连续性与偏导数的存在性.

解　因为

$$\lim_{(x,y)\to(0,0)}f(x,y)=\lim_{(x,y)\to(0,0)}\sqrt{x^2+y^2}=0=f(0,0),$$

所以 $f(x,y)$ 在点 $(0,0)$ 处连续. 但是，由于

$$\lim_{\Delta x\to 0}\frac{f(0+\Delta x,0)-f(0,0)}{\Delta x}=\lim_{\Delta x\to 0}\frac{|\Delta x|}{\Delta x}$$

不存在，所以 $f_x(0,0)$ 不存在. 同理，$f_y(0,0)$ 也不存在.

8.2.3 高阶偏导数

设函数 $z=f(x,y)$ 在区域 D 内具有偏导数

$$\frac{\partial z}{\partial x}=f_x(x,y),\quad \frac{\partial z}{\partial y}=f_y(x,y),$$

则 $f_x(x,y)$,$f_y(x,y)$ 在 D 内仍是 x,y 的二元函数. 若这两个函数的偏导数也存在,则称它们是函数 $z=f(x,y)$ 的**二阶偏导数**(partial derivative of second order). 显然,二元函数的二阶偏导数按照对变量求导次序的不同有下列 4 个:

$$\frac{\partial}{\partial x}\left(\frac{\partial z}{\partial x}\right)=\frac{\partial^2 z}{\partial x^2}=f_{xx}(x,y),\quad \frac{\partial}{\partial y}\left(\frac{\partial z}{\partial x}\right)=\frac{\partial^2 z}{\partial x\partial y}=f_{xy}(x,y),$$

$$\frac{\partial}{\partial x}\left(\frac{\partial z}{\partial y}\right)=\frac{\partial^2 z}{\partial y\partial x}=f_{yx}(x,y),\quad \frac{\partial}{\partial y}\left(\frac{\partial z}{\partial y}\right)=\frac{\partial^2 z}{\partial y^2}=f_{yy}(x,y),$$

其中,$\frac{\partial^2 z}{\partial x\partial y}$ 和 $\frac{\partial^2 z}{\partial y\partial x}$ 称为**二阶混合偏导数**(mixed partial derivative of second order).

对二阶偏导数再次求偏导数可得 8 个三阶偏导数. 同样地,可得四阶、五阶以及 n 阶偏导数. 二阶及二阶以上的偏导数统称为**高阶偏导数**(partial derivative of higher order). 以 n 阶偏导数(n-th-order partial derivative)

$$\frac{\partial^n z}{\partial x^m\partial y^{n-m}} \tag{8.3}$$

为例,其中 m 为非负整数且不超过 n.

当 $m=0$ 时,式(8.3)表示函数 z 对自变量 y 求 n 阶偏导数,记为 $\frac{\partial^n z}{\partial y^n}$;

当 $m=n$ 时,式(8.3)表示函数 z 对自变量 x 求 n 阶偏导数,记为 $\frac{\partial^n z}{\partial x^n}$.

除此之外,式(8.3)表示函数 z 先对自变量 x 求 m 阶偏导数,其结果再对自变量 y 求 n-m 阶偏导数.

例 7 设 $z=x^3y^2-3xy^3-xy+1$,求 $\frac{\partial^2 z}{\partial x^2}$,$\frac{\partial^2 z}{\partial y\partial x}$,$\frac{\partial^2 z}{\partial x\partial y}$,$\frac{\partial^2 z}{\partial y^2}$ 及 $\frac{\partial^3 z}{\partial x^3}$.

解 $\frac{\partial z}{\partial x}=3x^2y^2-3y^3-y$, $\frac{\partial z}{\partial y}=2x^3y-9xy^2-x$;

$$\frac{\partial^2 z}{\partial x^2}=\frac{\partial}{\partial x}\left(\frac{\partial z}{\partial x}\right)=6xy^2,\qquad \frac{\partial^2 z}{\partial y\partial x}=\frac{\partial}{\partial x}\left(\frac{\partial z}{\partial y}\right)=6x^2y-9y^2-1,$$

$$\frac{\partial^2 z}{\partial x\partial y}=\frac{\partial}{\partial y}\left(\frac{\partial z}{\partial x}\right)=6x^2y-9y^2-1,\qquad \frac{\partial^2 z}{\partial y^2}=2x^3-18xy;$$

$$\frac{\partial^3 z}{\partial x^3}=\frac{\partial}{\partial x}\left(\frac{\partial^2 z}{\partial x^2}\right)=6y^2.$$

例 7 求解结果表明二阶混合偏导数相等,即 $\frac{\partial^2 z}{\partial y\partial x}=\frac{\partial^2 z}{\partial x\partial y}$. 但这一结果并不具有

一般性,但在一定条件下有下述定理.

定理 8.1　如果函数 $z=f(x,y)$ 的两个二阶混合偏导数 $\frac{\partial^2 z}{\partial y\partial x}$ 及 $\frac{\partial^2 z}{\partial x\partial y}$ 在区域 D 内连续,则在区域 D 内必有

$$\frac{\partial^2 z}{\partial y\partial x}=\frac{\partial^2 z}{\partial x\partial y}.$$

换言之,二阶混合偏导数在连续的条件下与求导的次序无关. 定理证明从略. 对于更高阶的混合偏导数也有同样的结论.

例 8　验证(1)函数 $z=\ln\sqrt{x^2+y^2}$ 满足方程

$$\frac{\partial^2 z}{\partial x^2}+\frac{\partial^2 z}{\partial y^2}=0;$$

(2) 函数 $u=\frac{1}{\sqrt{x^2+y^2+z^2}}$ 满足方程

$$\frac{\partial^2 u}{\partial x^2}+\frac{\partial^2 u}{\partial y^2}+\frac{\partial^2 u}{\partial z^2}=0.$$

证　(1) 因为 $z=\ln\sqrt{x^2+y^2}=\frac{1}{2}\ln(x^2+y^2)$,所以

$$\frac{\partial z}{\partial x}=\frac{x}{x^2+y^2},\quad \frac{\partial z}{\partial y}=\frac{y}{x^2+y^2},$$

$$\frac{\partial^2 z}{\partial x^2}=\frac{(x^2+y^2)-x\cdot 2x}{(x^2+y^2)^2}=\frac{y^2-x^2}{(x^2+y^2)^2},$$

$$\frac{\partial^2 z}{\partial y^2}=\frac{(x^2+y^2)-y\cdot 2y}{(x^2+y^2)^2}=\frac{x^2-y^2}{(x^2+y^2)^2},$$

因此,

$$\frac{\partial^2 z}{\partial x^2}+\frac{\partial^2 z}{\partial y^2}=\frac{y^2-x^2}{(x^2+y^2)^2}+\frac{x^2-y^2}{(x^2+y^2)^2}=0.$$

(2)

$$\frac{\partial u}{\partial x}=-\frac{1}{x^2+y^2+z^2}\cdot\frac{x}{\sqrt{x^2+y^2+z^2}}=-\frac{x}{(x^2+y^2+z^2)^{\frac{3}{2}}},$$

所以

$$\frac{\partial^2 u}{\partial x^2}=-\frac{1}{(x^2+y^2+z^2)^{\frac{3}{2}}}+\frac{3x^2}{(x^2+y^2+z^2)^{\frac{5}{2}}}.$$

利用函数关于自变量的对称性易得

$$\frac{\partial^2 u}{\partial y^2}=-\frac{1}{(x^2+y^2+z^2)^{\frac{3}{2}}}+\frac{3y^2}{(x^2+y^2+z^2)^{\frac{5}{2}}};$$

$$\frac{\partial^2 u}{\partial z^2}=-\frac{1}{(x^2+y^2+z^2)^{\frac{3}{2}}}+\frac{3z^2}{(x^2+y^2+z^2)^{\frac{5}{2}}}.$$

从而

$$\frac{\partial^2 u}{\partial x^2}+\frac{\partial^2 u}{\partial y^2}+\frac{\partial^2 u}{\partial z^2}=-\frac{3}{(x^2+y^2+z^2)^{\frac{3}{2}}}+\frac{3(x^2+y^2+z^2)}{(x^2+y^2+z^2)^{\frac{5}{2}}}=0.\qquad\square$$

例 8 中的两个方程是在数学物理方程中占有重要地位的拉普拉斯(Laplace)方程.

例 9　若将某种物质注入一充满液体(液体本身不动)的管子中,则悬浮在液体中的该物质的分子随机游动并将遍及整个液体中,这种现象称为**布朗运动**,它是由英国植物学家布朗(Brown)于 1827 年发现的. 布朗运动代表一种随机涨落现象,它的理论在很多领域有重要应用,如物理学、生物学、统计学和金融学等. 由布朗运动所引起的随机迁移过程称为**扩散**(diffusion),下面给出这一**扩散过程**(diffusion process)的数学描述.

假设管子与 x 轴相平行,分子浓度仅在 x 轴方向上发生变化,且浓度依赖于时间 t,因此,浓度 c 是 x,t 的二元函数,记 $c=c(x,t)$. 只要清楚 c 随 x,t 的变化情况,就清楚了分子的扩散过程. 根据爱因斯坦(Einstein)的分析,液体中分子浓度的表达式为

$$c=\frac{1}{\sqrt{t}}\exp\left\{-\frac{x^2}{kt}\right\},$$

其中,k 是正常数. 因为

$$\frac{\partial c}{\partial x}=-\frac{2}{k}xt^{-\frac{3}{2}}\exp\left\{-\frac{x^2}{kt}\right\},\qquad \frac{\partial c}{\partial t}=\frac{1}{k}\left(-\frac{k}{2}t^{-\frac{3}{2}}+x^2t^{-\frac{5}{2}}\right)\exp\left\{-\frac{x^2}{kt}\right\},$$

$$\frac{\partial^2 c}{\partial x^2}=\frac{4}{k^2}\left(-\frac{k}{2}t^{-\frac{3}{2}}+x^2t^{-\frac{5}{2}}\right)\exp\left\{-\frac{x^2}{kt}\right\}=\frac{4}{k}\frac{\partial c}{\partial t},$$

所以,$c=c(x,t)$ 满足一维扩散方程

$$\frac{\partial^2 c}{\partial x^2}=\frac{4}{k}\frac{\partial c}{\partial t}.$$

习　题　8.2

1. 求下列函数的偏导数:

(1) $z=x^3y-xy^3$;　　(2) $z=\sin(xy)+\cos^2(xy)$;

(3) $z=\cos(x+y)e^{xy}$;　　(4) $z=\ln\tan\frac{x}{y}$;

(5) $u=x^{\frac{y}{z}}$;　　(6) $f(\rho,\varphi,t)=\rho e^{t\varphi}+e^{-\varphi}+t$.

2. 求下列函数在指定点处的偏导数:

(1) 设 $f(x,y)=\arctan\frac{x^3+y^3}{x-y}$,求 $f_x(1,0)$;

(2) 设 $f(x,y,z)=\ln(xy+z)$,求 $f_x(1,2,0)$,$f_y(1,2,0)$,$f_z(1,2,0)$;

(3) 设 $f(x,y)=x+(y-1)\arcsin\sqrt{\dfrac{x}{y}}$,求 $f_x(x,1)$.

3. 求曲线 $\begin{cases} z=\dfrac{x^2+y^2}{4} \\ y=4 \end{cases}$,在点(2,4,5)处的切线对于 x 轴的倾角.

4. 设 $x=\rho\cos\varphi, y=\rho\sin\varphi$,求雅可比(Jacobi)行列式 $\dfrac{\partial(x,y)}{\partial(\rho,\varphi)}=\begin{vmatrix} x_\rho & x_\varphi \\ y_\rho & y_\varphi \end{vmatrix}$ 的值.

5. 考察函数 $f(x,y)=\begin{cases} \dfrac{x^2}{\sqrt{x^2+y^2}}, & x^2+y^2\neq 0, \\ 0, & x^2+y^2=0 \end{cases}$ 在(0,0)点的连续性和偏导数.

6. 设 $z=x\ln(xy)$,求 $\dfrac{\partial^3 z}{\partial x^2\partial y}$ 及 $\dfrac{\partial^3 z}{\partial x\partial y^2}$.

7. 设 $f(x,y,z)=xy^2+yz^2+zx^2$,求 $f_{xx}(0,0,1)$,$f_{yz}(0,-1,0)$,$f_{zzx}(2,0,1)$.

8. 验证函数 $u=\dfrac{1}{2a\sqrt{\pi t}}e^{-\frac{(x-b)^2}{4a^2t}}$ 满足热传导方程:$\dfrac{\partial u}{\partial t}=a^2\dfrac{\partial^2 u}{\partial x^2}$.

9. 已知 $z=e^{-x}-f(x-2y)$ 且当 $y=0$ 时 $z=x^2$,求 z_x.

10. 若 $f_x(x,y)=2x+y^2$ 且 $f(0,y)=\sin y$,求函数 $f(x,y)$.

8.3 全 微 分

8.3.1 全微分的定义

一元函数微分的概念是由无穷小及近似观点来处理函数的增量问题而产生的,多元函数微分也是如此. 对于可微的一元函数 $y=f(x)$,当自变量取得增量 Δx 时,函数的增量 $\Delta y=A\Delta x+o(\Delta x)=dy+o(\Delta x)$,函数的微分 $dy=A\Delta x$ 是 Δx 的线性函数,与 Δy 的差别非常小(是比 Δx 高阶的无穷小),因此,可用自变量增量的线性函数(即微分)来近似计算函数的增量. 在研究多元函数的自变量增量与全增量之间的关系时发现,在一定条件下,多元函数也具有一个类似于上述性质的量,它就是全微分. 以二元函数为例,有下面定义.

定义 8.6 如果函数 $z=f(x,y)$ 在点 $P_0(x_0,y_0)$ 的某个领域内有定义,如果函数 $f(x,y)$ 在点 $P_0(x_0,y_0)$ 的全增量

$$\Delta z=f(x_0+\Delta x,y_0+\Delta y)-f(x_0,y_0)$$

可表示为

$$\Delta z=A\Delta x+B\Delta y+o(\rho), \tag{8.4}$$

其中,A,B 是仅与 $P_0(x_0,y_0)$ 有关而与 $\Delta x,\Delta y$ 无关的常数,$\rho=\sqrt{(\Delta x)^2+(\Delta y)^2}$,则称函数 $z=f(x,y)$ 在点 $P_0(x_0,y_0)$ 可微分,称 $A\Delta x+B\Delta y$ 为函数 $z=f(x,y)$ 在点 $P_0(x_0,y_0)$ 的**全微分**(total differential),记作 $dz|_{(x_0,y_0)}$,即

$$dz|_{(x_0,y_0)}=A\Delta x+B\Delta y.$$

如果函数 $z=f(x,y)$ 在区域 D 内每一点都可微，则称该函数在 D 内可微分，或称函数是 D 内的可微函数.

定义 8.6 表明全微分也具有如下两个性质：

(1) 它是自变量增量 $\Delta x,\Delta y$ 的线性函数 $A\Delta x+B\Delta y$；

(2) 当 $(\Delta x,\Delta y)\to(0,0)$ 时，$\rho\to 0$，而 Δz 与 $\mathrm{d}z$ 之差是比 ρ 高阶的无穷小. 这是随后利用全微分做近似计算的依据.

实际上，定义 8.6 同时给出了二元函数可微的一个充要条件，式(8.4)成立与函数可微是等价的. 借此，可以判断函数的可微性.

例 1 考察函数 $f(x,y)=xy$ 在点 (x_0,y_0) 的可微性.

解 在点 (x_0,y_0) 处函数的全增量

$$\Delta f=(x_0+\Delta x)(y_0+\Delta y)-x_0y_0=x_0\Delta y+y_0\Delta x+\Delta x\Delta y.$$

由于

$$0\leqslant\frac{|\Delta x\Delta y|}{\rho}=\left|\frac{\Delta x}{\rho}\right|\left|\frac{\Delta y}{\rho}\right|\rho\leqslant\rho，且\lim_{\rho\to 0}\rho=0,$$

所以由夹逼定理知

$$\lim_{\rho\to 0}\frac{\Delta x\Delta y}{\rho}=0，即\ \Delta x\Delta y=o(\rho).$$

根据定义 8.6，函数 $f(x,y)=xy$ 在点 (x_0,y_0) 处可微.

8.3.2 可微分的条件

根据全微分的定义，如果二元函数在 $P_0(x_0,y_0)$ 点可微，则 $\Delta z=A\Delta x+B\Delta y+o(\rho)$，因 $(\Delta x,\Delta y)\to(0,0)$ 时 $\rho\to 0$，故有

$$\lim_{(\Delta x,\Delta y)\to(0,0)}\Delta z=0,$$

根据二元函数连续的增量描述知，二元函数 $z=f(x,y)$ 在 $P_0(x_0,y_0)$ 点处连续. 于是有下列可微分的必要条件之一.

定理 8.2（可微的必要条件） 二元函数在某点可微分，则函数在该点处必连续.

与一元函数一样，函数在某一点连续也只是在该点可微的必要条件，也就是说，定理 8.2 的逆命题并不成立. 可见，二元函数可微与连续之间的关系与一元函数一样.

如果二元函数在某点处可微，那如何求出函数在该点的全微分呢？换句话说，如何求定义 8.6 中的 A,B 呢？在考察了二元函数可微与偏导数之间的关系后，该问题即迎刃而解. 同时，通过考察还可以发觉多元函数微分、导数之间的关系与一元函数微分、导数之间关系的同与异.

定理 8.3（可微的必要条件） 如果函数 $z=f(x,y)$ 在 $P(x,y)$ 点可微分，则函数在点 $P(x,y)$ 的偏导数 $\dfrac{\partial z}{\partial x},\dfrac{\partial z}{\partial y}$ 必存在，且函数 $z=f(x,y)$ 在点 $P(x,y)$ 的全微分为

$$dz=\frac{\partial z}{\partial x}\Delta x+\frac{\partial z}{\partial y}\Delta y. \tag{8.5}$$

证　设函数 $z=f(x,y)$ 在 $P(x,y)$ 点可微分，于是

$$\Delta z=f(x_0+\Delta x,y_0+\Delta y)-f(x_0,y_0)=A\Delta x+B\Delta y+o(\rho)\ . \tag{8.6}$$

特别地，当 $\Delta y=0$ 时，式(8.6)也成立，这时 $\rho=|\Delta x|$，此时式(8.6)简化为

$$f(x+\Delta x,y)-f(x,y)=A\cdot\Delta x+o(|\Delta x|)\ .$$

上式两端同除以 Δx，然后令 $\Delta x\to 0$，取极限可得

$$\lim_{\Delta x\to 0}\frac{f(x+\Delta x,y)-f(x,y)}{\Delta x}=A,$$

上式表明二元函数 $z=f(x,y)$ 在 $P(x,y)$ 点处的偏导数 $\frac{\partial z}{\partial x}$ 存在且等于 A.

同理可得 $\frac{\partial z}{\partial y}=B$. 综合之，定理成立. □

定理 8.3 不仅得出"可微偏导数必存在"，同时也给出了求可微函数全微分的具体公式(8.5). 与一元函数微分一样，规定自变量增量等于自变量微分：$\Delta x=dx$，$\Delta y=dy$，于是公式(8.5)可写成

$$dz=\frac{\partial z}{\partial x}dx+\frac{\partial z}{\partial y}dy.$$

在微分学里，常将 $\frac{\partial z}{\partial x}dx$，$\frac{\partial z}{\partial y}dy$ 称为二元函数的偏微分，可以证明若二元函数的全微分存在，则其偏微分也存在(请大家思考). 全微分公式表明全微分恰等于它的两个偏微分之和. 这一现象称为二元函数微分的**叠加原理**(superposition principle).

例 2　计算函数 $z=e^{xy}+x^2+y^2$ 的全微分和在点(1,0)处的全微分.

解　因为 $z_x=ye^{xy}+2x$，$z_y=xe^{xy}+2y$，则 $z_x(1,0)=2$，$z_y(1,0)=1$. 所以函数的全微分为

$$dz=(ye^{xy}+2x)dx+(xe^{xy}+2y)dy;$$

函数在(1,0)处的全微分为

$$dz|_{(1,0)}=2dx+dy.$$

例 3　考察函数 $z=f(x,y)=\begin{cases}\dfrac{xy}{\sqrt{x^2+y^2}}, & x^2+y^2\neq 0,\\ 0, & x^2+y^2=0\end{cases}$ 在(0,0)点的可微性.

解　由 8.2 节的例 3 已经知道函数 $z=f(x,y)$ 在(0,0)点的两个偏导数都存在且均为 0，则 $\frac{\partial z}{\partial x}\Delta x+\frac{\partial z}{\partial y}\Delta y=0$. 如果函数在(0,0)点可微，则要求

$$\Delta z=f(0+\Delta x,0+\Delta y)-f(0,0)=\frac{\Delta x\Delta y}{\sqrt{\Delta x^2+\Delta y^2}}$$

与 $dz=\frac{\partial z}{\partial x}dx+\frac{\partial z}{\partial y}dy=0$ 之差是较 $\rho=\sqrt{(\Delta x)^2+(\Delta y)^2}$ 高阶的无穷小. 为此，考察极限

$$\lim_{\rho\to 0}\frac{\Delta z-dz}{\rho}=\lim_{\substack{\Delta x\to 0\\ \Delta y\to 0}}\frac{\Delta x\Delta y}{\Delta x^2+\Delta y^2}.$$

由 8.1 节例 7 知上述极限并不存在. 因而，函数 $f(x,y)$ 在 $(0,0)$ 处偏导数存在但不可微.

此例说明，偏导数即使存在，函数也不一定可微. 因此，定理 8.3 中各偏导数存在只是可微的必要条件，并非充分条件. 这与一元函数微分学中“可导与可微等价”不同.

虽然二元函数的偏导数存在并不能表明函数可微，但在各偏导数连续的条件下，可以证明函数一定可微，即有下面定理.

定理 8.4（可微的充分条件） 如果函数 $z=f(x,y)$ 的偏导数 $\frac{\partial z}{\partial x},\frac{\partial z}{\partial y}$ 在点 $P(x,y)$ 的某邻域内存在且偏导数在点 $P(x,y)$ 处都连续，则函数在该点可微分.

证 设点 $P_1(x+\Delta x,y+\Delta y)$ 为 P 的某邻域内任意一点，函数的全增量可写成

$$\begin{aligned}\Delta z &=f(x+\Delta x,y+\Delta y)-f(x,y)\\ &=[f(x+\Delta x,y+\Delta y)-f(x,y+\Delta y)]+[f(x,y+\Delta y)-f(x,y)].\end{aligned}\tag{8.7}$$

第一个方括号内的表达式，由于 $y+\Delta y$ 不变，所以可被看作为关于 x 的一元函数 $f(x,y+\Delta y)$ 的增量. 于是，应用 Lagrange 中值定理得到

$$f(x+\Delta x,y+\Delta y)-f(x,y+\Delta y)=f_x(x+\theta_1\Delta x,y+\Delta y)\Delta x,\quad 0<\theta_1<1.\tag{8.8}$$

由于 $f_x(x,y)$ 在点 $P(x,y)$ 连续，所以式(8.8)可写为

$$f(x+\Delta x,y+\Delta y)-f(x,y+\Delta y)=f_x(x,y)\Delta x+\varepsilon_1\Delta x,\tag{8.9}$$

其中，ε_1 为 $\Delta x,\Delta y$ 的函数且当 $(\Delta x,\Delta y)\to(0,0)$ 时，$\varepsilon_1\to 0$.

同理可证，第二个方括号内的表达式可写为

$$f(x,y+\Delta y)-f(x,y)=f_y(x,y)\Delta y+\varepsilon_2\Delta y,\tag{8.10}$$

其中，ε_2 为 Δy 的函数且当 $\Delta y\to 0$ 时，$\varepsilon_2\to 0$.

将式(8.9)和式(8.10)代入式(8.7)中，全增量 Δz 可以表示为

$$\Delta z=f_x(x,y)\Delta x+f_y(x,y)\Delta y+\varepsilon_1\Delta x+\varepsilon_2\Delta y.\tag{8.11}$$

显然

$$0\leqslant\left|\frac{\varepsilon_1\Delta x+\varepsilon_2\Delta y}{\rho}\right|\leqslant|\varepsilon_1|+|\varepsilon_2|,$$

当 $(\Delta x,\Delta y)\to(0,0)$，即 $\rho\to 0$ 时有

$$\lim_{\rho\to 0}\frac{\varepsilon_1\Delta x+\varepsilon_2\Delta y}{\rho}=0.$$

根据全微分的定义，函数 $z=f(x,y)$ 在点 $P(x,y)$ 可微分. □

定理 8.4 的逆命题不一定成立，也即二元函数可微只能导出二元函数偏导数存在，但不能进一步得出偏导数还连续（见习题 8.3 的第 5 题）. 因此，偏导数存在且连续是可微分的充分而非必要条件.

以上关于二元函数全微分的定义、可微分的必要条件和充分条件以及叠加原理等，可以完全类似地推广到三元及三元以上的多元函数. 例如，如果三元函数 $u=\varphi(x,y,z)$ 可微分，那么它的全微分就等于它的三个偏微分之和，即

$$du=\frac{\partial u}{\partial x}dx+\frac{\partial u}{\partial y}dy+\frac{\partial u}{\partial z}dz.$$

例 4　计算函数 $u=x+\sin\frac{y}{2}+\arctan\frac{z}{y}$ 的全微分.

解　由于 $u_x=1$，$u_y=\frac{1}{2}\cos\frac{y}{2}-\frac{z}{y^2+z^2}$，$u_z=\frac{y}{y^2+z^2}$. 因而函数的全微分为

$$du=dx+\left(\frac{1}{2}\cos\frac{y}{2}-\frac{z}{y^2+z^2}\right)dy+\frac{y}{y^2+z^2}dz.$$

8.3.3　全微分在近似计算中的应用

与一元函数微分可做近似计算一样，利用全微分也可对多元函数进行近似计算.

如果函数 $z=f(x,y)$ 在 (x,y) 处可微分，或假如函数 $z=f(x,y)$ 在 (x,y) 处的两个偏导数 $f_x(x,y)$，$f_y(x,y)$ 存在且连续，由全微分的定义，$\Delta z=dz+o(\rho)$，因此，当 $|\Delta x|$，$|\Delta y|$ 都较小时，$o(\rho)$ 也非常小，可用全微分 dz 来近似计算全增量 Δz，于是有下列近似计算公式：

$$\Delta z\approx dz,$$

或

$$f(x+\Delta x,y+\Delta y)\approx f(x,y)+f_x(x,y)\Delta x+f_y(x,y)\Delta y. \tag{8.12}$$

例 5　计算 $1.04^{2.02}$ 的近似值.

解　为利用式(8.12)来作近似计算，显然，必须构造一个函数. 设函数 $f(x,y)=x^y$，则 $1.04^{2.02}$ 就是函数当 $x=1.04$，$y=2.02$ 时的函数值 $f(1.04,2.02)$.

因此，可取 $x=1$，$y=2$，$\Delta x=0.04$，$\Delta y=0.02$，利用式(8.12)来求 $1.04^{2.02}$ 的近似值. 由于

$$f(1,2)=1,\quad f_x(1,2)=(yx^{y-1})\Big|_{\substack{x=1\\y=2}}=2,\quad f_y(1,2)=(x^y\ln x)\Big|_{\substack{x=1\\y=2}}=0,$$

所以

$$\begin{aligned}1.04^{2.02}&=f(1.04,2.02)=f(x+\Delta x,y+\Delta y)\\&\approx f(x,y)+f_x(x,y)\Delta x+f_y(x,y)\Delta y\\&=1+2\times0.04+0\times0.02=1.08.\end{aligned}$$

例 6　1g 分子理想气体，在温度 0℃和一个大气压的标准状态下，体积是 22.4L. 在这标准状态下将温度升高 3℃，压强升高 0.015 个大气压，问体积大约改变多少？

解 由 8.2 节可知 $V=\frac{RT}{P}$(R 为常量). 由于

$$\frac{\partial V}{\partial T}=\frac{R}{P},\quad \frac{\partial V}{\partial P}=-\frac{RT}{P^2},$$

设体积的改变量为 ΔV,则

$$\Delta V\approx \mathrm{d}V=\frac{\partial V}{\partial T}\Delta T+\frac{\partial V}{\partial P}\Delta P=V\left(\frac{\Delta T}{T}-\frac{\Delta P}{P}\right).$$

当 $T=273, P=1, V=22.4, \Delta T=3, \Delta P=0.015$ 时(开氏温度等于摄氏温度加上 273,即 0℃=(0+273)K),

$$\Delta V\approx \mathrm{d}V=22.4\left(\frac{3}{273}-\frac{0.015}{1}\right)\approx -0.09\ L.$$

结果表明体积大约减少 90mL.

利用式(8.12),也可以作误差估计.

设有二元函数 $z=f(x,y)$,x,y 可直接测得,z 通过公式 $z=f(x,y)$间接算出. 由于测量 x,y 时会产生误差,记为 $\Delta x,\Delta y$,则由测量出的 x,y 数据来计算 z 也会产生误差,记为 Δz. 设 x,y 的绝对误差分别为 δ_x,δ_y,即

$$|\Delta x|\leqslant\delta_x,\quad |\Delta y|\leqslant\delta_y,$$

则由式(8.12)得

$$\begin{aligned}|\Delta z|\approx|\mathrm{d}z|&=|z_x(x,y)\Delta x+z_y(x,y)\Delta y|\\&\leqslant|z_x(x,y)|\delta_x+|z_y(x,y)|\delta_y=\delta_z,\end{aligned}$$

则

$$\left|\frac{\Delta z}{z}\right|\leqslant\frac{\delta_z}{|z|}.$$

从而得到 z 的绝对误差约为

$$\delta_z=|z_x(x,y)|\cdot\delta_x+|z_y(x,y)|\cdot\delta_y;\tag{8.13}$$

z 的相对误差约为

$$\frac{\delta_z}{|z|}=\left|\frac{z_x(x,y)}{f(x,y)}\right|\delta_x+\left|\frac{z_y(x,y)}{f(x,y)}\right|\delta_y.\tag{8.14}$$

例 7 将 xg 盐溶于 yg 水中,求盐水的浓度. 若称盐时的误差为 δ_xg,称水时的误差为 δ_yg,求盐水浓度的误差.

解 设盐水的浓度为 z,则

$$z=\frac{x}{x+y}.$$

由式(8.13),盐水浓度的绝对误差为

$$\begin{aligned}\delta_z&=|z_x(x,y)|\cdot\delta_x+|z_y(x,y)|\cdot\delta_y\\&=\left|\frac{y}{(x+y)^2}\right|\cdot\delta_x+\left|\frac{-x}{(x+y)^2}\right|\cdot\delta_y\end{aligned}$$

$$=\frac{y\delta_x+x\delta_y}{(x+y)^2};$$

由式(8.14),盐水浓度的相对误差为

$$\frac{\delta_z}{|z|}=\frac{y\delta_x+x\delta_y}{x(x+y)}.$$

例 7 的结果是直接利用误差公式计算得来,实际上,也可以利用误差公式的推导方法来求解本题.

习　题　8.3

1. 求下列函数的全微分:

(1) $z=2xe^{-y}-3\sqrt{x}+e^2$;　　(2) $z=\sin(x^2+y^2)$;

(3) $z=\arctan\dfrac{x+y}{x-y}$;　　(4) $u=x^{yz}$.

2. 求函数 $z=\ln(1+x^2+y^2)$在(1,2)处的全微分.

3. 求函数 $z=\dfrac{y}{x}$当 $x=2,y=1,\Delta x=0.1,\Delta y=-0.2$ 时的全增量和全微分.

4. 证明函数 $f(x,y)=\begin{cases}\dfrac{x^2y}{x^2+y^2}, & x^2+y^2\neq 0,\\ 0, & x^2+y^2=0\end{cases}$ 在(0,0)点连续且偏导数存在,但在此点不可微.

5. 证明函数 $f(x,y)=\begin{cases}(x^2+y^2)\sin\dfrac{1}{\sqrt{x^2+y^2}}, & (x,y)\neq(0,0),\\ 0, & (x,y)=(0,0)\end{cases}$ 在(0,0)点连续且偏导数存在,但偏导数在(0,0)点不连续,而 f 在(0,0)点可微.

6. 计算近似值:

(1) $\sqrt{1.02^3+1.97^3}$;　　(2) $1.002\times 2.003^2\times 3.004^3$.

7. 设矩形边长为 $x=6$m,$y=8$m,若 x 增加 2mm,而 y 减少 5mm,求矩形的对角线和面积变化的近似值.

8. 在物理学中,利用单摆摆动测定重力加速度 g 的公式是 $g=\dfrac{4\pi^2 l}{T^2}$. 经测量,单摆摆长 $l=100$cm,误差为 0.1cm,振动周期 $T=2$s,误差为 0.004s. 问由于测定 l 与 T 的误差而引起 g 的绝对误差和相对误差各为多少?

9. 电阻公式 $R=\dfrac{U}{I}$,如果 $I=1.5\pm 0.1$(A),$U=110\pm 0.05$(V),求电阻 R 的近似值及其绝对误差与相对误差.

10. 已知其全微分为 $dz=(3x^2-6xy)dx+(3y^2-3x^2)dy$,求函数 $z=f(x,y)$.

8.4　多元复合函数求导法则

一元复合函数是指由两个或两个以上的一元函数复合而成的函数. 学习了多元

函数以后，是否多元函数与多元函数之间或多元函数与一元函数之间也可以复合得到一类函数呢？答案是肯定的. 本节就来研究这类复合函数的求导问题.

8.4.1　复合函数

显然，由多元函数与多元函数或多元函数与一元函数复合而成的复合函数，在形式上要复杂一些. 下面给出几种常见的复合关系.

形式 1　假设一元函数 $u=\varphi(x)$ 及 $v=\psi(x)$ 都在区间 D 内有定义，二元函数 $z=f(u,v)$ 的定义域为 D_f，令 $W=\{(u,v)\mid u=\varphi(x),v=\psi(x),x\in D\}$. 如果 $W\cap D_f\neq\varnothing$，则称 $z=f[\varphi(x),\psi(x)]$ 为由函数 $z=f(u,v)$ 和 $u=\varphi(x),v=\psi(x)$ 复合而成的复合函数，其中，u,v 称为中间变量. 复合函数的复合关系如图 8.7 所示.

例如，$z=e^t\cos t$ 是由 $z=uv,u=e^t,v=\cos t$ 复合而成的复合函数；$z=f(u,v),u=x,v=\ln x$ 复合而得函数 $z=f(x,\ln x)$.

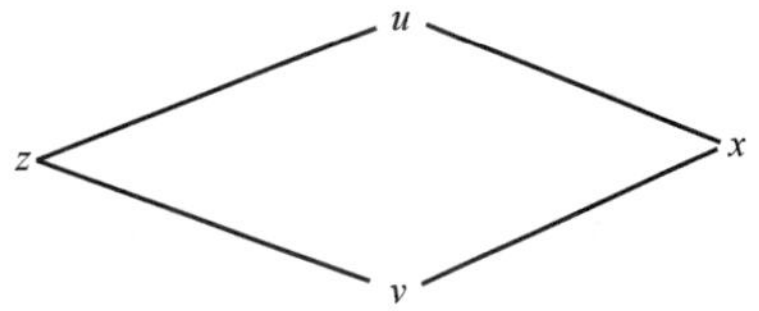

图 8.7

显然，形式 1 中的复合函数是一个关于 x 的一元函数，由二元函数和一元函数复合得到. 当中间变量多于两个时，可得一般形式.

例如，$z=f(u,v,w)$ 和 $u=\varphi(x),v=\psi(x),w=\omega(x)$ 复合而成的复合函数为

$$z=f[\varphi(x),\psi(x),\omega(x)].$$

特殊地，当 $w=\omega(x)=x$ 时，由 $z=f(u,v,x)$ 与 $u=\varphi(x),v=\psi(x)$ 复合可得复合函数

$$z=f[\varphi(x),\psi(x),x],$$

其中，变量 x 既是复合函数的自变量也是中间变量. 具备这种特点的复合函数很多，例如，$z=uv+\sin t,u=e^t,v=\cos t$ 复合而成的复合函数 $z=e^t\cos t+\sin t$；$z=f(u,v,w,x)$ 与 $u=\varphi(x),v=\psi(x),w=\omega(x)$ 复合而成的复合函数 $z=f[\varphi(x),\psi(x),\omega(x),x]$ 等.

形式 2　设 $u=\varphi(x,y),v=\psi(x,y)$ 在区域 D 内都有定义，$z=f(u,v)$ 的定义域为 D_f，令 $W=\{(u,v)\mid u=\varphi(x,y),v=\psi(x,y),(x,y)\in D\}$. 如果 $W\cap D_f\neq\varnothing$，则由 $z=f(u,v)$ 和 $u=\varphi(x,y),v=\psi(x,y)$ 可以复合而得复合函数 $z=f[\varphi(x,y),\psi(x,y)]$，其中，$u,v$ 称为中间变量. 复合函数的复合关系如图 8.8 所示.

例如，$z=e^u\sin v,u=xy,v=x+y$ 复合可得复合函数 $z=e^{xy}\sin(x+y)$.

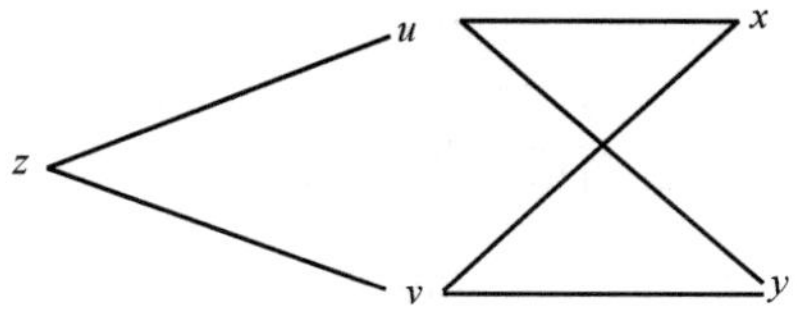

图 8.8

形式 2 中的复合函数是二元函数，可推广如下情形：

(1) $z=f(u,v,w)$ 与 $u=\varphi(x,y),v=\psi(x,y)$ 及 $w=\omega(x,y)$ 复合而成的复合函数为 $z=f[\varphi(x,y),\psi(x,y),\omega(x,y)]$；特殊地，当 $v=x,w=y$ 时，由 $z=f(u,x,y)$ 与 $u=\varphi(x,y)$

复合可得复合函数$z=f[\varphi(x,y),x,y]$(其中,x,y既是自变量也是中间变量).

(2) $z=f(u,v)$与$u=\varphi(x),v=\psi(y)$复合而成的复合函数为$z=f[\varphi(x),\psi(y)]$.

8.4.2 复合函数的求导法则

下面来考察各种形式复合函数的求导问题.

对于形式 1 中的复合函数,在一定条件下有下列结论:

定理 8.5 如果函数$u=\varphi(x)$及$v=\psi(x)$都在x点可导,函数$z=f(u,v)$在对应点(u,v)具有连续偏导数,则复合函数$z=f[\varphi(x),\psi(x)]$在x点可导且有

$$\frac{\mathrm{d}z}{\mathrm{d}x}=\frac{\partial z}{\partial u}\frac{\mathrm{d}u}{\mathrm{d}x}+\frac{\partial z}{\partial v}\frac{\mathrm{d}v}{\mathrm{d}x}. \tag{8.15}$$

证 当自变量x获得增量Δx时,函数$u=\varphi(x),v=\psi(x)$获得相应增量,记为$\Delta u,\Delta v$,由此导致函数$z=f(u,v)$也获得对应增量Δz. 根据$u=\varphi(x)$及$v=\psi(x)$都在点x可导知当$\Delta x\to 0$时,$\Delta u\to 0,\Delta v\to 0$且$\lim\limits_{\Delta x\to 0}\frac{\Delta u}{\Delta x}=\frac{\mathrm{d}u}{\mathrm{d}x},\lim\limits_{\Delta x\to 0}\frac{\Delta v}{\Delta x}=\frac{\mathrm{d}v}{\mathrm{d}x}$. 又因函数$z=f(u,v)$在点$(u,v)$具有连续偏导数,根据式(8.11)有

$$\Delta z=\frac{\partial z}{\partial u}\Delta u+\frac{\partial z}{\partial v}\Delta v+\varepsilon_1\Delta u+\varepsilon_2\Delta v, \tag{8.16}$$

其中,$\Delta u\to 0,\Delta v\to 0$时,$\varepsilon_1\to 0,\varepsilon_2\to 0$;$\frac{\partial z}{\partial u},\frac{\partial z}{\partial v}$与$\Delta u,\Delta v$无关.

将式(8.16)两边各除以Δx得

$$\frac{\Delta z}{\Delta x}=\frac{\partial z}{\partial u}\frac{\Delta u}{\Delta x}+\frac{\partial z}{\partial v}\frac{\Delta v}{\Delta x}+\varepsilon_1\frac{\Delta u}{\Delta x}+\varepsilon_2\frac{\Delta v}{\Delta x}.$$

利用上述已有结果,上式两端同时关于$\Delta x\to 0$取极限可得

$$\frac{\mathrm{d}z}{\mathrm{d}x}=\lim_{\Delta x\to 0}\frac{\Delta z}{\Delta x}=\frac{\partial z}{\partial u}\frac{\mathrm{d}u}{\mathrm{d}x}+\frac{\partial z}{\partial v}\frac{\mathrm{d}v}{\mathrm{d}x}.$$ □

对于由函数$z=f(u,v,w)$与$u=\varphi(x),v=\psi(x),w=\omega(x)$复合而得的复合函数$z=f[\varphi(x),\psi(x),\omega(x)]$,在与定理 8.5 相类似的条件下,复合函数在点$x$可导且有

$$\frac{\mathrm{d}z}{\mathrm{d}x}=\frac{\partial z}{\partial u}\frac{\mathrm{d}u}{\mathrm{d}x}+\frac{\partial z}{\partial v}\frac{\mathrm{d}v}{\mathrm{d}x}+\frac{\partial z}{\partial \omega}\frac{\mathrm{d}\omega}{\mathrm{d}x}. \tag{8.17}$$

特殊地,当$w=\omega(x)=x$时,式(8.17)变成

$$\frac{\mathrm{d}z}{\mathrm{d}x}=\frac{\partial z}{\partial u}\frac{\mathrm{d}u}{\mathrm{d}x}+\frac{\partial z}{\partial v}\frac{\mathrm{d}v}{\mathrm{d}x}+\frac{\partial z}{\partial x}. \tag{8.18}$$

式(8.18)即为由$z=f(u,v,x)$与$u=\varphi(x),v=\psi(x)$复合而成的复合函数$z=f[\varphi(x),\psi(x),x]$的求导公式.

式(8.15),式(8.17)和式(8.18)中等号左侧的导数$\frac{\mathrm{d}z}{\mathrm{d}t}$称为**全导数**(total derivative).

例 1 求 $y=u(x)^{v(x)}\ (u(x)>0)$的导数.

解 对于幂指函数,在一元函数微分学里可以利用对数求导法或复合函数求导法来求其导数.这里利用定理 8.5 来重新推导幂指函数的求导公式.

令 $u=u(x),v=v(x)$,则 $y=u^v$,由式(8.15)有

$$\frac{\mathrm{d}y}{\mathrm{d}x}=\frac{\partial y}{\partial u}\frac{\mathrm{d}u}{\mathrm{d}x}+\frac{\partial y}{\partial v}\frac{\mathrm{d}v}{\mathrm{d}x}=vu^{v-1}\cdot u'+u^v\ln u\cdot v',$$

即

$$\frac{\mathrm{d}y}{\mathrm{d}x}=u(x)^{v(x)}\left[v(x)\cdot\frac{u'(x)}{u(x)}+v'(x)\cdot\ln u(x)\right].$$

例 2 设 $u=x\mathrm{e}^{2y-3z}$,其中,$x=\sin t,y=t^3,z=2t$,求$\frac{\mathrm{d}u}{\mathrm{d}t}$.

解 因为

$$\frac{\partial u}{\partial x}=\mathrm{e}^{2y-3z},\frac{\partial u}{\partial y}=2x\mathrm{e}^{2y-3z},\frac{\partial u}{\partial z}=-3x\mathrm{e}^{2y-3z};$$

$$\frac{\mathrm{d}x}{\mathrm{d}t}=\cos t,\quad \frac{\mathrm{d}y}{\mathrm{d}t}=3t^2,\quad \frac{\mathrm{d}z}{\mathrm{d}t}=2,$$

则

$$\begin{aligned}\frac{\mathrm{d}u}{\mathrm{d}t}&=\frac{\partial u}{\partial x}\frac{\mathrm{d}x}{\mathrm{d}t}+\frac{\partial u}{\partial y}\frac{\mathrm{d}y}{\mathrm{d}t}+\frac{\partial u}{\partial z}\frac{\mathrm{d}z}{\mathrm{d}t}\\&=\mathrm{e}^{2y-3z}(\cos t+6xt^2-6x)\\&=\mathrm{e}^{2t^3-6t}(\cos t+6t^2\sin t-6\sin t).\end{aligned}$$

例 3 设 $z=uv+\sin t$,其中,$u=\mathrm{e}^t,v=\cos t$. 求全导数$\frac{\mathrm{d}z}{\mathrm{d}t}$.

解 复合函数的复合关系如图 8.9 所示.

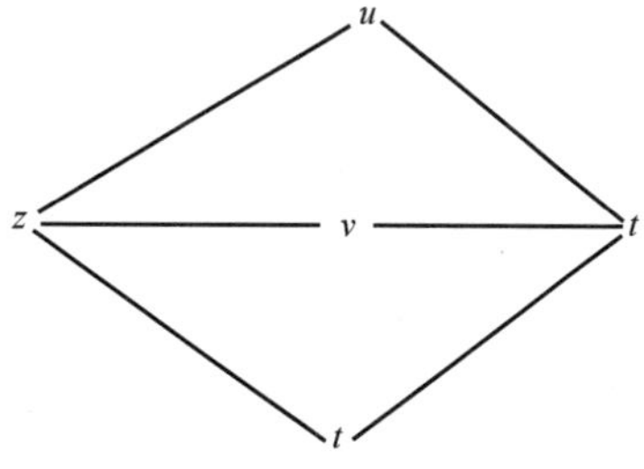

图 8.9

利用式(8.18)有

$$\begin{aligned}\frac{\mathrm{d}z}{\mathrm{d}t}&=\frac{\partial z}{\partial u}\frac{\mathrm{d}u}{\mathrm{d}t}+\frac{\partial z}{\partial v}\frac{\mathrm{d}v}{\mathrm{d}t}+\frac{\partial z}{\partial t}\\&=v\mathrm{e}^t-u\sin t+\cos t=\mathrm{e}^t\cos t-\mathrm{e}^t\sin t+\cos t\\&=\mathrm{e}^t(\cos t-\sin t)+\cos t.\end{aligned}$$

需要注意的是,$\frac{\partial z}{\partial t}$表示 $z=uv+\sin t$ 把 u,v 看作常量关于 t 求偏导数,$\frac{\mathrm{d}z}{\mathrm{d}t}$表示由 $z=uv+\sin t$,$u=\mathrm{e}^t,v=\cos t$ 复合而成的一元复合函数关于 t 的导数,即全导数.

例 4 当火箭从地面发射后,其质量以 40kg/s 的速度减少. 当火箭离地球中心 6378km 时,火箭的速度是 100km/s,火箭的质量为 m_1,问这时地球对火箭的引力 F 减小的速率是多少?

解 由万有引力定律,地球对火箭的引力 $F=\frac{GMm}{r^2}$,其中,G 为万有引力系数,

M 为地球的质量，m 为火箭的质量，r 是火箭到地球中心的距离，m,r 都是时间 t 的函数. 根据导数的意义知当 $r=6378\text{km}$ 时，地球对火箭的引力 F 减小的速率就是$\left.\dfrac{\mathrm{d}F}{\mathrm{d}t}\right|_{r=6378}$.

由式(8.15)有

$$\frac{\mathrm{d}F}{\mathrm{d}t}=\frac{\partial F}{\partial m}\frac{\mathrm{d}m}{\mathrm{d}t}+\frac{\partial F}{\partial r}\frac{\mathrm{d}r}{\mathrm{d}t}=GM\left[\frac{1}{r^2}\frac{\mathrm{d}m}{\mathrm{d}t}-\frac{2m}{r^3}\frac{\mathrm{d}r}{\mathrm{d}t}\right],$$

其中，$\dfrac{\mathrm{d}m}{\mathrm{d}t}=-40,\dfrac{\mathrm{d}r}{\mathrm{d}t}=100$. 于是

$$\left.\frac{\mathrm{d}F}{\mathrm{d}t}\right|_{r=6378}=\frac{-GM}{(6378)^2}\left(40+\frac{200m_1}{6378}\right).$$

与形式 1 一样，在一定条件下，形式 2 中的复合函数也有相应的求导法则.

定理 8.6　如果函数 $u=\varphi(x,y),v=\psi(x,y)$都在点$(x,y)$处可微，函数 $z=f(u,v)$在对应点(u,v)具有连续偏导数，则复合函数 $z=f[\varphi(x,y),\psi(x,y)]$在点$(x,y)$处可微且两个偏导数分别为

$$\frac{\partial z}{\partial x}=\frac{\partial z}{\partial u}\cdot\frac{\partial u}{\partial x}+\frac{\partial z}{\partial v}\cdot\frac{\partial v}{\partial x},\quad \frac{\partial z}{\partial y}=\frac{\partial z}{\partial u}\cdot\frac{\partial u}{\partial y}+\frac{\partial z}{\partial v}\cdot\frac{\partial v}{\partial y}. \tag{8.19}$$

例 5　设 $z=\mathrm{e}^u\sin v$，而 $u=xy,v=x+y$. 求$\dfrac{\partial z}{\partial x}$和$\dfrac{\partial z}{\partial y}$.

解　由式(8.19)有

$$\begin{aligned}\frac{\partial z}{\partial x}&=\frac{\partial z}{\partial u}\cdot\frac{\partial u}{\partial x}+\frac{\partial z}{\partial v}\cdot\frac{\partial v}{\partial x}\\&=\mathrm{e}^u\sin v\cdot y+\mathrm{e}^u\cos v\cdot 1\\&=\mathrm{e}^{xy}[y\sin(x+y)+\cos(x+y)];\end{aligned}$$

$$\begin{aligned}\frac{\partial z}{\partial y}&=\frac{\partial z}{\partial u}\cdot\frac{\partial u}{\partial y}+\frac{\partial z}{\partial v}\cdot\frac{\partial v}{\partial y}\\&=\mathrm{e}^u\sin v\cdot x+\mathrm{e}^u\cos v\cdot 1\\&=\mathrm{e}^{xy}[x\sin(x+y)+\cos(x+y)].\end{aligned}$$

例 6　设 $z=(3x^2+y^2)^{4x+2y}$，求$\dfrac{\partial z}{\partial x}$和$\dfrac{\partial z}{\partial y}$.

解　令 $u=3x^2+y^2,v=4x+2y$，则 $z=u^v$，由此可有

$$\frac{\partial z}{\partial u}=vu^{v-1},\quad \frac{\partial z}{\partial v}=u^v\ln u,\quad \frac{\partial u}{\partial x}=6x,\quad \frac{\partial u}{\partial y}=2y,\quad \frac{\partial v}{\partial x}=4,\quad \frac{\partial v}{\partial y}=2,$$

应用式(8.19)

$$\begin{aligned}\frac{\partial z}{\partial x}&=\frac{\partial z}{\partial u}\cdot\frac{\partial u}{\partial x}+\frac{\partial z}{\partial v}\cdot\frac{\partial v}{\partial x}\\&=6x(4x+2y)(3x^2+y^2)^{4x+2y-1}+4\,(3x^2+y^2)^{4x+2y}\ln(3x^2+y^2);\end{aligned}$$

$$\frac{\partial z}{\partial y}=\frac{\partial z}{\partial u}\cdot\frac{\partial u}{\partial y}+\frac{\partial z}{\partial v}\cdot\frac{\partial v}{\partial y}$$
$$=2y(4x+2y)(3x^2+y^2)^{4x+2y-1}+2(3x^2+y^2)^{4x+2y}\ln(3x^2+y^2).$$

例 7 设 $z=f(x^2-y^2,e^{xy})$，其中，f 具有一阶连续偏导数，求$\frac{\partial z}{\partial x}$和$\frac{\partial z}{\partial y}$.

解 令 $u=x^2-y^2,v=e^{xy}$，则 $z=f(u,v)$，由式(8.19)得

$$\frac{\partial z}{\partial x}=\frac{\partial z}{\partial u}\cdot\frac{\partial u}{\partial x}+\frac{\partial z}{\partial v}\cdot\frac{\partial v}{\partial x}=2x\frac{\partial f}{\partial u}+ye^{xy}\frac{\partial f}{\partial v},$$
$$\frac{\partial z}{\partial y}=\frac{\partial z}{\partial u}\cdot\frac{\partial u}{\partial y}+\frac{\partial z}{\partial v}\cdot\frac{\partial v}{\partial y}=-2y\frac{\partial f}{\partial u}+xe^{xy}\frac{\partial f}{\partial v}.$$

为书写方便，常用 $f_i'(i=1,2)$表示函数 $f(u,v)$对第 i 个中间变量的偏导数，即 $f_1'=\frac{\partial f}{\partial u},f_2'=\frac{\partial f}{\partial v}$(其他多元函数类似). 因此，例 7 的结果又可以写成

$$\frac{\partial z}{\partial x}=2xf_1'+ye^{xy}f_2',\quad \frac{\partial z}{\partial y}=-2yf_1'+xe^{xy}f_2'.$$

对于形式 2 中复合函数的推广形式，也可得类似结论.

(1) 设 $u=\varphi(x,y),v=\psi(x,y)$及 $w=\omega(x,y)$都在点(x,y)具有对 x 及对 y 的偏导数，函数 $z=f(u,v,w)$在对应点(u,v,w)具有连续偏导数，则复合函数

$$z=f[\varphi(x,y),\psi(x,y),\omega(x,y)]$$

在点(x,y)的两个偏导数都存在且有

$$\frac{\partial z}{\partial x}=\frac{\partial z}{\partial u}\frac{\partial u}{\partial x}+\frac{\partial z}{\partial v}\frac{\partial v}{\partial x}+\frac{\partial z}{\partial w}\frac{\partial w}{\partial x},\tag{8.20}$$
$$\frac{\partial z}{\partial y}=\frac{\partial z}{\partial u}\frac{\partial u}{\partial y}+\frac{\partial z}{\partial v}\frac{\partial v}{\partial y}+\frac{\partial z}{\partial w}\frac{\partial w}{\partial y}.\tag{8.21}$$

特殊地，当 $v=x,w=y$ 时，即由 $z=f(u,x,y)$与 $u=\varphi(x,y)$复合而成的复合函数 $z=f[\varphi(x,y),x,y]$在点(x,y)的两个偏导数都存在. 因为

$$\frac{\partial v}{\partial x}=1,\frac{\partial w}{\partial x}=0,\frac{\partial v}{\partial y}=0,\frac{\partial w}{\partial y}=1,$$

代入式(8.20)和式(8.21)，可得复合函数 $z=f[\varphi(x,y),x,y]$的求导公式

$$\frac{\partial z}{\partial x}=\frac{\partial f}{\partial u}\frac{\partial u}{\partial x}+\frac{\partial f}{\partial x},\tag{8.22}$$
$$\frac{\partial z}{\partial y}=\frac{\partial f}{\partial u}\frac{\partial u}{\partial y}+\frac{\partial f}{\partial y}.\tag{8.23}$$

细心的读者可能发现，与式(8.20)和式(8.21)相比，式(8.22)和式(8.23)中一些偏导数符号的写法有些变化. 对于这些写法上的变化，大家务必理解. 为此，针对这里讨论的问题特作以下说明：

(i) 式(8.20)和式(8.21)中的$\frac{\partial z}{\partial u}$与式(8.22)和式(8.23)中的$\frac{\partial f}{\partial u}$两种写法没有区

别,它们都表示把函数 $z=f(u,x,y)$ 中的 x 及 y 看作不变而对变量 u 的偏导数;

(ii) $\frac{\partial z}{\partial x}$ 与 $\frac{\partial f}{\partial x}$ 有本质的区别. $\frac{\partial z}{\partial x}$ 是把复合函数 $z=f[\varphi(x,y),x,y]$ 中的 y 看作不变而对 x 的偏导数; $\frac{\partial f}{\partial x}$ 是把 $z=f(u,x,y)$ 中的 u 及 y 看作不变而对 x 的偏导数. $\frac{\partial z}{\partial y}$ 与 $\frac{\partial f}{\partial y}$ 的区别类似.

例 8　设 $u=f(x,y,z)=e^{x^2+y+z^2}$,而 $z=x^2\sin y$. 求 $\frac{\partial u}{\partial x}$ 和 $\frac{\partial u}{\partial y}$.

解　复合函数的复合关系如图 8.10 所示

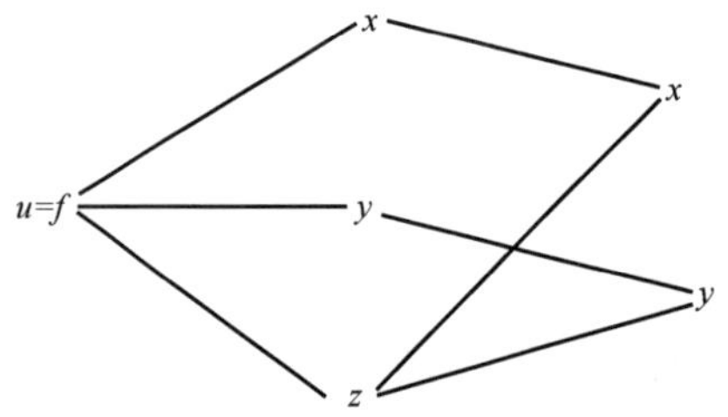

图 8.10

利用式(8.22)和式(8.23)可得

$$\frac{\partial u}{\partial x}=\frac{\partial f}{\partial x}+\frac{\partial f}{\partial z}\frac{\partial z}{\partial x}=2xe^{x^2+y+z^2}+2ze^{x^2+y+z^2}\cdot 2x\sin y=2x(1+2x^2\sin^2 y)e^{x^2+y+x^4\sin^2 y}.$$

$$\frac{\partial u}{\partial y}=\frac{\partial f}{\partial y}+\frac{\partial f}{\partial z}\frac{\partial z}{\partial y}=2e^{x^2+y+z^2}+2ze^{x^2+y+z^2}\cdot x^2\cos y=2(1+x^4\sin y\cos y)e^{x^2+y+x^4\sin^2 y}.$$

(2) 如果 $u=\varphi(x)$, $v=\psi(y)$ 都可导, $z=f(u,v)$ 在相应的点 (u,v) 具有连续偏导数,则复合函数为 $z=f[\varphi(x),\psi(y)]$ 在点 (x,y) 的两个偏导数存在且有

$$\frac{\partial z}{\partial x}=\frac{\partial z}{\partial u}\cdot\frac{du}{dx},\qquad \frac{\partial z}{\partial y}=\frac{\partial z}{\partial v}\cdot\frac{dv}{dy}. \tag{8.24}$$

例 9　设 $z=f\left(2x,\frac{1}{y}\right)$,其中, f 具有一阶偏导数,求 $\frac{\partial z}{\partial x}$ 和 $\frac{\partial z}{\partial y}$.

解　令 $u=2x$, $v=\frac{1}{y}$,则 $z=f\left(2x,\frac{1}{y}\right)$ 是由 $z=f(u,v)$ 和 $u=2x$, $v=\frac{1}{y}$ 复合而成,各变量之间的关系如图 8.11 所示. 由式(8.24)有

$$\frac{\partial z}{\partial x}=\frac{\partial z}{\partial u}\cdot\frac{du}{dx}=2f_1';\quad \frac{\partial z}{\partial y}=\frac{\partial z}{\partial v}\cdot\frac{dv}{dy}=-\frac{1}{y^2}f_2'.$$

总结不同形式复合函数的求导法则,不难发现其共同规律如下:在求复合函数的全导数或偏导数时,应考察一切有关的中间变量,有几个中间变量,求导公式就有几项相加(包括为 0 项),而其中的每一项都是函数对中间变量的偏导数与中间变量对自变量的偏导数乘

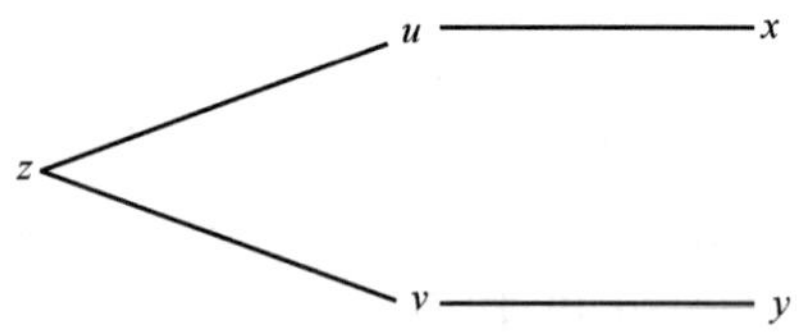

图 8.11

积,可简述为“连线相乘,分道相加”. 因此,在求复合函数的导数时,首先需弄清各变量之间的关系结构图. 至于是求全导数还是求偏导数,这取决于函数是一元函数还是多元函数.

8.4.3 全微分的形式不变性

设函数 $z=f(u,v)$ 具有连续偏导数,则有全微分

$$dz=\frac{\partial z}{\partial u}du+\frac{\partial z}{\partial v}dv.$$

如果 u,v 又是 x,y 的函数,$u=\varphi(x,y)$,$v=\psi(x,y)$,并且这两个函数又具有连续偏导数,由定理 8.6 知复合函数 $z=f[\varphi(x,y),\psi(x,y)]$ 可微分,其全微分为

$$dz=\frac{\partial z}{\partial x}dx+\frac{\partial z}{\partial y}dy,$$

其中,$\frac{\partial z}{\partial x}$ 及 $\frac{\partial z}{\partial y}$ 分别由式(8.19)给出,把式(8.19)中的 $\frac{\partial z}{\partial x}$ 及 $\frac{\partial z}{\partial y}$ 代入上式得

$$\begin{aligned}dz &=\left(\frac{\partial z}{\partial u}\frac{\partial u}{\partial x}+\frac{\partial z}{\partial v}\frac{\partial v}{\partial x}\right)dx+\left(\frac{\partial z}{\partial u}\frac{\partial u}{\partial y}+\frac{\partial z}{\partial v}\frac{\partial v}{\partial y}\right)dy\\ &=\frac{\partial z}{\partial u}\left(\frac{\partial u}{\partial x}dx+\frac{\partial u}{\partial y}dy\right)+\frac{\partial z}{\partial v}\left(\frac{\partial v}{\partial x}dx+\frac{\partial v}{\partial y}dy\right)\\ &=\frac{\partial z}{\partial u}du+\frac{\partial z}{\partial v}dv.\end{aligned}$$

由此可见,无论 z 是自变量 u,v 的函数还是中间变量 u,v 的函数,它的全微分形式是一样的. 这一性质称为**一阶全微分的形式不变性**(invariance of total differential form).

根据一阶全微分形式不变性,不管 u,v 是自变量还是中间变量,都有下列全微分法则:

定理 8.7 设 u,v 可微分,则 $u\pm v,uv,\frac{u}{v}(v\neq 0)$ 都可微分且有

(1) $d(u\pm v)=du\pm dv$;

(2) $d(uv)=vdu+udv$;

(3) $d\left(\frac{u}{v}\right)=\frac{vdu-udv}{v^2}(v\neq 0)$.

例 10 利用全微分的形式不变性解本节的例 5.

解 $dz=d(e^u\sin v)=\sin v d(e^u)+e^u d(\sin v)=e^u\sin v du+e^u\cos v dv$,

又

$$du=d(xy)=ydx+xdy,\quad dv=d(x+y)=dx+dy,$$

代入 dz 后经整理可得

$$\begin{aligned}dz &=(e^u\sin v\cdot y+e^u\cos v)dx+(e^u\sin v\cdot x+e^u\cos v)dy\\ &=e^{xy}[y\sin(x+y)+\cos(x+y)]dx+e^{xy}[x\sin(x+y)+\cos(x+y)]dy.\end{aligned}$$

因 $dz=\frac{\partial z}{\partial x}dx+\frac{\partial z}{\partial y}dy$,经比较可得

$$\frac{\partial z}{\partial x}=e^{xy}[y\sin(x+y)+\cos(x+y)];$$

$$\frac{\partial z}{\partial y}=e^{xy}[x\sin(x+y)+\cos(x+y)].$$

与例 5 的结果完全相同.

例 11　设 $u=f(xy,yz,zx)$,其中,f 具有一阶连续偏导数,求 u_x,u_y,u_z.

解

$$\begin{aligned}du&=f_1'd(xy)+f_2'd(yz)+f_3'd(zx)\\&=f_1'\cdot(ydx+xdy)+f_2'\cdot(ydz+zdy)+f_3'\cdot(zdx+xdz)\\&=(yf_1'+zf_3')dx+(xf_1'+zf_2')dy+(yf_2'+xf_3')dz,\end{aligned}$$

从而

$$u_x=yf_1'+zf_3',\quad u_y=xf_1'+zf_2',\quad u_z=yf_2'+xf_3'.$$

8.4.4　复合函数的高阶偏导数

对于多元复合函数(composite function of several variables),其偏导数仍然是多元函数,如果该函数的偏导数还存在的话,可以继续求偏导数,也就是说,可以对复合函数求高阶偏导数.

例 12　设 $z=e^u\sin v$,而 $u=xy,v=x+y$. 求$\frac{\partial^2 z}{\partial x^2}$和$\frac{\partial^2 z}{\partial y\partial x}$.

解　方法一　利用本节例 5 结果再次求相应偏导数即可,省略过程可得

$$\frac{\partial^2 z}{\partial x^2}=\frac{\partial}{\partial x}\left(\frac{\partial z}{\partial x}\right)=e^{xy}[(y^2-1)\sin(x+y)+2y\cos(x+y)];$$

$$\frac{\partial^2 z}{\partial y\partial x}=\frac{\partial}{\partial x}\left(\frac{\partial z}{\partial y}\right)=e^{xy}[yx\sin(x+y)+(x+y)\cos(x+y)].$$

方法二　因

$$\frac{\partial z}{\partial x}=\frac{\partial z}{\partial u}\cdot\frac{\partial u}{\partial x}+\frac{\partial z}{\partial v}\cdot\frac{\partial v}{\partial x},\quad \frac{\partial z}{\partial y}=\frac{\partial z}{\partial u}\cdot\frac{\partial u}{\partial y}+\frac{\partial z}{\partial v}\cdot\frac{\partial v}{\partial y}.$$

必须清楚的是,这里的$\frac{\partial z}{\partial u}$和$\frac{\partial z}{\partial v}$仍然是以 u,v 为中间变量,x,y 为自变量的复合函数.

因此

$$\begin{aligned}\frac{\partial^2 z}{\partial x^2}&=\frac{\partial}{\partial x}\left(\frac{\partial z}{\partial x}\right)=\frac{\partial}{\partial x}\left(\frac{\partial z}{\partial u}\cdot\frac{\partial u}{\partial x}\right)+\frac{\partial}{\partial x}\left(\frac{\partial z}{\partial v}\cdot\frac{\partial v}{\partial x}\right)\\&=\frac{\partial}{\partial x}\left(\frac{\partial z}{\partial u}\right)\cdot\frac{\partial u}{\partial x}+\frac{\partial z}{\partial u}\cdot\frac{\partial^2 u}{\partial x^2}+\frac{\partial}{\partial x}\left(\frac{\partial z}{\partial v}\right)\cdot\frac{\partial v}{\partial x}+\frac{\partial z}{\partial v}\cdot\frac{\partial^2 v}{\partial x^2}\\&=\left(\frac{\partial^2 z}{\partial u^2}\cdot\frac{\partial u}{\partial x}+\frac{\partial^2 z}{\partial u\partial v}\cdot\frac{\partial v}{\partial x}\right)\cdot\frac{\partial u}{\partial x}+\frac{\partial z}{\partial u}\cdot\frac{\partial^2 u}{\partial x^2}\end{aligned}$$

$$+\left(\frac{\partial^2 z}{\partial v\partial u}\cdot\frac{\partial u}{\partial x}+\frac{\partial^2 z}{\partial v^2}\cdot\frac{\partial v}{\partial x}\right)\cdot\frac{\partial v}{\partial x}+\frac{\partial z}{\partial v}\cdot\frac{\partial^2 v}{\partial x^2}$$

$$=(e^u\sin v\cdot y+e^u\cos v\cdot 1)\cdot y+e^u\sin v\cdot 0$$

$$+(e^u\cos v\cdot y-e^u\sin v\cdot 1)\cdot 1+e^u\cos v\cdot 0$$

$$=e^{xy}[(y^2-1)\sin(x+y)+2y\cos(x+y)];$$

同理可得

$$\frac{\partial^2 z}{\partial y\partial x}=e^{xy}[yx\sin(x+y)+(x+y)\cos(x+y)].$$

虽然,方法二没有解法一简单,但是需要清楚其中的求导过程.

例 13 设 $z=f(x+y,xy)$,其中,f 具有二阶连续偏导数,求$\frac{\partial^2 z}{\partial x^2}$和$\frac{\partial^2 z}{\partial x\partial y}$.

解 令 $u=x+y,v=xy$,则 $z=f(u,v)$. 根据式(8.19)得

$$\frac{\partial z}{\partial x}=\frac{\partial z}{\partial u}\cdot\frac{\partial u}{\partial x}+\frac{\partial z}{\partial v}\cdot\frac{\partial v}{\partial x}=f_1'+yf_2'.$$

这里的 f_1',f_2'仍然是以 u,v 为中间变量,x,y 为自变量的复合函数. 故

$$\frac{\partial^2 z}{\partial x^2}=\frac{\partial}{\partial x}(f_1'+yf_2')=\frac{\partial f_1'}{\partial x}+y\frac{\partial f_2'}{\partial x}$$

$$=\frac{\partial f_1'}{\partial u}\frac{\partial u}{\partial x}+\frac{\partial f_1'}{\partial v}\frac{\partial v}{\partial x}+y\left(\frac{\partial f_2'}{\partial u}\frac{\partial u}{\partial x}+\frac{\partial f_2'}{\partial v}\frac{\partial v}{\partial x}\right)$$

$$=f_{11}''+yf_{12}''+y(f_{21}''+yf_{22}'').$$

因 f 具有二阶连续偏导数,所以 $f_{12}''=f_{21}''$,则

$$\frac{\partial^2 z}{\partial x^2}=f_{11}''+2yf_{12}''+y^2f_{22}''.$$

同理可得

$$\frac{\partial^2 z}{\partial x\partial y}=f_{11}''+(x+y)f_{12}''+f_2'+xyf_{22}''.$$

习 题 8.4

1. 求下列复合函数的全导数:

(1) 设 $z=\arcsin(x-y),x=3t,y=4t^3$,求$\frac{dz}{dt}$;

(2) 设 $u=\frac{e^{ax}(y-z)}{a^2+1},y=a\sin x,z=\cos x$,求$\frac{du}{dx}$;

2. 求下列函数的偏导数:

(1) 设 $z=u^2\ln v,u=\frac{y}{x},v=x^2+y^2$,求$\frac{\partial z}{\partial x}$和$\frac{\partial z}{\partial y}$;

(2) 设 $w=f(u,v),u=x+y+z,v=x^2+y^2+z^2$,求$\frac{\partial w}{\partial x},\frac{\partial w}{\partial y}$和$\frac{\partial w}{\partial z}$;

(3) 设 $z=\varphi(xy)+g\left(\frac{x}{y}\right)$,其中 φ,g 可导,求$\frac{\partial z}{\partial x}$和$\frac{\partial z}{\partial y}$;

(4) 设 $z=yf(x^2-y^2)$,其中 f 为可导函数,求$\frac{\partial z}{\partial x}$和$\frac{\partial z}{\partial y}$;

(5) 设 $u=f\left(\frac{x}{y},\frac{y}{z}\right)$,其中 f 具有一阶连续偏导数,求$\frac{\partial u}{\partial x}$,$\frac{\partial u}{\partial y}$和$\frac{\partial u}{\partial z}$;

(6) 设 $u=f(x,xy,xyz)$,其中 f 具有一阶连续偏导数,求$\frac{\partial u}{\partial x}$,$\frac{\partial u}{\partial y}$和$\frac{\partial u}{\partial z}$.

3. 求下列函数的二阶偏导数,其中 f 具有二阶连续偏导数:

(1) $z=f(xy^2,x^2y)$;

(2) $z=f(\sin x,\cos y,e^{x+y})$.

4. 设 $z=\sin(xy)+f\left(x,\frac{x}{y}\right)$,其中 f 具有二阶偏导数,求$\frac{\partial^2 z}{\partial x\partial y}$.

5. 证明函数 $u=\varphi(x-ct)+\psi(x+ct)$满足弦振动方程

$$c^2\frac{\partial^2 u}{\partial x^2}=\frac{\partial^2 u}{\partial t^2},$$

其中 φ,ψ 具有任意阶导数.

6. 设 $z=f(2x-y)+g(x,xy)$,其中 f 二阶可导,g 具有二阶连续偏导数,求$\frac{\partial^2 z}{\partial x\partial y}$.

8.5 隐函数的求导公式

2.3 节已经提出了隐函数的概念,并给出了不经过显化直接由方程

$$F(x,y)=0 \tag{8.25}$$

求其所确定的隐函数 $y=f(x)$导数的方法. 当时,有关隐函数存在的条件,并没有详细说明. 本节就来给出隐函数存在性定理(existence theorem),并根据多元复合函数的求导法则对这种隐函数求导问题进行再次研究,给出另一种求导方法.

除此之外,本节还将对一个方程所确定的二元函数以及方程组所确定的二元函数的存在性问题和求导问题进行讨论.

8.5.1 一个方程的情形

定理 8.8 (隐函数存在定理 1) 设函数 $F(x,y)$在点 $P_0(x_0,y_0)$的某一邻域内具有连续的偏导数且 $F(x_0,y_0)=0$,$F_y(x_0,y_0)\neq 0$,则在点(x_0,y_0)的某一邻域内,方程 $F(x,y)=0$ 能唯一确定一个单值连续且具有连续导数的函数 $y=f(x)$,它满足条件 $y_0=f(x_0)$且有

$$\frac{dy}{dx}=-\frac{F_x}{F_y}, \tag{8.26}$$

式(8.26)就是隐函数的求导公式.

在此,存在性问题的证明略去不叙,仅对定理中的式(8.26)进行推导.

将方程(8.25)所确定的隐函数 $y=f(x)$ 代入式(8.25)得恒等式

$$F(x,f(x))\equiv 0,$$

其左端可以看作是关于 x 的一个复合函数,由函数 $F(x,y)$ 及 $y=f(x)$ 复合而成.求这个函数的全导数,根据左右两端求导后仍相等得

$$F_x+F_y\cdot y'=0. \tag{8.27}$$

由于 F_y 连续,且 $F_y(x_0,y_0)\neq 0$,所以存在 (x_0,y_0) 的一个邻域,在这个邻域内 $F_y\neq 0$(局部保号性),故

$$y'=-\frac{F_x}{F_y},$$

即

$$\frac{\mathrm{d}y}{\mathrm{d}x}=-\frac{F_x}{F_y}.$$

对于隐函数的高阶导数,可用与上面同样的方法来求解,只要 $F(x,y)$ 具有相应阶数的连续的高阶偏导数.例如,计算 y'',只需对式(8.27)继续应用复合函数求导法则,便得

$$F_{xx}+F_{xy}y'+(F_{yx}+F_{yy}y')\cdot y'+F_y y''=0.$$

把式(8.26)结果代入,经整理得

$$\frac{\mathrm{d}^2y}{\mathrm{d}x^2}=-\frac{F_{xx}F_y^2-2F_{xy}F_xF_y+F_{yy}F_x^2}{F_y^3}. \tag{8.28}$$

实际上,也可用下面的方法求二阶导数

$$\begin{aligned}\frac{\mathrm{d}^2y}{\mathrm{d}x^2}&=\frac{\partial}{\partial x}\left(-\frac{F_x}{F_y}\right)+\frac{\partial}{\partial y}\left(-\frac{F_x}{F_y}\right)\frac{\mathrm{d}y}{\mathrm{d}x}\\&=-\frac{F_{xx}F_y-F_{yx}F_x}{F_y^2}-\frac{F_{xy}F_y-F_{yy}F_x}{F_y^2}\left(-\frac{F_x}{F_y}\right)\\&=-\frac{F_{xx}F_y^2-2F_{xy}F_xF_y+F_{yy}F_x^2}{F_y^3}.\end{aligned}$$

注　(1) 定理 8.8 中的条件仅仅是充分的.例如,方程 $y^3-x^3=0$,在点(0,0)不满足条件 $F_y(0,0)\neq 0$,但它仍能确定唯一的连续函数 $y=x$.

(2) 如果把定理 8.8 中的 $F_y(x_0,y_0)\neq 0$ 改成 $F_x(x_0,y_0)\neq 0$,在其他条件不变的情况下,定理相应的结论是存在唯一的具有连续导数的函数 $x=g(y)$ 且 $\dfrac{\mathrm{d}x}{\mathrm{d}y}=-\dfrac{F_y}{F_x}$.

例 1　验证方程 $x^2+y^2=1$ 在点(0,1)的某一邻域内能唯一确定一个单值且有连续导数,并且满足 $x=0$ 时 $y=1$ 的隐函数 $y=f(x)$,并求 $\left.\dfrac{\mathrm{d}y}{\mathrm{d}x}\right|_{x=0}$,$\left.\dfrac{\mathrm{d}^2y}{\mathrm{d}x^2}\right|_{x=0}$.

解　设 $F(x,y)=x^2+y^2-1$,则 $F_x=2x$,$F_y=2y$,$F(0,1)=0$,$F_y(0,1)=2\neq 0$.因此由隐函数存在定理 1 可知方程 $x^2+y^2-1=0$(即原方程)在点(0,1)的某邻域内

能唯一确定一个满足如上条件的隐函数 $y=f(x)$.

由式(8.26)得

$$\frac{\mathrm{d}y}{\mathrm{d}x}=-\frac{F_x}{F_y}=-\frac{x}{y};$$

进而

$$\frac{\mathrm{d}^2y}{\mathrm{d}x^2}=-\frac{y-xy'}{y^2}=-\frac{y-x\left(-\frac{x}{y}\right)}{y^2}=-\frac{y^2+x^2}{y^3}=-\frac{1}{y^3}.$$

所以

$$\left.\frac{\mathrm{d}y}{\mathrm{d}x}\right|_{x=0}=0,\quad \left.\frac{\mathrm{d}^2y}{\mathrm{d}x^2}\right|_{x=0}=-1.$$

例 2 求由方程 $\mathrm{e}^y+xy-\mathrm{e}=0$ 所确定的隐函数 $y=y(x)$ 的导数.

解 在 2.3 节中的例 1 中,利用隐函数的求导方法求得

$$\frac{\mathrm{d}y}{\mathrm{d}x}=-\frac{y}{x+\mathrm{e}^y}\quad (x+\mathrm{e}^y\neq 0).$$

这里利用式(8.26)来计算.

令 $F(x,y)=\mathrm{e}^y+xy-\mathrm{e}$,则 $F_x=y,F_y=\mathrm{e}^y+x$ 且都连续,所以当 $x+\mathrm{e}^y\neq 0$ 时有

$$\frac{\mathrm{d}y}{\mathrm{d}x}=-\frac{F_x}{F_y}=-\frac{y}{x+\mathrm{e}^y}.$$

例 3(反函数的存在性及其导数) 设 $y=f(x)$ 在 x_0 的某邻域内连续可导且 $y_0=f(x_0),f'(x_0)\neq 0$,则 $y=f(x)$ 在 x_0 的某邻域内存在连续可导的反函数 $x=g(y)$ 且 $g'(y)=\dfrac{1}{f'(x)}$.

证 令 $F(x,y)=y-f(x)$,则 $F(x,y)$ 在点(x_0,y_0)的某一邻域内具有连续的偏导数且 $F(x_0,y_0)=0,F_x(x_0,y_0)=-f(x_0)\neq 0$,则由隐函数存在定理 1 知函数 $F(x,y)$ 在点(x_0,y_0)的某一邻域内能唯一确定一连续可导的隐函数 $x=g(y)$,满足 $x_0=g(y_0)$ 且

$$\frac{\mathrm{d}x}{\mathrm{d}y}=g'(y)=-\frac{F_y}{F_x}=-\frac{1}{-f'(x)}=\frac{1}{f'(x)}.$$ □

与隐函数存在定理 1 一样,可以类似地理解由方程 $F(x_1,x_2,\cdots,x_n,y)=0$ 所确定的 n 元隐函数的概念以及相应的性质. 以方程 $F(x,y,z)=0$ 所确定的二元函数 $z=(x,y)$ 为例,有下面的定理. 对于更一般的情形,请大家自己思考.

定理 8.9(隐函数存在定理 2) 设函数 $F(x,y,z)$ 在点 $P_0(x_0,y_0,z_0)$ 的某一邻域内具有连续的偏导数且 $F(x_0,y_0,z_0)=0,F_z(x_0,y_0,z_0)\neq 0$,则方程 $F(x,y,z)=0$ 在点(x_0,y_0,z_0)的某一邻域内能唯一确定一个单值连续且具有连续偏导数的函数 $z=f(x,y)$,它满足条件 $z_0=f(x_0,y_0)$ 且有

$$\frac{\partial z}{\partial x}=-\frac{F_x}{F_z},\quad \frac{\partial z}{\partial y}=-\frac{F_y}{F_z}. \tag{8.29}$$

与隐函数存在定理 1 一样,仅给出式(8.29)的推导过程.

将方程 $F(x,y,z)=0$ 所确定的函数 $z=f(x,y)$ 代入其中可得

$$F(x,y,\ f(x,y))\equiv 0,$$

左端函数可看作是由 $F(x,y,z)$ 和 $z=f(x,y)$ 复合而得的二元复合函数,将上式两端分别对 x 和 y 求导,应用多元复合函数求导法则得

$$F_x+F_z\frac{\partial z}{\partial x}=0,\quad F_y+F_z\frac{\partial z}{\partial y}=0.$$

因为 F_z 连续且 $F_z(x_0,y_0,z_0)\neq 0$,所以存在点(x_0,y_0,z_0)的一个邻域,在这个邻域内 $F_z\neq 0$,于是得

$$\frac{\partial z}{\partial x}=-\frac{F_x}{F_z},\quad \frac{\partial z}{\partial y}=-\frac{F_y}{F_z}.$$

同样地,定理 8.9 的条件只是结论的充分条件.在保持其他条件不变的情况下,如果把 $F_z(x_0,y_0,z_0)\neq 0$ 换成 $F_x(x_0,y_0,z_0)\neq 0$,则可唯一确定相应的二元函数 $x=g(y,z)$;如果把 $F_z(x_0,y_0,z_0)\neq 0$ 换成 $F_y(x_0,y_0,z_0)\neq 0$,则可唯一确定相应的二元函数 $y=h(x,z)$ 且

$$\frac{\partial y}{\partial x}=-\frac{F_x}{F_y},\quad \frac{\partial y}{\partial z}=-\frac{F_z}{F_y}.$$

例 4 设 $x^2+y^2+z^2-4z=0$,求$\frac{\partial z}{\partial x},\frac{\partial z}{\partial y},\frac{\partial^2 z}{\partial x^2}$和$\frac{\partial^2 z}{\partial x\partial y}$.

解 设 $F(x,y,z)=x^2+y^2+z^2-4z$,则

$$F_x=2x,\quad F_y=2y,\quad F_z=2z-4.$$

当 $z\neq 2$ 时,应用式(8.29)得

$$\frac{\partial z}{\partial x}=\frac{x}{2-z},\quad \frac{\partial z}{\partial y}=\frac{y}{2-z}.$$

再一次对 x,y 求偏导数得

$$\frac{\partial^2 z}{\partial x^2}=\frac{\partial}{\partial x}\left(\frac{\partial z}{\partial x}\right)=\frac{(2-z)+x\dfrac{\partial z}{\partial x}}{(2-z)^2}=\frac{(2-z)^2+x^2}{(2-z)^3},$$

$$\frac{\partial^2 z}{\partial x\partial y}=\frac{\partial}{\partial y}\left(\frac{\partial z}{\partial x}\right)=\frac{0+x\dfrac{\partial z}{\partial y}}{(2-z)^2}=\frac{xy}{(2-z)^3}.$$

8.5.2 方程组的情形

下面考虑由方程组所确定的隐函数的存在性问题和求导问题.例如,考虑方程组

$$\begin{cases} F(x,y,u,v)=0, \\ G(x,y,u,v)=0. \end{cases} \tag{8.30}$$

4 个变量中一般只能有两个变量独立变化，因此，方程组(8.30)就有可能确定两个二元函数. 如何断定这两个二元函数存在，存在的情况下又具有什么性质? 下面的定理给出了回答.

定理 8.10 (隐函数存在定理 3)　设函数 $F(x,y,u,v)$, $G(x,y,u,v)$ 在点 $P_0(x_0,y_0,u_0,v_0)$ 的某一邻域内具有对各个变量的连续偏导数，又 $F(x_0,y_0,u_0,v_0)=0$, $G(x_0,y_0,u_0,v_0)=0$ 且偏导数所组成的函数行列式(或称 Jacobi 式)

$$J=\frac{\partial(F,G)}{\partial(u,v)}=\begin{vmatrix} F_u & F_v \\ G_u & G_v \end{vmatrix}$$

在点 $P_0(x_0,y_0,u_0,v_0)$ 不等于零，则方程组(8.30)在点 (x_0,y_0,u_0,v_0) 的某一邻域内能唯一确定一组单值连续且具有连续偏导数的函数 $u=u(x,y)$, $v=v(x,y)$, 它们满足条件 $u_0=u(x_0,y_0)$, $v_0=v(x_0,y_0)$ 且有

$$\begin{aligned} &\frac{\partial u}{\partial x}=-\frac{1}{J}\frac{\partial(F,G)}{\partial(x,v)}=-\frac{\begin{vmatrix} F_x & F_v \\ G_x & G_v \end{vmatrix}}{\begin{vmatrix} F_u & F_v \\ G_u & G_v \end{vmatrix}}, \quad \frac{\partial u}{\partial y}=-\frac{1}{J}\frac{\partial(F,G)}{\partial(y,v)}=-\frac{\begin{vmatrix} F_y & F_v \\ G_y & G_v \end{vmatrix}}{\begin{vmatrix} F_u & F_v \\ G_u & G_v \end{vmatrix}}; \\ &\frac{\partial v}{\partial x}=-\frac{1}{J}\frac{\partial(F,G)}{\partial(u,x)}=-\frac{\begin{vmatrix} F_u & F_x \\ G_u & G_x \end{vmatrix}}{\begin{vmatrix} F_u & F_v \\ G_u & G_v \end{vmatrix}}, \quad \frac{\partial v}{\partial y}=-\frac{1}{J}\frac{\partial(F,G)}{\partial(u,y)}=-\frac{\begin{vmatrix} F_u & F_y \\ G_u & G_y \end{vmatrix}}{\begin{vmatrix} F_u & F_v \\ G_u & G_v \end{vmatrix}}. \end{aligned} \tag{8.31}$$

下面仅就式(8.31) 进行推导.

由于

$$F[x,y,u(x,y),v(x,y)]\equiv 0,$$
$$G[x,y,u(x,y),v(x,y)]\equiv 0,$$

将恒等式两边分别对 x 求偏导，应用多元复合函数求导法则得

$$\begin{cases} F_x+F_u\dfrac{\partial u}{\partial x}+F_v\dfrac{\partial v}{\partial x}=0, \\ G_x+G_u\dfrac{\partial u}{\partial x}+G_v\dfrac{\partial v}{\partial x}=0. \end{cases}$$

这是关于 $\frac{\partial u}{\partial x}$ 和 $\frac{\partial v}{\partial x}$ 的线性方程组，已知在点 $P_0(x_0,y_0,u_0,v_0)$ 的一个邻域内，系数行列式

$$J=\begin{vmatrix} F_u & F_v \\ G_u & G_v \end{vmatrix}\neq 0,$$

从而可解出唯一的$\frac{\partial u}{\partial x},\frac{\partial v}{\partial x}$. 由克拉默法则(Cramer rule)得

$$\frac{\partial u}{\partial x}=-\frac{1}{J}\begin{vmatrix}F_x & F_v\\ G_x & G_v\end{vmatrix}=-\frac{1}{J}\frac{\partial(F,G)}{\partial(x,v)},\quad \frac{\partial v}{\partial x}=-\frac{1}{J}\begin{vmatrix}F_u & F_x\\ G_u & G_x\end{vmatrix}=-\frac{1}{J}\frac{\partial(F,G)}{\partial(u,x)}.$$

同理,恒等式两边分别对 y 求偏导可得

$$\frac{\partial u}{\partial y}=-\frac{1}{J}\begin{vmatrix}F_y & F_v\\ G_y & G_v\end{vmatrix}=-\frac{1}{J}\frac{\partial(F,G)}{\partial(y,v)},\quad \frac{\partial v}{\partial y}=-\frac{1}{J}\begin{vmatrix}F_u & F_y\\ G_u & G_y\end{vmatrix}=-\frac{1}{J}\frac{\partial(F,G)}{\partial(u,y)}.$$

注 在定理 8.10 中,如果把在点 $P_0(x_0,y_0,u_0,v_0)$不等于零的 Jacobi 行列式改成$\frac{\partial(F,G)}{\partial(x,y)}$,在其他条件不变的情况下,方程组(8.30)所确定的相应隐函数组为 $x=x(u,v)$, $y=y(u,v)$;其他情形可类似推得.

例 5 设$\begin{cases}xu-yv=0,\\ yu+xv=1,\end{cases}$求$\frac{\partial u}{\partial x},\frac{\partial u}{\partial y},\frac{\partial v}{\partial x}$和$\frac{\partial v}{\partial y}$.

解 令 $F(x,y,u,v)=xu-yv$, $G(x,y,u,v)=yu+xv-1$,显然 $F(x,y,u,v)$, $G(x,y,u,v)$具有连续的偏导数且

$$J=\begin{vmatrix}F_u & F_v\\ G_u & G_v\end{vmatrix}=\begin{vmatrix}x & -y\\ y & x\end{vmatrix}=x^2+y^2\neq 0,$$

因此,在满足方程组的点的某个邻域内,方程组能唯一确定一组连续且具有连续偏导数的函数 $u=u(x,y)$, $v=v(x,y)$. 求出相关量的值后,接下来可直接利用式(8.30)计算各偏导数,当然也可依照推导式(8.30)的方法来求解. 下面利用后一种方法来计算.

将方程组中各方程的两边对 x 求导,经整理得

$$\begin{cases}x\dfrac{\partial u}{\partial x}-y\dfrac{\partial v}{\partial x}=-u,\\ y\dfrac{\partial u}{\partial x}+x\dfrac{\partial v}{\partial x}=-v.\end{cases}$$

因 $J=\begin{vmatrix}x & -y\\ y & x\end{vmatrix}=x^2+y^2\neq 0$,故可解得

$$\frac{\partial u}{\partial x}=\frac{1}{J}\begin{vmatrix}-u & -y\\ -v & x\end{vmatrix}=-\frac{xu+yv}{x^2+y^2},$$

$$\frac{\partial v}{\partial x}=\frac{1}{J}\begin{vmatrix}x & -u\\ y & -v\end{vmatrix}=\frac{yu-xv}{x^2+y^2}.$$

将方程组中各方程的两边对 y 求导,在 $J=x^2+y^2\neq 0$ 的条件下,同样的方法可得

$$\frac{\partial u}{\partial y}=\frac{xv-yu}{x^2+y^2},\quad \frac{\partial v}{\partial y}=-\frac{xu+yv}{x^2+y^2}.$$

例 6(反函数组存在定理)　设函数 $x=x(u,v)$，$y=y(u,v)$ 及其一阶偏导数在点 (u,v) 的某一邻域内连续且 $\dfrac{\partial(x,y)}{\partial(u,v)}\neq 0$.

(1) 证明方程组

$$\begin{cases}x=x(u,v),\\ y=y(u,v)\end{cases}\tag{8.32}$$

在点 (x,y,u,v) 的某一邻域内能唯一确定一组单值连续且具有连续偏导数的反函数 $u=u(x,y)$，$v=v(x,y)$.

(2) 求反函数 $u=u(x,y)$，$v=v(x,y)$ 对 x,y 的偏导数.

解　(1) 方程组(8.32)可改写成

$$\begin{cases}F(x,y,u,v)\equiv x-x(u,v)=0,\\ G(x,y,u,v)\equiv y-y(u,v)=0,\end{cases}$$

则 $F(x,y,u,v)$，$G(x,y,u,v)$ 在点 (x,y,u,v) 的某一邻域内具有连续的偏导数且 $J=\dfrac{\partial(F,G)}{\partial(u,v)}=\dfrac{\partial(x,y)}{\partial(u,v)}\neq 0$，由隐函数存在定理 3，即可得所证结论.

(2) 由上部分的分析可知方程组(8.32)所确定的反函数 $u=u(x,y)$，$v=v(x,y)$ 具有连续的偏导数，利用式(8.31)本身或(8.31)的推导方法可得

$$\frac{\partial u}{\partial x}=\frac{1}{J}\frac{\partial y}{\partial v},\quad \frac{\partial v}{\partial x}=-\frac{1}{J}\frac{\partial y}{\partial u},$$

$$\frac{\partial u}{\partial y}=-\frac{1}{J}\frac{\partial x}{\partial v},\quad \frac{\partial v}{\partial y}=\frac{1}{J}\frac{\partial x}{\partial u}.$$

习　题　8.5

1. 求下列方程所确定的隐函数的导数或偏导数：

(1) 设 $xy+\ln y-\ln x=0$，求 $\dfrac{dy}{dx}$；

(2) 设 $f(xy^2,x+y)=0$，求 $\dfrac{dy}{dx}$；

(3) 设 $z^x=y^z$，求 $\dfrac{\partial z}{\partial x},\dfrac{\partial z}{\partial y}$；

(4) 设 $z=f(xz,z-y)$，求 $\dfrac{\partial z}{\partial x},\dfrac{\partial z}{\partial y}$.

2. 设 $z=f(x,y)$ 是由方程 $z+e^z=xy$ 所确定的隐函数，求 $\dfrac{\partial^2 z}{\partial x\partial y}$.

3. 设 $u=xy^2z^3$，其中 $z=f(x,y)$ 是由 $x^2+y^2+z^2-3xyz=0$ 确定的隐函数，求 $\dfrac{\partial u}{\partial x},\dfrac{\partial u}{\partial y}$.

4. 求由方程 $2xz-2xyz+\ln(xyz)=0$ 所确定的函数 $z=z(x,y)$ 当 $x=2.001$，$y=0.998$ 时的近似值.

5. 求由下列方程组所确定的函数的导数或偏导数:

(1) 若 $\begin{cases} z=x^2+y^2, \\ x^2+2y^2+3z^2=20, \end{cases}$ 求 $\frac{\mathrm{d}y}{\mathrm{d}x}, \frac{\mathrm{d}z}{\mathrm{d}x}$;

(2) 若 $\begin{cases} u=f(ux, v+y), \\ v=g(u-x, v^2y), \end{cases}$ 其中 f, g 具有一阶连续偏导数,求 $\frac{\partial u}{\partial x}, \frac{\partial v}{\partial x}$;

(3) 若 $\begin{cases} x=\mathrm{e}^u+u\sin v, \\ y=\mathrm{e}^u-u\cos v, \end{cases}$ 求 $\frac{\partial u}{\partial x}, \frac{\partial u}{\partial y}, \frac{\partial v}{\partial x}$ 和 $\frac{\partial v}{\partial y}$.

6. 设 $x=u+v, y=u^2+v^2, z=u^3+v^3$ 确定函数 $z=z(x,y)$,求 $\frac{\partial z}{\partial x}, \frac{\partial z}{\partial y}$.

8.6 多元函数微分学的几何应用

多元函数微分学的应用十分广泛,本节主要讨论它在几何方面的应用,其中,包括空间曲线的切线与法平面、空间曲面的切平面与法线. 为了研究的方便,本节先介绍一元向量值函数及其导数,再讨论多元函数微积分的几何应用.

8.6.1 一元向量值函数及其导数

由空间解析几何知道,空间曲线 Γ 的参数方程为

$$\begin{cases} x=x(t), \\ y=y(t), \quad t\in[\alpha,\beta], \\ z=z(t), \end{cases} \tag{8.33}$$

方程(8.33)也可以写成向量的形式. 若记 $\boldsymbol{r}=x\boldsymbol{i}+y\boldsymbol{j}+z\boldsymbol{k}$, $\boldsymbol{f}(t)=\varphi(t)\boldsymbol{i}+\psi(t)\boldsymbol{j}+\omega(t)\boldsymbol{k}$,则方程(8.33)就成为向量方程

$$\boldsymbol{r}=\boldsymbol{f}(t), \quad t\in[\alpha,\beta]. \tag{8.34}$$

方程(8.34)确定了一个映射 $\boldsymbol{f}:[\alpha,\beta]\to\mathbf{R}^3$. 由于这个映射将每一个 $t\in[\alpha,\beta]$,映成了一个向量 $\boldsymbol{f}(t)\in\mathbf{R}^3$,故称这映射为一元向量值函数. 一般地,有如下定义.

定义 8.7 设数集 $D\subset\mathbf{R}$,则映射 $f:D\to\mathbf{R}^n$ 为**一元向量值函数**(vector-valued function),通常记为 $\boldsymbol{r}=\boldsymbol{f}(t), t\in D$,其中数集 D 称为函数的定义域,t 称为自变量,$\boldsymbol{r}$ 称为因变量.

一元向量值函数是普通的一元函数的推广. 此时自变量 t 依然取实数值,因变量 $\boldsymbol{r}$ 不取实数值,而取值为 n 维向量.

本书只讨论一元向量值函数,并对因变量的取值以 $n=3$ 的情形为代表,即 $\boldsymbol{r}$ 的取值为 3 维向量. 为简单起见,以下将一元向量值函数简称为向量值函数,并把普通的实值函数称为数量函数(quantity function).

在 $\mathbf{R}^3$ 中,若向量值函数 $\boldsymbol{r}=\boldsymbol{f}(t), t\in D$ 的三个分量函数(component function)依次为 $f_1(t), f_2(t), f_3(t), t\in D$,则向量值函数 $\boldsymbol{f}$ 可表示为

$$\boldsymbol{f}(t)=f_1(t)\boldsymbol{i}+f_2(t)\boldsymbol{j}+f_3(t)\boldsymbol{k},t\in D \text{ 或 } \boldsymbol{f}(t)=(f_1(t),f_2(t),f_3(t)),t\in D \tag{8.35}$$

设(变)向量 $\boldsymbol{r}$ 的起点取在坐标系的原点 O 处,终点在 M 处,即 $\boldsymbol{r}=\overrightarrow{OM}$. 当 t 改变时,$\boldsymbol{r}$ 跟着改变,从而终点 M 也随之改变. 终点 M 的轨迹(记作曲线 Γ)称为向量值函数 $\boldsymbol{r}=\boldsymbol{f}(t),t\in D$ 的终端曲线,曲线 Γ 也称为向量值函数 $\boldsymbol{r}=\boldsymbol{f}(t),t\in D$ 的图形.

由于向量值函数 $\boldsymbol{r}=\boldsymbol{f}(t),t\in D$ 与空间曲线 Γ 是一一对应的,因此

$$\boldsymbol{r}=\boldsymbol{f}(t)=(f_1(t),f_2(t),f_3(t)),\quad t\in D \tag{8.36}$$

称为曲线 Γ 的向量方程(vector equation).

根据 $\mathbf{R}^3$ 中的向量的线性运算及向量的模的概念,可以类似于定义数量函数的极限、连续、导数等概念的形式来定义向量值函数的相应概念,现简述如下.

定义 8.8　设向量值函数 $\boldsymbol{f}(t)$ 在点 t_0 的某一去心邻域内有定义,如果存在一个常向量 $\boldsymbol{r}_0$,对于任意给定的正数 ε,总存在正数 δ,使得当 t 满足 $0<|t-t_0|<\delta$ 时,对应的函数值 $\boldsymbol{f}(t)$ 都满足不等式

$$|\boldsymbol{f}(t)-\boldsymbol{r}_0|<\varepsilon,$$

那么,常向量 $\boldsymbol{r}_0$ 就叫做向量值函数 $\boldsymbol{f}(t)$ 当 $t\to t_0$ 时的极限,记作

$$\lim_{t\to t_0}\boldsymbol{f}(t)=\boldsymbol{r}_0 \text{ 或 } \boldsymbol{f}(t)\to\boldsymbol{r}_0,t\to t_0.$$

容易证明向量值函数 $\boldsymbol{f}(t)$ 当 $t\to t_0$ 时的极限存在的充分必要条件是:$\boldsymbol{f}(t)$ 的三个分量函数 $f_1(t),f_2(t),f_3(t)$ 当 $t\to t_0$ 时的极限都存在;在函数 $\boldsymbol{f}(t)$ 当 $t\to t_0$ 时的极限存在时,其极限为

$$\lim_{t\to t_0}\boldsymbol{f}(t)=\left(\lim_{t\to t_0}f_1(t),\lim_{t\to t_0}f_2(t),\lim_{t\to t_0}f_3(t)\right). \tag{8.37}$$

设向量值函数 $\boldsymbol{f}(t)$ 在点 t_0 的某一邻域内有定义,若 $\lim\limits_{t\to t_0}\boldsymbol{f}(t)=\boldsymbol{f}(t_0)$,则称向量值函数 $\boldsymbol{f}(t)$ 在 t_0 连续.

向量值函数 $\boldsymbol{f}(t)$ 在 t_0 连续的充分必要条件是:$\boldsymbol{f}(t)$ 的三个分量函数 $f_1(t)$,$f_2(t),f_3(t)$ 都在 t_0 连续.

设向量值函数 $\boldsymbol{f}(t),t\in D$. 若 $D_1\subset D$,$\boldsymbol{f}(t)$ 在 D_1 中的每一点处都连续,则称 $\boldsymbol{f}(t)$ 在 D_1 上连续,并称 $\boldsymbol{f}(t)$ 是 D_1 上的连续函数.

下面给出向量值函数的导数(或导向量)的定义.

定义 8.9　设向量值函数 $\boldsymbol{r}=\boldsymbol{f}(t)$ 在点 t_0 的某一邻域内有定义,如果

$$\lim_{\Delta t\to 0}\frac{\Delta\boldsymbol{r}}{\Delta t}=\lim_{\Delta t\to 0}\frac{\boldsymbol{f}(t_0+\Delta t)-\boldsymbol{f}(t_0)}{\Delta t}$$

存在,那么就称这个极限向量为向量值函数 $\boldsymbol{r}=\boldsymbol{f}(t)$ 在 t_0 处的导数或导向量(derived vector),记作 $\boldsymbol{f}'(t_0)$ 或 $\left.\dfrac{\mathrm{d}\boldsymbol{r}}{\mathrm{d}t}\right|_{t=t_0}$.

设向量值函数 $\boldsymbol{r}=\boldsymbol{f}(t),t\in D$. 若 $D_1\subset D$,$\boldsymbol{f}(t)$ 在 D_1 中的每一点处都存在导向量

$\boldsymbol{f}'(t)$或$\dfrac{\mathrm{d}\boldsymbol{r}}{\mathrm{d}t}$，那么就称$\boldsymbol{f}(t)$在$D_1$上可导.

向量值函数$\boldsymbol{f}(t)$在t_0可导的充分必要条件是：$\boldsymbol{f}(t)$的三个分量函数$f_1(t)$，$f_2(t)$，$f_3(t)$都在t_0可导；当函数$\boldsymbol{f}(t)$在t_0可导时，其导数

$$\boldsymbol{f}'(t_0)=(f_1'(t_0),f_2'(t_0),f_3'(t_0)). \tag{8.38}$$

向量值函数的导数运算法则与数量函数的导数运算法则的形式相同，现列出如下.

设$\boldsymbol{u}(t)$，$\boldsymbol{v}(t)$是可导的向量值函数，$\boldsymbol{C}$是常向量，c是任一常数，$\varphi(t)$是可导的数量函数，则

(1) $\boldsymbol{C}'=0$；

(2) $[c\boldsymbol{u}(t)]'=c\boldsymbol{u}'(t)$；

(3) $[\boldsymbol{u}(t)\pm\boldsymbol{v}(t)]'=\boldsymbol{u}'(t)\pm\boldsymbol{v}'(t)$；

(4) $[\varphi(t)\boldsymbol{u}(t)]'=\varphi'(t)\boldsymbol{u}(t)+\varphi(t)\boldsymbol{u}'(t)$；

(5) $[\boldsymbol{u}(t)\cdot\boldsymbol{v}(t)]'=\boldsymbol{u}'(t)\cdot\boldsymbol{v}(t)\pm\boldsymbol{u}(t)\cdot\boldsymbol{v}'(t)$；

(6) $[\boldsymbol{u}(t)\times\boldsymbol{v}(t)]'=\boldsymbol{u}'(t)\times\boldsymbol{v}(t)\pm\boldsymbol{u}(t)\times\boldsymbol{v}'(t)$；

(7) $\boldsymbol{u}[\varphi(t)]'=\varphi'(t)\boldsymbol{u}'[\varphi(t)]$.

8.6.2 空间曲线的切线与法平面

设空间曲线Γ的参数方程为

$$x=\varphi(t),y=\psi(t),z=\omega(t),\quad \alpha\leqslant t\leqslant\beta, \tag{8.39}$$

这里假定式(8.39)的三个函数都可导.

在曲线上取对应于$t=t_0$的一点$M(x_0,y_0,z_0)$及对应于$t=t_0+\Delta t$的邻近一点$M'(x_0+\Delta x,y_0+\Delta y,z_0+\Delta z)$. 根据空间解析几何的知识，曲线的割线$MM'$的方程是

$$\frac{x-x_0}{\Delta x}=\frac{y-y_0}{\Delta y}=\frac{z-z_0}{\Delta z}.$$

当M'沿着Γ趋于M时，割线MM'的极限位置MT就是曲线Γ在点M处的切线(图 8.12).

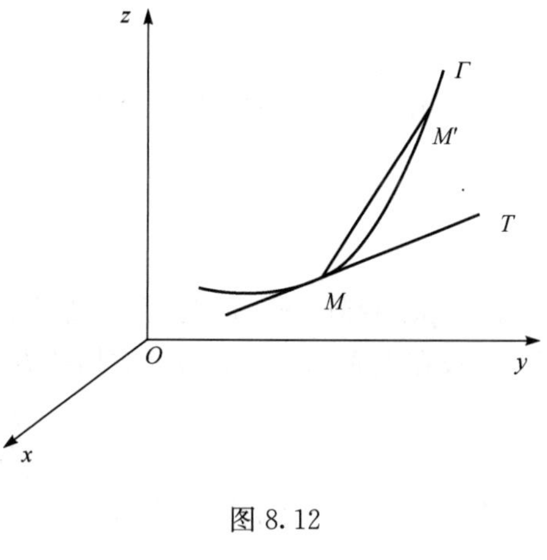

图 8.12

用Δt除上式的各分母得

$$\frac{x-x_0}{\dfrac{\Delta x}{\Delta t}}=\frac{y-y_0}{\dfrac{\Delta y}{\Delta t}}=\frac{z-z_0}{\dfrac{\Delta z}{\Delta t}},$$

令$M'\to M$，这时$\Delta t\to 0$，通过对上式取极限，即得曲线在点M处的切线方程为

$$\frac{x-x_0}{\varphi'(t_0)}=\frac{y-y_0}{\psi'(t_0)}=\frac{z-z_0}{\omega'(t_0)},\tag{8.40}$$

这里假定 $\varphi'(t_0),\psi'(t_0),\omega'(t_0)$不全为零. 如果个别为零,则应按空间解析几何有关直线的对称式方程的说明来理解.

切线的方向向量称为曲线的**切向量**(tangent vector). 向量

$$\boldsymbol{T}=\{\varphi'(t_0),\psi'(t_0),\omega'(t_0)\}$$

就是曲线 Γ 在点 M 处的一个切向量.

通过点 M 而与切线垂直的平面称为曲线在点 M 处的法平面,它是通过点 $M(x_0,y_0,z_0)$而以 $\boldsymbol{T}$ 为法向量的平面,因此,法平面的方程为

$$\varphi'(t_0)(x-x_0)+\psi'(t_0)(y-y_0)+\omega'(t_0)(z-z_0)=0\tag{8.41}$$

例 1　求曲线 $\Gamma: x=\int_0^t \mathrm{e}^u\cos u\mathrm{d}u, y=2\sin t+\cos t, z=1+\mathrm{e}^{3t}$ 在 $t=0$ 处的切线和法平面方程.

解　当 $t=0$ 时,$x=0,y=1,z=2$. 由于

$$x'=\mathrm{e}^t\cos t, y'=2\cos t-\sin t, z'=3\mathrm{e}^{3t},$$

$$x'(0)=1, y'(0)=2, z'(0)=3,$$

所以切线方程为

$$\frac{x-0}{1}=\frac{y-1}{2}=\frac{z-2}{3},$$

法平面方程为

$$x+2(y-1)+3(z-2)=0,$$

即

$$x+2y+3z-8=0.$$

如果空间曲线 Γ 的方程以

$$\begin{cases}y=\varphi(x),\\z=\psi(x)\end{cases}$$

的形式给出,取 x 为参数,它就可以表示为参数方程的形式

$$\begin{cases}x=x,\\y=\varphi(x),\\z=\psi(x).\end{cases}$$

若 $\varphi(x),\psi(x)$都在 $x=x_0$ 处可导,那么根据上面的讨论可知 $T=\{1,\varphi'(x),\psi'(x)\}$,因此曲线在点 $M(x_0,y_0,z_0)$处的切线方程为

$$\frac{x-x_0}{1}=\frac{y-y_0}{\varphi'(x_0)}=\frac{z-z_0}{\psi'(x_0)},\tag{8.42}$$

在点 $M(x_0,y_0,z_0)$处的法平面方程为

$$(x-x_0)+\varphi'(x)(y-y_0)+\psi'(x)(z-z_0)=0.\tag{8.43}$$

例 2 求曲线 $y=-x^2, z=x^3$ 上的点,使在该点的切线平行于已知平面 $x+2y+z=4$.

解 设所求切点为 (x_0, y_0, z_0),则曲线在该点的切线向量为 $\boldsymbol{T}=\{1, -2x_0, 3x_0^2\}$. 由于切线平行于已知平面 $z+2y+z=4$,因而 $\boldsymbol{T}$ 垂直于已知平面的法线向量 $\boldsymbol{n}=\{1,2,1\}$,故有

$$\boldsymbol{T}\cdot\boldsymbol{n}=1\cdot 1+(-2x_0)\cdot 2+3x_0^2\cdot 1=0,$$

即 $x_0=1$ 或 $\frac{1}{3}$. 将它代入曲线方程,求得切点为 $M_1(1,-1,1)$ 和 $M_2\left(\frac{1}{3},-\frac{1}{9},\frac{1}{27}\right)$.

设空间曲线 Γ 的方程以

$$\begin{cases}F(x,y,z)=0,\\ G(x,y,z)=0\end{cases}\tag{8.44}$$

的形式给出,$M(x_0, y_0, z_0)$ 是曲线 Γ 上的一点,又设 F, G 有对各个变量的偏导数连续且

$$\left.\frac{\partial(F,G)}{\partial(y,z)}\right|_{(x_0,y_0,z_0)}\neq 0.$$

这时方程组(8.44)在点 $M(x_0, y_0, z_0)$ 的某一邻域内确定了一组函数 $y=\varphi(x), z=\psi(x)$. 要求曲线 Γ 在点 M 处的切线方程和法平面方程,只要求出 $\varphi'(x), \psi'(x)$,然后代入式(8.42)和式(8.43)就行了. 为此,在恒等式

$$F[x,\varphi(x),\psi(x)]\equiv 0,$$
$$G[x,\varphi(x),\psi(x)]\equiv 0.$$

两边分别对 x 求全导数得

$$\begin{cases}\dfrac{\partial F}{\partial x}+\dfrac{\partial F}{\partial y}\dfrac{\mathrm{d}y}{\mathrm{d}x}+\dfrac{\partial F}{\partial z}\dfrac{\mathrm{d}z}{\mathrm{d}x}=0,\\[2mm] \dfrac{\partial G}{\partial x}+\dfrac{\partial G}{\partial y}\dfrac{\mathrm{d}y}{\mathrm{d}x}+\dfrac{\partial G}{\partial z}\dfrac{\mathrm{d}z}{\mathrm{d}x}=0.\end{cases}$$

由假设可知在点 M 的某个邻域内

$$J=\frac{\partial(F,G)}{\partial(y,z)}\neq 0,$$

故可解得

$$\frac{\mathrm{d}y}{\mathrm{d}x}=\varphi'(x)=\frac{\begin{vmatrix}F_z & F_x\\ G_z & G_x\end{vmatrix}}{\begin{vmatrix}F_y & F_z\\ G_y & G_z\end{vmatrix}},\quad \frac{\mathrm{d}z}{\mathrm{d}x}=\psi'(x)=\frac{\begin{vmatrix}F_x & F_y\\ G_x & G_y\end{vmatrix}}{\begin{vmatrix}F_y & F_z\\ G_y & G_z\end{vmatrix}}.$$

于是 $\boldsymbol{T}=\{1,\varphi'(x_0),\psi'(x_0)\}$ 是曲线在点 M 处的一个切向量,其中,

$$\varphi'(x_0)=\frac{\begin{vmatrix} F_z & F_x \\ G_z & G_x \end{vmatrix}_M}{\begin{vmatrix} F_y & F_z \\ G_y & G_z \end{vmatrix}_M},\quad \psi'(x_0)=\frac{\begin{vmatrix} F_x & F_y \\ G_x & G_y \end{vmatrix}_M}{\begin{vmatrix} F_y & F_z \\ G_y & G_z \end{vmatrix}_M}.$$

分子分母中带下标 M 的行列式表示行列式在点 $M(x_0,y_0,z_0)$ 的值. 把上面的切向量 $\boldsymbol{T}$ 乘以 $\begin{vmatrix} F_y & F_z \\ G_y & G_z \end{vmatrix}_M$ 得

$$\boldsymbol{T}_1=\left\{\begin{vmatrix} F_y & F_z \\ G_y & G_z \end{vmatrix}_M,\ \begin{vmatrix} F_z & F_x \\ G_z & G_x \end{vmatrix}_M,\ \begin{vmatrix} F_x & F_y \\ G_x & G_y \end{vmatrix}_M\right\},$$

这也是曲线 Γ 在点 M 处的一个切向量,由此可写出曲线 Γ 在点 $M(x_0,y_0,z_0)$ 处的切线方程为

$$\frac{x-x_0}{\begin{vmatrix} F_y & F_z \\ G_y & G_z \end{vmatrix}_M}=\frac{y-y_0}{\begin{vmatrix} F_z & F_x \\ G_z & G_x \end{vmatrix}_M}=\frac{z-z_0}{\begin{vmatrix} F_x & F_y \\ G_x & G_y \end{vmatrix}_M},\tag{8.45}$$

曲线 Γ 在点 $M(x_0,y_0,z_0)$ 处的法平面方程为

$$\begin{vmatrix} F_y & F_z \\ G_y & G_z \end{vmatrix}_M(x-x_0)+\begin{vmatrix} F_z & F_x \\ G_z & G_x \end{vmatrix}_M(y-y_0)+\begin{vmatrix} F_x & F_y \\ G_x & G_y \end{vmatrix}_M(z-z_0)=0.\tag{8.46}$$

如果 $\left.\frac{\partial(F,G)}{\partial(y,z)}\right|_M=0$,而 $\left.\frac{\partial(F,G)}{\partial(z,x)}\right|_M$,$\left.\frac{\partial(F,G)}{\partial(x,y)}\right|_M$ 中至少有一个不等于零,可得同样的结果.

例 3　求曲线 $\begin{cases} x^2+z^2=10, \\ y^2+z^2=10 \end{cases}$ 在点(1,1,3)处的切线及法平面方程.

解　设

$$F(x,y,z)=x^2+z^2-10,\quad G(x,y,z)=y^2+z^2-10,$$

则

$$F_x=2x,\quad F_y=0,\quad F_z=2z,\quad G_x=0,\quad G_y=2y,\quad G_z=2z,$$

故

$$\begin{vmatrix} F_y & F_z \\ G_y & G_z \end{vmatrix}_{(1,1,3)}=\begin{vmatrix} 0 & 2z \\ 2y & 2z \end{vmatrix}_{(1,1,3)}=-12,$$

$$\begin{vmatrix} F_z & F_x \\ G_z & G_x \end{vmatrix}_{(1,1,3)}=\begin{vmatrix} 2z & 2x \\ 2z & 0 \end{vmatrix}_{(1,1,3)}=-12,$$

$$\begin{vmatrix} F_x & F_y \\ G_x & G_y \end{vmatrix}_{(1,1,3)}=\begin{vmatrix} 2x & 0 \\ 0 & 2y \end{vmatrix}_{(1,1,3)}=4.$$

故所求的切线方程为

$$\frac{x-1}{3}=\frac{y-1}{3}=\frac{z-3}{-1},$$

法平面方程为

$$3(x-1)+3(y-1)-(z-3)=0,$$

即

$$3x+3y-z=3.$$

8.6.3 曲面的切平面与法线

先讨论由隐函数形式给出的曲面方程

$$F(x,y,z)=0 \tag{8.47}$$

的情形，然后把由显式给出的曲面方程 $z=f(x,y)$ 作为它的特殊情形.

设曲面 Σ 由方程(8.47)给出，$M(x_0,y_0,z_0)$ 是曲面 Σ 上的一点，并设函数 $F(x,y,z)$ 的偏导数在该点连续且不同时为零. 在曲面 Σ 上，通过点 M 任意引一条曲线（图 8.13），

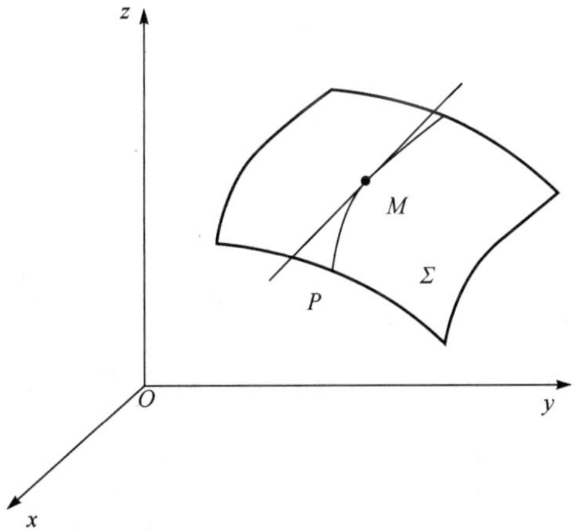

图 8.13

假定曲线的参数方程为

$$x=\varphi(t),y=\psi(t),z=\omega(t), \tag{8.48}$$

$t=t_0$ 对应于点 $M(x_0,y_0,z_0)$ 且 $\varphi'(t_0),\psi'(t_0),\omega'(t_0)$ 不全为零，则由式(8.40)可得这曲线在 M 点的切线方程为

$$\frac{x-x_0}{\varphi'(t_0)}=\frac{y-y_0}{\psi'(t_0)}=\frac{z-z_0}{\omega'(t_0)}.$$

现在要证明在曲面 Σ 上通过点 M 且在点 M 处具有切线的任何曲线，它们在点 M 处的切线都在同一个平面上. 事实上，因为曲线 Γ 完全在曲面 Σ 上，所以有恒等式

$$F[\varphi(t),\psi(t),\omega(t)]\equiv 0.$$

又因 $F(x,y,z)$ 在点 (x_0,y_0,z_0) 处有连续偏导数且 $\varphi'(t_0),\psi'(t_0)$ 和 $\omega'(t_0)$ 存在，所以

这恒等式左边的复合函数在 $t=t_0$ 时有全导数且这全导数等于零,

$$\frac{\mathrm{d}}{\mathrm{d}t}F[\varphi(t),\psi(t),\omega(t)]\bigg|_{t=t_0}=0,$$

即有

$$F_x(x_0,y_0,z_0)\varphi'(t_0)+F_y(x_0,y_0,z_0)\psi'(t_0)+F_z(x_0,y_0,z_0)\omega'(t_0)=0. \tag{8.49}$$

引入向量

$$\boldsymbol{n}=\{F_x(x_0,y_0,z_0),F_y(x_0,y_0,z_0),F_z(x_0,y_0,z_0)\},$$

则式(8.49)表示曲线(8.48)在点 M 处的切向量

$$\boldsymbol{T}=\{\varphi'(t_0),\psi'(t_0),\omega'(t_0)\}$$

与向量 $\boldsymbol{n}$ 垂直. 因为曲线(8.48)是曲面上通过点 M 的任意一条曲线,它们在点 M 的切线都与同一个向量 $\boldsymbol{n}$ 垂直, 所以曲面上通过点 M 的一切曲线在点 M 的切线都在同一个平面上(图 8.14). 这个平面称为曲面 Σ 在点 M 的**切平面**(tangent plane). 切平面的方程为

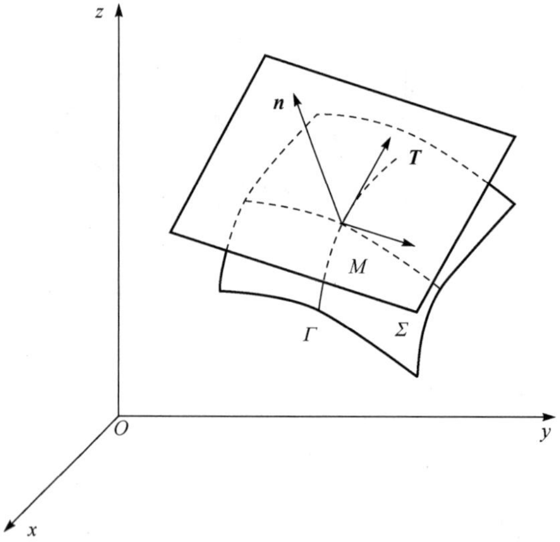

图 8.14

$$F_x(x_0,y_0,z_0)(x-x_0)+F_y(x_0,y_0,z_0)(y-y_0)+F_z(x_0,y_0,z_0)(z-z_0)=0. \tag{8.50}$$

通过点 $M(x_0,y_0,z_0)$而垂直于切平面的直线称为曲面在该点的**法线**(normal). M 点的法线方程为

$$\frac{x-x_0}{F_x(x_0,y_0,z_0)}=\frac{y-y_0}{F_y(x_0,y_0,z_0)}=\frac{z-z_0}{F_z(x_0,y_0,z_0)}. \tag{8.51}$$

垂直于曲面上切平面的向量称为曲面的法向量,向量

$$\boldsymbol{n}=\{F_x(x_0,y_0,z_0),F_y(x_0,y_0,z_0),F_z(x_0,y_0,z_0)\}$$

就是曲面 Σ 在点 M 处的一个**法向量**(normal vector).

现在来考虑曲面方程

$$z=f(x,y) \tag{8.52}$$

令

$$F(x,y,z)=f(x,y)-z,$$

可见

$$F_x(x,y,z)=f_x(x,y),\quad F_y(x,y,z)=f_y(x,y),\quad F_z(x,y,z)=-1.$$

于是,当函数 $f(x,y)$ 的偏导数 $f_x(x,y)$, $f_y(x,y)$ 在点 (x_0,y_0) 连续时,曲面(8.52)在点 $M(x_0,y_0,z_0)$ 处的法向量为

$$\boldsymbol{n}=(f_x(x_0,y_0),f(x_0,y_0),-1),$$

切平面方程为

$$f_x(x_0,y_0)(x-x_0)+f_y(x_0,y_0)(y-y_0)-(z-z_0)=0,$$

或

$$z-z_0=f_x(x_0,y_0)(x-x_0)+f_y(x_0,y_0)(y-y_0), \tag{8.53}$$

而法线方程为

$$\frac{x-x_0}{f_x(x_0,y_0)}=\frac{y-y_0}{f_y(x_0,y_0)}=\frac{z-z_0}{-1}.$$

这里顺便指出,方程(8.53)右端恰好是函数 $z=(x,y)$ 在点 (x_0,y_0) 的全微分,而左端是切平面上点的竖坐标的增量.因此,函数 $z=(x,y)$ 在点 (x_0,y_0) 的全微分在几何上表示曲面 $z=(x,y)$ 在点 (x_0,y_0,z_0) 处的切平面上点的纵坐标的增量.

如果用 α,β,γ 表示曲面的法向量的方向角,并假定法向量的方向是向上的,即它与 z 轴的正向所成的角 γ 是锐角,则法向量的方向余弦为

$$\cos\alpha=\frac{-f_x}{\sqrt{1+f_x^2+f_y^2}},\quad \cos\beta=\frac{-f_y}{\sqrt{1+f_x^2+f_y^2}},\quad \cos\gamma=\frac{1}{\sqrt{1+f_x^2+f_y^2}}.$$

其中,把 $f_x(x_0,y_0)$, $f_y(x_0,y_0)$ 分别简记为 f_x, f_y.

例 4　求曲面 $z-e^z+2xy=3$ 在点(1,2,0)处的切平面及法线方程.

解　令 $F(x,y,z)=z-e^z+2xy-3$, $F'_x=2y$, $F'_y=2x$, $F'_z=1-e^z$,

$$\boldsymbol{n}|_{(1,2,0)}=\{2y,2x,1-e^z\}|_{(1,2,0)}=\{4,2,0\},$$

切平面方程为

$$4(x-1)+2(y-2)+0\cdot(z-0)=0,$$

即

$$2x+y-4=0,$$

法线方程为

$$\frac{x-1}{2}=\frac{y-2}{1}=\frac{z-0}{0}.$$

例 5　求曲面 $x^2+2y^2+3z^2=21$ 平行于平面 $x+4y+6z=0$ 的切平面方程.

解　设(x_0,y_0,z_0)为曲面上的切点，则切平面方程为

$$2x_0(x-x_0)+4y_0(y-y_0)+6z_0(z-z_0)=0.$$

依题意,切平面平行于已知平面得

$$\frac{2x_0}{1}=\frac{4y_0}{4}=\frac{6z_0}{6},$$

即

$$2x_0=y_0=z_0.$$

因为(x_0,y_0,z_0)是曲面上的切点,满足曲面方程,代入方程得 $x_0=\pm1$,故所求切点为$(1,2,2)$,$(-1,-2,-2)$,切平面方程为

$$2(x-1)+8(y-2)+12(z-2)=0,$$

即

$$x+4y+6z=21,$$

或

$$-2(x+1)-8(y+2)-12(z+2)=0,$$

即

$$x+4y+6z=-21.$$

习　题　8.6

1. 填空题

(1) 椭球面 $x^2+2y^2+3z^2=6$ 在点$(1,1,1)$处的切平面方程是____________;

(2) 曲线$\begin{cases}x^2+y^2+z^2-3x=0,\\2x-3y+5z-4=0\end{cases}$在点$(1,1,1)$处的切线方程是____________;

(3) 曲线 $x=\cos t,y=\sin t,z=\sin t+\cos t$ 在对应的 $t=0$ 处的切线与平面 $x+By-z=0$ 平行,则 $B=$____________;

(4) 曲面 $z=x^2+y^2$ 在点$(1,1,2)$处的法线与平面 $Ax+By+z+1=0$ 垂直,则 $A=$________,$B=$____________.

2. 选择题

(1) 旋转抛物面 $z=2x^2+2y^2-4$ 在点$(1,-1,0)$处的法线方程为(　　);

(A)$\dfrac{x-1}{4}=\dfrac{y+1}{4}=\dfrac{z}{-1}$　　(B)$\dfrac{x-1}{4}=\dfrac{y+1}{-4}=\dfrac{z}{-1}$

(C)$\dfrac{x-1}{-1}=\dfrac{y+1}{4}=\dfrac{z}{-1}$　　(D)$\dfrac{x-1}{-1}=\dfrac{y+1}{4}=\dfrac{z}{4}$

(2) 已知曲面 $z=4-x^2-y^2$ 在点 P 处的切平面平行于平面 $2x+2y+z-1=0$,则点 P 的坐标是(　　);

(A)$(1,-1,2)$　　(B)$(-1,1,2)$　　(C)$(1,1,2)$　　(D)$(-1,-1,2)$

(3) 曲线$\begin{cases}x=t,\\y=-t^2,\\z=t^3\end{cases}$的所有切线中与平面 $z+2y+x=4$ 平行的切线(　　).

(A) 只有一条　　(B) 只有两条　　(C) 至少有三条　　(D) 不存在

3. 曲面 $z-e^z+2xy=3$ 在点(1,2,0)处的切平面方程和法线方程.

4. 求曲线 $x=t-\sin t, y=1-\cos t, z=4\sin\frac{t}{2}$ 在点 $\left(\frac{\pi}{2}-1,1,2\sqrt{2}\right)$ 处的切线及法平面方程.

5. 设 $F(u,v)$ 可微,试证曲面 $F\left(\frac{x-a}{z-c},\frac{y-b}{z-c}\right)=0$ 上任一点处的切平面都经过某个定点(其中 a,b,c 均为常数).

6. 设 $F(u,v,w)$ 是可微函数,且 $F_u(2,2,2)=F_w(2,2,2)=3$,$F_v(2,2,2)=6$,曲面 $F(x+y,y+z,z+x)=0$ 通过点(1,1,1),求曲面在这点的法线方程.

7. 求证 $Ax^2+By^2+Cz^2=D$ 上任一点 (x_0,y_0,z_0) 处的切平面方程为

$$Axx_0+Byy_0+Czz_0=D.$$

8. 求曲线 $x=t, y=-t^2, z=t^3$ 与平面 $x+2y+z=4$ 平行的切线.

9. 设 $M(1,-1,2)$ 为曲面 $z^2=f(x,y)$ 上的一点且 $f'_x(1,-1)=2, f'_y(1,-1)=-2$,求曲面在点 M 处的切平面指向下侧的法向量 $\boldsymbol{n}$ 与 ox 轴正向的夹角的余弦.

8.7 方向导数与梯度

8.7.1 方向导数

现在来讨论函数 $z=f(x,y)$ 在一点 P 沿某一方向的变化率问题.

设函数 $z=f(x,y)$ 在点 $P(x,y)$ 的某一邻域 $U(P)$ 内有定义. 自点 P 引射线 $\boldsymbol{l}$,设 x 轴正向到射线 $\boldsymbol{l}$ 的转角为 φ(逆时针方向:$\varphi>0$;顺时针方向:$\varphi<0$),并设 $P'(x+\Delta x,y+\Delta y)$ 为 $\boldsymbol{l}$ 上的另一点且 $P'\in U(P)$. 考虑函数的增量 $f(x+\Delta x,y+\Delta y)-f(x,y)$ 与 P,P' 两点间的距离 $\rho=\sqrt{(\Delta x)^2+(\Delta y)^2}$ 的比值. 当点 P' 沿着 $\boldsymbol{l}$ 趋于点 P 时,如果这个比的极限存在,则称这极限为函数 $f(x,y)$ 在点 P 沿方向 $\boldsymbol{l}$ 的**方向导数**(directional derivative),记作 $\frac{\partial f}{\partial \boldsymbol{l}}$,即

$$\frac{\partial f}{\partial \boldsymbol{l}}=\lim_{\rho\to 0}\frac{f(x+\Delta x,y+\Delta y)-f(x,y)}{\rho}. \tag{8.54}$$

关于方向导数 $\frac{\partial f}{\partial \boldsymbol{l}}$ 的存在及计算,有下面的定理.

定理 8.11 如果函数 $z=f(x,y)$ 在点 $P(x,y)$ 是可微的,那么函数在该点沿任一方向的方向导数都存在且有

$$\frac{\partial f}{\partial \boldsymbol{l}}=\frac{\partial f}{\partial x}\cos\varphi+\frac{\partial f}{\partial y}\sin\varphi, \tag{8.55}$$

其中,φ 为 x 轴到方向 $\boldsymbol{l}$ 的转角.

证 根据假定函数 $z=f(x,y)$ 在点 $P(x,y)$ 可微分,函数的增量可以表达为

$$f(x+\Delta x,y+\Delta y)-f(x,y)=\frac{\partial f}{\partial x}\Delta x+\frac{\partial f}{\partial y}\Delta y+o(\rho).$$

两边各除以 ρ 得到

$$\frac{f(x+\Delta x,y+\Delta y)-f(x,y)}{\rho}=\frac{\partial f}{\partial x}\cdot\frac{\Delta x}{\rho}+\frac{\partial f}{\partial y}\cdot\frac{\Delta y}{\rho}+\frac{o(\rho)}{\rho}$$
$$=\frac{\partial f}{\partial x}\cos\varphi+\frac{\partial f}{\partial y}\sin\varphi+\frac{o(\rho)}{\rho},$$

所以

$$\lim_{\rho\to 0}\frac{f(x+\Delta x,y+\Delta y)-f(x,y)}{\rho}=\frac{\partial f}{\partial x}\cos\varphi+\frac{\partial f}{\partial y}\sin\varphi.$$

这就证明了方向导数存在且其值为

$$\frac{\partial f}{\partial \boldsymbol{l}}=\frac{\partial f}{\partial x}\cos\varphi+\frac{\partial f}{\partial y}\sin\varphi.$$ □

特别地，$\boldsymbol{l}$ 沿 x 轴正向时，$\cos\varphi=1,\sin\varphi=0$，则$\frac{\partial f}{\partial \boldsymbol{l}}=\frac{\partial f}{\partial x}$；$\boldsymbol{l}$ 沿 x 轴负向时，$\cos\varphi=-1,\sin\varphi=0$，则$\frac{\partial f}{\partial \boldsymbol{l}}=-\frac{\partial f}{\partial x}$.

例 1　求函数 $z=xe^{2y}$ 在点 $P(1,0)$处沿从点 $P(1,0)$到点 $Q(2,-1)$ 方向的方向导数.

解　这里方向 $\boldsymbol{l}$ 即向量$\overrightarrow{PQ}=\{1,-1\}$的方向，因此，$x$ 轴到方向 $\boldsymbol{l}$ 的转角 $\varphi=-\frac{\pi}{4}$. 因为

$$\frac{\partial z}{\partial x}=e^{2y},\quad \frac{\partial z}{\partial y}=2xe^{2y},$$

在点$(1,0)$处有$\frac{\partial z}{\partial x}=1,\frac{\partial z}{\partial y}=2$. 故所求方向导数为

$$\frac{\partial z}{\partial \boldsymbol{l}}=1\cdot\cos\left(-\frac{\pi}{4}\right)+2\cdot\sin\left(-\frac{\pi}{4}\right)=-\frac{\sqrt{2}}{2}.$$

例 2　求函数 $f(x,y)=x^2-xy+y^2$ 在点$(1,1)$沿与 x 轴方向夹角为 α 的射线 $\boldsymbol{l}$ 的方向导数. 并问在怎样的方向上此方向导数有

(1) 最大值；　　(2) 最小值；　　(3) 等于零.

解　由方向导数的计算公式知

$$\left.\frac{\partial f}{\partial \boldsymbol{l}}\right|_{(1,1)}=f_x(1,1)\cos\alpha+f_y(1,1)\sin\alpha$$
$$=(2x-y)|_{(1,1)}\cos\alpha+(2y-x)|_{(1,1)}\sin\alpha$$
$$=\cos\alpha+\sin\alpha=\sqrt{2}\sin\left(\alpha+\frac{\pi}{4}\right),$$

故

(1) 当 $\alpha=\frac{\pi}{4}$时，方向导数达到最大值$\sqrt{2}$；

(2) 当 $\alpha=\dfrac{5\pi}{4}$ 时，方向导数达到最小值 $-\sqrt{2}$；

(3) 当 $\alpha=\dfrac{3\pi}{4}$ 和 $\alpha=\dfrac{7\pi}{4}$ 时，方向导数等于 0.

对于三元函数 $u=f(x,y,z)$，它在空间一点 $P(x,y,z)$ 沿着方向 $\boldsymbol{l}$（设方向 $\boldsymbol{l}$ 的方向角为 (α,β,γ)）的方向导数，同样可以定义为

$$\frac{\partial f}{\partial \boldsymbol{l}}=\lim_{\rho\to 0}\frac{f(x+\Delta x,y+\Delta y,z+\Delta z)-f(x,y,z)}{\rho},\tag{8.56}$$

其中，$\rho=\sqrt{(\Delta x)^2+(\Delta y)^2+(\Delta z)^2}$，$\Delta x=\rho\cos\alpha$，$\Delta y=\rho\cos\beta$，$\Delta z=\rho\cos\gamma$.

同样可以证明，如果函数在所考虑的点处可微，那么函数在该点沿着方向 $\boldsymbol{l}$ 的方向导数为

$$\frac{\partial f}{\partial \boldsymbol{l}}=\frac{\partial f}{\partial x}\cos\alpha+\frac{\partial f}{\partial y}\cos\beta+\frac{\partial f}{\partial z}\cos\gamma.\tag{8.57}$$

例 3 求函数 $u=\ln(x+\sqrt{y^2+z^2})$ 在点 $A(1,0,1)$ 处沿点 A 指向点 $B(3,-2,2)$ 方向的方向导数.

解 这里 $\boldsymbol{l}$ 为 $\overrightarrow{AB}=\{2,-2,1\}$ 的方向，向量 $\overrightarrow{AB}$ 的方向余弦为

$$\cos\alpha=\frac{2}{3},\quad \cos\beta=-\frac{2}{3},\quad \cos\gamma=\frac{1}{3},$$

又

$$\frac{\partial u}{\partial x}=\frac{1}{x+\sqrt{y^2+z^2}},\quad \frac{\partial u}{\partial y}=\frac{1}{x+\sqrt{y^2+z^2}}\cdot\frac{y}{\sqrt{y^2+z^2}},\quad \frac{\partial u}{\partial z}=\frac{1}{x+\sqrt{y^2+z^2}}\cdot\frac{z}{\sqrt{y^2+z^2}},$$

所以

$$\left.\frac{\partial u}{\partial x}\right|_A=\frac{1}{2},\quad \left.\frac{\partial u}{\partial y}\right|_A=0,\quad \left.\frac{\partial u}{\partial z}\right|_A=\frac{1}{2}.$$

于是

$$\left.\frac{\partial u}{\partial \boldsymbol{l}}\right|_A=\frac{1}{2}\times\frac{2}{3}+0\times\left(-\frac{2}{3}\right)+\frac{1}{3}\times\frac{1}{2}=\frac{1}{2}.$$

8.7.2 梯度

与方向导数有关联的一个概念是函数的梯度. 在二元函数的情形，设函数 $z=f(x,y)$ 在平面区域 D 内具有一阶连续偏导数，则对于每一点 $(x,y)\in D$，都可定出一个向量

$$\frac{\partial f}{\partial x}\boldsymbol{i}+\frac{\partial f}{\partial y}\boldsymbol{j},$$

该向量称为函数 $z=f(x,y)$ 在点 $P(x,y)$ 的**梯度**(gradient)，记作 $\mathbf{grad}f(x,y)$ 或 $\nabla f(x,y)$，即

$$\mathbf{grad} f(x,y)=\frac{\partial f}{\partial x}\boldsymbol{i}+\frac{\partial f}{\partial y}\boldsymbol{j}.$$

如果设 $\boldsymbol{e}=\cos\varphi\boldsymbol{i}+\sin\varphi\boldsymbol{j}$ 是与方向 $\boldsymbol{l}$ 同方向的单位向量，则由方向导数的计算公式可知

$$\begin{aligned}\frac{\partial f}{\partial \boldsymbol{l}}&=\frac{\partial f}{\partial x}\cos\varphi+\frac{\partial f}{\partial y}\sin\varphi=\left\{\frac{\partial f}{\partial x},\frac{\partial f}{\partial y}\right\}\cdot\{\cos\varphi,\sin\varphi\}\\&=\mathbf{grad} f(x,y)\cdot\boldsymbol{e}\\&=|\mathbf{grad} f(x,y)|\cos\theta,\end{aligned}$$

其中，θ 表示向量 $\mathbf{grad} f(x,y)$ 与 $\boldsymbol{e}$ 的夹角. 由此可以看出，方向导数就是梯度在射线 $\boldsymbol{l}$ 上的投影，当方向 $\boldsymbol{l}$ 与梯度的方向一致时有

$$\cos\theta=1,$$

从而$\frac{\partial f}{\partial \boldsymbol{l}}$有最大值. 所以沿梯度方向的方向导数达到最大值，也就是说，梯度的方向是函数 $f(x,y)$ 在这点增长最快的方向. 因此，可以得到如下结论.

函数在某点的梯度是这样一个向量，它的方向与取得最大方向导数的方向一致，而它的模为方向导数的最大值.

由梯度的定义可知梯度的模为

$$|\mathbf{grad} f(x,y)|=\sqrt{\left(\frac{\partial f}{\partial x}\right)^2+\left(\frac{\partial f}{\partial y}\right)^2}.$$

当$\frac{\partial f}{\partial x}$不为零时，那么 x 轴到梯度的转角的正切为

$$\tan\theta=\frac{\dfrac{\partial f}{\partial y}}{\dfrac{\partial f}{\partial x}}.$$

一般来说，二元函数 $z=f(x,y)$ 在几何上表示一个曲面，这曲面被平面 $z=c$（c 是常数）所截得的曲线 l 的方程为

$$\begin{cases}z=f(x,y),\\z=c.\end{cases}$$

这条曲线 l 在 xOy 面上的投影是一条平面曲线 L^*，它在 xOy 平面直角坐标系中的方程为

$$f(x,y)=c.$$

对于曲线 L^* 上的一切点，已给函数的函数值都是 c，所以称平面曲线 L^* 为函数 $z=f(x,y)$ 的**等值线**（或**等高线**）(contour line).

由于等值线 $f(x,y)=c$ 上任一点 (x,y) 处的法线的斜率为

$$-\frac{1}{\dfrac{\mathrm{d}y}{\mathrm{d}x}}=-\frac{1}{\left(-\dfrac{f_x}{f_y}\right)}=\frac{f_y}{f_x},$$

所以梯度

$$\frac{\partial f}{\partial x}\boldsymbol{i}+\frac{\partial f}{\partial y}\boldsymbol{j}$$

为等值线上点 P 处的法向量,因此可得到梯度与等值线的下述关系:函数 $z=f(x,y)$在点 $P(x,y)$的梯度的方向与过点 P 的等值线 $f(x,y)=c$ 在这点的法线的一个方向相同,并且从数值较低的等值线指向数值较高的等值线,而梯度的模等于函数在这个法线方向的方向导数. 这个法线方向就是方向导数取得最大值的方向.

例 4 求 $\mathbf{grad}\,\dfrac{1}{x^2+y^2}$.

解 这里

$$f(x,y)=\frac{1}{x^2+y^2}.$$

因为

$$\frac{\partial f}{\partial x}=-\frac{2x}{(x^2+y^2)^2},\quad \frac{\partial f}{\partial y}=-\frac{2y}{(x^2+y^2)^2},$$

所以

$$\mathbf{grad}\,\frac{1}{x^2+y^2}=-\frac{2x}{(x^2+y^2)^2}\boldsymbol{i}-\frac{2y}{(x^2+y^2)^2}\boldsymbol{j}.$$

例 5 设 $f(x,y,z)=x^2+y^2+z^2$,求 $\mathbf{grad}f(1,-1,2)$.

解 因为

$$\mathbf{grad}f=\{f_x,f_y,f_z\}=\{2x,2y,2z\},$$

于是

$$\mathbf{grad}f\{1,-1,2\}=\{2,-2,4\}.$$

例 6 问函数 $u=xy^2+z^3-xyz$ 在点 $P_0(1,1,1)$处沿哪个方向的方向导数最大,最大值是多少?

解 由 $\dfrac{\partial u}{\partial x}=y^2-yz,\dfrac{\partial u}{\partial y}=2xy-xz,\dfrac{\partial u}{\partial z}=3z^2-xy$ 得

$$\left.\frac{\partial u}{\partial x}\right|_{P_0}=0,\quad \left.\frac{\partial u}{\partial y}\right|_{P_0}=1,\quad \left.\frac{\partial u}{\partial z}\right|_{P_0}=2,$$

从而 $\mathbf{grad}u(P_0)=\{0,1,2\}$,$|\mathbf{grad}u(P_0)|=\sqrt{0+1+4}=\sqrt{5}$. 于是 u 在点 P_0 处沿方向$\{0,1,2\}$的方向导数最大,最大值是$\sqrt{5}$.

三元函数的梯度在物理化学方面的应用很多. 例如,设函数 $f(x,y,z)$是物体内任意一点 $P(x,y,z)$处的温度,那么 $\mathbf{grad}f=\dfrac{\partial f}{\partial x}\boldsymbol{i}+\dfrac{\partial f}{\partial y}\boldsymbol{j}+\dfrac{\partial f}{\partial z}\boldsymbol{k}$ 就是温度梯度(temperature gradinet),它的模是温度上升的最大变化率,而它的方向就是这个最大变化率的方向,与等温面(isothermal surface)垂直,指向温度增大的一边. 由热传导中的Fourier(傅里叶)实验定律知道,热量的流向是温度下降最快的方向(即与梯度的方向相反),而热量的流动强度与温度的变化率成正比. 如果以向量 $\boldsymbol{q}$ 表示点 $P(x,y,z)$处热

量的流动强度与方向，那么有 $\boldsymbol{q}=-k\left(\frac{\partial f}{\partial x}\boldsymbol{i}+\frac{\partial f}{\partial y}\boldsymbol{j}+\frac{\partial f}{\partial z}\boldsymbol{k}\right)$，这个方程称为 Fourier 热流动定律，其中，k 是比例常数，称为热传导系数(coefficient of heat transfer).

又如，如图 8.15(a)和(b)是某山区的实际形态和由此绘制的等高线图，函数 $f(x,y)$ 的值是点 (x,y) 在海平面上的高度. 在春天解冻期，由于山上的冰雪融化，使雪水流向山下峡谷的溪水上涨. 可以说明，在任一点的溪流的流向总是与该点的等高线成直角，如图 8.15(c)所示.

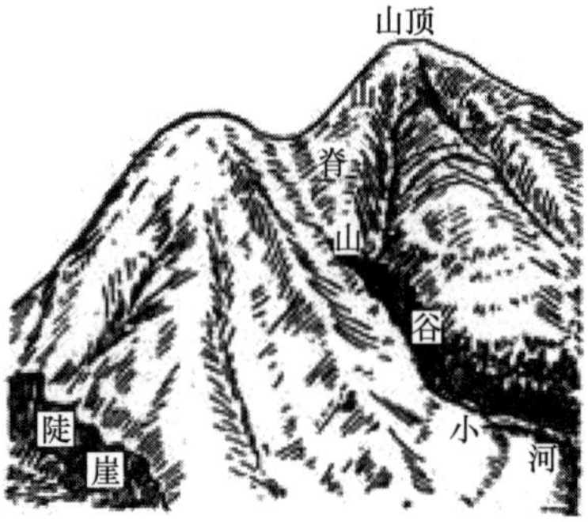

(a)

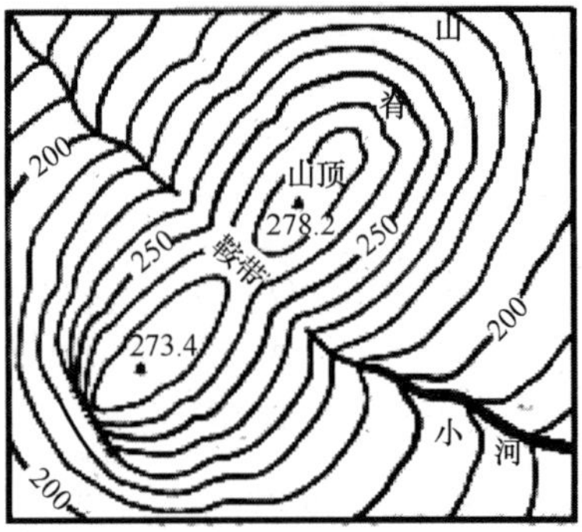

(b)

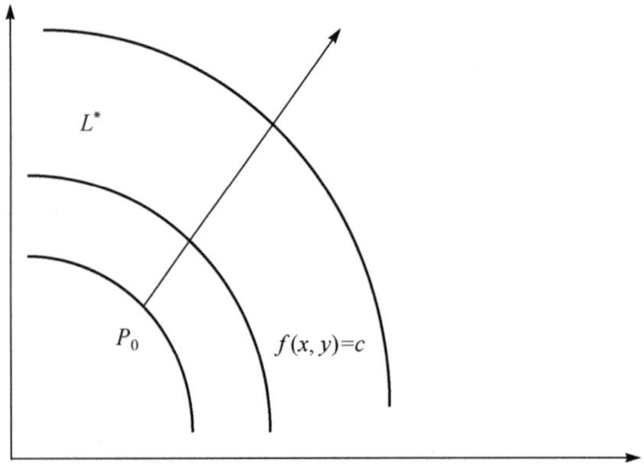

(c)

图 8.15

例 7　设某金属板上电压的分布为 $V=50-x^2-4y^2$，求出一条路径，使质点从 $(1,-2)$ 出发沿着这条路径运动时，电压上升得最快.

解　设质点运动的路径是 $\boldsymbol{f}(t)=x(t)\boldsymbol{i}+y(t)\boldsymbol{j}$，则它的方向是 $\boldsymbol{f}'(t)=x'(t)\boldsymbol{i}+y'(t)\boldsymbol{j}$. 函数 $V=50-x^2-4y^2$ 的梯度为 $\textbf{grad}V=V_x\boldsymbol{i}+V_y\boldsymbol{j}=-2x\boldsymbol{i}-8y\boldsymbol{j}$.

由函数梯度的概念知道，函数沿其梯度的方向上升最快. 因此，所求路径方向必须与梯度方向一致，即

$$x'(t)=-2x, \quad y'(t)=-8y.$$

则解可分离变量方程得

$$x(t)=C_1\mathrm{e}^{-2t}, \quad y(t)=C_2\mathrm{e}^{-8t},$$

其中,C_1,C_2 为待定常数.

由于质点从(1,−2)出发,所以 $x(0)=1$,$y(0)=-2$,则

$$x(t)=\mathrm{e}^{-2t}, \quad y(t)=-2\mathrm{e}^{-8t}.$$

经整理,质点运动的路径为 $y=-2x^4$.

*8.7.3 数量场与向量场

如果对于空间区域 G 内的任一点 M 都有一个确定的数量 $f(M)$,则称在这空间区域 G 内确定了一个**数量场**(scalar field)(如温度场、密度场等). 一个数量场可用一个数量函数 $f(M)$来确定. 如果与点 M 相对应的是一个向量 $\boldsymbol{F}(M)$,则称在这空间区域 G 内确定了一个**向量场**(vector field)(如力场、速度场等). 一个向量场可用一个向量函数(vector function)$\boldsymbol{F}(M)$来确定,而

$$\boldsymbol{F}(M)=P(M)\boldsymbol{i}+Q(M)\boldsymbol{j}+R(M)\boldsymbol{k},$$

其中,$P(M)$,$Q(M)$,$R(M)$是点 M 的数量函数.

利用场的概念,可以说向量函数 $\mathbf{grad}f(M)$确定了一个向量场——梯度场(gradient field),它是由数量场 $f(M)$产生的. 通常称函数 $f(M)$为这个向量场的**势**(potency),而这个向量场又称为**势场**(potential field). 必须注意的是任意一个向量场不一定是势场,因为它不一定是某个数量函数的梯度场.

例 8 试求数量场$\dfrac{m}{r}$所产生的梯度场,其中,常数 $m>0$,$r=\sqrt{x^2+y^2+z^2}$为原点 O 与点 $M(x,y,z)$间的距离.

解 由

$$\frac{\partial}{\partial x}\left(\frac{m}{r}\right)=-\frac{m}{r^2}\frac{\partial r}{\partial x}=-\frac{mx}{r^3},$$

同理可得

$$\frac{\partial}{\partial y}\left(\frac{m}{r}\right)=-\frac{my}{r^3}, \quad \frac{\partial}{\partial z}\left(\frac{m}{r}\right)=-\frac{mz}{r^3}.$$

从而

$$\mathbf{grad}\,\frac{m}{r}=-\frac{m}{r^2}\left(\frac{x}{r}\boldsymbol{i}+\frac{y}{r}\boldsymbol{j}+\frac{z}{r}\boldsymbol{k}\right).$$

记 $\boldsymbol{e}_r=\dfrac{x}{r}\boldsymbol{i}+\dfrac{y}{r}\boldsymbol{j}+\dfrac{z}{r}\boldsymbol{k}$,它是与$\overrightarrow{OM}$同方向的单位向量,则

$$\mathbf{grad}\,\frac{m}{r}=-\frac{m}{r^2}\boldsymbol{e}_r.$$

上式右端在力学上可解释如下:位于原点 O 而质量为 m 质点对位于点 M 的单位质量的质点的引力. 这引力的大小与两质点的质量的乘积成正比,而与它们的距离的平方成反比,这引力的方向由点 M 指向原点. 因此,数量场 $\frac{m}{r}$ 的势场,即梯度场 $\mathbf{grad}\,\frac{m}{r}$ 称为**引力场**,而函数 $\frac{m}{r}$ 称为**引力势**.

习 题 8.7

1. 填空题

(1) 函数在某点的梯度是一个向量,方向是____________,而它的模为方向导数的____________;

(2) 函数 $f(x,y)=xy+\sin(x+2y)$ 在点 $(0,0)$ 处沿 $\boldsymbol{l}=(1,2)$ 的方向导数,$\left.\frac{\partial f}{\partial \boldsymbol{l}}\right|_{(0,0)}=$____________;

(3) 设 $f(x,y,z)=x^2+2y^2+3z^2+xy+3x-2y-6z$,则 $\mathbf{grad}f(1,1,1)=$____________;

(4) 设 $u=\sin(x^2+y^2+z^2)$,则 $\mathbf{grad}u=$____________.

2. 选择题

(1) 函数 $u=3x^2y^2-2y+4x+6z$ 在原点沿 $\boldsymbol{l}=(2,3,1)$ 方向的方向导数 $\frac{\partial u}{\partial \boldsymbol{l}}=$( );

(A) $-\frac{8}{\sqrt{14}}$ (B) $\frac{8}{\sqrt{14}}$ (C) $-\frac{8}{\sqrt{6}}$ (D) $\frac{8}{\sqrt{6}}$

(2) 已知 $V(x,y,z)=\frac{x^2}{a^2}+\frac{y^2}{b^2}+\frac{z^2}{c^2}$,则 $\mathbf{grad}V(x,y,z)=$( ).

(A) $\left\{\frac{2x}{a^2},\frac{2y}{b^2},\frac{2z}{c^2}\right\}$ (B) $\sqrt{\frac{4x^2}{a^4}+\frac{4y^2}{b^4}+\frac{4z^2}{c^2}}$

(C) $\{2x,2y,2z\}$ (D) $\left\{\frac{1}{a^2},\frac{1}{b^2},\frac{1}{c^2}\right\}$

3. 求函数 $u=\frac{x}{\sqrt{x^2+y^2+z^2}}$ 在点 $M(1,2,-2)$ 处沿曲线 $x=t,y=2t^2,z=-2t^4$ 在该点处的切线方向的方向导数.

4. 求函数 $u=\ln(xy-z)+2yz^2$ 在点 $(1,3,1)$ 沿方向 $\boldsymbol{l}=(1,1-1)$ 的方向导数.

5. 求 $u=xyz$ 在点 $(3,4,5)$ 处沿锥面 $z=\sqrt{x^2+y^2}$ 的法线方向的方向导数.

6. 求函数 $u=\ln(x+\sqrt{y^2+z^2})$ 在点 $A(0,1,0)$ 沿 A 指向点 $B(3,-2,2)$ 的方向的方向导数.

7. 求 $u=\ln(x^2+y^2+z^2)$ 在 $M(1,-1,2)$ 处的梯度为 $\mathbf{grad}u\,|_M$.

8. 设函数 $u=u(x,y,z)$,$v=v(x,y,z)$ 都是可微函数,求函数 u 沿 $\boldsymbol{l}=(v'_x,v'_y,v'_z)$ 的方向导数.

9. 求 $u=x+xy+xyz$ 在点 $M(1,2,-1)$ 处的梯度,并求该梯度方向的方向导数.

8.8 多元函数的极值及其求法

在实际问题中,常会遇到多元函数的最大值、最小值问题. 由于多元函数的最大值、最小值与极大值、极小值有密切联系，因此，以二元函数为例，先来讨论多元函数的极值问题.

8.8.1 多元函数的极值及最大值、最小值

定义 8.10 设函数 $z=f(x,y)$ 在点 (x_0,y_0) 的某个邻域内有定义，对于该邻域内异于 (x_0,y_0) 的点，如果都适合不等式

$$f(x,y)<f(x_0,y_0)\text{（或 }f(x,y)>f(x_0,y_0)\text{）},$$

则称函数 $f(x,y)$ 在点 (x_0,y_0) 有**极大值**(local maximum)（或**极小值**(local minimum)）$f(x_0,y_0)$.

极大值、极小值统称为**极值**(extremum)，使函数取得极值的点称为**极值点**(extremum points). 函数的极值是局部概念，而函数的最大值(maximum)和最小值(minimum)是一个整体概念.

例 1 函数 $z=2x^2+3y^2$ 在点 $(0,0)$ 处有极小值. 因为对于点 $(0,0)$ 的任一邻域内异于 $(0,0)$ 的点，函数值都为正，而在点 $(0,0)$ 处的函数值为零. 从几何上看这是显然的，因为点 $(0,0,0)$ 是开口朝上的椭圆抛物面 $z=3x^2+4y^2$ 的顶点(图 8.16).

例 2 函数 $z=-\sqrt{x^2+y^2}$ 在点 $(0,0)$ 处有极大值. 因为在点 $(0,0)$ 处函数值为零，而对于点 $(0,0)$ 的任一邻域内异于 $(0,0)$ 的点，函数值都为负，点 $(0,0,0)$ 是位于 xOy 平面下方的锥面 $z=-\sqrt{x^2+y^2}$ 的顶点(图 8.17).

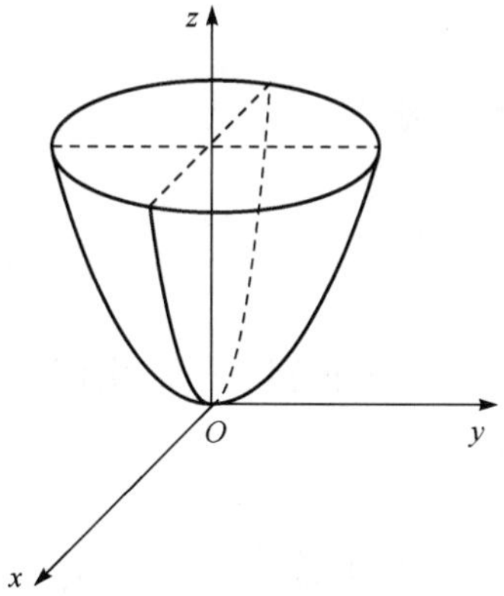

图 8.16

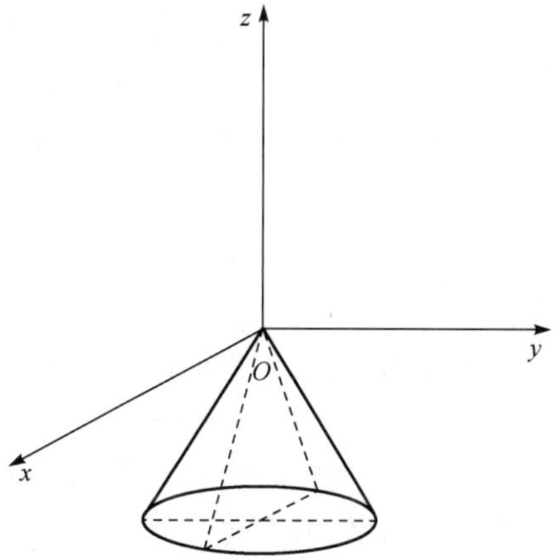

图 8.17

例 3 函数 $z=xy$ 在点 $(0,0)$ 处既不取得极大值也不取得极小值. 因为在点 $(0,0)$ 处的函数值为零，而在点 $(0,0)$ 的任一邻域内，总有使函数值为正的点，也有使函数值为负的点(图 8.18).

一般地，二元函数在几何上表示一张曲面，所以二元函数的极大值与极小值是曲面上的局部高点与局部低点，而最大值与最小值就是曲面上的最高点与最低点. 关

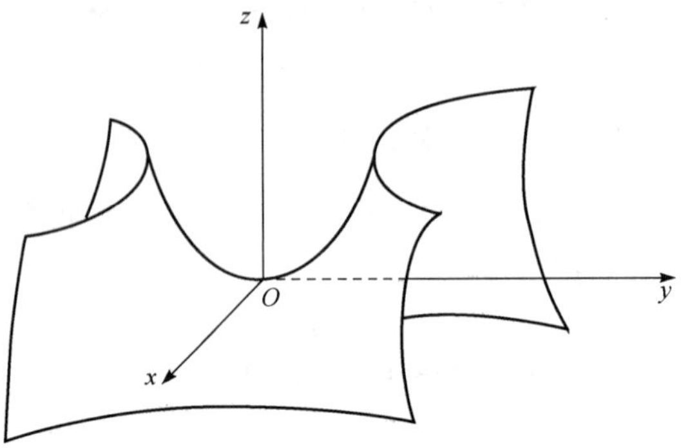

图 8.18

于二元函数极值的定义，可推广到 n 元函数之中.

像一元函数的极值可用导数来讨论一样，二元函数的极值可以用偏导数来讨论.

定理 8.12（极值存在的必要条件）　设函数 $z=f(x,y)$ 在点 (x_0,y_0) 具有偏导数，并且在点 (x_0,y_0) 处有极值，则它在该点的偏导数必然为零，即

$$f_x(x_0,y_0)=0,\quad f_y(x_0,y_0)=0.$$

证　不妨设 $z=f(x,y)$ 在点 (x_0,y_0) 处有极大值. 依极大值的定义，在点 (x_0,y_0) 的某邻域内异于 (x_0,y_0) 的点都适合不等式

$$f(x,y)<f(x_0,y_0),$$

特殊地，在该邻域内取 $y=y_0$，而 $x\neq x_0$ 的点，也应适合不等式

$$f(x,y_0)<f(x_0,y_0),$$

这表明一元函数 $f(x,y_0)$ 在 $x=x_0$ 处取得极大值，因此，必有

$$f_x(x_0,y_0)=0.$$

类似地，可证

$$f_y(x_0,y_0)=0.$$ □

从几何上看，这时如果曲面 $z=f(x,y)$ 在点 (x_0,y_0,z_0) 处有切平面，则切平面

$$z-z_0=f_x(x_0,y_0)(x-x_0)+f_y(x_0,y_0)(y-y_0)$$

成为平行于 xOy 坐标面的平面 $z-z_0=0$.

仿照一元函数，凡是能使 $f_x(x,y)=0$，$f_y(x,y)=0$ 同时成立的点 (x_0,y_0) 称为函数 $z=f(x,y)$ 的**驻点**(stationary point). 从定理 8.12 可知具有偏导数的函数的极值点必定是驻点. 但是函数的驻点不一定是极值点. 例如，点 $(0,0)$ 是函数 $z=xy$ 的驻点，但是函数在该点并无极值.

怎样判定一个驻点是否是极值点呢？下面的定理回答了这个问题.

定理 8.13（判定极值的充分条件）　设函数 $z=f(x,y)$ 在点 (x_0,y_0) 的某邻域内连续且有一阶及二阶连续偏导数，又 $f_x(x_0,y_0)=0$，$f_y(x_0,y_0)=0$，令

$$f_{xx}(x_0,y_0)=A,\ f_{xy}(x_0,y_0)=B,\ f_{yy}(x_0,y_0)=C,$$

则 $f(x,y)$在(x_0,y_0)处是否取得极值的条件如下：

(1) $AC-B^2>0$ 时具有极值，并且当 $A<0$ 时有极大值，当 $A>0$ 时有极小值；

(2) $AC-B^2<0$ 时没有极值；

(3) $AC-B^2=0$ 时可能有极值，也可能没有极值，还需另作讨论.

定理 8.13 不作证明. 利用定理 8.12 和定理 8.13，把具有二阶连续偏导数的函数 $z=f(x,y)$的极值的求法归纳如下：

第 1 步　解方程组

$$f_x(x,y)=0,\quad f_y(x,y)=0,$$

求得一切实数解，即可以得到一切驻点.

第 2 步　对于每一个驻点(x_0,y_0)，求出二阶偏导数的值 A，B 和 C.

第 3 步　定出 $AC-B^2$ 的符号，按定理 8.13 的结论判定 $f(x_0,y_0)$是否是极值，是极大值还是极小值.

注　与一元函数的情形类似，在偏导数不存在的点处，二元函数也可能取得极值. 例如，函数 $z=-\sqrt{x^2+y^2}$在点(0,0)处有极大值，但该函数在点(0,0)处不存在偏导数. 因此，在考虑多元函数的极值问题时，除了考虑函数的驻点外，还要考虑那些使偏导数不存在的点.

例 4　求函数 $f(x,y)=x^3-y^3+3x^2+3y^2-9x$ 的极值.

解　先解方程组

$$\begin{cases} f_x(x,y)=3x^2+6x-9=0, \\ f_y(x,y)=-3y^2+6y=0, \end{cases}$$

求得驻点为(1,0)，(1,2)，(−3,0)，(−3,2). 再求出二阶偏导数为

$$f_{xx}(x,y)=6x+6,f_{xy}(x,y)=0,f_{yy}(x,y)=-6y+6.$$

在点(1,0) 处，$AC-B^2=12\cdot 6>0$，又 $A>0$，所以函数在(1,0)处有极小值 $f(1,0)=-5$；

在点(1,2) 处，$AC-B^2=12\cdot(-6)<0$，所以 $f(1,2)$不是极值；

在点(−3,0) 处，$AC-B^2=-12\cdot 6<0$，所以 $f(-3,0)$不是极值；

在点(−3,2) 处，$AC-B^2=-12\cdot(-6)>0$，又 $A<0$，所以函数在(−3,2)处有极大值 $f(-3,2)=31$.

若二元函数 $f(x,y)$在有界闭区域 D 上连续，则 $f(x,y)$在 D 上必有最值，并且最值点一定落在函数的极值点(在 D 内)或 D 的边界点上. 所以只需求出 $f(x,y)$在 D 内的各驻点和不可导点的函数值及在边界上的最值，加以比较即可求得最值. 在求实际问题的最值时，一般先根据实际问题推出最值存在，若函数在实际定义域 D 内有唯一驻点，则可以肯定该驻点必为所求的最值点.

例 5　求二元函数 $z=f(x,y)=x^2y(4-x-y)$在由直线 $x+y=6$，x 轴和 y 轴所围成的闭区域 D 上的最大值与最小值.

解　先求函数在 D 内的驻点，解方程组

$$\begin{cases} f_x(x,y)=2xy(4-x-y)-x^2y=0, \\ f_y(x,y)=x^2(4-x-y)-x^2y=0 \end{cases}$$

得唯一驻点(2,1)且 $f(2,1)=4$.

再求 $f(x,y)$在 D 边界上的最值. 在边界 $x+y=6$ 上,即 $y=6-x$,于是 $f(x,y)=x^2(6-x)(-2)$. 由 $f_x=4x(x-6)+2x^2=0$ 得 $x_1=0,x_2=4$,求得 $y_1=6-x|_{x=0}=6$, $y_2=6-x|_{x=4}=2$,而 $f(0,6)=0,f(6,0)=0,f(4,2)=-64$,所以 $f(2,1)=4$ 为最大值,$f(4,2)=-64$ 为最小值.

例 6　某厂要用铁板作成一个体积为 2m^3 的有盖长方体水箱. 问当长、宽、高各取怎样的尺寸时,才能使用料最省.

解　设水箱的长为 xm,宽为 ym,则其高应为$\frac{2}{xy}$m,此水箱所用材料的面积为

$$A=2\left(xy+y\cdot\frac{2}{xy}+x\cdot\frac{2}{xy}\right),$$

即

$$A=2\left(xy+\frac{2}{x}+\frac{2}{y}\right),\quad x>0,y>0.$$

可见材料面积 A 是 x 和 y 的二元函数,这就是目标函数,下面求使这函数取得最小值的点(x,y).

令

$$A_x=2\left(y-\frac{2}{x^2}\right)=0,$$

$$A_y=2\left(x-\frac{2}{y^2}\right)=0.$$

解这方程组得

$$x=\sqrt[3]{2},\quad y=\sqrt[3]{2}.$$

根据实际意义,因为只有一个极值点,同时也是最值点,所以此时最省料.

从例 6 还可看出在体积一定的长方体中,以立方体的表面积为最小.

8.8.2　条件极值　Lagrange 乘数法

对于函数的自变量,除了限制在函数的定义域内以外,并无其他条件限制的极值问题称为无条件极值. 而对自变量除了定义域的要求之外还有附加条件(subsidiary conditions)的极值问题称为**条件极值**(conditional extremum). 有些时候可以把条件极值化为无条件极值来解决,在很多情形下,将条件极值转化为无条件极值并不简单. 这里介绍一种直接寻求条件极值的方法,可以不必先把问题转化为无条件极值的问题,这就是下面的 **Lagrange 乘数法**.

Lagrange 乘数法　要找函数 $z=f(x,y)$在附加条件 $\varphi(x,y)=0$ 下的可能极值

点，可以先构造辅助函数

$$F(x,y)=f(x,y)+\lambda\varphi(x,y),$$

其中，λ 为某一常数. 求其对 x 与 y 的一阶偏导数，并使之为零，然后与方程 $\varphi(x,y)=0$ 联立得

$$\begin{cases} f_x(x,y)+\lambda\varphi_x(x,y)=0, \\ f_y(x,y)+\lambda\varphi_y(x,y)=0, \\ \varphi(x,y)=0. \end{cases} \tag{8.58}$$

由方程组(8.58)解出 x,y 及 λ，则(x,y)就是函数 $f(x,y)$在附加条件下 $\varphi(x,y)=0$ 的可能极值点的坐标.

这个方法还可以推广到自变量多于两个而条件多于一个的情形. 例如，要求函数

$$u=f(x,y,z,t)$$

在附加条件

$$\varphi(x,y,z,t)=0,\quad \psi(x,y,z,t)=0 \tag{8.59}$$

下的极值，可以先构造辅助函数

$$F(x,y,z,t)=f(x,y,z,t)+\lambda_1\varphi(x,y,z,t)+\lambda_2\psi(x,y,z,t),$$

其中，λ_1，λ_2 均为常数，求其一阶偏导数，并使之为零，然后与条件(8.59)中的两个方程联立起来求解，这样得出的 x,y,z,t 就是函数 $f(x,y,z,t)$在附加条件(8.59)下的可能极值点的坐标.

至于如何确定所求得的点是否为极值点，在实际问题中往往可根据问题本身的性质来判定.

例 7　求表面积为 a^2 而体积为最大的长方体容器的体积.

解　设长方体的三棱长为 x,y,z，则问题就是在条件

$$\psi(x,y,z)=2xy+2yz+2xz-a^2=0 \tag{8.60}$$

下，求函数

$$V=xyz,\quad x>0,y>0,z>0$$

的最大值. 构造辅助函数

$$F(x,y,z)=xyz+\lambda(2xy+2yz+2xz-a^2),$$

求其对 x,y,z 的偏导数，并使之为零，于是得到

$$\begin{cases} yz+2\lambda(y+z)=0, \\ xz+2\lambda(x+z)=0, \\ xy+2\lambda(y+x)=0, \end{cases} \tag{8.61}$$

再与式(8.60)联立求解. 因 x,y,z 都不等于零，所以由式(8.61)可得

$$\frac{x}{y}=\frac{x+z}{y+z},\quad \frac{y}{z}=\frac{x+y}{x+z}.$$

由以上两式解得

$$x=y=z.$$

将此代入式(8.60)便得

$$x=y=z=\frac{\sqrt{6}}{6}a.$$

这是唯一可能的极值点. 因为由问题本身可知最大值一定存在,所以最大值就在这个可能的极值点处取得. 也就是说,表面积为 a^2 的长方体中,以棱长为$\frac{\sqrt{6}}{6}a$ 的正方体容器的体积为最大,容器的最大体积 $V=\frac{\sqrt{6}}{36}a^3$.

例 8　设某食品生产厂家销售某种食品收入 R (单位:万元)与花费在两种不同媒体广告宣传的费用 x,y(单位:万元)之间的关系为

$$R=\frac{200x}{x+5}+\frac{100y}{10+y},$$

生产厂家产后利润额相当于五分之一的销售收入，并要扣除广告费用. 已知两种媒体广告费用总预算金额是 25 万元，试问如何分配两种广告费用可使生产厂家利润最大?

解　设生产厂家利润额为 z,则有

$$z=\frac{1}{5}R-x-y=\frac{40x}{x+5}+\frac{20y}{10+y}-x-y,$$

限制条件为 $x+y=25$,这是条件极值问题. 令

$$L(x,y,\lambda)=\frac{40x}{x+5}+\frac{20y}{10+y}-x-y+\lambda(x+y-25),$$

通过对 x,y 求偏导得

$$L_x=\frac{200}{(5+x)^2}-1+\lambda=0,$$

$$L_y=\frac{200}{(10+y)^2}-1+\lambda=0.$$

从上面两式可得

$$(5+x)^2=(10+y)^2.$$

又由 $y=25-x$,解得

$$x=15,y=10.$$

根据问题本身的意义及驻点的唯一性可知,当投入两种媒体广告的费用分别为 15 万元和 10 万元时,可使利润最大.

例 9　设有一单位正电荷,位于空间直角坐标的原点处. 另有一单位负电荷,在椭圆$\begin{cases}z=x^2+y^2,\\x+y+z=1\end{cases}$上移动. 问两电荷间的引力何时最大,何时最小?

解　由物理学知,当负电荷在点(x,y,z)处时,两电荷间的引力为 $f=\frac{k}{x^2+y^2+z^2}$

(k 为常数). 问题即为求函数 f 满足约束方程组 $\begin{cases} z=x^2+y^2, \\ x+y+z=1 \end{cases}$ 条件下的最大值和最小值.

当令 $g=\dfrac{k}{f}=x^2+y^2+z^2$ 时,原问题转化为求函数 g 满足约束方程组条件下的最小值和最大值. 令

$$F(x,y,z,\lambda_1,\lambda_2)=x^2+y^2+z^2+\lambda_1(x^2+y^2-z)+\lambda_2(x+y+z-1),$$

分别关于各个变量求偏导数,并使之为零,于是可得

$$\begin{cases} F_x=2x+2\lambda_1 x+\lambda_2=0, \\ F_y=2y+2\lambda_1 y+\lambda_2=0, \\ F_z=2z-\lambda_1+\lambda_2=0, \\ x^2+y^2-z=0, \\ x+y+z-1=0, \end{cases}$$

由前两个方程得 $x=y$,代入后两个方程可得

$$x=y=\frac{-1\pm\sqrt{3}}{2}, \quad z=2\mp\sqrt{3},$$

则函数 g 满足约束方程组条件下的可能极值点为

$$M_1\left(\frac{-1+\sqrt{3}}{2},\frac{-1+\sqrt{3}}{2},2-\sqrt{3}\right), \quad M_2\left(\frac{-1-\sqrt{3}}{2},\frac{-1-\sqrt{3}}{2},2+\sqrt{3}\right),$$

且

$$g(M_1)=9-5\sqrt{3}, g(M_2)=9+5\sqrt{3}.$$

由题意知函数 f 在相应条件下存在最大值和最小值,也即函数 g 在相应条件下存在最小值和最大值. 因此,函数 g 在点 M_1,M_2 分别达到最小值和最大值,从而函数 f 在点 M_1,M_2 分别达到最大值和最小值. 即两电荷间的引力当单位负电荷在点 M_1 处时为最大,在点 M_2 处时为最小.

习 题 8.8

1. 选择题

(1) 如果 $f(x,y)$ 在 (x_0,y_0) 的某邻域内二阶偏导数连续,点 (x_0,y_0) 是 $f(x,y)$ 的驻点,若 $\Delta=B^2-AC$, $A=f''_{xx}(x_0,y_0)$, $B=f''_{xy}(x_0,y_0)$, $C=f''_{yy}(x_0,y_0)$,则当(　　)时, $f(x,y)$ 在 (x_0,y_0) 取极大值;

(A) $\Delta>0, A>0$　　(B) $\Delta<0, A>0$　　(C) $\Delta<0, A<0$　　(D) $\Delta>0, A<0$

(2) 函数 $f(x,y)=4(x-y)-x^2-y^2$(　　);

(A) 有极大值 8　　(B) 有极小值 8　　(C) 无极值　　(D) 有无极值不确定

(3) 设二元函数 $z=f(x,y)$ 在点 (x_0,y_0) 处的两个偏数 $f_x(x_0,y_0)=f_y(x_0,y_0)=0$,则点 (x_0,y_0) 一定是函数 $f(x,y)$ 的(　　);

(A) 极大值点　　(B) 极小值点　　(C) 极值点　　(D) 驻点

(4) 函数 $z=xy$ 在附加条件 $x+y=1$ 下的极大值为(　　).

(A) $\frac{1}{2}$　　(B) $-\frac{1}{2}$　　(C) $\frac{1}{4}$　　(D) 1

2. 求函数 $f(x,y)=xy(a-x-y)$ 的极值($a\neq 0$).

3. 抛物面 $z=x^2+y^2$ 被平面 $x+y+z=1$ 截成一个椭圆,求原点到这个椭圆的最长距离与最短距离.

4. 求内接于椭球面 $\frac{x^2}{a^2}+\frac{y^2}{b^2}+\frac{z^2}{c^2}=1$ 的最大长方体的体积.

5. 求 $f(x,y)=(x-1)^2+(y-2)^2+1$ 在区域 $D=\{(x,y)|x^2+y^2\leqslant 20\}$ 上的最大值和最小值.

6. 求函数 $f(x,y)=x^2y(4-x-y)$ 在由直线 $x+y=6,y=0,x=0$ 所围成的闭区域 D 上的最大值和最小值.

7. 在椭圆 $x^2+4y^2=4$ 上求一点,使其到直线 $2x+3y-6=0$ 的距离最短.

8. 在椭圆 $3x^2+2xy+3y^2=1$ 的第一象限部分上求一点,使得该点处的切线与坐标轴所围成的三角形面积最小,并求面积的最小值.

9. 求二元函数 $f(x,y)=x+xy-x^2-y^2$ 在以 $O(0,0),A(1,0),B(1,2),E(0,2)$ 为顶点的闭矩形区域 D 上的最大值和最小值.

10. 将长为 l 的细铁丝剪成三段,分别用来围成圆、正方形和正三角形,问怎样剪法,才能使它们所围成的面积之和最小? 并求出最小值.

11. 厂家生产的一种产品同时在两个市场销售,售价分别为 p_1,p_2,销售量分别为 q_1,q_2,需求函数及总成本函数分别为 $q_1=24-0.2p_1,q_2=10-0.05p_2,C=35+40(q_1+q_2)$,试问厂家如何确定两个市场的售价,能使其获得的总利润最大? 最大总利润为多少?

12. 思考题:为什么多元函数的极限、连续、偏导存在、可微、偏导连续与方向导数存在之间有如此复杂、纠结的关系?

13. 观察题:如何通过观察,利用等值线图求多元函数的极值?

模拟考场八

一、填空题(每小题2分,共10分)

1. $\lim\limits_{(x,y)\to(0,0)}\frac{3-\sqrt{9+xy}}{xy}=$__________.

2. 设 $z=f(x,y)$ 是由方程 $z-y-x+xe^{z-y-x}=0$ 所确定的二元函数,则 $\mathrm{d}z|_{(0,1)}=$__________.

3. 设 $z=\frac{1}{x}f(xy)+y\varphi(x+y)$,$f,\varphi$ 具有二阶连续导数,则 $\frac{\partial^2 z}{\partial x\partial y}=$__________.

4. 函数 $u=\ln(x^2+y^2+z^2)$ 在点 $M(1,2,-2)$ 处的梯度 $\mathbf{grad}u|_M=$__________.

5. 椭球面 $x^2+2y^2+3z^2=6$ 在点(1,1,1)处的切平面方程是__________.

二、选择题(每小题2分,共10分)

6. 设函数 $f(x,y)=\begin{cases}\frac{xy^2}{x^2+y^4}, & x^2+y^2\neq 0,\\ 0, & x^2+y^2=0,\end{cases}$ 则在点(0,0)处(　　).

(A) 连续且偏导数存在　　(B) 连续但偏导数不存在

(C) 不连续但偏导数存在　　(D) 不连续且偏导数不存在

7. 设 $f'_x(a,b)$存在,则$\lim\limits_{x\to0}\dfrac{f(x+a,b)-f(a-x,b)}{x}=$(　　).

(A) $f'_x(a,b)$　　(B) 0　　(C) $2f'_x(a,b)$　　(D) $\dfrac{1}{2}f'_x(a,b)$

8. 函数 $u=\ln(xy-z)+2yz^2$ 在点(1,3,1)沿方向 $\boldsymbol{l}=(1,1,-1)$的方向导数等于(　　).

(A) $\dfrac{15}{2}$　　(B) $\dfrac{15}{\sqrt{2}}$　　(C) $-\dfrac{15\sqrt{3}}{6}$　　(D) $\dfrac{5\sqrt{3}}{6}$

9. 设二元函数 $z=f(x,y)$在点(x_0,y_0)处的两个偏数 $f_x(x_0,y_0)=f_y(x_0,y_0)=0$,则点$(x_0,y_0)$一定是函数 $f(x,y)$的(　　).

(A) 极大值点　　(B) 极小值点　　(C) 极值点　　(D) 驻点

10. 考虑二元函数 $f(x,y)$的下面 4 个性质:

① $f(x,y)$在点(x_0,y_0)处连续

② $f(x,y)$在点(x_0,y_0)处两个偏导数连续

③ $f(x,y)$在点(x_0,y_0)处可微

④ $f(x,y)$在点(x_0,y_0)处的两个偏导数存在

若用“$P\Rightarrow Q$”表示可由性质 P 推出性质 Q,则有(　　).

(A) ②⇒③⇒①　　(B) ③⇒②⇒①

(C) ③⇒④⇒①　　(D) ③⇒①⇒④

三、计算题(每小题 8 分,共 40 分)

11. 计算 $\lim\limits_{(x,y)\to(0,0)}\dfrac{x^2+y^2}{1-\sqrt{1+x^2+y^2}}$.

12. 设 f,g 均为连续可微函数. $u=f(x,xy)$, $v=g(x+xy)$,求$\dfrac{\partial u}{\partial x}$,$\dfrac{\partial v}{\partial y}$.

13. 设 $u=f\left(\dfrac{x}{y},\dfrac{y}{z}\right)$, f 具有连续偏导数,求 du.

14. 设 $z=f(x,y)$是由方程 $e^{\frac{x}{z}}+e^{\frac{y}{z}}=2e$ 所确定的隐函数,求 z_x, z_y.

15. 求曲线 $x^2+y^2+z^2=6$, $x+y+z=0$ 在点(1,−2,1)处的切线与法平面方程.

四、解答题(每小题 10 分,共 30 分)

16. 设函数 $z=f(x,y)$在点(1,1)处可微,$f(1,1)=1$,$\left.\dfrac{\partial f}{\partial x}\right|_{(1,1)}=2$,$\left.\dfrac{\partial f}{\partial y}\right|_{(1,1)}=3$,$\varphi(x)=f[x,f(x,x)]$,求$\left.\dfrac{\mathrm{d}}{\mathrm{d}x}\varphi^3(x)\right|_{x=1}$.

17. 求函数 $f(x,y)=x^2y(4-x-y)$在由直线 $x+y=6$, $y=0$, $x=0$ 所围的闭区域 D 上的最大值和最小值.

18. 设有一小山,取它的底面所在的平面为 xOy 坐标面,其底部所占的区域为 $D=\{(x,y)\mid x^2+y^2-xy\leqslant75\}$,小山的高度函数为 $h(x,y)=75-x^2-y^2+xy$.

(1) 设 $M(x_0,y_0)$为区域 D 上一点,问 $h(x,y)$在该点沿平面上什么方向的方向导数最大?若

记此方向导数的最大值为 $g(x_0,y_0)$，试写出 $g(x_0,y_0)$ 的表达式.

(2) 现欲利用此小山开展攀岩活动，为此需要在山脚寻找一上山坡度最大的点作为攀登的起点. 也就是说，要在 D 的边界线 $x^2+y^2-xy=75$ 上找出使(1)中的 $g(x,y)$ 达到最大值的点. 试确定攀登起点的位置.

五、证明题(本题 10 分)

19. 证明曲面 $F(ax-bz,ay-bz)=0$ 的所有切平面都和某定直线平行，其中，$F(u,v)$ 可微.

数学家史话　无冕之王——Hilbert

David Hilbert(大卫 · 希尔伯特，1862～1943)德国数学家. 他于 1900 年 8 月 8 日在巴黎第二届国际数学家大会上，提出了新世纪数学家应当努力解决的 23 个数学问题，被认为是 20 世纪数学的制高点，对这些问题的研究有力推动了 20 世纪数学的发展，在世界上产生了深远的影响. Hilbert 领导的数学学派是 19 世纪末 20 世纪初数学界的一面旗帜，希尔伯特被称为“数学界的无冕之王”.（著名的哥德巴赫猜想也是问题之一，以陈景润为代表的中国数学家获得了重大突破，但还没有彻底解决.）

Hilbert 生于东普鲁士哥尼斯堡(苏联加里宁格勒)附近的韦劳. 中学时代，Hilbert 就是一名勤奋好学的学生，对于科学特别是数学表现出浓厚的兴趣，善于灵活和深刻地掌握以至应用老师讲课的内容. 1880 年，他不顾父亲让他学法律的意愿，进入哥尼斯堡大学攻读数学. 1884 年获得博士学位，后来又在这所大学里取得讲师资格和升任副教授. 1893 年被任命为正教授，1895 年，转入哥廷根大学任教授，此后一直在哥廷根生活和工作，于 1930 年退休. 在此期间，他成为柏林科学院通讯院士，并曾获得施泰纳奖、罗巴切夫斯基奖和波约伊奖. 1930 年获得瑞典科学院的米塔格-莱福勒奖，1942 年成为柏林科学院荣誉院士. Hilbert 是一位正直的科学家，第一次世界大战前夕，他拒绝在德国政府为进行欺骗宣传而发表的《告文明世界书》上签字. 战争期间，他敢于公开发表文章悼念“敌人的数学家”Darboux. 希特勒上台后，他抵制并上书反对纳粹政府排斥和迫害犹太科学家的政策. 由于纳粹政府的反动政策日益加剧，许多科学家被迫移居外国，曾经盛极一时的哥廷根学派衰落了，Hilbert 也于 1943 年在孤独中逝世.

Hilbert 是对 20 世纪数学有深刻影响的数学家之一. 他领导了著名的哥廷根学派，使哥廷根大学成为当时世界数学研究的重要中心，并培养了一批对现代数学发展作出重大贡献的杰出数学家. Hilbert 的数学工作可以划分为几个不同的时期，每个时期他几乎都集中精力研究一类问题. 按时间顺序，他的主要研究内容有：不变量理论、代数数域理论、几何基础、积分方程、物理学、一般数学基础，其间穿插的研究课题有：Dirichlet 原理和变分法、华林问题、特征值问题、Hilbert 空间等. 在这些领域中，他都作出了重大的或开创性的贡献. Hilbert 认为，科学在每个时代都有它自己的问题，而这些问题的解决对于科学发展具有深远意义. 他指出：“只要一门科学分支能提出大量的问题，它就充满着生命力，而问题缺乏则预示着独立发展的衰亡和终止.”在 1900 年巴黎国际数学家代表大会上，Hilbert 发表了题为《数学问题》的著名讲演. 他根据过去特别是 19 世纪数学研究的成果和发展趋势，提出了 23 个最重要的数学问题. 这 23 个问题通称 Hilbert 问题，后来成为许多数学家力图攻克的难关,对现代数学的研究和发展产生了深刻的影响,并起了积极的推动作用,Hilbert 问题中有些现已得到圆满解决,有些至今仍未解决.他在讲演中所阐述的相信每个数学问题都可以解决的信念,对于数学工作者是一种巨大的鼓舞.他说:“在我们中间,常常听到这样的呼声:这里有一个数学问题,去找出它的答案!你能通过纯思维找到它,因为在数学中没有不可知.”30 年后,1930 年,在接受哥尼斯堡荣誉市民称号的讲演中,针对一些人信奉的不可知论观点,他再次满怀信心地宣称:“我们必须知道,我们必将知道.”Hilbert 的著作有《希尔伯特全集》(三卷,其中包括他的著名的《数论报告》)《几何基础》《线性积分方程一般理论基础》等,与其他人合著有《数学物理方法》《理论逻辑基础》《直观几何学》《数学基础》.

第9章 重 积 分

古今之成大事业大学问者，必经过三种之境界．“昨夜西风凋碧树，独上高楼，望尽天涯路”，此第一境界也．“衣带渐宽终不悔，为伊消得人憔悴”，此第二境界也．“众里寻她千百度，蓦然回首，那人却在灯火阑珊处”，此第三境界也．

——王国维

定积分的概念是从实践中抽象出来的，是一种“和式的极限”，而本章所讲的重积分也来源于实践，是定积分的推广，其中所利用的数学思想与定积分一样，也是一种“和式的极限”，它们之间存在着密切的内在联系，研究方法有很大的相似性，重积分的计算也要通过定积分来实现．不同的是，定积分是积分范围为区间上的一元函数积分，而重积分是积分范围为平面或空间中区域的多元函数积分．

9.1 二重积分的概念与性质

9.1.1 二重积分的概念

引例 9.1 几何问题——求曲顶柱体的体积．

设有一空间几何体 Ω，它的底是 xOy 面上的有界区域 D，它的侧面是以 D 的边界曲线为准线而母线平行于 z 轴的柱面，它的顶是曲面 $z=f(x,y)$，这样的几何体称为**曲顶柱体**(图 9.1)，其中，$f(x,y)$在 D 上连续且 $f(x,y)\geqslant 0$．下面来讨论如何计算曲顶柱体 Ω 的体积．

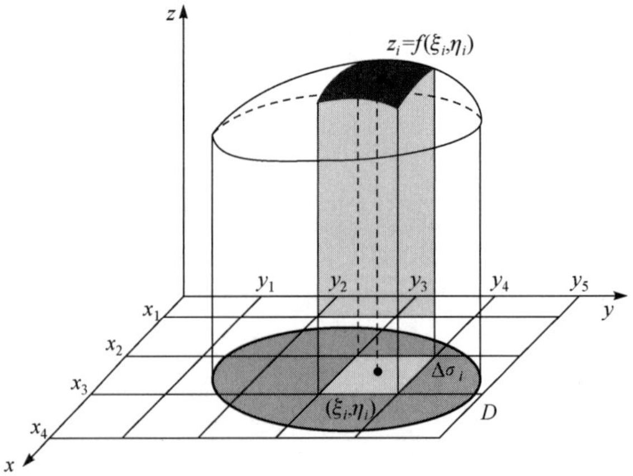

图 9.1

平顶柱体的体积可由简单的公式来计算. 关于曲顶柱体,可以利用类似于第 5 章中求曲边梯形面积所采用的解决办法来解决问题. 曲顶柱体的体积 V 可以如下来计算.

(1) **分割** 用任意一组直线网或曲线网将区域 D 分成 n 个小闭区域

$$\Delta\sigma_1, \Delta\sigma_2, \cdots, \Delta\sigma_n$$

分别以这些小区域的边界曲线为准线,作母线平行于 z 轴的柱面,这些柱面将原来的曲顶柱体 Ω 划分成 n 个小曲顶柱体 $\Delta\Omega_1, \Delta\Omega_2, \cdots, \Delta\Omega_n$(图 9.1). 假设 $\Delta\sigma_i$ 所对应的小曲顶柱体为 $\Delta\Omega_i$,其中,$\Delta\sigma_i(i=1,2,\cdots,n)$同时也表示它的面积值,$\Delta\Omega_i(i=1,2,\cdots,n)$ 同时也代表它的体积值,从而 $V=\sum\limits_{i=1}^{n}\Delta\Omega_i$.

(2) **近似** 当 $\Delta\sigma_i(i=1,2,\cdots,n)$直径很小时,由于 $f(x,y)$连续,对每个小曲顶柱体其高度的变化很小,此时可用平顶柱体的体积近似代替小曲顶柱体的体积,在 $\Delta\sigma_i$ 上任取一点(ξ_i,η_i),以 $f(\xi_i,\eta_i)$为高而底为 $\Delta\sigma_i$ 的小平顶柱体的体积为 $f(\xi_i,\eta_i)\cdot\Delta\sigma_i$,于是

$$\Delta\Omega_i \approx f(\xi_i,\eta_i)\cdot\Delta\sigma_i(i=1,2,\cdots,n).$$

(3) **求和** 把这些小平顶柱体的体积加起来,就得到曲顶柱体体积 V 的近似值

$$V=\sum_{i=1}^{n}\Delta\Omega_i \approx \sum_{i=1}^{n} f(\xi_i,\eta_i)\Delta\sigma_i.$$

(4) **取极限** 当直线网或曲线网的网眼越来越细密,即令 n 个小闭区域的直径中的最大值(记作 λ)趋于零,取上述和式的极限,所得的极限自然为所求的曲顶柱体的体积,即

$$V=\lim_{\substack{n\to\infty \\ (\lambda\to 0)}}\sum_{i=1}^{n} f(\xi_i,\eta_i)\Delta\sigma_i.$$

引例 9.2 物理问题——求密度分布不均匀的平面薄片质量.

设有一平面薄片占有 xOy 面上的区域 D(图 9.2),它在(x,y)处的面密度函数为 $\rho(x,y)$,其中,$\rho(x,y)\geqslant 0$ 且 $\rho(x,y)$在 D 上连续,现计算该平面薄片的质量 M.

引例 9.1 中的处理曲顶柱体体积问题的方法完全适用于该问题.

将 D 分成 n 个小区域 $\Delta\sigma_1, \Delta\sigma_2, \cdots, \Delta\sigma_n$,用 λ_i 记 $\Delta\sigma_i$ 的直径,$\Delta\sigma_i$ 既代表第 i 个小区域又代表它的面积.

当 $\lambda=\max\limits_{1\leqslant i\leqslant n}\{\lambda_i\}$ 很小时,由于 $\rho(x,y)$ 连续,每小片区域的质量可近似地看作是均匀的,那么第 i 小块区域的质量可近似取为

$$\rho(\xi_i,\eta_i)\Delta\sigma_i,\ \forall(\xi_i,\eta_i)\in\Delta\sigma_i,$$

于是

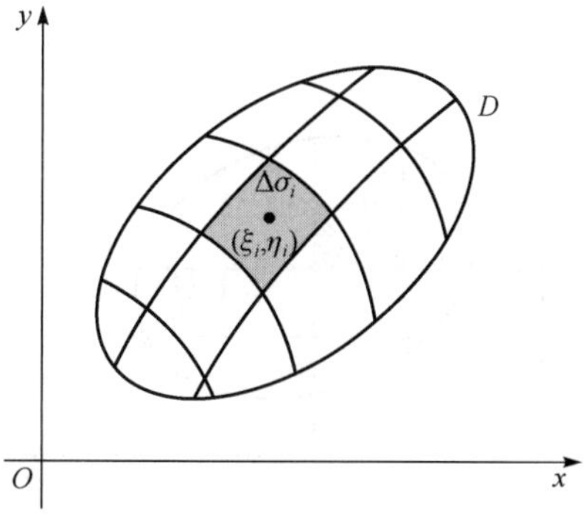

图 9.2

$$M \approx \sum_{i=1}^{n} \rho(\xi_i, \eta_i)\Delta\sigma_i,$$

$$M = \lim_{\lambda \to 0}\sum_{i=1}^{n} \rho(\xi_i, \eta_i)\Delta\sigma_i.$$

上述两个问题,实际意义完全不同,但最终都归结为同一形式的和式极限. 而这类问题在物理学与工程技术中也经常会遇到,如非均匀平面的重心、转动惯量等. 这些都是所要讨论的二重积分的实际背景. 下面给出一般函数 $f(x,y)$的二重积分的定义.

定义 9.1 设 $f(x,y)$是闭区域 D 上的有界函数, 将区域 D 任意分成 n 个小区域

$$\Delta\sigma_1, \Delta\sigma_2, \cdots, \Delta\sigma_n,$$

其中,$\Delta\sigma_i$ 表示第i 个小闭区域,也表示它的面积,λ_i 表示它的直径,并令$\lambda = \max\limits_{1\leqslant i\leqslant n}\{\lambda_i\}$. $\forall (\xi_i, \eta_i) \in \Delta\sigma_i$,作乘积 $f(\xi_i, \eta_i) \cdot \Delta\sigma_i (i = 1, 2, \cdots, n)$,并求和式 $\sum\limits_{i=1}^{n} f(\xi_i, \eta_i)\Delta\sigma_i$. 若极限 $\lim\limits_{\lambda\to 0}\sum\limits_{i=1}^{n} f(\xi_i, \eta_i)\Delta\sigma_i$ 存在,则称此极限值为函数 $f(x,y)$在区域D 上的二重积分(double integral),记作$\iint\limits_D f(x,y)\mathrm{d}\sigma$,即

$$\iint\limits_D f(x,y)\mathrm{d}\sigma = \lim_{\lambda\to 0}\sum_{i=1}^{n} f(\xi_i, \eta_i)\Delta\sigma_i,$$

其中,$f(x,y)$称为二重积分的**被积函数**(integrand), x,y 称为**积分变量**(variable of integration),D 称为**积分区域**(range of integration),$\mathrm{d}\sigma$ 称为**面积元素**(area element),$f(x,y)\mathrm{d}\sigma$ 称为**被积表达式**(expression integrand).

注 (1) (二重积分的存在性定理)若 $f(x,y)$在闭区域 D 上连续, 则 $f(x,y)$在 D 上的二重积分存在.

(2) $\iint\limits_D f(x,y)\mathrm{d}\sigma$ 中的面积元素 $\mathrm{d}\sigma$ 象征着积分和式中的 $\Delta\sigma_i$.

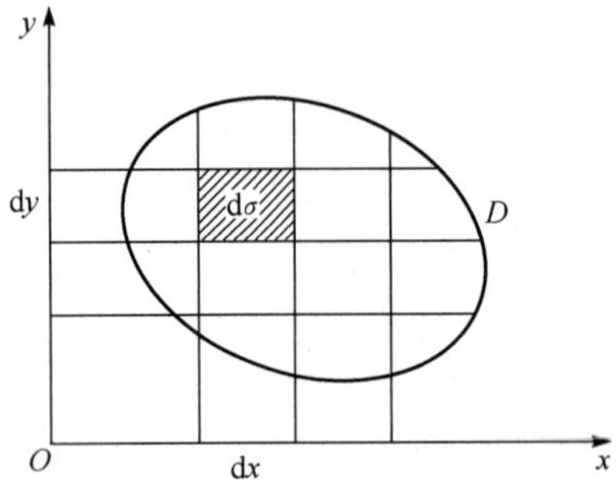

图 9.3

由于二重积分的定义对区域 D 的任意分割都存在,如果用一组平行于坐标轴的直线来划分区域 D(图 9.3),那么除了靠近边界曲线的一些小区域之外,绝大多数的小区域都是矩形,因此,可以将 $\mathrm{d}\sigma$ 记作 $\mathrm{d}x\mathrm{d}y$(并称 $\mathrm{d}x\mathrm{d}y$ 为直角坐标系下的面积元素),此时二重积分即可表示为$\iint\limits_D f(x,y)\mathrm{d}x\mathrm{d}y$.

(3) 几何意义: $\iint\limits_D f(x,y)\mathrm{d}x\mathrm{d}y$ 表示以

$f(x,y)$为曲顶,以 D 为底的曲顶柱体的体积代数和,即当 $f(x,y)\geqslant 0$ 时,二重积分表示柱体的体积;当 $f(x,y)\leqslant 0$ 时,二重积分表示柱体的体积的负值;当 $f(x,y)$ 在 D 的若干部分区域上是正的,而在其他部分是负的时,把 xOy 面上方的柱体体积取成正值,把 xOy 面下方的柱体体积取成负值,此时二重积分表示这些正值和负值的和.

例 1 利用几何意义求二重积分$\iint\limits_D \sqrt{R^2-x^2-y^2}\mathrm{d}\sigma$,其中,$D:x^2+y^2\leqslant R^2$.

解 因为 $f(x,y)=\sqrt{R^2-x^2-y^2}\geqslant 0$,所以$\iint\limits_D \sqrt{R^2-x^2-y^2}\mathrm{d}\sigma$ 等于以 $z=\sqrt{R^2-x^2-y^2}$ 为曲顶,以 $D:x^2+y^2\leqslant R^2$ 为底的上半球体的体积,即

$$\iint\limits_D \sqrt{R^2-x^2-y^2}\mathrm{d}\sigma=\frac{2}{3}\pi R^3.$$

9.1.2 二重积分的性质

通过比较二重积分与定积分的定义可以看到二重积分具有一系列与定积分完全相似的性质,现列举如下.

(1) **线性性质** 若 $f(x,y),g(x,y)$在区域 D 上可积,α,β 为常数,则 $\alpha\cdot f+\beta\cdot g$ 在区域 D 上也可积,且

$$\iint\limits_D[\alpha f(x,y)+\beta g(x,y)]\mathrm{d}x\mathrm{d}y=\alpha\iint\limits_D f(x,y)\mathrm{d}x\mathrm{d}y+\beta\iint\limits_D g(x,y)\mathrm{d}x\mathrm{d}y.$$

(2) **积分区域的可加性** 若 $f(x,y)$在区域 D_1,D_2 上都可积且 D_1,D_2 无公共内点,则 $f(x,y)$在区域 $D=D_1\cup D_2$ 上可积,且

$$\iint\limits_D f(x,y)\mathrm{d}x\mathrm{d}y=\iint\limits_{D_1} f(x,y)\mathrm{d}x\mathrm{d}y+\iint\limits_{D_2} f(x,y)\mathrm{d}x\mathrm{d}y.$$

(3) 如果在 D 上 $f(x,y)\equiv 1$,σ 为区域 D 的面积,则

$$\sigma=\iint\limits_D 1\mathrm{d}x\mathrm{d}y=\iint\limits_D \mathrm{d}x\mathrm{d}y.$$

在几何意义上表示高为 1 的平顶柱体的体积在数值上等于积分区域的面积. 因此,可利用二重积分计算平面图形的面积,并且比定积分能计算的平面图形更广泛.

(4) **保序性** 若 $f(x,y),g(x,y)$在区域 D 上可积,且

$$f(x,y)\leqslant g(x,y),\quad (x,y)\in D,$$

则有不等式

$$\iint\limits_D f(x,y)\mathrm{d}x\mathrm{d}y\leqslant\iint\limits_D g(x,y)\mathrm{d}x\mathrm{d}y.$$

特别地,由于 $-|f(x,y)|\leqslant f(x,y)\leqslant|f(x,y)|$,则有

$$\left|\iint\limits_D f(x,y)\mathrm{d}x\mathrm{d}y\right|\leqslant\iint\limits_D|f(x,y)|\mathrm{d}x\mathrm{d}y.$$

注 若在区域 D 上 $f(x,y)\geqslant 0$，有 $\iint\limits_D f(x,y)\mathrm{d}x\mathrm{d}y\geqslant 0$.

利用积分的保序性，易得下面的估值定理.

(5) **积分估值定理** 设 M 与 m 分别是 $f(x,y)$ 在闭区域 D 上的最大值和最小值，σ 是 D 的面积，则

$$m\sigma\leqslant\iint\limits_D f(x,y)\mathrm{d}x\mathrm{d}y\leqslant M\sigma.$$

利用积分估值定理以及多元函数的介值定理，可得到下面的二重积分的积分中值定理.

(6) **积分中值定理** 设函数 $f(x,y)$ 在闭区域 D 上连续，σ 是 D 的面积，则在 D 上至少存在一点 (ξ,η)，使得

$$\iint\limits_D f(x,y)\mathrm{d}x\mathrm{d}y=f(\xi,\eta)\cdot\sigma.$$

例 2 比较二重积分 $\iint\limits_D (x+y)^2\mathrm{d}x\mathrm{d}y$ 与 $\iint\limits_D (x+y)^3\mathrm{d}x\mathrm{d}y$ 的大小，其中，区域 D 是由 x 轴、y 轴及 $x+y=1$ 所围成.

解 在积分区域 D 上，有 $0\leqslant x+y\leqslant 1$，从而成立

$$(x+y)^2\geqslant(x+y)^3,$$

由积分的保序性可得

$$\iint\limits_D (x+y)^2\mathrm{d}x\mathrm{d}y\geqslant\iint\limits_D (x+y)^3\mathrm{d}x\mathrm{d}y.$$

例 3 估计二重积分 $\iint\limits_D (x^2+4y^2+9)\mathrm{d}x\mathrm{d}y$ 的值，其中，D 是圆域 $x^2+y^2\leqslant 4$.

解 只需要求出被积函数 $f(x,y)=x^2+4y^2+9$ 在区域 D 上的最值. 由方程组

$$\begin{cases}f_x(x,y)=2x=0,\\ f_y(x,y)=8y=0\end{cases}$$

可得驻点 $(0,0)$ 且 $f(0,0)=9$.

另外，在 D 的边界上，由于 $f(x,y)=x^2+4(4-x^2)+9=25-3x^2(-2\leqslant x\leqslant 2)$，于是可知 $13\leqslant f(x,y)\leqslant 25$. 由此知 $f_{\min}(x,y)=9$，$f_{\max}(x,y)=25$，从而

$$36\pi\leqslant\iint\limits_D (x^2+4y^2+9)\mathrm{d}x\mathrm{d}y\leqslant 100\pi.$$

例 4 求极限 $\lim\limits_{r\to 0}\dfrac{1}{\pi r^2}\iint\limits_D f(x,y)\mathrm{d}\sigma$，其中，$f(x,y)$ 为 $D:x^2+y^2\leqslant r^2$ 上的连续函数.

解 因为 $f(x,y)$ 在 D 上连续，所以由积分中值定理知存在一点 $(\xi,\eta)\in D$，使得

$$\iint\limits_{D} f(x,y)\mathrm{d}\sigma = \pi r^2 f(\xi,\eta).$$

所以

$$\lim_{r\to 0}\frac{1}{\pi r^2}\iint\limits_{D} f(x,y)\mathrm{d}\sigma = \lim_{r\to 0}\frac{1}{\pi r^2}\pi r^2 f(\xi,\eta) = f(0,0).$$

习　题　9.1

1. 比较二重积分与定积分的定义,并利用二重积分的定义证明:

$$\iint\limits_{D} f(x,y)\mathrm{d}x\mathrm{d}y = \iint\limits_{D_1} f(x,y)\mathrm{d}x\mathrm{d}y + \iint\limits_{D_2} f(x,y)\mathrm{d}x\mathrm{d}y,$$

其中,$D = D_1 \cup D_2$ 且 D_1, D_2 无公共内点.

2. 根据二重积分的性质,比较下列积分的大小:

(1) $\iint\limits_{D}(x+y)^2\mathrm{d}x\mathrm{d}y$ 与 $\iint\limits_{D}(x+y)^3\mathrm{d}x\mathrm{d}y$,其中,区域 D 是由圆周 $(x-2)^2+(y-2)^2=2$ 所围成;

(2) $\iint\limits_{D}\ln(x+y)\mathrm{d}x\mathrm{d}y$ 与 $\iint\limits_{D}\ln^2(x+y)\mathrm{d}x\mathrm{d}y$,其中,区域 $D=[3,5]\times[0,1]$.

3. 估计下列各二重积分的值:

(1) $\iint\limits_{D}\sin^2 x\sin^2 y\mathrm{d}x\mathrm{d}y$,其中,区域 $D=[0,\pi]\times[0,\pi]$;

(2) $\iint\limits_{D}(x+y+1)\mathrm{d}x\mathrm{d}y$,其中,区域 $D=[0,1]\times[0,2]$.

4. 利用几何意义求二重积分 $\iint\limits_{D}(1-x-y)\mathrm{d}\sigma$ 的值,其中,D 是由直线 $x=0, y=0$ 及 $x+y=1$ 所围成.

5. 求极限 $\lim\limits_{r\to 0}\dfrac{1}{\pi r^2}\iint\limits_{D}\mathrm{e}^{-(x^2+y^2)}\mathrm{d}\sigma$,其中,$D: x^2+y^2\leqslant r^2$.

9.2 直角坐标系下二重积分的计算

利用二重积分的定义来计算二重积分对被积函数和积分区域的要求较高,很有局限性. 本节和 9.3 节将讨论对一般的被积函数和积分区域,如何将二重积分的计算通过化成对两个定积分的计算(即二次积分或累次积分)来实现.

9.2.1 积分区域的类型

对积分区域的讨论是二重积分计算的关键,对于一般的积分区域,通常可以分解为如下两种类型的区域来进行讨论.

称平面区域

$$D=\{(x,y)\,|\,a\leqslant x\leqslant b, \varphi_1(x)\leqslant y\leqslant \varphi_2(x)\}$$

为 X 型区域(图 9.4(a),图 9.4(b));称平面区域

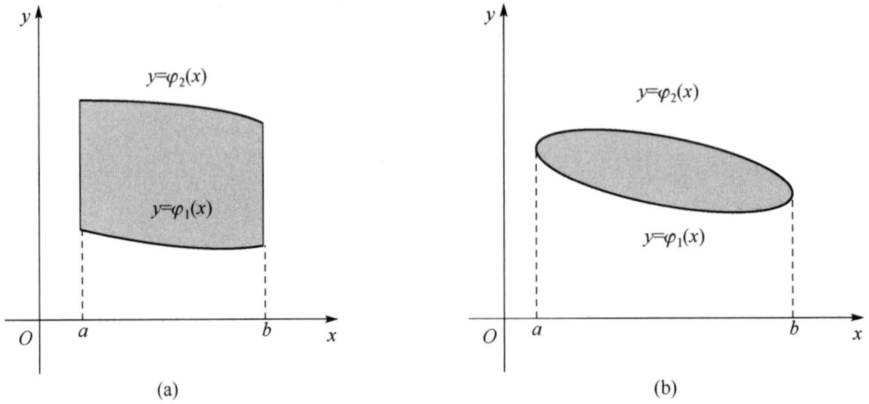

图 9.4

$$D=\{(x,y)\mid c\leqslant y\leqslant d,\psi_1(y)\leqslant x\leqslant\psi_2(y)\}$$

为 Y 型区域(图 9.5(a),图 9.5(b)).

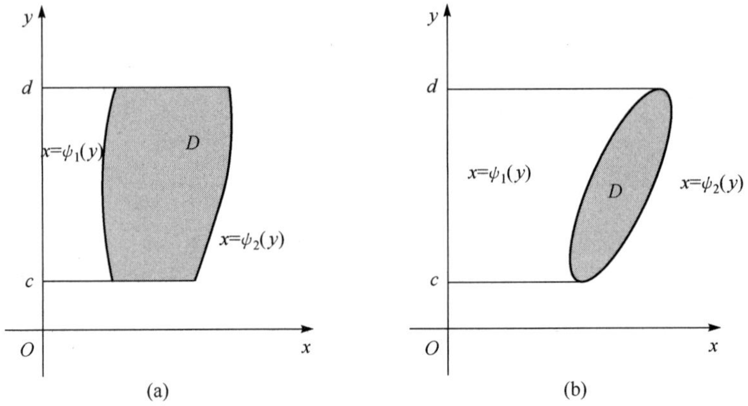

图 9.5

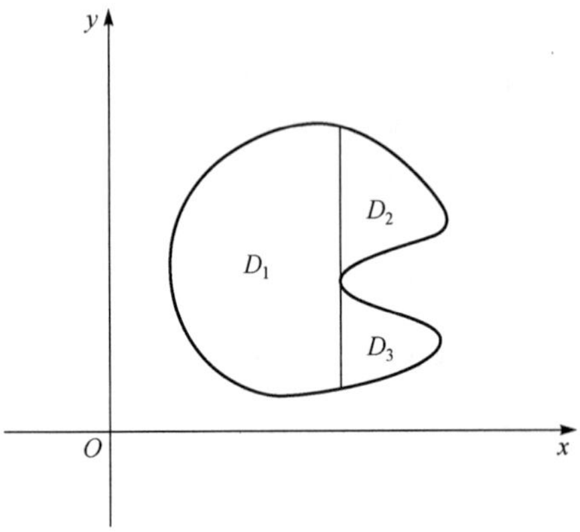

图 9.6

注 (1) 区域特征:当 D 为 X 型区域时,垂直于 x 轴的直线 $x=x_0\,(a<x_0<b)$ 至多与区域 D 的边界交于两点;当 D 为 Y 型区域时,垂直于 y 轴的直线 $y=y_0\,(c<y_0<d)$ 至多与区域 D 的边界交于两点.

(2) 如果积分区域 D 既不是 X 型区域也不是 Y 型区域,D 可以分解成有限块 X 型区域或 Y 型区域. 根据二重积分的积分区域可加性,只需要解决 X 型区域或 Y 型区域上二重积分的计算问题即可(如图 9.6 所示的区域 D 可分解成三个 X 型区域或 Y 型区域

D_1, D_2, D_3).

9.2.2 二重积分的计算

先假定积分区域D是X型区域且$f(x,y)\geqslant 0$,根据二重积分的几何意义可以知道$\iint\limits_D f(x,y)\mathrm{d}x\mathrm{d}y$的值等于以积分区域$D$为底,以曲面$z=f(x,y)$为顶的曲顶柱体的体积;而此曲顶柱体的体积又可以利用**"平行截面面积为已知的立体的体积"**的计算方法来计算.

下面计算平行截面的面积. 为此,在区间$[a,b]$上任意取定一个点x_0,过该点作平行于yOz面的平面$x=x_0$,这张平面截曲顶柱体所得的截面是一个以区间$[\varphi_1(x_0),\varphi_2(x_0)]$为底,以曲线$z=f(x_0,y)$为曲边的曲边梯形(图 9.7),其面积为

$$A(x_0)=\int_{\varphi_1(x_0)}^{\varphi_2(x_0)} f(x_0,y)\mathrm{d}y,$$

由x_0在$[a,b]$上的任意性可知,过区间$[a,b]$上任一点x且平行于yOz面的平面截曲顶柱体所得截面的面积为

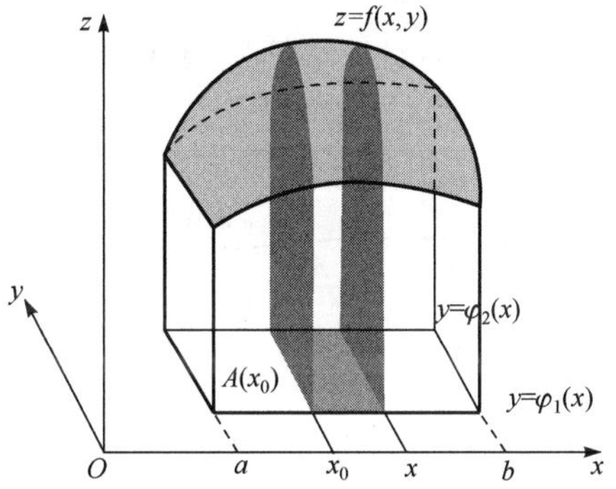

图 9.7

$$A(x)=\int_{\varphi_1(x)}^{\varphi_2(x)} f(x,y)\mathrm{d}y,\quad x\in[a,b].$$

利用计算平行截面面积为已知的立体体积的计算公式,该曲顶柱体的体积为

$$V=\int_a^b A(x)\mathrm{d}x=\int_a^b\left[\int_{\varphi_1(x)}^{\varphi_2(x)} f(x,y)\mathrm{d}y\right]\mathrm{d}x.$$

从而有

$$\iint\limits_D f(x,y)\mathrm{d}x\mathrm{d}y=\int_a^b\left[\int_{\varphi_1(x)}^{\varphi_2(x)} f(x,y)\mathrm{d}y\right]\mathrm{d}x \tag{9.1}$$

式(9.1)右端的积分称为先对y后对x的二次积分,即先把x看作常数,把$f(x,y)$只看作y的函数,对$f(x,y)$在$[\varphi_1(x),\varphi_2(x)]$上求定积分,然后把所得的结果($x$的函数)再对$x$在$[a,b]$计算定积分. 而二次积分$\int_a^b\left[\int_{\varphi_1(x)}^{\varphi_2(x)} f(x,y)\mathrm{d}y\right]\mathrm{d}x$习惯上记为$\int_a^b\mathrm{d}x\int_{\varphi_1(x)}^{\varphi_2(x)} f(x,y)\mathrm{d}y$,因此,式(9.1)又可写成

$$\iint\limits_D f(x,y)\mathrm{d}x\mathrm{d}y=\int_a^b\mathrm{d}x\int_{\varphi_1(x)}^{\varphi_2(x)} f(x,y)\mathrm{d}y. \tag{9.2}$$

注 在上述讨论中,假定了$f(x,y)\geqslant 0$. 但在实际应用上,式(9.2)并不受此条件限制,即对一般的$f(x,y)$(只要在D上连续即可),式(9.2)总是成立的.

类似地,如果积分区域D为Y型区域,即$D\{(x,y)\mid c\leqslant y\leqslant d,\psi_1(y)\leqslant x\leqslant$

$\psi_2(y)\}$，则有

$$\iint_D f(x,y)\mathrm{d}x\mathrm{d}y=\int_c^d\mathrm{d}y\int_{\psi_1(y)}^{\psi_2(y)}f(x,y)\mathrm{d}x. \tag{9.3}$$

这就是把二重积分化为先对 x 后对 y 的二次积分来计算.

如果区域 D 既是 X 型区域又是 Y 型区域，即 $D=\{(x,y)\mid a\leqslant x\leqslant b,\varphi_1(x)\leqslant y\leqslant\varphi_2(x)\}$ 或 $D=\{(x,y)\mid c\leqslant y\leqslant d,\psi_1(x)\leqslant y\leqslant\psi_2(x)\}$，则有

$$\iint_D f(x,y)\mathrm{d}x\mathrm{d}y=\int_a^b\mathrm{d}x\int_{\varphi_1(x)}^{\varphi_2(x)}f(x,y)\mathrm{d}y=\int_c^d\mathrm{d}y\int_{\psi_1(y)}^{\psi_2(y)}f(x,y)\mathrm{d}x.$$

上式表明，在具体计算二重积分时，理论上两种二次积分均可，但为了二重积分能够计算出来或者计算得简单，要根据情况选择合适的积分次序，即合适的二次积分.

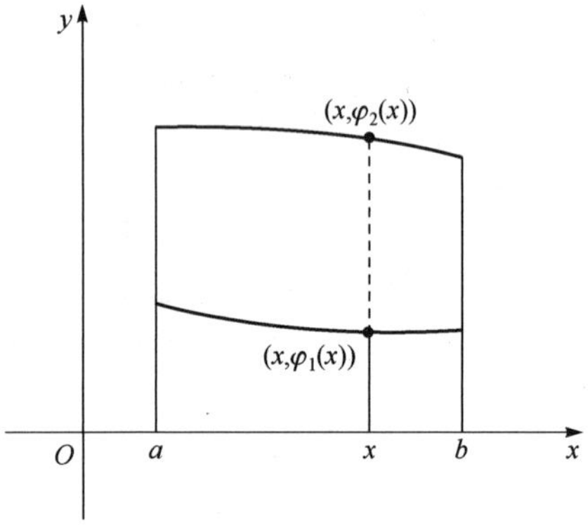

图 9.8

将二重积分转化为二次积分的关键是确定两个定积分的积分限，而积分限是由积分区域确定的，因此，先画出积分区域的图形，对于确定二次积分的积分限非常关键，下面以 X 型区域为例来说明(图 9.8).

在$[a,b]$上任取一点 x，过 x 作平行于 y 轴的直线，该直线穿过区域 D，与区域 D 的边界有两个交点$(x,\varphi_1(x))$与$(x,\varphi_2(x))$，其中，$\varphi_1(x)$**(下曲线)**和 $\varphi_2(x)$**(上曲线)**就是将 x 看作常数而对 y 积分时的下限和上限. 又因 x 是在区间$[a,b]$上任意取的，所以再将 x 看作变量而对 x 积分时，积分的下限为 a，上限为 b.

例 1 计算 $\iint_D\dfrac{x}{1+y^2}\mathrm{d}x\mathrm{d}y$，其中，$D=[1,2]\times[0,1]$.

解 $\iint_D\dfrac{x}{1+y^2}\mathrm{d}x\mathrm{d}y=\int_1^2 x\mathrm{d}x\cdot\int_0^1\dfrac{1}{1+y^2}\mathrm{d}y=\dfrac{3\pi}{8}.$

注 若 $f(x,y)=f_1(x)\cdot f_2(y)$，而积分区域 D 为 $a\leqslant x\leqslant b,c\leqslant y\leqslant d$，则

$$\iint_D f(x,y)\mathrm{d}x\mathrm{d}y=\left[\int_a^b f_1(x)\mathrm{d}x\right]\cdot\left[\int_c^d f_2(y)\mathrm{d}y\right].$$

例 2 计算 $\iint_D(x^2+y^2)\mathrm{d}x\mathrm{d}y$，其中，$D$ 是由抛物线 $y=x^2$、$x=1$ 及 $y=0$ 所围成的区域.

解 方法一 画出积分区域 D 的图形(图 9.9).

积分区域 D 为 X 型区域，D 上的点的横坐标的变化范围是区间$[0,1]$. 在区间$[0,1]$上任意选定一个 x 值，过$(x,0)$作平行于 y 轴的直线，沿 y 轴正方向看，该直线与边界的第一个交点的纵坐标为 0(关于 y 积分的下限)，第二个交点的纵坐标为 x^2(关于 y 积分的上限). 于是

$$\iint_D (x^2+y^2)\mathrm{d}x\mathrm{d}y = \int_0^1 \mathrm{d}x\int_0^{x^2}(x^2+y^2)\mathrm{d}y$$
$$=\int_0^1\left(x^4+\frac{x^6}{3}\right)\mathrm{d}x=\frac{26}{105}.$$

方法二 积分区域 D 又为 Y 型区域，D 上的点的纵坐标的变化范围是区间 $[0,1]$. 在区间 $[0,1]$ 上任意选定一个 y 值，过 $(0,y)$ 作平行于 x 轴的直线，沿 x 轴正方向看，该直线与边界的第一个交点的横坐标为 $\sqrt{y}$（关于 x 积分的下限），第二个交点的横坐标为 1（关于 x 积分的上限）. 于是

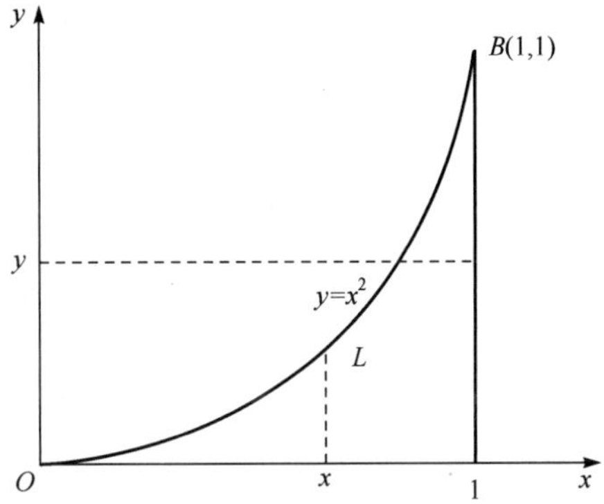

图 9.9

$$\iint_D (x^2+y^2)\mathrm{d}x\mathrm{d}y=\int_0^1\mathrm{d}y\int_{\sqrt{y}}^1(x^2+y^2)\mathrm{d}x=\int_0^1\left(\frac{1}{3}+y^2-\frac{y^{\frac{3}{2}}}{3}-y^{\frac{5}{2}}\right)\mathrm{d}y=\frac{26}{105}.$$

例 3 计算 $\iint\limits_D xy\,\mathrm{d}x\mathrm{d}y$，其中，$D$ 是由抛物线 $y^2=x$ 及直线 $y=x-2$ 所围成的闭区域.

解 画出积分区域 D（图 9.10）.

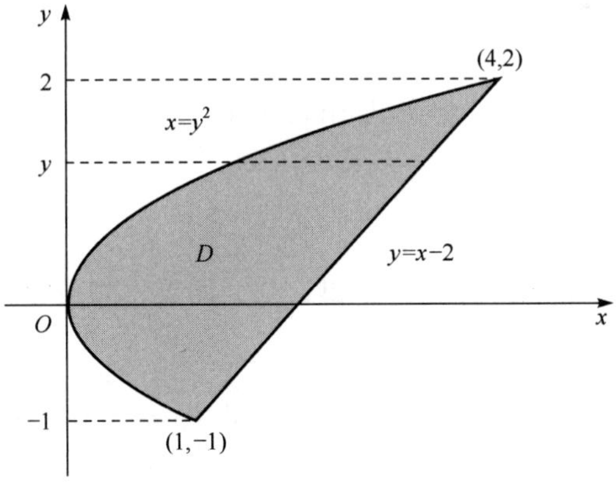

图 9.10

积分区域 D 既为 X 型区域又为 Y 型区域. 如果将积分区域 D 视为 Y 型区域，则 $D=\{(x,y)\mid -1\leqslant y\leqslant 2, y^2\leqslant x\leqslant y+2\}$，从而

$$\iint_D xy\,\mathrm{d}x\mathrm{d}y=\int_{-1}^2\mathrm{d}y\int_{y^2}^{y+2}xy\,\mathrm{d}x=\frac{1}{2}\int_{-1}^2[y(y+2)^2-y^5]\mathrm{d}y=5\,\frac{5}{8}.$$

若把积分区域 D 视为 X 型区域，则由于当 $x\in[0,1]$ 时，"穿入"曲线 $\varphi_1(x)=-\sqrt{x}$，当 $x\in[1,4]$ 时，"穿入"曲线 $\varphi_1(x)=x-2$，所以要用经过点 $(1,-1)$

且平行于 y 轴的直线 $x=1$ 把区域 D 分成两个区域 D_1 和 D_2(图 9.11),其中,

$$D_1=\{(x,y)\mid 0\leqslant x\leqslant 1,-\sqrt{x}\leqslant y\leqslant\sqrt{x}\},$$

$$D_2=\{(x,y)\mid 1\leqslant x\leqslant 4,x-2\leqslant y\leqslant\sqrt{x}\},$$

从而利用积分区域的可加性有

$$\iint_D xy\,\mathrm{d}x\mathrm{d}y=\iint_{D_1} xy\,\mathrm{d}x\mathrm{d}y+\iint_{D_2} xy\,\mathrm{d}x\mathrm{d}y$$

$$=\int_0^1\mathrm{d}x\int_{-\sqrt{x}}^{\sqrt{x}}xy\,\mathrm{d}y+\int_1^4\mathrm{d}x\int_{x-2}^{\sqrt{x}}xy\,\mathrm{d}y=5\,\frac{5}{8}.$$

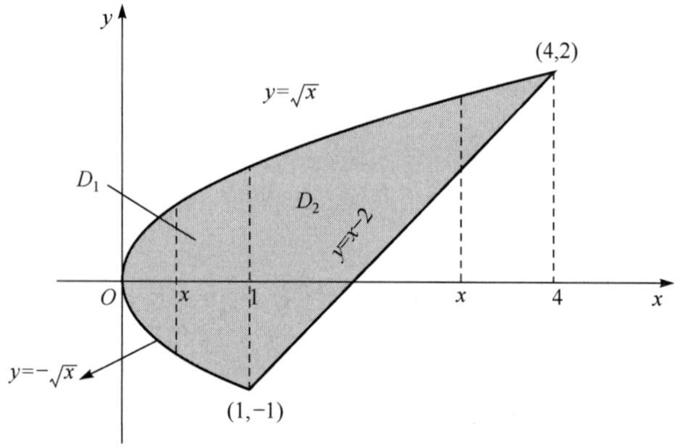

图 9.11

例 4　计算 $\iint_D \mathrm{e}^{-x^2}\mathrm{d}x\mathrm{d}y$,其中,$D$ 是由 $O(0,0)$,$A(1,1)$,$B(1,0)$ 为顶点的三角形区域.

解　画出积分区域 D(图 9.12).

积分区域 D 既为 X 型区域又为 Y 型区域. 如果将积分区域 D 视为 X 型区域,则 $D=\{(x,y)\mid 0\leqslant x\leqslant 1,0\leqslant y\leqslant x\}$,从而

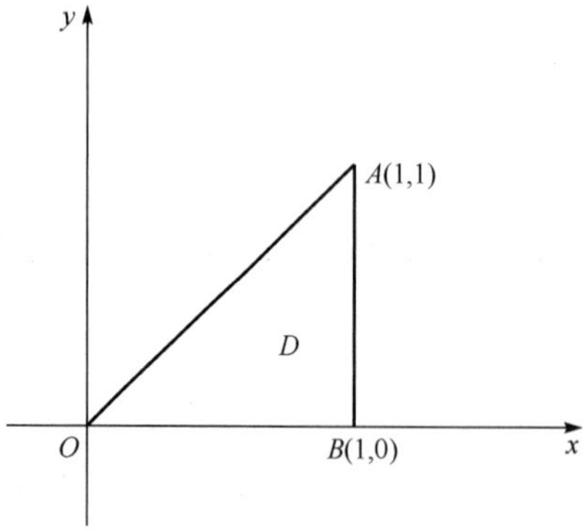

图 9.12

$$\iint_D \mathrm{e}^{-x^2}\mathrm{d}x\mathrm{d}y=\int_0^1\mathrm{d}x\int_0^x\mathrm{e}^{-x^2}\mathrm{d}y=\int_0^1 x\mathrm{e}^{-x^2}\mathrm{d}x$$

$$=\frac{1}{2}(1-\mathrm{e}^{-1}).$$

若把积分区域 D 视为 Y 型区域,则 $D=\{(x,y)\mid 0\leqslant y\leqslant 1,y\leqslant x\leqslant 1\}$,此时

$$\iint_D \mathrm{e}^{-x^2}\mathrm{d}x\mathrm{d}y=\int_0^1\mathrm{d}y\int_y^1\mathrm{e}^{-x^2}\mathrm{d}x,$$

由于 $\int_y^1\mathrm{e}^{-x^2}\mathrm{d}x$ 不能用初等函数来表示,所以按此顺序积分不能计算.

注 通过上面几个例子可以知道在化二重积分为二次积分时,为能够计算出来或计算简单,需要选择恰当的二次积分顺序,既要考虑积分区域的形状,又要考虑被积函数的特性.

例 5 计算 $I=\int_0^1 dx\int_x^{\sqrt{x}} \frac{\sin y}{y}dy$.

分析 本题中的二次积分先对 y 后对 x 积分,由于被积函数$\frac{\sin y}{y}$的原函数不能用初等函数表示,则此种顺序的二次积分是积不出来的,需要交换二次积分的顺序,即先对 x 后对 y 的积分.

解 由所给的二次积分的积分限,画出积分区域 D 的图形(图 9.13).

根据积分区域的形状,按新的积分次序确定积分限 $D=\{(x,y)\mid 0\leqslant y\leqslant 1, y^2\leqslant x\leqslant y\}$,从而

$$\int_0^1 dx\int_x^{\sqrt{x}} \frac{\sin y}{y}dy=\int_0^1 dy\int_{y^2}^{y} \frac{\sin y}{y}dx$$
$$=\int_0^1[\sin y-y\sin y]dy$$
$$=1-\sin 1.$$

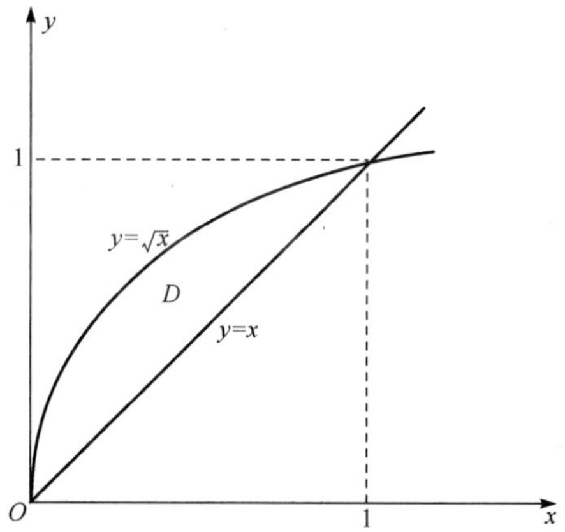

图 9.13

例 6 求两个底圆半径都等于 R 的直角圆柱面所围成立体的体积.

解 设两个圆柱面的方程分别为 $x^2+y^2=R^2$ 及 $x^2+z^2=R^2$,利用立体关于坐标面的对称性,只需要计算第Ⅰ卦限的体积 V_1(图 9.14).

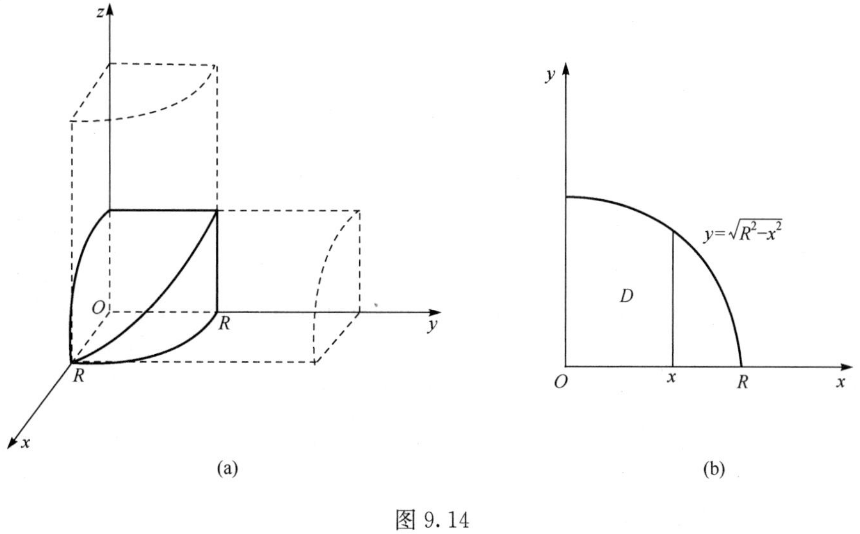

图 9.14

所求立体在第Ⅰ卦限的部分可以看作曲顶柱体，其顶为 $z=\sqrt{R^2-x^2}$，其底为

$$D=\{(x,y)\mid 0\leqslant x\leqslant R,0\leqslant y\leqslant \sqrt{R^2-x^2}\},$$

于是

$$V=8V_1=8\iint_D \sqrt{R^2-x^2}\,\mathrm{d}x\mathrm{d}y=8\int_0^R \mathrm{d}x\int_0^{\sqrt{R^2-x^2}} \sqrt{R^2-x^2}\,\mathrm{d}y$$

$$=8\int_0^R (R^2-x^2)\mathrm{d}x=\frac{16}{3}R^3.$$

9.2.3　利用对称性计算二重积分

与定积分关于原点对称的区间上的奇偶函数的性质类似，对于二重积分的计算，也可以考虑被积函数 $f(x,y)$的奇偶性以及积分区域 D 的对称性. 具体的应用可总结如下：

(1) 积分区域 D 关于 y 轴对称，则

(Ⅰ) 当 $f(-x,y)=-f(x,y),(x,y)\in D$ 时(称 $f(x,y)$关于 x 为奇函数)有

$$\iint_D f(x,y)\mathrm{d}x\mathrm{d}y=0;$$

(Ⅱ) 当 $f(-x,y)=f(x,y),(x,y)\in D$ 时(称 $f(x,y)$关于 x 为偶函数)有

$$\iint_D f(x,y)\mathrm{d}x\mathrm{d}y=2\iint_{D_1} f(x,y)\mathrm{d}x\mathrm{d}y,$$

其中，$D_1=\{(x,y)\mid (x,y)\in D,x\geqslant 0\}$.

(2) 积分区域 D 关于 x 轴对称，则

(Ⅰ) 当 $f(x,-y)=-f(x,y),(x,y)\in D$ 时(称 $f(x,y)$关于 y 为奇函数)有

$$\iint_D f(x,y)\mathrm{d}x\mathrm{d}y=0;$$

(Ⅱ) 当 $f(x,-y)=f(x,y),(x,y)\in D$ 时(称 $f(x,y)$关于 y 为偶函数)有

$$\iint_D f(x,y)\mathrm{d}x\mathrm{d}y=2\iint_{D_2} f(x,y)\mathrm{d}x\mathrm{d}y,$$

其中，$D_2=\{(x,y)\mid (x,y)\in D,y\geqslant 0\}$.

例7　计算$\iint_D y^2[1+x\mathrm{e}^{-(x^2+y^2)}]\mathrm{d}x\mathrm{d}y$，其中，积分区域$D=\{(x,y)\mid x^2+y^2\leqslant R^2\}$.

解　令 $f(x,y)=xy^2\mathrm{e}^{-(x^2+y^2)}$，因为积分区域 D 关于 y 轴对称且 $f(-x,y)=-f(x,y)$，所以$\iint_D xy^2\mathrm{e}^{-(x^2+y^2)}\mathrm{d}x\mathrm{d}y=0$，从而$\iint_D y^2[1+x\mathrm{e}^{-(x^2+y^2)}]\mathrm{d}x\mathrm{d}y=\iint_D y^2\mathrm{d}x\mathrm{d}y$，而 $g(x,y)=y^2$ 关于 y 为偶函数，所以

$$\iint\limits_{D} y^2\mathrm{d}x\mathrm{d}y = 2\iint\limits_{D_2} y^2\mathrm{d}x\mathrm{d}y = 2\int_{-R}^{R}\mathrm{d}x\int_{0}^{\sqrt{R^2-x^2}} y^2\mathrm{d}y = \frac{2}{3}\int_{-R}^{R}(\sqrt{R^2-x^2})^3\mathrm{d}x = \frac{\pi R^4}{4}.$$

习 题 9.2

1. 计算下列二重积分：

(1) $\iint\limits_{D} xy^2\mathrm{d}x\mathrm{d}y$，其中，$D$ 是由抛物线 $y^2=2px$ 与直线 $x=\frac{p}{2}(p>0)$ 所围成的区域；

(2) $\iint\limits_{D}(x^2+y^2)\mathrm{d}x\mathrm{d}y$，其中，$D=\{(x,y)\mid 0\leqslant x\leqslant 1,\sqrt{x}\leqslant y\leqslant 2\sqrt{x}\}$；

(3) $\iint\limits_{D}\sqrt{x}\mathrm{d}x\mathrm{d}y$，其中，$D=\{(x,y)\mid x^2+y^2\leqslant x\}$；

(4) $\iint\limits_{D}(x^2+y^2-x)\mathrm{d}x\mathrm{d}y$，其中，$D$ 是由直线 $y=2$，$y=x$ 及直线 $y=2x$ 所围成的区域；

(5) $\iint\limits_{D} xy^2\mathrm{d}x\mathrm{d}y$，其中，$D$ 是由圆周 $x^2+y^2=4$ 及 y 轴所围成的右半闭区域；

(6) $\iint\limits_{D}\frac{x^2}{y^2}\mathrm{d}\sigma$，其中，$D$ 是由 $y=\frac{1}{x}$，$x=2$，$y=x$ 所围成的区域；

(7) $\int_0^1 x^2\mathrm{d}x\int_x^1 \mathrm{e}^{-y^2}\mathrm{d}y$.

2. 在下列积分中改变累次积分的顺序：

(1) $\int_0^2\mathrm{d}x\int_x^{2x}f(x,y)\mathrm{d}y$；

(2) $\int_{-1}^1\mathrm{d}x\int_{-\sqrt{1-x^2}}^{1-x^2}f(x,y)\mathrm{d}y$；

(3) $\int_0^2\mathrm{d}y\int_{y^2}^{2y}f(x,y)\mathrm{d}x$；

(4) $\int_1^e\mathrm{d}x\int_0^{\ln x}f(x,y)\mathrm{d}y$；

(5) $\int_0^1\mathrm{d}x\int_0^{x^2}f(x,y)\mathrm{d}y+\int_1^3\mathrm{d}x\int_0^{\frac{1}{2}(3-x)}f(x,y)\mathrm{d}y$.

3. 设 $f(x)$在$[a,b]$上连续，证明不等式

$$\left[\int_a^b f(x)\mathrm{d}x\right]^2\leqslant(b-a)\int_a^b f^2(x)\mathrm{d}x,$$

其中，等式仅在 $f(x)$为常函数时成立.

4. 设 $f(x,y)$在 D 上连续，其中，D 是由直线 $y=x$，$y=a$ 及 $x=b(b>a)$所围成的闭区域，证明

$$\int_a^b\mathrm{d}x\int_a^x f(x,y)\mathrm{d}y=\int_a^b\mathrm{d}y\int_y^b f(x,y)\mathrm{d}x.$$

5. 求由曲线$(x-y)^2+x^2=a^2(a>0)$所围平面围形的面积.

6. 求由曲面 $z=x^2+2y^2$ 及 $z=6-2x^2-y^2$ 所围成立体的体积.

7. 求由平面 $x=0$，$y=0$，$x+y=1$ 所围成的柱体被平面 $z=0$ 及抛物面 Σ 截得的立体的体积，其中，Σ 的方程为 $x^2+y^2=6-z$.

8. 计算$\iint\limits_{D} y[1+xf(x^2+y^2)]\mathrm{d}x\mathrm{d}y$，其中，积分区域 D 由曲线 $y=x^2$ 与 $y=1$ 所围成.

9.3　二重积分的极坐标计算和换元法

在二重积分中，有时积分区域 D 为圆域或圆域的一部分，或者被积函数的形式为 $f(x^2+y^2)$ 或 $f\left(\dfrac{y}{x}\right)$，此时采用极坐标变换(polar coordinates transformation)

$$T:\begin{cases}x=r\cos\theta,\\ y=r\sin\theta,\end{cases}\quad 0\leqslant r\leqslant+\infty,0\leqslant\theta\leqslant 2\pi,$$

往往能够简化积分区域的表示或被积函数的形式，则应考虑用极坐标来计算二重积分. 本节将讨论在极坐标系下，二重积分 $\iint\limits_D f(x,y)\mathrm{d}\sigma$ 的计算问题.

9.3.1　利用极坐标计算二重积分

首先假定区域 D 的边界与过极点的射线相交不多于两点，并且函数 $f(x,y)$ 在 D 上连续. 在极坐标系中，用一族同心圆 $r=$常数与一族过极点的射线 $\theta=$常数来分割区域 D，得到若干小块 σ_i(图 9.15)，其直径的最大值为 λ，则

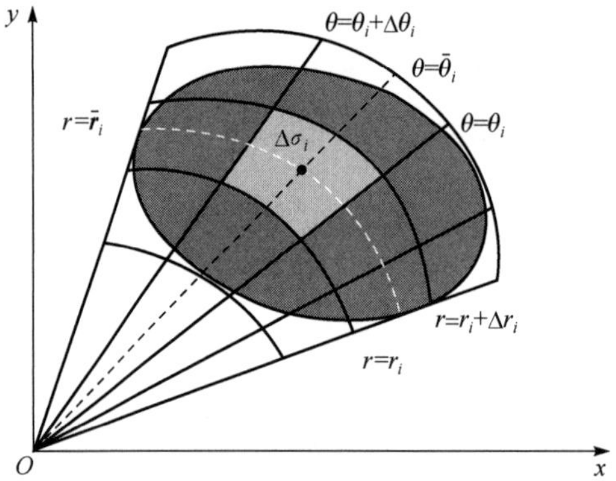

图 9.15

$$\begin{aligned}\Delta\sigma_i&=\frac{1}{2}(r_i+\Delta r_i)^2\cdot\Delta\theta_i-\frac{1}{2}r_i^2\Delta\theta_i\\&=\left(r_i+\frac{1}{2}\Delta r_i\right)\Delta r_i\cdot\Delta\theta_i,\end{aligned}$$

当 Δr_i 与 $\Delta\theta_i$ 充分小时，$\Delta\sigma_i\approx r_i\cdot\Delta r_i\cdot\Delta\theta_i$，在小块 σ_i 上取圆周 r_i 上一点 (r_i,θ_i)，设其直角坐标为 (ξ_i,η_i)，则 $\xi_i=r_i\cdot\cos\theta_i$，$\eta_i=r_i\cdot\sin\theta_i$，于是

$$\begin{aligned}&\lim_{\lambda\to 0}\sum_{i=1}^{n}f(\xi_i,\eta_i)\Delta\sigma_i\\&=\lim_{\lambda\to 0}\sum_{i=1}^{n}f(r_i\cos\theta_i,r_i\sin\theta_i)r_i\Delta r_i\Delta\theta_i,\end{aligned}$$

从而得到在直角坐标系与极坐标系下二重积分的转换公式

$$\iint\limits_D f(x,y)\mathrm{d}x\mathrm{d}y=\iint\limits_D f(r\cos\theta,r\sin\theta)r\mathrm{d}r\mathrm{d}\theta,$$

其中，$r\mathrm{d}r\mathrm{d}\theta$ 称为极坐标系下的面积元素.

注　(1) 要把二重积分由直角坐标变换为极坐标，需要把被积函数中的 x,y 分别换成 $r\cos\theta, r\sin\theta$，并把直角坐标系中的面积元素 $\mathrm{d}x\mathrm{d}y$ 换成极坐标系中的面积元素 $r\mathrm{d}r\mathrm{d}\theta$；

(2) 闭区域 D 的面积 σ 可以表示为

$$\sigma=\iint\limits_{D}\mathrm{d}x\mathrm{d}y=\iint\limits_{D}r\,\mathrm{d}r\mathrm{d}\theta.$$

极坐标系中的二重积分仍需化为二次积分来计算. 下面讨论如何根据区域 D 的特征来化二次积分.

类型Ⅰ　积分区域 $D=\{(r,\theta)\mid\alpha\leqslant\theta\leqslant\beta,\varphi_1(\theta)\leqslant r\leqslant\varphi_2(\theta)\}$，其中，函数 $\varphi_1(\theta)$，$\varphi_2(\theta)$在$[\alpha,\beta]$上连续，极点 O 在区域 D 之外(图 9.16)，则

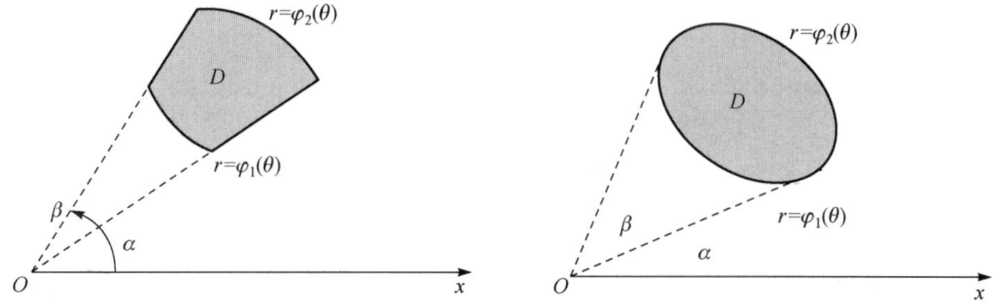

图 9.16

$$\iint\limits_{D}f(r\cos\theta,r\sin\theta)r\mathrm{d}r\mathrm{d}\theta=\int_{\alpha}^{\beta}\mathrm{d}\theta\int_{\varphi_1(\theta)}^{\varphi_2(\theta)}f(r\cos\theta,r\sin\theta)r\mathrm{d}r.$$

注　具体计算时，关于 r 的积分限可按如下方式确定：从极点出发引出的介于射线 $\theta=\alpha$ 与 $\theta=\beta$ 之间的任意射线穿透区域，则穿入点与穿出点的极径 $\varphi_1(\theta)$，$\varphi_2(\theta)$即为上限与下限.

类型Ⅱ　积分区域 $D=\{(r,\theta)\mid\alpha\leqslant\theta\leqslant\beta,0\leqslant r\leqslant\varphi(\theta)\}$，其中，函数 $\varphi(\theta)$ 在$[\alpha,\beta]$上连续，极点 O 在区域 D 的边界上(图 9.17)，此时

$$\iint\limits_{D}f(r\cos\theta,r\sin\theta)r\mathrm{d}r\mathrm{d}\theta=\int_{\alpha}^{\beta}\mathrm{d}\theta\int_{0}^{\varphi(\theta)}f(r\cos\theta,r\sin\theta)r\mathrm{d}r.$$

类型Ⅲ　积分区域为 $D=\{(r,\theta)\mid 0\leqslant\theta\leqslant 2\pi,0\leqslant r\leqslant\varphi(\theta)\}$，极点 O 在区域 D 的内部(图 9.18)，

则

$$\iint\limits_{D}f(r\cos\theta,r\sin\theta)r\mathrm{d}r\mathrm{d}\theta=\int_{0}^{2\pi}\mathrm{d}\theta\int_{0}^{\varphi(\theta)}f(r\cos\theta,r\sin\theta)r\mathrm{d}r.$$

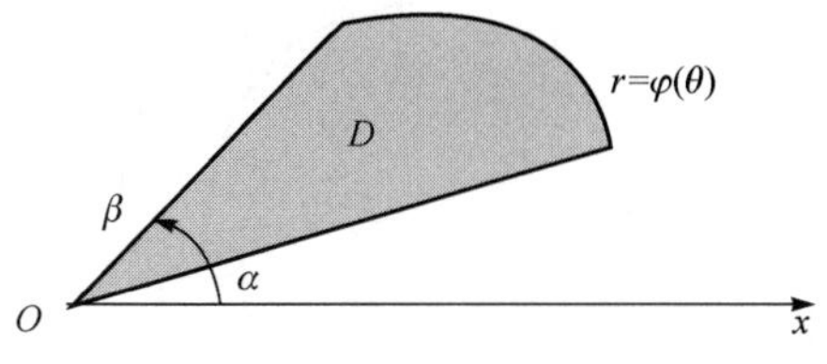

图 9.17

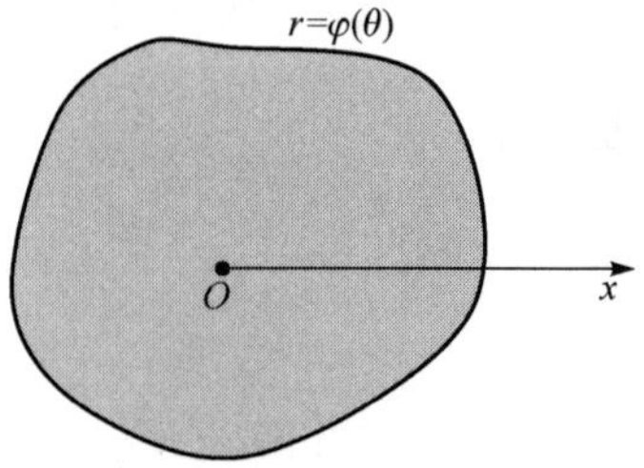

图 9.18

例 1　计算 $I=\int_0^a dx\int_{-x}^{-a+\sqrt{a^2-x^2}}\dfrac{dy}{\sqrt{x^2+y^2}\cdot\sqrt{4a^2-x^2-y^2}}(a>0)$.

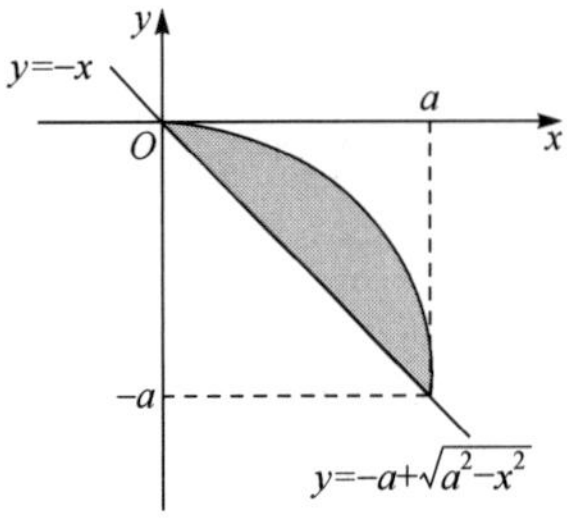

图 9.19

解　画出积分区域 D(图 9.19). 在极坐标系下,极点 O 在区域 D 的边界上,区域 D 可表示为

$$D=\left\{(r,\theta)\,\middle|\,\frac{7\pi}{4}\leqslant\theta\leqslant 2\pi,0\leqslant r\leqslant -2a\sin\theta\right\},$$

于是

$$I=\iint_D\frac{r\,dr\,d\theta}{r\sqrt{4a^2-r^2}}=\int_{\frac{7\pi}{4}}^{2\pi}d\theta\int_0^{-2a\sin\theta}\frac{dr}{\sqrt{4a^2-r^2}}=\frac{\pi^2}{32}.$$

例 2　计算 $\iint_D e^{-x^2-y^2}dxdy$,其中,D 是由圆周 $x^2+y^2=R^2(R>0)$ 所围成的闭区域.

解　在极坐标系下,极点 O 在区域 D 的内部,区域 D 可表示为 $D=\{(r,\theta)\,|\,0\leqslant\theta\leqslant 2\pi,0\leqslant r\leqslant R\}$,则

$$\iint_D e^{-x^2-y^2}dxdy=\iint_D re^{-r^2}dr\,d\theta=\int_0^{2\pi}d\theta\int_0^R re^{-r^2}dr$$
$$=\int_0^{2\pi}\left[-\frac{1}{2}e^{-r^2}\right]\Bigg|_0^R d\theta=\pi(1-e^{-R^2}).$$

本题如果用直角坐标计算,由于积分 $\int e^{-x^2}dx$ 不能用初等函数表示,所以计算不出来. 现在利用上面的结果计算概率上常用的 Poisson(泊松) 积分 $\int_0^{+\infty}e^{-x^2}dx$.

设 $D=[0,R]\times[0,R]$,则

$$F(R)=\iint_D e^{-x^2-y^2}dxdy=\int_0^R e^{-x^2}dx\int_0^R e^{-y^2}dy=\left(\int_0^R e^{-x^2}dx\right)^2,$$

作以原点为圆心,半径为 R 和 $\sqrt{2}R$ 的 $\frac{1}{4}$ 圆 D_1 和 D_2(图 9.20),则

$$H(R)=\iint_{D_1}e^{-x^2-y^2}dxdy\leqslant\iint_D e^{-x^2-y^2}dxdy\leqslant\iint_{D_2}e^{-x^2-y^2}dxdy=G(R),$$

$$H(R)=\iint_{D_1}e^{-x^2-y^2}dxdy=\iint_{D_1}re^{-r^2}dr\,d\theta=\frac{\pi}{4}(1-e^{-R^2}),$$

同理可得

$$G(R)=\iint_{D_2}e^{-x^2-y^2}dxdy=\frac{\pi}{4}(1-e^{-2R^2}).$$

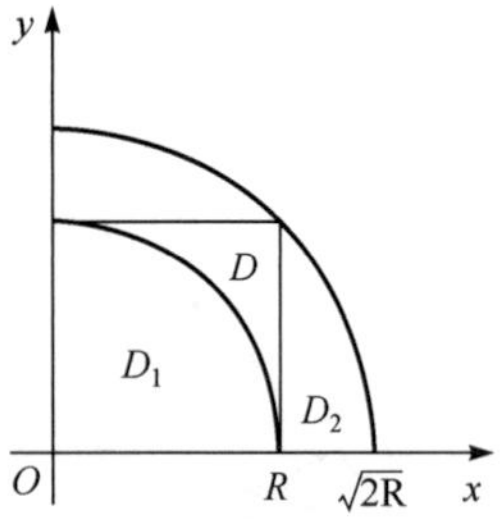

图 9.20

由 $\lim\limits_{R\to+\infty}H(R)=\lim\limits_{R\to+\infty}G(R)=\dfrac{\pi}{4}$ 及夹逼定理得 $\lim\limits_{R\to+\infty}F(R)=$

$\frac{\pi}{4}$,从而$\int_0^{+\infty} e^{-x^2}dx=\frac{\sqrt{\pi}}{2}$.

*9.3.2 二重积分的换元法

极坐标变换是二重积分的一种特殊换元法,下面简单介绍二重积分的一般换元法. 设有坐标变换函数组$\begin{cases}x=x(u,v),\\ y=y(u,v),\end{cases}$具有连续的偏导数且$J(u,v)=\frac{\partial(x,y)}{\partial(u,v)}=\begin{vmatrix}\frac{\partial x}{\partial u} & \frac{\partial x}{\partial v}\\ \frac{\partial y}{\partial u} & \frac{\partial y}{\partial v}\end{vmatrix}\neq 0$,则有二重积分的一般换元公式

$$\iint_D f(x,y)d\sigma=\iint_D f(x(u,v),y(u,v))\left|\frac{\partial(x,y)}{\partial(u,v)}\right|dudv.$$

注 (1) $J(u,v)=\frac{\partial(x,y)}{\partial(u,v)}$称为$x,y$关于$u,v$的 Jacobi 行列式;

(2) 极坐标变换$x=r\cos\theta,y=r\sin\theta$关于$r,\theta$的 Jacobi 行列式$J(r,\theta)=\frac{\partial(x,y)}{\partial(r,\theta)}=r$.

例 3 求椭球体$\frac{x^2}{a^2}+\frac{y^2}{b^2}+\frac{z^2}{c^2}\leqslant 1$的体积.

解 由对称性知所求体积$V=8\iint_D c\sqrt{1-\frac{x^2}{a^2}-\frac{y^2}{b^2}}d\sigma$,其中

$$D=\left\{(x,y)\left|\frac{x^2}{a^2}+\frac{y^2}{b^2}\leqslant 1,x>0,y>0\right.\right\}.$$

令$x=ar\cos\theta,y=br\sin\theta$(称为广义极坐标变换)且

$$J=\frac{\partial(x,y)}{\partial(r,\theta)}=\begin{vmatrix}a\cos\theta & -ar\sin\theta\\ b\sin\theta & br\cos\theta\end{vmatrix}=abr,$$

即$|J|=abr$,于是

$$V=8abc\int_0^{\frac{\pi}{2}}d\theta\int_0^1 r\sqrt{1-r^2}dr=\frac{4}{3}\pi abc.$$

例 4 求曲线$xy=a^2,xy=2a^2,y=x,y=2x(x>0,y>0)$所围平面图形的面积.

分析 直角坐标系下的积分区域很麻烦,若作巧妙的坐标变换可使得积分区域相当简单.

解 作变换$xy=u,\frac{y}{x}=v$,则积分区域可化为$a^2\leqslant u\leqslant 2a^2,1\leqslant v\leqslant 2$.

由$\frac{\partial(u,v)}{\partial(x,y)}=\begin{vmatrix}y & x\\ -\frac{y}{x^2} & \frac{1}{x}\end{vmatrix}=2\frac{y}{x}=2v$且$\frac{\partial(x,y)}{\partial(u,v)}\frac{\partial(u,v)}{\partial(x,y)}=1$知$\left|\frac{\partial(x,y)}{\partial(u,v)}\right|=\left|\frac{1}{2v}\right|=$

$\frac{1}{2v}$. 于是

$$\iint_D \mathrm{d}\sigma = \int_1^2 \mathrm{d}v \int_{a^2}^{2a^2} \frac{1}{2v} \mathrm{d}u = \frac{a^2}{2}\ln 2.$$

习　题　9.3

1. 对积分$\iint_D f(x,y)\mathrm{d}x\mathrm{d}y$进行极坐标变换并写出极坐标形式的二次积分，其中积分区域D为：

(1) $D=\{(x,y)\mid a^2\leqslant x^2+y^2\leqslant b^2, y\geqslant 0\}$；

(2) $D=\{(x,y)\mid x^2+y^2\leqslant y, x\geqslant 0\}$；

(3) $D=\{(x,y)\mid 0\leqslant x\leqslant 1, 0\leqslant x+y\leqslant 1\}$.

2. 化下列二次积分为极坐标系形式的二次积分：

(1) $\int_0^{2a}\mathrm{d}x\int_0^{\sqrt{2ax-x^2}}(x^2+y^2)\mathrm{d}y$；　(2) $\int_0^a \mathrm{d}x\int_0^x \sqrt{x^2+y^2}\mathrm{d}y$；

(3) $\int_0^1 \mathrm{d}x\int_{1-x}^{\sqrt{1-x^2}} f(x^2+y^2)\mathrm{d}y$；　(4) $\int_0^a \mathrm{d}y\int_0^{\sqrt{a^2-y^2}}(x^2+y^2)\mathrm{d}x$.

3. 采用极坐标计算下列各题：

(1) $\iint_D \arctan\frac{y}{x}\mathrm{d}x\mathrm{d}y$,其中,区域$D$是由$x^2+y^2=4, x^2+y^2=1, y=x$及$y=0$所围区域的第一象限部分；

(2) $\iint_D \mathrm{e}^{x^2+y^2}\mathrm{d}\sigma$,其中,$D$是由圆周$x^2+y^2=4$所围成的闭区域；

(3) $\iint_D \sqrt{\frac{1-x^2-y^2}{1+x^2+y^2}}\mathrm{d}x\mathrm{d}y$,其中,区域$D$是由圆周$x^2+y^2=1$及坐标轴所围成的第一象限内的闭区域；

(4) $\iint_D (x+y)\mathrm{d}x\mathrm{d}y$,其中,区域$D=\{(x,y)\mid x^2+y^2\leqslant 2Rx\}$.

4. 计算以xOy面上的圆周$x^2+y^2=ax$围成的闭区域为底,而以曲面$z=x^2+y^2$为顶的曲顶柱体的体积.

5. 求球面$x^2+y^2+z^2\leqslant R^2$与$x^2+y^2+z^2\leqslant 2Rz$所围公共部分的体积.

*6. 利用适当的变换证明等式：

$$\iint_D f(x+y)\mathrm{d}x\mathrm{d}y = \int_{-1}^1 f(u)\mathrm{d}u,$$

其中,$D=\{(x,y)\mid |x|+|y|\leqslant 1\}$.

9.4　三重积分的概念及其计算

9.4.1　三重积分的定义

在求平面薄板的质量时,为研究特定和的极限,引入了二重积分的概念. 类似地，求密度为连续函数 $f(x,y,z)$ 的空间几何体 Ω 的质量 M 时，也可以通过"**分割、近似、求和、取极限**"的方法，M 可以表示为

$$M=\lim_{\lambda\to 0}\sum_{i=1}^{n}f(\xi_i,\eta_i,\zeta_i)\Delta v_i,$$

为研究此类和式的极限，引入三重积分的概念.

定义 9.2　设 $f(x,y,z)$ 是定义在空间有界闭区域 Ω 上的有界函数，将 Ω 任意地划分成 n 个小闭区域，

$$\Delta v_1,\Delta v_2,\cdots,\Delta v_n,$$

其中，Δv_i 表示第 i 个小闭区域，也表示它的体积. 在每个小闭区域 Δv_i 上任取一点 (ξ_i,η_i,ζ_i)，作乘积 $f(\xi_i,\eta_i,\zeta_i)\cdot\Delta v_i$，作和式 $\sum\limits_{i=1}^{n}f(\xi_i,\eta_i,\zeta_i)\Delta v_i$，记 λ 为这 n 个小闭区域直径的最大值，当 $\lambda\to 0$ 时，若极限 $\lim\limits_{\lambda\to 0}\sum\limits_{i=1}^{n}f(\xi_i,\eta_i,\zeta_i)\Delta v_i$ 存在，则称此极限值为函数 $f(x,y,z)$ 在闭区域 Ω 上的三重积分(triple integral)，记作 $\iiint\limits_{\Omega}f(x,y,z)\mathrm{d}v$，即

$$\iiint\limits_{\Omega}f(x,y,z)\mathrm{d}v=\lim_{\lambda\to 0}\sum_{i=1}^{n}f(\xi_i,\eta_i,\zeta_i)\Delta v_i,$$

其中，$\mathrm{d}v$ 称为体积元素.

在直角坐标系中，如果用平行于坐标面的平面来划分 Ω，除了包含 Ω 边界点的一些不规则的小闭区域外，得到的小闭区域 Δv_i 均为长方体. 设小长方体 Δv_i 的边长为 $\Delta x_i,\Delta y_i,\Delta z_i$，则 $\Delta v_i=\Delta x_i\cdot\Delta y_i\cdot\Delta z_i$，因此在直角坐标系中，体积元素 $\mathrm{d}v$ 记为 $\mathrm{d}x\mathrm{d}y\mathrm{d}z$，于是

$$\iiint\limits_{\Omega}f(x,y,z)\mathrm{d}v=\iiint\limits_{\Omega}f(x,y,z)\mathrm{d}x\mathrm{d}y\mathrm{d}z.$$

注　(1) 三重积分的物理意义如下：$\iiint\limits_{\Omega}f(x,y,z)\mathrm{d}v$ 表示密度为 $f(x,y,z)$ 的空间几何体 Ω 的质量；

(2) 当 $f(x,y,z)=1$ 时，设积分区域 Ω 的体积为 V，则有 $V=\iiint\limits_{\Omega}1\cdot\mathrm{d}v=\iiint\limits_{\Omega}\mathrm{d}v$；

(3) 若 $f(x,y,z)$ 在积分区域 Ω 上连续，则 $\iiint\limits_{\Omega}f(x,y,z)\mathrm{d}v$ 存在；

(4) 三重积分有与二重积分完全类似的性质，这里不再重述.

9.4.2　直角坐标系下三重积分的计算

三重积分的计算，与二重积分的计算类似，其基本思路也是化为累次积分，即三次积分. 下面讨论如何将三重积分化为三次积分.

1. 投影法(先一后二法)

首先,假设平行于 z 轴且穿过闭区域 Ω 内部的直线与闭区域 Ω 的边界曲面 S 相交不多于两点. 此时,设闭区域 Ω 在 xOy 面上的投影区域为 D_{xy},以 D_{xy} 的边界曲线为准线作母线平行于 z 轴的柱面,该柱面与曲面 S 的交线从 S 中分出上下两部分,上部分的方程与下部分的方程分别为 S_2 : $z=z_2(x,y)$ 与 S_1 : $z=z_1(x,y)$,其中,$z_1(x,y)$,$z_2(x,y)$ 为闭区域 D_{xy} 上的连续函数. 过 D_{xy} 内任一点 (x,y) 作平行于 z 轴的直线,该直线由 S_1 穿入 Ω,而由 S_2 穿出 Ω,穿入点与穿出点的竖坐标分别为 $z_1(x,y)$ 与 $z_2(x,y)$(图 9.21).

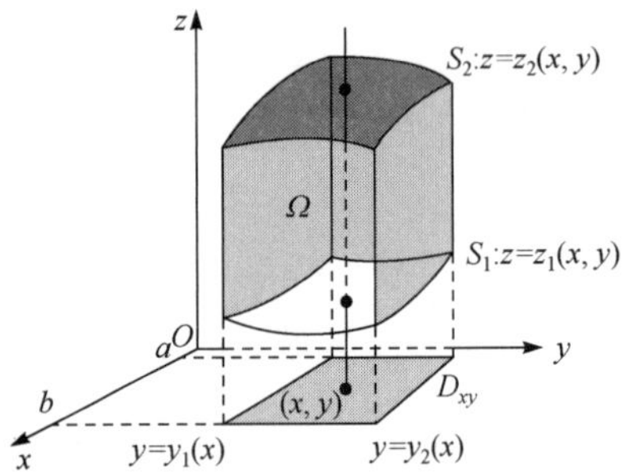

图 9.21

若闭区域 Ω 满足以上特征且 $f(x,y,z)=1$,则由二重积分的几何意义知

$$V=\iiint\limits_{\Omega}\mathrm{d}v=\iint\limits_{D_{xy}}[z_2(x,y)-z_1(x,y)]\mathrm{d}x\mathrm{d}y=\iint\limits_{D_{xy}}\mathrm{d}x\mathrm{d}y\int_{z_1(x,y)}^{z_2(x,y)}\mathrm{d}z,$$

一般情况下,类似地有

$$\iiint\limits_{\Omega}f(x,y,z)\mathrm{d}x\mathrm{d}y\mathrm{d}z=\iint\limits_{D_{xy}}\mathrm{d}x\mathrm{d}y\int_{z_1(x,y)}^{z_2(x,y)}f(x,y,z)\mathrm{d}z,\tag{9.4}$$

其中,$\int_{z_1(x,y)}^{z_2(x,y)}f(x,y,z)\mathrm{d}z$ 是将 $f(x,y,z)$ 看作 z 的函数在 $[z_1(x,y),z_2(x,y)]$ 上的积分,同时把 x,y 看作定值,积分的结果是 x,y 的函数,记为

$$F(x,y)=\int_{z_1(x,y)}^{z_2(x,y)}f(x,y,z)\mathrm{d}z,$$

然后计算 $F(x,y)$ 在 D_{xy} 上的二重积分,即得式(9.4).

假如 D_{xy} 为 X 型区域,即可用不等式

$$a\leqslant x\leqslant b,\quad y_1(x)\leqslant y\leqslant y_2(x)$$

来表示,此时 $F(x,y)$ 在 D_{xy} 上的二重积分可化为二次积分,从而

$$\iiint\limits_{\Omega}f(x,y,z)\mathrm{d}x\mathrm{d}y\mathrm{d}z=\int_a^b\mathrm{d}x\int_{y_1(x)}^{y_2(x)}\mathrm{d}y\int_{z_1(x,y)}^{z_2(x,y)}f(x,y,z)\mathrm{d}z.$$

上面的公式即是把三重积分化为先对 z,再对 y,最后对 x 的三次积分,也可把此积分过程称为“先一后二”(先求定积分,再求二重积分).

注 如果平行于 x 轴或 y 轴且穿过闭区域 Ω 内部的直线与闭区域 Ω 的边界曲面 S 相交不多于两点,也可以将 Ω 向 yOz 面或 xOz 面上作投影,便可以把三重积分化为其他顺序的三次积分.

例 1 计算 $\iiint\limits_{\Omega}xyz\,\mathrm{d}x\mathrm{d}y\mathrm{d}z$,其中,$\Omega$ 为球面 $x^2+y^2+z^2=1$ 及三坐标面所围成的

位于第 Ⅰ 卦限的立体.

解 画出立体 Ω 的简图(图 9.22),立体 Ω 在 xOy 面上的投影区域为

$$D_{xy}=\{(x,y)\mid x^2+y^2\leqslant 1,x\geqslant 0,y\geqslant 0\},$$

在 D_{xy} 内任取一点 (x,y),过此点作平行于 z 轴的直线穿过区域 D_{xy},则此直线与立体 Ω 边界曲面的两交点的竖坐标即为变量 z 的变化范围,即 $0\leqslant z\leqslant\sqrt{1-x^2-y^2}$. 于是

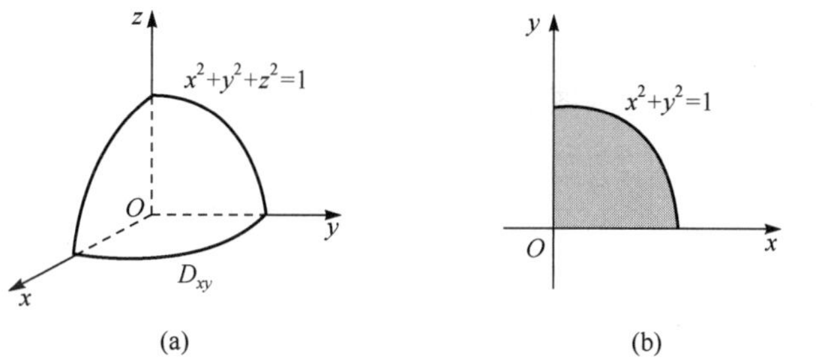

图 9.22

$$\iiint\limits_{\Omega}xyz\,\mathrm{d}x\mathrm{d}y\mathrm{d}z=\int_0^1\mathrm{d}x\int_0^{\sqrt{1-x^2}}\mathrm{d}y\int_0^{\sqrt{1-x^2-y^2}}xyz\,\mathrm{d}z$$

$$=\frac{1}{2}\int_0^1\mathrm{d}x\int_0^{\sqrt{1-x^2}}xy(1-x^2-y^2)\mathrm{d}y=\frac{1}{48}.$$

2. 截面法(先二后一法)

设立体 Ω 在 z 轴上的投影为 $[c,d]$,即立体 Ω 介于两平面 $z=c,z=d$ 之间,过点 $(0,0,z)(z\in[c,d])$ 作垂直于 z 轴的平面与立体 Ω 相截得一截面 D_z(图 9.23),则 Ω 可表示为

$$\Omega=\{(x,y,z)\mid c\leqslant z\leqslant d,(x,y)\in D_z\}.$$

可以先在 D_z 上计算关于 x,y 的二重积分,然后计算关于 z 的定积分(称为先二后一),即

$$\iiint\limits_{\Omega}f(x,y,z)\mathrm{d}x\mathrm{d}y\mathrm{d}z=\int_c^d\mathrm{d}z\iint\limits_{D_z}f(x,y,z)\mathrm{d}x\mathrm{d}y.$$

在二重积分 $\iint\limits_{D_z}f(x,y,z)\mathrm{d}x\mathrm{d}y$ 中,应把 z 看作常量,确定 D_z 是 X 型区域或 Y 型区域,再将其化为二次积分,不妨设 D_z 是 X 型区域,即 $x_1(z)\leqslant x\leqslant x_2(z),y_1(x,z)\leqslant y\leqslant y_2(x,z)$,则

$$\iiint\limits_{\Omega}f(x,y,z)\mathrm{d}x\mathrm{d}y\mathrm{d}z=\int_c^d\mathrm{d}z\int_{x_1(z)}^{x_2(z)}\mathrm{d}x\int_{y_1(x,z)}^{y_2(x,z)}f(x,y,z)\mathrm{d}y.$$

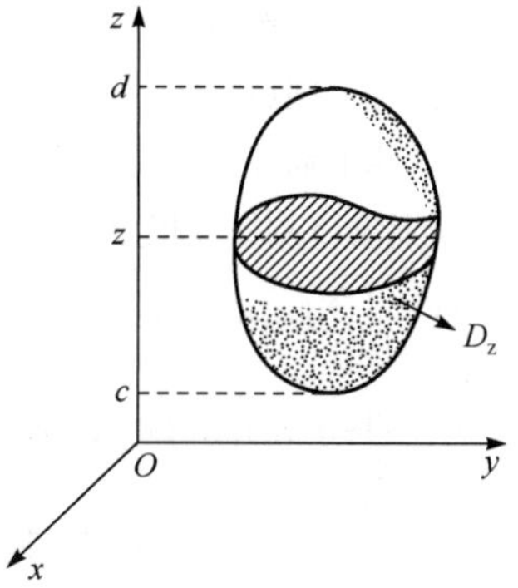

图 9.23

注　当 $f(x,y,z)=g(z)$ 且 D_z 的面积又容易计算时,用此方法特别简单. 因为

$$\iiint\limits_{\Omega} f(x,y,z)\mathrm{d}x\mathrm{d}y\mathrm{d}z=\int_c^d \mathrm{d}z\iint\limits_{D_z} g(z)\mathrm{d}x\mathrm{d}y=\int_c^d g(z)\cdot S_{D_z}\mathrm{d}z,$$

其中,S_{D_z} 是 D_z 的面积.

例 2　计算 $\iiint\limits_{\Omega} z^2\mathrm{d}x\mathrm{d}y\mathrm{d}z$,其中,$\Omega$ 为由椭球面 $\frac{x^2}{a^2}+\frac{y^2}{b^2}+\frac{z^2}{c^2}=1$ 所围成的空间闭区域.

解　画出立体 Ω 的简图(图 9.24).

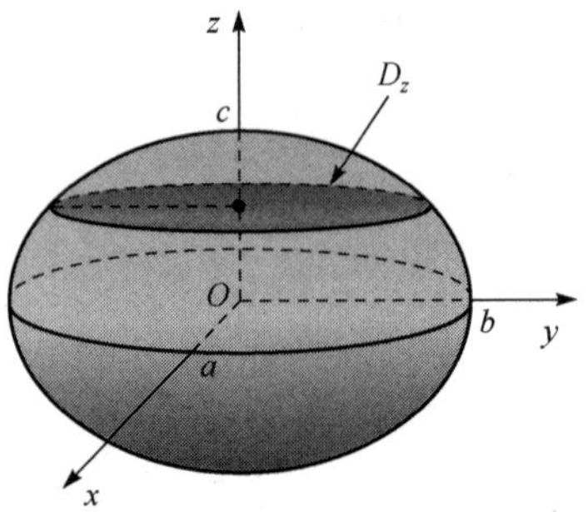

图 9.24

立体 Ω 介于两平面 $z=-c$,$z=c$ 之间,在 $[-c,c]$ 内任取一点 z,作垂直于 z 轴的平面,截区域 Ω 得一截面

$$D_z=\left\{(x,y)\left|\frac{x^2}{a^2}+\frac{y^2}{b^2}\leqslant 1-\frac{z^2}{c^2}\right.\right\}.$$

于是 $\iiint\limits_{\Omega} z^2\mathrm{d}x\mathrm{d}y\mathrm{d}z=\int_{-c}^{c} z^2\mathrm{d}z\iint\limits_{D_z}\mathrm{d}x\mathrm{d}y$,而 $\iint\limits_{D_z}\mathrm{d}x\mathrm{d}y=\pi ab\left(1-\frac{z^2}{c^2}\right)$,所以

$$\iiint\limits_{\Omega} z^2\mathrm{d}x\mathrm{d}y\mathrm{d}z=\int_{-c}^{c}\pi abz^2\left(1-\frac{z^2}{c^2}\right)\mathrm{d}z=\frac{4}{15}\pi abc^3.$$

类似地,$\iiint\limits_{\Omega} x^2\mathrm{d}x\mathrm{d}y\mathrm{d}z=\frac{4}{15}\pi a^3bc$,$\iiint\limits_{\Omega} y^2\mathrm{d}x\mathrm{d}y\mathrm{d}z=\frac{4}{15}\pi ab^3c$.

习　题　9.4

1. 化三重积分 $\iiint\limits_{\Omega} f(x,y,z)\mathrm{d}x\mathrm{d}y\mathrm{d}z$ 为三次积分,其中积分区域 Ω 分别为:

(1) 由双曲抛物面 $z=xy$ 与平面 $x+y=1$,$z=0$ 所围成的区域;

(2) 由椭圆抛物面 $z=x^2+2y^2$ 与平面 $z=1$ 所围成的区域;

(3) 由曲面 $z=x^2+2y^2$ 与曲面 $z=2-x^2$ 所围成的区域.

2. 计算下列三重积分:

(1) $\iiint\limits_{\Omega} z^2\mathrm{d}x\mathrm{d}y\mathrm{d}z$,其中,$\Omega$ 由 $x^2+y^2+z^2\leqslant r^2$ 和 $x^2+y^2+z^2\leqslant 2rz$ 所确定;

(2) $\iiint\limits_{\Omega} x\mathrm{d}x\mathrm{d}y\mathrm{d}z$,其中,$\Omega$ 为三个坐标面与平面 $x+2y+z=1$ 所围成的闭区域;

(3) $\iiint\limits_{\Omega}\sqrt{x^2+z^2}\mathrm{d}x\mathrm{d}y\mathrm{d}z$,其中,$\Omega$ 由曲面 $y=x^2+z^2$ 及平面 $y=4$ 所围成;

(4) $\iiint\limits_{\Omega} z\mathrm{d}x\mathrm{d}y\mathrm{d}z$,其中,$\Omega$ 是由锥面 $z=\frac{h}{R}\sqrt{x^2+y^2}$ 及平面 $z=h(R>0,h>0)$ 所围成的闭区域.

3. 设 $f(x)$在$(-\infty,+\infty)$上可积,试证明

$$\iiint_{\Omega} f(z)\mathrm{d}x\mathrm{d}y\mathrm{d}z = \pi\int_{-1}^{1}(1-z^2)f(z)\mathrm{d}z,$$

其中,Ω 是由球面 $x^2+y^2+z^2=1^2$ 所围成的空间闭区域.

4. 求由曲面 $z=x^2+y^2$,$z=2x^2+2y^2$,$y=x$ 及 $y=x^2$ 所围立体的体积.

9.5 利用柱面和球面坐标计算三重积分

对于某些三重积分,由于积分区域和被积函数的特点,往往要利用柱面坐标变换或球面坐标变换来计算.

9.5.1 利用柱面坐标计算三重积分

1. 柱面坐标变换

设 $M(x,y,z)$为空间一点,而该点在 xOy 面上的投影点为 P,P 点的极坐标为 (r,θ),则(r,θ,z)称作点 M 的柱面坐标(图 9.25),规定 r,θ,z 的取值范围为

$$0\leqslant r<+\infty,\quad 0\leqslant\theta\leqslant 2\pi,\quad -\infty<z<+\infty.$$

易知,点 M 的直角坐标与柱面坐标之间有如下关系式:

$$\begin{cases} x=r\cos\theta, \\ y=r\sin\theta, \\ z=z. \end{cases} \tag{9.5}$$

柱面坐标系的三组坐标面分别为(图 9.26)

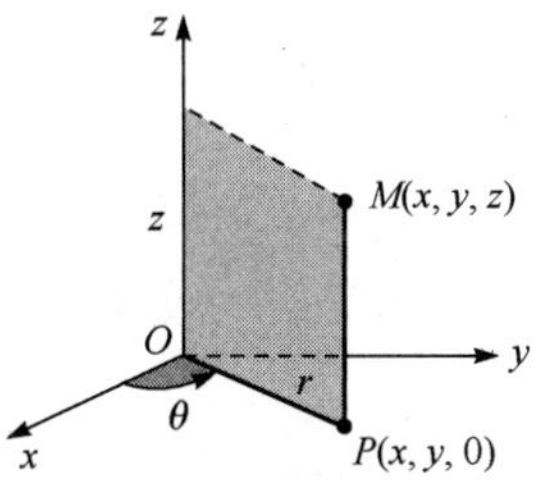

图 9.25

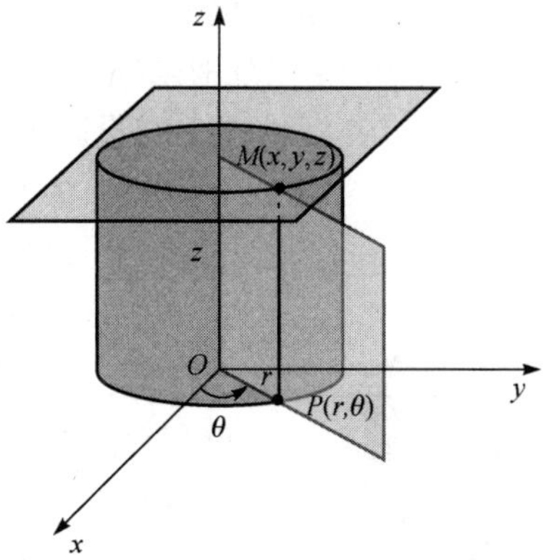

图 9.26

r=常数,表示以 z 轴为对称轴,半径为 r 的圆柱面;

θ=常数,表示过 z 轴的半平面,其在 xOy 面上投影射线与 x 轴正向夹角为 θ;

z=常数,表示与 xOy 面平行的平面,截距为 z.

2. 三重积分$\iiint\limits_{\Omega} f(x,y,z)\mathrm{d}v$在柱面坐标变换下的计算公式

用三组坐标面 r=常数，θ=常数，z=常数，将 Ω 分割成一些小闭区域，除了含 Ω 的边界点的一些不规则小闭区域外，这些小闭区域都是柱体(图 9.27)，同时考察由 r,θ,z 各取微小增量 $\mathrm{d}r,\mathrm{d}\theta,\mathrm{d}z$ 所成的柱体，该柱体的底面积近似为 $r\mathrm{d}r\mathrm{d}\theta$，高为 $\mathrm{d}z$，于是可知其体积为

$$\mathrm{d}v=r\mathrm{d}r\mathrm{d}\theta\mathrm{d}z,$$

此即是柱面坐标变换下的体积元素，并利用式(9.5)有

$$\iiint\limits_{\Omega} f(x,y,z)\mathrm{d}v=\iiint\limits_{\Omega} f(r\cos\theta,r\sin\theta,z)r\mathrm{d}r\mathrm{d}\theta\mathrm{d}z, \tag{9.6}$$

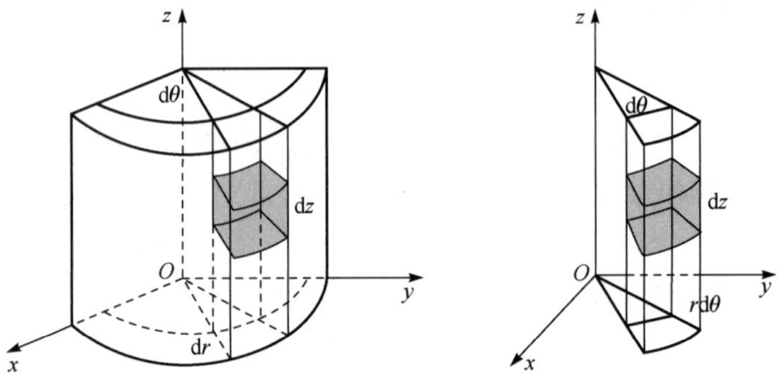

图 9.27

式(9.6)就是三重积分由直角坐标变量变换为柱面坐标变量的计算公式，右端的三重积分的计算，也要通过化为关于积分变量 r,θ,z 的三次积分来进行，而其积分限要由 r,θ,z 在 Ω 中的变化范围来确定. 具体来说，可分如下两个步骤：

(1) 找出 Ω 在 xOy 面上的投影区域 D_{xy}，并用极坐标变量 r,θ 表示；

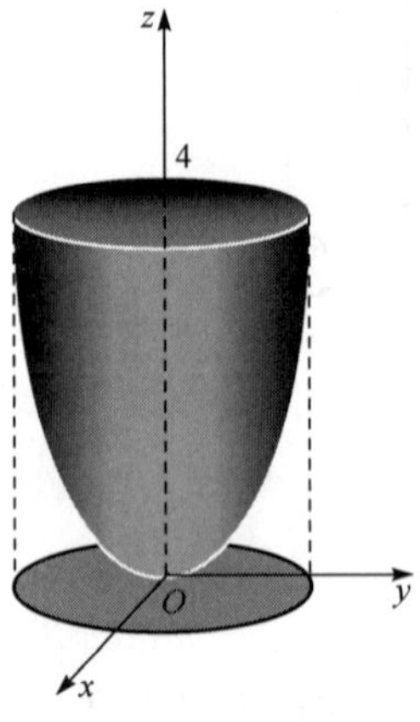

图 9.28

(2) 在 D_{xy} 内任取一点(r,θ)，过此点作平行于 z 轴的直线，穿过区域，与 Ω 边界曲面的两个交点的竖坐标(表示成 r,θ 的函数)即为 z 的上、下限.

注 当被积函数含有 x^2+y^2，或积分区域在 xOy 面上的投影区域为圆域时，采用柱面坐标变换比较简单，并注意向其他两个坐标面的投影关系.

例 1 计算$\iiint\limits_{\Omega}(x^2+y^2)\mathrm{d}x\mathrm{d}y\mathrm{d}z$，其中，$\Omega$ 为曲面 $z=2(x^2+y^2)$ 和平面 $z=4$ 所围成的立体(图 9.28).

解 闭区域 Ω 在 xOy 面上的投影区域为

$$D_{xy}=\{(x,y)\,|\,x^2+y^2\leqslant 2\}=\{(r,\theta)\,|\,0\leqslant\theta\leqslant 2\pi,0\leqslant r\leqslant\sqrt{2}\},$$

在 D_{xy} 内任取一点(r,θ)，过此点作平行于 z 轴的直线，此

直线由曲面 $z=2(x^2+y^2)$ 穿入 Ω，然后由平面 $z=4$ 穿出，因此，$2r^2\leqslant z\leqslant 4$，从而

$$\iiint\limits_{\Omega}(x^2+y^2)\mathrm{d}x\mathrm{d}y\mathrm{d}z=\int_0^{2\pi}\mathrm{d}\theta\int_0^{\sqrt{2}}\mathrm{d}r\int_{2r^2}^{4}r^3\mathrm{d}z=\frac{8\pi}{3}.$$

9.5.2 利用球坐标变换计算三重积分

1. 球面坐标变换

在空间坐标系中，设 $M(x,y,z)$ 为空间一点，r 表示点 M 到原点的距离，φ 表示有向线段 $\overrightarrow{OM}$ 与 z 轴正向的夹角，θ 表示从 z 轴正向来看自 x 轴按逆时针方向转到有向线段 $\overrightarrow{OP}$ 的角，其中 $P(x,y,0)$ 为点 M 在 xOy 面上的投影，则 (r,φ,θ) 称为点 M 的球面坐标(图 9.29)，规定 r,φ,θ 的取值范围为

$$0\leqslant r<+\infty,0\leqslant\varphi\leqslant\pi,0\leqslant\theta\leqslant 2\pi.$$

易知，点 M 的直角坐标与球面坐标之间有如下关系式：

$$\begin{cases}x=\overrightarrow{OP}\cdot\cos\theta=r\sin\varphi\cos\theta,\\ y=\overrightarrow{OP}\cdot\sin\theta=r\sin\varphi\sin\theta,\\ z=r\cos\varphi.\end{cases}\tag{9.7}$$

球面坐标系的三组坐标面分别为(图 9.30)

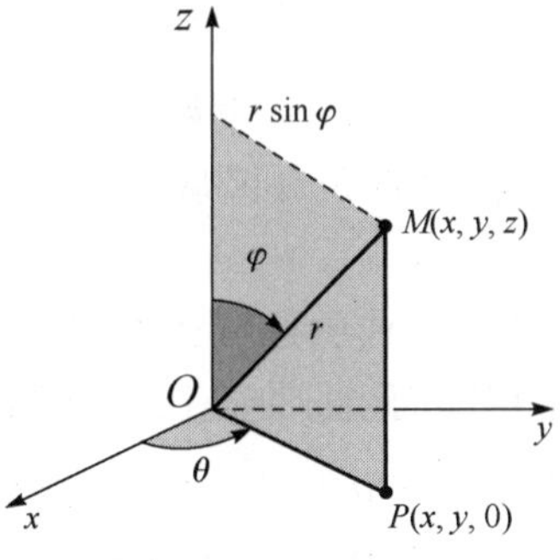

图 9.29

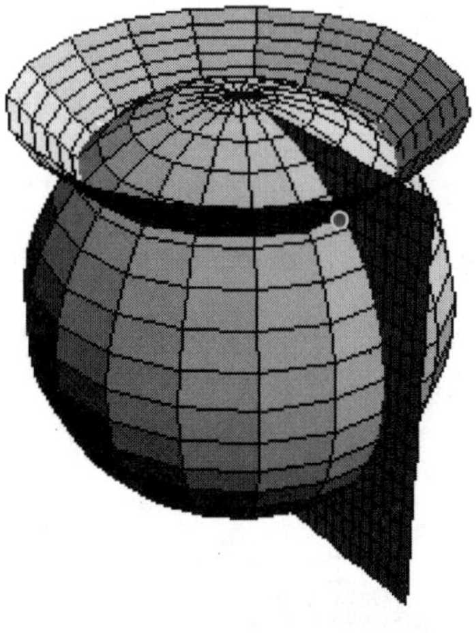

图 9.30

$r=$常数，表示以原点为球心，以 r 为半径的球面；
$\varphi=$常数，表示以原点为顶点，z 轴为对称轴的圆锥面；
$\theta=$常数，表示过 z 轴的半平面.

2. 三重积分在球面坐标变换下的计算公式

用三组坐标面 $r=$常数，$\varphi=$常数，$\theta=$常数，将 Ω 分割成一些小闭区域，这些小闭

区域都是六面体，考察由 r,φ,θ 各取微小增量 $\mathrm{d}r,\mathrm{d}\varphi,\mathrm{d}\theta$ 所成的六面体(图 9.31)，若忽略高阶无穷小，可将此六面体近似看作长方体，其体积的近似值为

$$\mathrm{d}v=r^2\sin\varphi\mathrm{d}r\mathrm{d}\varphi\mathrm{d}\theta,$$

此即是球面坐标变换下的体积元素.

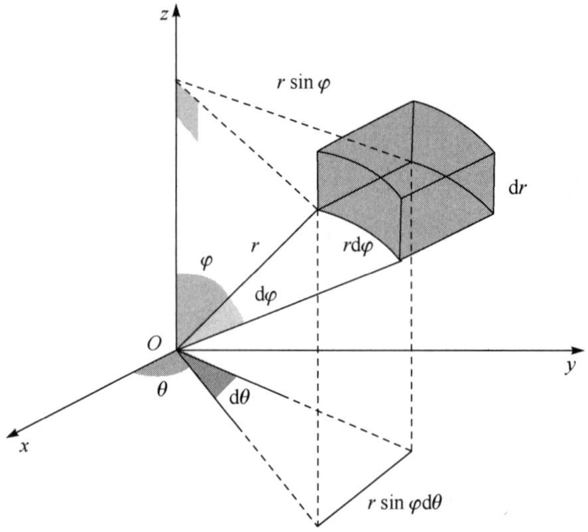

图 9.31

由直角坐标与球面坐标的关系式(9.7)有

$$\iiint\limits_{\Omega}f(x,y,z)\mathrm{d}v=\iiint\limits_{\Omega}f(r\sin\varphi\cos\theta,r\sin\varphi\sin\theta,r\cos\varphi)r^2\sin\varphi\mathrm{d}r\mathrm{d}\varphi\mathrm{d}\theta \qquad (9.8)$$

式(9.8)就是三重积分在球面坐标变换下的计算公式. 右端的三重积分可化为关于积分变量 r,φ,θ 的三次积分来实现其计算，当然，这需要将积分区域 Ω 用球面坐标 r,φ,θ 加以表示.

注　当被积函数含有 $x^2+y^2+z^2$，积分区域为球面围成的区域或由球面及锥面围成的区域时，采用球面坐标变换比较简单.

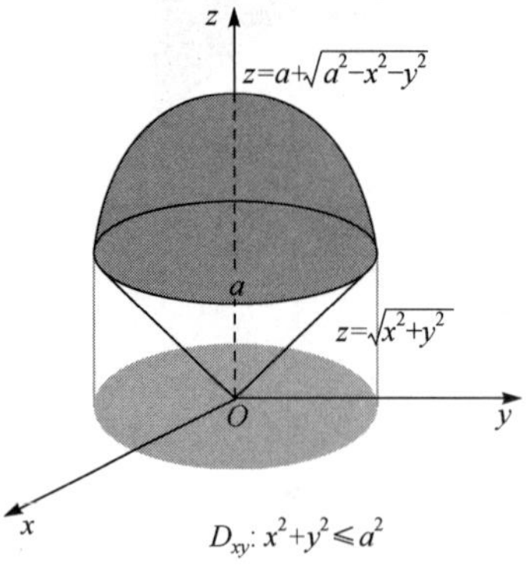

图 9.32

例 2　求由曲面 $z=a+\sqrt{a^2-x^2-y^2}\,(a>0)$ 与曲面 $z=\sqrt{x^2+y^2}$ 所围成的立体的体积.

解　立体的图形如图 9.32 所示.

确定 $\boldsymbol{\theta}$ 的范围　由于 Ω 在 xOy 面的投影区域 D_{xy} 包围原点，故 θ 的变化范围为 $[0,2\pi]$；

确定 $\boldsymbol{\varphi}$ 的范围　在 Ω 中 φ 可以由 z 轴转到锥面的侧面，而锥面的半顶角为 $\frac{\pi}{4}$，故 φ 的变化范围为 $\left[0,\frac{\pi}{4}\right]$；

确定 r 的范围 在 $0\leqslant\theta\leqslant 2\pi, 0\leqslant\varphi\leqslant\frac{\pi}{4}$ 内任取值(φ,θ)，自原点出发，作射线穿过 Ω，它与 Ω 有两个交点，一交点为原点，另一交点在曲面 $z=a+\sqrt{a^2-x^2-y^2}$ 上，用球坐标可分别表示为 $r=0$ 及 $r=2a\cos\varphi$，因此，$0\leqslant r\leqslant 2a\cos\varphi$，故

$$V=\iiint_{\Omega}\mathrm{d}x\mathrm{d}y\mathrm{d}z=\int_0^{2\pi}\mathrm{d}\theta\int_0^{\frac{\pi}{4}}\mathrm{d}\varphi\int_0^{2a\cos\varphi}r^2\sin\varphi\mathrm{d}r=\pi a^3.$$

习 题 9.5

1. 利用柱坐标变换计算下列三重积分：

(1) $\iiint_{\Omega}z\mathrm{d}x\mathrm{d}y\mathrm{d}z$，其中，$\Omega$ 由曲面 $z=\sqrt{2-x^2-y^2}$ 及 $z=x^2+y^2$ 所围成的闭区域；

(2) $\iiint_{\Omega}xy\mathrm{d}v$，其中，$\Omega$ 为柱面 $x^2+y^2=1$ 及平面 $z=1, z=0, x=0, y=0$ 所围成的在第一卦限内的闭区域；

(3) $\iiint_{\Omega}(x^2+y^2)\mathrm{d}v$，其中，$\Omega$ 是由曲面 $4z^2=25(x^2+y^2)$ 及平面 $z=5$ 所围成的闭区域；

(4) $\iiint_{\Omega}(x^2+y^2)\mathrm{d}x\mathrm{d}y\mathrm{d}z$，其中，$\Omega$ 由曲面 $2z=x^2+y^2$ 及平面 $z=2$ 所围成的闭区域；

(5) $\iiint_{\Omega}z\sqrt{x^2+y^2}\mathrm{d}x\mathrm{d}y\mathrm{d}z$，其中，$\Omega$ 由柱面 $x^2+y^2=2x$ 及平面 $z=0, z=a(a>0), y=0$ 所围成的闭区域.

2. 利用球坐标变换计算下列三重积分：

(1) $\iiint_{\Omega}z^2\mathrm{d}x\mathrm{d}y\mathrm{d}z$，其中，$\Omega$ 由 $x^2+y^2+z^2\leqslant R^2$ 和 $x^2+y^2+z^2\leqslant 2Rz$ 所确定；

(2) $\iiint_{\Omega}z\mathrm{d}x\mathrm{d}y\mathrm{d}z$，其中，$\Omega$ 由不等式 $x^2+y^2+(z-R)^2\leqslant R^2$ 和 $x^2+y^2\leqslant z^2$ 所确定；

(3) $\iiint_{\Omega}\sqrt{x^2+y^2+z^2}\mathrm{d}x\mathrm{d}y\mathrm{d}z$，其中，$\Omega$ 由球面 $x^2+y^2+z^2=z$ 所确定的闭区域.

3. 设函数 $f(x)$ 具有连续的导数且 $f(0)=0$，试求

$$\lim_{t\to 0}\frac{1}{\pi t^4}\iiint_{x^2+y^2+z^2\leqslant t^2}f(\sqrt{x^2+y^2+z^2})\mathrm{d}x\mathrm{d}y\mathrm{d}z.$$

4. 利用三重积分计算下面几何体的体积：

(1) Ω 由曲面 $z=\sqrt{x^2+y^2}$ 及 $z=6-x^2-y^2$ 所围成的闭区域；

(2) Ω 由 $x^2+y^2+z^2=2az(a>0)$ 及 $x^2+y^2=z^2$ 所确定；

(3) Ω 由 $z=\sqrt{5-x^2-y^2}$ 及 $x^2+y^2=4z$ 所确定.

9.6 重积分的应用

定积分应用元素分析法解决了一些几何和物理上的应用问题，本节将定积分的元素分析法推广到重积分的应用中，然后利用重积分解决几何和物理上的其他应用

问题.

9.6.1　曲面的面积

设曲面 S 由方程 $z=f(x,y)$ 给出，D_{xy} 为曲面 S 在 xOy 面上的投影区域，函数 $f(x,y)$ 在 D_{xy} 上具有连续偏导数 $f_x(x,y)$ 和 $f_y(x,y)$，下面来计算曲面 S 的面积 A.

在闭区域 D_{xy} 上任取一直径很小的闭区域 $d\sigma$（面积也记作 $d\sigma$），在 $d\sigma$ 内取一点 $P(x,y)$，对应着曲面 S 上一点 $M(x,y,f(x,y))$（图 9.33），曲面 S 在点 M 处的切平面设为 T. 以小区域 $d\sigma$ 的边界为准线，作母线平行于 z 轴的柱面，该柱面在曲面 S 上截下一小片曲面，在切平面 T 上截下一小片平面，由于 $d\sigma$ 的直径很小，因此，可用该小片平面的面积近似地代替相应的一小片曲面的面积. 设曲面 S 在点 M 处的法线向量与 z 轴正向的夹角为 γ（锐角）则

$$dA=\frac{d\sigma}{\cos\gamma}.$$

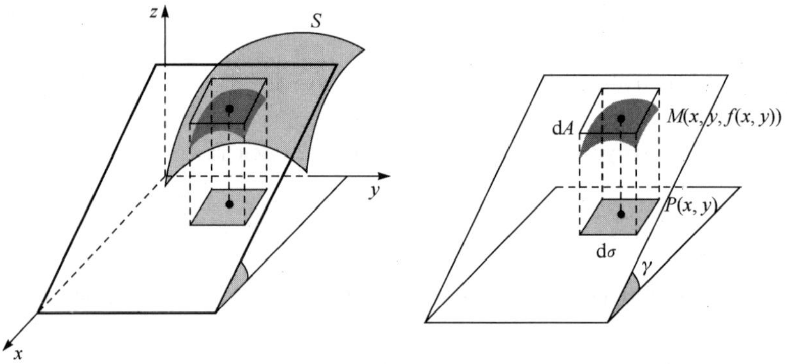

图 9.33

由于

$$\cos\gamma=\frac{1}{\sqrt{1+f_x^2(x,y)+f_y^2(x,y)}},$$

因此，

$$dA=\sqrt{1+f_x^2(x,y)+f_y^2(x,y)}\,d\sigma,$$

此即曲面 S 的面积元素，以 dA 为被积表达式在闭区域 D_{xy} 上的积分得

$$A=\iint\limits_{D_{xy}}dA=\iint\limits_{D_{xy}}\sqrt{1+f_x^2(x,y)+f_y^2(x,y)}\,dxdy.$$

例 1　求球面 $x^2+y^2+z^2=a^2$ 含在柱面 $x^2+y^2=ax(a>0)$ 内的面积.

解　所求的曲面在 xOy 面上的投影区域为（图 9.34）

$$D_{xy}=\{(x,y)\,|\,x^2+y^2\leqslant ax\},$$

曲面方程取为 $z=\sqrt{a^2-x^2-y^2}$，则

$$z_x=\frac{-x}{\sqrt{a^2-x^2-y^2}},\quad z_y=\frac{-y}{\sqrt{a^2-x^2-y^2}},$$

从而

$$\mathrm{d}A=\frac{a}{\sqrt{a^2-x^2-y^2}}\mathrm{d}x\mathrm{d}y,$$

根据曲面的对称性可得

$$A=2\iint\limits_{D_{xy}}\frac{a}{\sqrt{a^2-x^2-y^2}}\mathrm{d}x\mathrm{d}y$$

$$=2\int_{-\frac{\pi}{2}}^{\frac{\pi}{2}}\mathrm{d}\theta\int_0^{a\cos\theta}\frac{ar}{\sqrt{a^2-r^2}}\mathrm{d}r=2a^2(\pi-2).$$

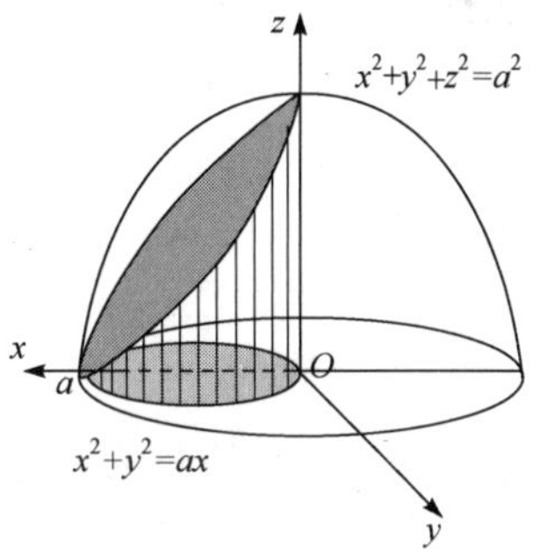

图 9.34

注 若曲面的方程为 $x=g(y,z)$ 或 $y=h(x,z)$，可分别将曲面投影到 yOz 面或 zOx 面，设所得到的投影区域分别为 D_{yz} 或 D_{zx}，类似地有

$$A=\iint\limits_{D_{yz}}\sqrt{1+g_y^2(y,z)+g_z^2(y,z)}\,\mathrm{d}y\mathrm{d}z,$$

或

$$A=\iint\limits_{D_{zx}}\sqrt{1+h_x^2(x,z)+h_z^2(x,z)}\,\mathrm{d}x\mathrm{d}z.$$

9.6.2 重心

1. 平面上的质点系的重心

设在 xOy 平面上有 n 个质点，它们的坐标分别为 $(x_1,y_1),(x_2,y_2),\cdots,(x_n,y_n)$，质量分别为 $m_1,m_2,\cdots,m_n$. 由力学知识，该质点系的重心坐标为

$$\bar{x}=\frac{M_y}{m}=\frac{\sum\limits_{i=1}^n m_ix_i}{\sum\limits_{i=1}^n m_i},\quad \bar{y}=\frac{M_x}{m}=\frac{\sum\limits_{i=1}^n m_iy_i}{\sum\limits_{i=1}^n m_i},$$

其中，m 为该质点系的总质量，而

$$M_y=\sum_{i=1}^n m_ix_i,\quad M_x=\sum_{i=1}^n m_iy_i$$

分别称为质点系对 y 轴和 x 轴的静矩.

2. 平面薄片的重心

设有一平面薄片，占有 xOy 面上的闭区域 D，在点 (x,y) 处的面密度为 $\rho(x,y)$，假定 $\rho(x,y)$ 在 D 上连续，下面确定该薄片的重心坐标 $(\bar{x},\bar{y})$.

在闭区域 D 上任取一直径很小的闭区域 $\mathrm{d}\sigma$（其面积也记作 $\mathrm{d}\sigma$），(x,y) 是这小闭

区域内的一点，由于 $d\sigma$ 的直径很小且 $\rho(x,y)$ 在 D 上连续，所以薄片中相应于 $d\sigma$ 部分的质量近似地等于 $\rho(x,y)d\sigma$，于是静矩元素 dM_x，dM_y 分别为

$$dM_x = y\rho(x,y)d\sigma,\quad dM_y = x\rho(x,y)d\sigma,$$

于是该薄片关于 x 轴、y 轴的静矩为

$$M_x = \iint_D y\rho(x,y)d\sigma,\quad M_y = \iint_D x\rho(x,y)d\sigma,$$

又平面薄片的总质量为 $m = \iint_D \rho(x,y)d\sigma$，从而薄片的重心坐标为

$$\bar{x} = \frac{M_y}{m} = \frac{\iint_D x\rho(x,y)d\sigma}{\iint_D \rho(x,y)d\sigma},\quad \bar{y} = \frac{M_x}{m} = \frac{\iint_D y\rho(x,y)d\sigma}{\iint_D \rho(x,y)d\sigma}.$$

注 如果薄片是均匀的，即面密度为常值函数，则

$$\bar{x} = \frac{1}{A}\iint_D x\,d\sigma,\quad \bar{y} = \frac{1}{A}\iint_D y\,d\sigma,$$

其中，$A = \iint_D d\sigma$ 为闭区域的面积.

3. 空间立体的重心

设有一空间物体占有空间闭区域 Ω，在点 (x,y,z) 处的体密度为 $\rho(x,y,z)$，假定 $\rho(x,y,z)$ 在 Ω 上连续，与求平面薄片的重心类似，应用元素分析法可得到该物体的重心坐标 $(\bar{x},\bar{y},\bar{z})$ 为

$$\bar{x} = \frac{\iiint_\Omega x\rho(x,y,z)dv}{\iiint_\Omega \rho(x,y,z)dv},\quad \bar{y} = \frac{\iiint_\Omega y\rho(x,y,z)dv}{\iiint_\Omega \rho(x,y,z)dv},\quad \bar{z} = \frac{\iiint_\Omega z\rho(x,y,z)dv}{\iiint_\Omega \rho(x,y,z)dv}.$$

例 2 设薄片所占的闭区域 D 为介于两个圆 $r=a\cos\theta$，$r=b\cos\theta$ $(0<a<b)$ 之间的闭区域，且面密度均匀，求此均匀薄片的重心(形心).

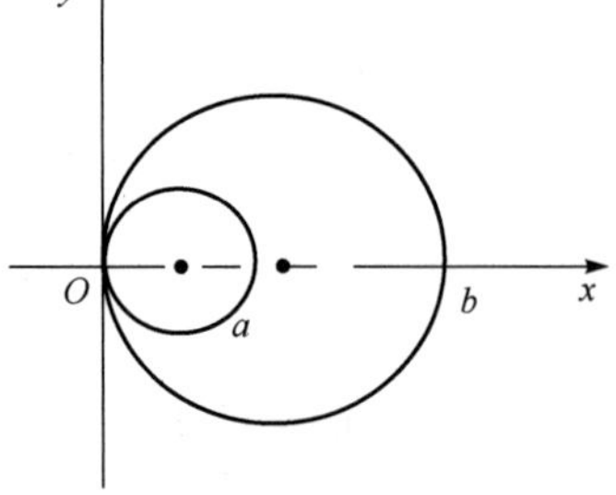

图 9.35

解 闭区域 D 如图 9.35 所示，由 D 的对称性可知 $\bar{y}=0$. 由于

$$A = \iint_D d\sigma = \int_{-\frac{\pi}{2}}^{\frac{\pi}{2}} d\theta \int_{a\cos\theta}^{b\cos\theta} r\,dr = \frac{\pi}{4}(b^2-a^2),$$

$$M_y = \iint_D x\,d\sigma = \int_{-\frac{\pi}{2}}^{\frac{\pi}{2}} d\theta \int_{a\cos\theta}^{b\cos\theta} r^2\cos\theta dr = \frac{\pi}{8}(b^3-a^3).$$

于是

$$\bar{x} = \frac{M_y}{A} = \frac{a^2+ab+b^2}{2(a+b)}.$$

*9.6.3 转动惯量

1. 平面质点系对坐标轴的转动惯量

设在 xOy 平面上有 n 个质点，它们的坐标分别为$(x_1,y_1),(x_2,y_2),\cdots,(x_n,y_n)$，质量分别为 $m_1,m_2,\cdots,m_n$，则质点系对于 x 轴和 y 轴的转动惯量分别为

$$I_x=\sum_{i=1}^{n}y_i^2m_i,\quad I_y=\sum_{i=1}^{n}x_i^2m_i.$$

2. 平面薄片对坐标轴的转动惯量

设有一平面薄片，占有 xOy 面上的闭区域 D，在点(x,y)处的面密度为 $\rho(x,y)$，假定 $\rho(x,y)$在 D 上连续，下面确定该薄片对 x 轴和 y 轴的转动惯量 I_x,I_y.

应用元素分析法. 在闭区域 D 上任取一直径很小的闭区域 $\mathrm{d}\sigma$（其面积也记作 $\mathrm{d}\sigma$），(x,y)是这小闭区域内的一点. 由于 $\mathrm{d}\sigma$ 的直径很小且 $\rho(x,y)$在 D 上连续，所以薄片中相应于 $\mathrm{d}\sigma$ 部分的质量近似地等于 $\rho(x,y)\mathrm{d}\sigma$. 于是转动惯量元素 $\mathrm{d}I_x,\mathrm{d}I_y$ 分别为

$$\mathrm{d}I_x=y^2\rho(x,y)\mathrm{d}\sigma,\quad \mathrm{d}I_y=x^2\rho(x,y)\mathrm{d}\sigma,$$

因此该薄片关于 x 轴和 y 轴的转动惯量为

$$I_x=\iint_D y^2\rho(x,y)\mathrm{d}\sigma,\quad I_y=\iint_D x^2\rho(x,y)\mathrm{d}\sigma.$$

3. 空间立体对坐标轴的转动惯量

设有一空间物体占有空间闭区域 Ω，在点(x,y,z)处的体密度为 $\rho(x,y,z)$，假定 $\rho(x,y,z)$在 Ω 上连续，与求平面薄片的转动惯量类似，应用元素分析法可得该物体关于 x 轴、y 轴和 z 轴的转动惯量分别为

$$I_x=\iiint_\Omega (y^2+z^2)\rho(x,y,z)\mathrm{d}v,$$

$$I_y=\iiint_\Omega (x^2+z^2)\rho(x,y,z)\mathrm{d}v,$$

$$I_z=\iiint_\Omega (x^2+y^2)\rho(x,y,z)\mathrm{d}v.$$

例 3 求由抛物线 $y=x^2$ 及直线 $y=1$ 所围成的均匀薄片（面密度为常数 ρ）对于直线 $y=-1$的转动惯量.

解 闭区域 D 如图 9.36 所示，转动惯量元素为

$$\mathrm{d}I=(y+1)^2\rho\mathrm{d}\sigma,$$

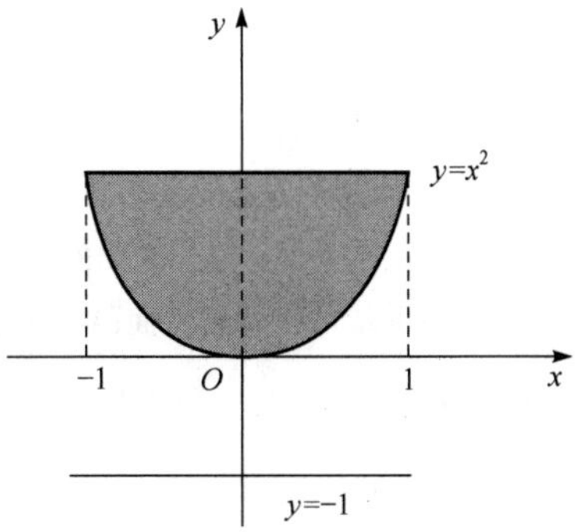

图 9.36

于是

$$I=\iint_D (y+1)^2\rho \mathrm{d}\sigma=\rho\int_{-1}^{1}\mathrm{d}x\int_{x^2}^{1}(y+1)^2\mathrm{d}y=\frac{368}{105}\rho.$$

*9.6.4 空间立体对质点的引力

设物体占有空间有界闭区域 Ω，在点 (x,y,z) 处的体密度为 $\rho(x,y,z)$，假定 $\rho(x,y,z)$ 在 Ω 上连续，应用元素分析法，在物体内任取一微元 $\mathrm{d}v$（体积也记作 $\mathrm{d}v$），该质量微元近似为 $\rho(x,y,z)\mathrm{d}v$. 于是根据两质点间的引力公式可得到微元 $\mathrm{d}v$ 对于该物体外一点 (ξ,η,ζ) 处单位质量的质点的引力为

$$\mathrm{d}F_x=G\frac{x-\xi}{r^3}\rho\mathrm{d}v,\quad \mathrm{d}F_y=G\frac{y-\eta}{r^3}\rho\mathrm{d}v,\quad \mathrm{d}F_z=G\frac{z-\zeta}{r^3}\rho\mathrm{d}v,$$

其中，G 为引力系数且

$$r=\sqrt{(x-\xi)^2+(y-\eta)^2+(z-\zeta)^2}.$$

于是力 F 在三个坐标轴上的分量分别为

$$F_x=G\iiint_\Omega\frac{x-\xi}{r^3}\rho\mathrm{d}v,\quad F_y=G\iiint_\Omega\frac{y-\eta}{r^3}\rho\mathrm{d}v,\quad F_z=G\iiint_\Omega\frac{z-\zeta}{r^3}\rho\mathrm{d}v.$$

例 4 设一质点位于 $M(0,0,a)(a>r)$，有一个密度为常数 ρ，占有的空间区域 $\Omega=\{(x,y,z)\mid x^2+y^2+z^2\leqslant r^2\}$ 的匀质球，求该匀质球对质点的引力.

解 由球体的对称性和质量的均匀性知 $F_x=0,F_y=0$，而

$$F_z=G\iiint_\Omega\rho\frac{z-a}{[x^2+y^2+(z-a)^2]^{\frac{3}{2}}}\mathrm{d}v,$$

利用先二后一法可计算得

$$F_z=-G\frac{4\pi r^3\rho}{3a^2}=-G\frac{M}{a^2},$$

其中，$M=\dfrac{4\pi r^3}{3}\rho$ 为球的质量. 上述结果表明：质量均匀分布的球对球外一质点的引力如同球的质量集中在球心时两质点间的引力.

习 题 9.6

1. 求球面 $x^2+y^2+z^2=25$ 被平面 $z=3$ 截得的上半部分曲面的面积.
2. 求锥面 $z=\sqrt{x^2+y^2}$ 被柱面 $z^2=2x$ 所截部分曲面的面积.
3. 求下列均匀密度的平面薄板重心：

(1) D 为半椭圆 $\dfrac{x^2}{a^2}+\dfrac{y^2}{b^2}\leqslant 1,y\geqslant 0$；

(2) D 是介于两个圆 $\rho=a\sin\theta,\rho=b\sin\theta(0<a<b)$ 之间的闭区域.

4. 求下列均匀密度物体的重心：

(1) $z\leqslant 1-x^2-y^2,z\geqslant 0$；

(2) $z=x^2+y^2, x+y=a, x=0, y=0, z=0$；

5. 求转动惯量：

(1) 求由 $y^2=ax$ 及直线 $x=a(a>0)$ 所围成的图形对直线 $y=-a$ 的转动惯量(密度 $\rho=1$)；

(2) 设有一个物体，由圆锥以及与这一锥体共底的半球拼成，而锥的高等于它的底半径 a，求该物体关于对称轴的转动惯量($\rho=1$).

6. 计算下列引力：

(1) 均匀薄板 $x^2+y^2\leqslant R^2, z=0$ 对于轴上一点 $(0,0,c)(c>0)$ 处的单位质量的引力；

(2) 均匀柱体 $x^2+y^2\leqslant a^2, 0\leqslant z\leqslant h$ 对于点 $P(0,0,c)(c>h)$ 处的单位质量的引力.

7. 思考题：定积分、二重积分、三重积分哪一个更难？其难点何在？

模拟考场九

一、选择题(每小题 2 分，共 8 分)

1. 设函数 $f(x,y)$ 连续，则二次积分 $\int_{\frac{\pi}{2}}^{\pi}\mathrm{d}x\int_{\sin x}^{1}f(x,y)\mathrm{d}y$ 等于(　　).

(A) $\int_0^1\mathrm{d}y\int_{\pi+\arcsin y}^{\pi}f(x,y)\mathrm{d}x$　　(B) $\int_0^1\mathrm{d}y\int_{\pi-\arcsin y}^{\pi}f(x,y)\mathrm{d}x$

(C) $\int_0^1\mathrm{d}y\int_{\frac{\pi}{2}}^{\pi+\arcsin y}f(x,y)\mathrm{d}x$　　(D) $\int_0^1\mathrm{d}y\int_{\frac{\pi}{2}}^{\pi-\arcsin y}f(x,y)\mathrm{d}x$

2. $\iint\limits_{x^2+y^2\leqslant 1}f(x,y)\mathrm{d}x\mathrm{d}y=$ (　　).

(A) $4\int_0^1\mathrm{d}x\int_0^{\sqrt{1-x^2}}f(x,y)\mathrm{d}y$　　(B) $\int_{-1}^1\mathrm{d}x\int_{-1}^1f(x,y)\mathrm{d}y$

(C) $\int_{-1}^1\mathrm{d}y\int_{-\sqrt{1-x^2}}^{\sqrt{1-x^2}}f(x,y)\mathrm{d}x$　　(D) $\int_{-1}^1\mathrm{d}y\int_{-\sqrt{1-y^2}}^{\sqrt{1-y^2}}f(x,y)\mathrm{d}x$

3. 已知 $D=\{(x,y)\mid x^2+y^2\leqslant 4x\}$，则 $\iint\limits_D\arctan \mathrm{e}^{xy}\mathrm{d}x\mathrm{d}y=$ (　　).

(A) π^2　　(B) 0　　(C) 1　　(D) $\frac{\pi^2}{2}$

4. 设 $D=\{(x,y)\mid |x|+|y|\leqslant 1\}$，$D_1=\{(x,y)\mid x+y\leqslant 1, x\geqslant 0, y\geqslant 0\}$，则 $\iint\limits_D(x+y+1)\mathrm{d}x\mathrm{d}y=$ (　　).

(A) $4\iint\limits_{D_1}(x+y+1)\mathrm{d}x\mathrm{d}y$　　(B) 0　　(C) 1　　(D) 2

二、在下列积分中改变累次积分的顺序(每小题 3 分，共 9 分)

5. $\int_0^{\pi}\mathrm{d}x\int_0^{\sin x}f(x,y)\mathrm{d}y$.

6. $\int_0^{2a}\mathrm{d}x\int_{\sqrt{2ax-x^2}}^{\sqrt{2ax}}f(x,y)\mathrm{d}y\quad(a>0)$.

7. $\int_0^1\mathrm{d}x\int_x^{\sqrt{x}}\frac{\sin y}{y}\mathrm{d}y$(并求值).

三、求下列二重积分的值(每小题5分,共30分)

8. $\iint\limits_D \sqrt{R^2-x^2-y^2}\,\mathrm{d}x\mathrm{d}y$,其中区域 $D=\{(x,y)\mid x^2+y^2\leqslant R^2\}$.

9. $\iint\limits_D (x+y+1)\,\mathrm{d}x\mathrm{d}y$,其中区域 D 是圆域 $x^2+y^2\leqslant a^2(a>0)$ 的第一象限部分的区域;

10. $\iint\limits_D \dfrac{x^2}{y^2}\mathrm{d}x\mathrm{d}y$,其中区域 D 是由 $y=x,y=\dfrac{1}{x},x=2$ 围成.

11. $\iint\limits_D \sqrt{x^2+y^2}\,\mathrm{d}x\mathrm{d}y$,其中区域 D 是由心脏线 $r=a(1+\cos\theta)$ 和圆 $r=a$ 所围的区域(外部分).

12. 设二元函数 $f(x,y)=\begin{cases}x^2, & |x|+|y|\leqslant 1,\\ \dfrac{1}{\sqrt{x^2+y^2}}, & 1<|x|+|y|\leqslant 2,\end{cases}$ 计算二重积分 $\iint\limits_D f(x,y)\mathrm{d}\sigma$,其中 $D=\{(x,y)\mid |x|+|y|\leqslant 2\}$.

13. $I=\iint\limits_D |\cos(x+y)|\,\mathrm{d}x\mathrm{d}y$,其中区域 $D=[0,\pi]\times[0,\pi]$.

四、求下列三重积分的值(每小题5分,共30分)

14. $\iiint\limits_\Omega (x+z)\,\mathrm{d}x\mathrm{d}y\mathrm{d}z$,其中 Ω 由 $z\geqslant\sqrt{x^2+y^2}$ 和 $z\leqslant\sqrt{1-x^2-y^2}$ 所确定;

15. $\iiint\limits_\Omega \mathrm{e}^{|z|}\,\mathrm{d}x\mathrm{d}y\mathrm{d}z$,其中 Ω:$x^2+y^2+z^2\leqslant 1$ 所围成的闭区域.

16. $\iiint\limits_\Omega y\sqrt{1-x^2}\,\mathrm{d}x\mathrm{d}y\mathrm{d}z$,其中 Ω 由曲面 $y=-\sqrt{1-x^2-z^2}$,$x^2+z^2=1$ 及平面 $y=1$ 所围成;

17. $\iiint\limits_\Omega (y^2+z^2)\,\mathrm{d}x\mathrm{d}y\mathrm{d}z$,其中 Ω 是由 xOy 平面上曲线 $y^2=2x$ 绕 x 轴旋转围成的区域与平面 $x=5$ 所围成的闭区域.

18. $\iiint\limits_\Omega (x^2+y^2+z)\,\mathrm{d}v$,其中 Ω 是由曲线 $\begin{cases}y^2=2z,\\ x=0\end{cases}$ 绕 z 轴旋转一周而成的旋转面与平面 $z=4$ 所围成的立体.

19. $\iiint\limits_\Omega (x^2+my^2+nz^2)\,\mathrm{d}v$,其中积分区域 Ω 是球体 $x^2+y^2+z^2\leqslant a^2$,m,n 是常数.

五、证明题(本题8分)

20. (1) 设 $f(x)$ 在区间 $[0,1]$ 上连续,证明

$$\int_0^1 f(x)\mathrm{d}x\int_x^1 f(y)\mathrm{d}y=\frac{1}{2}\left(\int_0^1 f(x)\mathrm{d}x\right)^2;$$

(2) 证明

$$\int_0^a \mathrm{d}y\int_0^y \mathrm{e}^{m(a-x)}f(x)\mathrm{d}x=\int_0^a (a-x)\mathrm{e}^{m(a-x)}f(x)\mathrm{d}x.$$

六、应用题(本题15分,21题8分,22题7分)

21. 设一均匀物体占有的闭区域 Ω 由曲面 $z=x^2+y^2$ 和平面 $z=0$,$|x|=a$,$|y|=a$ 所围成,求(1)物体的体积;(2)物体的重心.

22. 在均匀的半径为 R 的半圆形薄片的直径上,要接上一个一边与直径等长的同样材料的均

匀矩形薄片,为了使整个均匀薄片的重心恰好落在圆心上,问接上去的矩形薄片另一边的长度应是多少?

数学家史话　数学大师——Riemann

1826 年,Riemann(黎曼)生于德国北部汉诺威的布雷塞伦茨村,6 岁上学,14 岁进入大学预科学习,19 岁进入哥廷根大学攻读哲学和神学,以便将来继承父志当一名牧师.

由于 Riemann 从小酷爱数学,而当时的哥廷根大学是世界数学的中心之一,著名的数学家,如 Gauss、Weber 都在校执教,Riemann 被这里的数学气氛所感染,决定放弃神学,专攻数学. 1847 年,Riemann 转到柏林大学学习,成为 Jacobi、Dirichlet、Steiner、Eisenstien 的学生. 1849 年,Riemann 重回哥廷根大学攻读博士学位,成为 Gauss 晚年的学生. 1851 年,Riemann 获得数学博士学位;1859 年接替去世的 Dirichlet 被聘为教授. 1866 年病逝于意大利,终年 39 岁.

Riemann 是世界数学史上最具独创精神的数学家之一. Riemann 的著作不多,但却异常深刻,极富于对概念的创造与想象. Riemann 在其短暂的一生中为数学的众多领域作了许多奠基性、创造性的工作,为世界数学建立了丰功伟绩.

(1) 他是复变函数论的奠基人. Cauchy、Riemann 和 Weierstrass 是公认的复变函数论的主要奠基人,而且后来证明在处理复函数理论的方法上 Riemann 的方法是本质的,Cauchy 和 Riemann 的思想被融合起来,Weierstrass 的思想可以从 Cauchy-Riemann 的观点推导出来. 在 Riemann 对多值函数的处理中,最关键的是他引入了被后人称为“黎曼面”的概念. Riemann 将 Gauss 关于平面到平面的保形映射的结论推广到任意黎曼面上,并给出著名的 Riemann 映射定理.

(2) 他是 Riemann 几何的创始人. Riemann 对数学最重要的贡献在于几何方面,他开创的高维抽象几何的研究,处理几何问题的方法和手段是几何史上一场深刻的革命,他建立了一种全新的后来以其名字命名的几何体系(Riemann 几何),对现代几何乃至数学和科学各分支的发展都产生了巨大的影响. 爱因斯坦就是成功地以黎曼几何为工具,才将广义相对论几何化. 现在,Riemann 几何已成为现代理论物理必备的数学基础.

(3) 他对微积分理论的创造性贡献. 关于连续与可微性的关系上,Cauchy 和他那个时代的几乎所有的数学家都相信,而且在后来 50 年中许多教科书都“证明”连续函数一定是可微的. Riemann 给出了一个连续而不可微的著名反例,最终讲清楚了连续与可微的关系. Riemann 用自己独特的方法研究 Fourier 级数,推广了保证 Fourier 展开式成立的 Dirichlet 条件,即关于三角级数收敛的 Riemann 条件,得出关于三角级数收敛、可积的一系列定理.

(4) 解析数论跨世纪的成果. Riemann 开创了用复数解析函数研究数论问题的先例,取得了跨世纪的成果. 在 Riemann 死后的一百多年中,世界上许多最优秀的数学家都尽了最大的努力想证明他的关于数论的断言,并在作出这些努力的过程中为分析创立了新的内容丰富的新分支. 如今,除了他的一个断言外,其余都按 Riemann 所期望的那样得到了解决. 那个未解决的问题现称为“Riemann 猜想”,即 Hilbert23 个问题中的第 8 个问题,这个问题迄今没有人证明.

(5) 他是组合拓扑的开拓者. 在 Riemann 博士论文发表以前,已有一些组合拓扑的零散结果,其中,著名的如 Euler 关于闭凸多面体的顶点、棱、面数关系的 Euler 定理. 还有一些看起来简单又长期得不到解决的问题，如哥尼斯堡七桥问题、四色问题，这些促使了人们对组合拓扑学的研究. 但拓扑研究的最大推动力来自 Riemann 的复变函数论的工作. Riemann 由于当时病魔缠身，自身已无能力继续发展其思想，把方法传授给了 Betti. Betti 把黎曼面的拓扑分类推广到高维图形的连通性，并在拓扑学的其他领域作出杰出的贡献. Riemann 是当之无愧的组合拓扑的先期开拓者.

(6) 代数几何的开源贡献. 著名的代数几何学家 Clebsch 进一步熟悉了 Riemann 的工作，并对 Riemann 的工作给予新的发展. 虽然 Riemann 英年早逝，但世人公认，研究曲线的双有理变换的第一个大的步骤是由 Riemann 的工作引起的.

Riemann 的工作直接影响了 19 世纪后半期的数学发展，许多杰出的数学家重新论证 Riemann 断言过的定理，在 Riemann 思想的影响下数学许多分支取得了辉煌成就.

第 10 章　曲线积分和曲面积分

你是否遇到过问题或难题，在问题面前你做了什么？你对自己的学习方法是否做过总结？你最信赖的方法是什么？

——佚名

第 9 章的重积分把积分概念的积分范围从数轴上的一个区间(定积分)推广为平面上的一个闭区域(二重积分)和空间上的一个闭区域(三重积分). 本章将进一步推广积分的概念，分别讨论积分范围为一段具有有限长度的曲线弧(曲线积分)和一张具有有限面积的曲面(曲面积分)等两种情形，并阐明有关这两类积分的基本内容.

10.1　对弧长的曲线积分

10.1.1　对弧长的曲线积分的定义

引例 10.1　曲线型构件的质量. 为了既节约材料又保证构件的质量，往往根据构件各部分受力情况，合理设计构件各点处的粗细程度. 当构件整体上比较细小时可近似看作一条曲线，此时用线密度(单位长度的质量)刻画该构件的质量分布情况可以极大地简化研究. 设曲线型构件$\overset{\frown}{AB}$所占位置为 xOy 面上的一条曲线段 L，端点分别为 A,B，$\overset{\frown}{AB}$的线密度 $\rho(x,y)$ 在 L 上连续，求曲线型构件$\overset{\frown}{AB}$的质量(图 10.1).

如果是匀质物体(线密度在曲线上各点处相等)，即 $\rho(x,y)=\rho$(常数)，则质量$M=\rho\cdot s$，其中，s 为曲线段$\overset{\frown}{AB}$的弧长. 现在构件上各点的线密度 $\rho(x,y)$ 随着 x,y 取值的不同也是不同的，因此不能用匀质物体的方法计算其质量，需要使用“分段、近似、求和、取极限”的方法研究. 这种方法在定积分以及重积分内容中都使用过，具体解决方法如下.

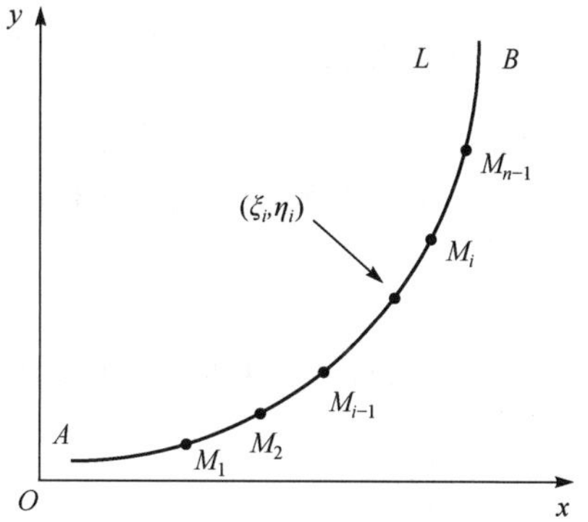

图 10.1

(1) **分割**　在 L 上插入 $n-1$ 个点 M_1，$M_2,\cdots,M_{n-1}$把 L 分为 n 段；

(2) **近似**　取其中一个小段构件$\overset{\frown}{M_{i-1}M_i}$来分析. 在线密度连续变化的前提下，只要这小段很短，就可将这一小段物体近似看作是匀质物体(密度不变)，并用这小段上任一点 (ξ_i,η_i) 处的线密度来近似代替这小段上其他各点处的线密度，从而得到这小段构件的质量的近似值为 $\Delta M_i\approx\rho(\xi_i,\eta_i)\cdot$

Δs_i（Δs_i 表示 $\overset{\frown}{M_{i-1}M_i}$ 的长度）.

（3）**求和**　总的质量等于各段质量之和，从而有 $M \approx \sum_{i=1}^{n} \rho(\xi_i, \eta_i) \cdot \Delta s_i$.

（4）**取极限**　需要注意的是此时求出的质量只是近似值，只有在分割无限细时得到的质量才为所求. 为了计算 M 的精确值，令 $\lambda = \max\{\Delta s_i\}$，只需取上式右端之和在 $\lambda \to 0$ 时的极限即可，从而得到构件的质量 $M = \lim_{\lambda \to 0} \sum_{i=1}^{n} \rho(\xi_i, \eta_i) \cdot \Delta s_i$.

由于这种特殊形式和的极限具有普遍的意义，为此给出下列定义.

定义 10.1　设 L 为 xOy 面内一条光滑曲线弧，函数 $f(x,y)$ 在 L 上有界. 在 L 上任意插入一列点 $M_1, M_2, \cdots, M_{n-1}$ 把 L 分成 n 个小段. 设第 i 个小段长度为 Δs_i，又 (ξ_i, η_i) 为第 i 个小段上任意取定的一点，作乘积 $f(\xi_i, \eta_i) \cdot \Delta s_i (i = 1, 2, \cdots, n)$，并作和 $\sum_{i=1}^{n} f(\xi_i, \eta_i) \cdot \Delta s_i$. 当各小弧段长度的最大值 $\lambda \to 0$ 时，如果这个和的极限存在，则称此极限为函数 $f(x,y)$ 在曲线弧 L 上**对弧长的曲线积分**（arc length of curve integral），或者称为**第一类曲线积分**（the first sort of curve integral），记作 $\int_L f(x,y) \mathrm{d}s$，即

$$\int_L f(x,y) \mathrm{d}s = \lim_{\lambda \to 0} \sum_{i=1}^{n} f(\xi_i, \eta_i) \cdot \Delta s_i,$$

其中，$f(x,y)$ 称为**被积函数**（integrand），L 称为**积分弧段**（integral radian）.

当 $f(x,y)$ 在光滑曲线弧 L 上连续时，对弧长的曲线积分 $\int_L f(x,y) \mathrm{d}s$ 是存在的，以后总假设 $f(x,y)$ 在 L 上是连续的.

根据定义 10.1，前述曲线型构件的质量 M 当线密度 $\rho(x,y)$ 在 L 上连续时，就等于 $\rho(x,y)$ 对弧长的曲线积分，即 $M = \int_L \rho(x,y) \mathrm{d}s$.

定义 10.1 也可以类似地推广到积分弧段为空间曲线弧 Γ 的情形，即函数 $f(x,y,z)$ 在曲线弧段 Γ 上对弧长的曲线积分

$$\int_\Gamma f(x,y,z) \mathrm{d}s = \lim_{\lambda \to 0} \sum_{i=1}^{n} f(\xi_i, \eta_i, \zeta_i) \cdot \Delta s_i.$$

如果曲线弧 L 是封闭的，那么函数 $f(x,y)$ 在闭曲线 L 上对弧长的曲线积分记作 $\oint_L f(x,y) \mathrm{d}s$.

10.1.2　对弧长曲线积分的性质

由对弧长的曲线积分的定义可知它有以下性质.

性质 10.1　设 α, β 为常数，则

$$\int_L [\alpha f(x,y) \pm \beta g(x,y)] \mathrm{d}s = \alpha \int_L f(x,y) \mathrm{d}s \pm \beta \int_L g(x,y) \mathrm{d}s.$$

性质 10.2 若积分弧段 L 可分为两段光滑曲线弧段 L_1 和 L_2，即$L=L_1+L_2$，则

$$\int_L f(x,y)\mathrm{d}s=\int_{L_1} f(x,y)\mathrm{d}s+\int_{L_2} f(x,y)\mathrm{d}s.$$

性质 10.3 假设在 L 上任意点(x,y)处恒有 $f(x,y)\leqslant g(x,y)$，则

$$\int_L f(x,y)\mathrm{d}s\leqslant\int_L g(x,y)\mathrm{d}s.$$

特别地，有

$$\left|\int_L f(x,y)\mathrm{d}s\right|\leqslant\int_L |f(x,y)|\mathrm{d}s.$$

性质 10.4 $\int_L \mathrm{d}s=s$，其中，s 为曲线段 L 的弧长.

10.1.3 对弧长曲线积分的计算

下面定理既指出了对弧长的曲线积分存在的某种特定条件，又给出了此条件下该积分的具体计算方法.

定理 10.1 设 $f(x,y)$在曲线弧段 L 上有定义且连续，L 的参数方程为

$$\begin{cases}x=\varphi(t),\\ y=\psi(t),\end{cases}\quad \alpha\leqslant t\leqslant\beta,$$

其中，$\varphi(t)$，$\psi(t)$ 在$[\alpha,\beta]$ 上具有一阶连续导数且 $\varphi'^2(t)+\psi'^2(t)\neq 0$，则曲线积分 $\int_L f(x,y)\mathrm{d}s$ 存在且

$$\int_L f(x,y)\mathrm{d}s=\int_\alpha^\beta f[\varphi(t),\psi(t)]\sqrt{\varphi'^2(t)+\psi'^2(t)}\mathrm{d}t,\quad \alpha<\beta. \tag{10.1}$$

证 假定当参数 t 由 α 变至 β 时，L 上的点 $M(x,y)$依点 A 到 B 的方向描绘出曲线 L. 在 L 上取一列点

$$A=M_0,M_1,M_2,\cdots,M_{n-1},M_n=B,$$

它们对应一列单调增加的参数值

$$\alpha=t_0,t_1,t_2,\cdots,t_{n-1},t_n=\beta.$$

根据定义 10.1，有 $\int_L f(x,y)\mathrm{d}s=\lim\limits_{\lambda\to 0}\sum\limits_{i=1}^n f(\xi_i,\eta_i)\Delta s_i$. 设点$(\xi_i,\eta_i)$ 对应的参数为 $\tau_i\in[t_{i-1},t_i]$，即 $\xi_i=\varphi(\tau_i)$，$\eta_i=\psi(\tau_i)$. 由于

$$\Delta s_i=\int_{t_{i-1}}^{t_i}\sqrt{\varphi'^2(t)+\psi'^2(t)}\mathrm{d}t,$$

应用积分中值定理有

$$\Delta s_i=\sqrt{\varphi'^2(\tau_i')+\psi'^2(\tau_i')}\Delta t_i,$$

其中，$\Delta t_i=t_i-t_{i-1}$，$\tau_i'\in[t_{i-1},t_i]$. 于是

$$\int_L f(x,y)\mathrm{d}s=\lim_{\lambda\to 0}\sum_{i=1}^n f[\varphi(\tau_i),\psi(\tau_i)]\sqrt{\varphi'^2(\tau_i')+\psi'^2(\tau_i')}\Delta t_i.$$

注意到$\sqrt{\varphi'^2(t)+\psi'^2(t)}$在闭区间$[\alpha,\beta]$上连续，可以把上式中的$\tau_i'$换成$\tau_i$且不改变极限的值，从而

$$\int_L f(x,y)\mathrm{d}s=\lim_{\lambda\to 0}\sum_{i=1}^{n} f[\varphi(\tau_i),\psi(\tau_i)]\sqrt{\varphi'^2(\tau_i)+\psi'^2(\tau_i)}\Delta t_i.$$

上式右端和式的极限刚好是函数$f[\varphi(t),\psi(t)]\sqrt{\varphi'^2(t)+\psi'^2(t)}$在区间$[\alpha,\beta]$上的定积分，由于这个函数在$[\alpha,\beta]$上连续，所以这个定积分是存在的，因此上式左端的曲线积分$\int_L f(x,y)\mathrm{d}s$也存在，并且有

$$\int_L f(x,y)\mathrm{d}s=\int_\alpha^\beta f[\varphi(t),\psi(t)]\sqrt{\varphi'^2(t)+\psi'^2(t)}\mathrm{d}t,\quad \alpha<\beta.$$ □

式(10.1)表明计算对弧长的曲线积分$\int_L f(x,y)\mathrm{d}s$时，只要把L的参数方程中x,y的表达式$\varphi(t),\psi(t)$代入，并把$\mathrm{d}s$换为$\sqrt{\varphi'^2(t)+\psi'^2(t)}\mathrm{d}t$，然后从$\alpha$到$\beta$作定积分即可. 上述计算公式相当于"换元法". 为了帮助记忆，可把上述步骤简称为**"一代(入)、二换(元)、三定限"**.

这里必须注意的是由于小弧段的长度$\Delta s_i>0$，从而$\Delta t_i>0$，因此积分限必须满足$\alpha<\beta$. **即积分的下限$\boldsymbol{\alpha}$一定要小于上限$\boldsymbol{\beta}$.**

特别地，有以下结论成立.

(1) 如果曲线L的方程为$y=\psi(x)(a\leqslant x\leqslant b)$，那么可以把这种情况看作是特殊的参数方程

$$x=t,y=\psi(t),\quad a\leqslant t\leqslant b,$$

利用式(10.1)得出

$$\int_L f(x,y)\mathrm{d}s=\int_a^b f(x,\psi(x))\sqrt{1+\psi'^2(x)}\mathrm{d}x. \tag{10.2}$$

(2) 如果曲线L的方程为$x=\varphi(y)(c\leqslant y\leqslant d)$，则类似地有

$$\int_L f(x,y)\mathrm{d}s=\int_c^d f(\varphi(y),y)\sqrt{1+\varphi'^2(y)}\mathrm{d}y. \tag{10.3}$$

(3) 如果方程为极坐标的形式$L:r=r(\theta)(\alpha\leqslant\theta\leqslant\beta)$，则有

$$\begin{cases}x=r(\theta)\cos\theta,\\ y=r(\theta)\sin\theta,\end{cases}\quad \alpha\leqslant\theta\leqslant\beta,$$

从而

$$\int_L f(x,y)\mathrm{d}s=\int_\alpha^\beta f[r(\theta)\cos\theta,r(\theta)\sin\theta]\sqrt{r^2(\theta)+r'^2(\theta)}\mathrm{d}\theta. \tag{10.4}$$

这种计算积分曲线的方法可以推广到空间的情形. 设空间曲线弧的参数方程为

$$\Gamma:\begin{cases}x=\varphi(t),\\ y=\psi(t),\quad \alpha\leqslant t\leqslant\beta,\\ z=\omega(t),\end{cases}$$

则有

$$\int_\Gamma f(x,y,z)\mathrm{d}s=\int_\alpha^\beta f[\varphi(t),\psi(t),\omega(t)]\sqrt{\varphi'^2(t)+\psi'^2(t)+\omega'^2(t)}\mathrm{d}t. \tag{10.5}$$

例 1 计算$\int_L x\mathrm{d}s$,其中,L 是抛物线 $y=x^2$ 上点 $O(0,0)$ 与点 $B(1,1)$ 之间的一段弧(图 10.2).

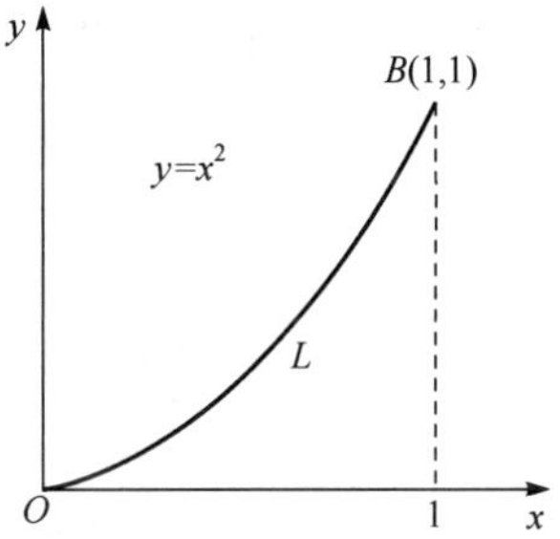

图 10.2

解 此时 $L:y=x^2(0\leqslant x\leqslant 1)$,则

$$\int_L x\mathrm{d}s=\int_0^1 x\cdot\sqrt{1+(2x)^2}\mathrm{d}x=\int_0^1 x\sqrt{1+4x^2}\mathrm{d}x$$

$$=\frac{1}{12}(1+4x^2)^{\frac{3}{2}}\Big|_0^1=\frac{1}{12}(5\sqrt{5}-1).$$

对弧长的曲线积分有着与定积分、重积分类似的关于积分区域的对称性,也有着关于变量的轮换对称性,还有着曲线积分独特的利用积分曲线方程化简(代入)被积函数的性质. 在使用上述基本方法计算对弧长的曲线积分时,若能充分利用对称性可以极大地简化计算,具体技巧在做练习时慢慢体会与感悟.

例 2 计算 $I=\int_L |x|\mathrm{d}s$,其中,L 为双纽线$(x^2+y^2)^2=a^2(x^2-y^2)$ $(a>0)$(图 10.3).

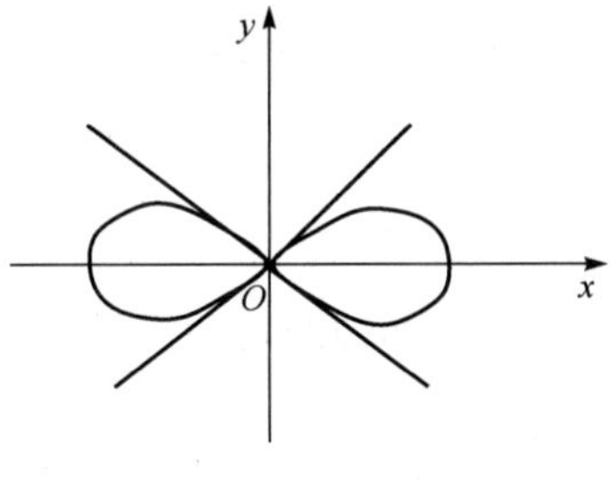

图 10.3

解 在极坐标系下 $L:r^2=a^2\cos 2\theta$,它在第一象限部分为

$$L_1:r=a\sqrt{\cos 2\theta},\quad 0\leqslant\theta\leqslant\frac{\pi}{4}.$$

利用对称性,则有

$$I=4\int_{L_1}x\mathrm{d}s=4\int_0^{\frac{\pi}{4}}r\cos\theta\sqrt{r^2(\theta)+r'^2(\theta)}\mathrm{d}\theta$$

$$=4\int_0^{\frac{\pi}{4}}a^2\cos\theta\mathrm{d}\theta=2\sqrt{2}a^2.$$

例 3 计算曲线积分$\int_\Gamma(x^2+y^2+z^2)\mathrm{d}s$,其中,$\Gamma$为螺旋线:$x=a\cos t$,$y=a\sin t$,$z=kt(0\leqslant t\leqslant 2\pi)$ 的一段弧.

解 由式(10.5)可得

$$\int_\Gamma(x^2+y^2+z^2)\mathrm{d}s$$

$$=\int_0^{2\pi}[(a\cos t)^2+(a\sin t)^2+(kt)^2]\cdot\sqrt{(-a\sin t)^2+(a\cos t)^2+k^2}\mathrm{d}t$$

$$=\sqrt{a^2+k^2}\int_0^{2\pi}[a^2+k^2t^2]\mathrm{d}t=\sqrt{a^2+k^2}\left(a^2t+\frac{k^2}{3}t^3\right)\Big|_0^{2\pi}$$

$$= \frac{2\pi}{3}\sqrt{a^2+k^2}(3a^2+4\pi^2k^2).$$

例 4　计算$\oint_\Gamma x^2\mathrm{d}s$,其中,$\Gamma$为球面$x^2+y^2+z^2=a^2$被平面$x+y+z=0$所截的圆周.

解　由对称性可知

$$\oint_\Gamma x^2\mathrm{d}s=\oint_\Gamma y^2\mathrm{d}s=\oint_\Gamma z^2\mathrm{d}s,$$

所以

$$\oint_\Gamma x^2\mathrm{d}s=\frac{1}{3}\oint_\Gamma(x^2+y^2+z^2)\mathrm{d}s=\frac{1}{3}\oint_\Gamma a^2\mathrm{d}s=\frac{1}{3}a^2\cdot 2\pi a=\frac{2}{3}\pi a^3.$$

10.1.4　对弧长的曲线积分的应用

因为对弧长的曲线积分的物理背景可视为曲线弧的质量,故仿照重积分的应用,可给出对弧长曲线积分的应用,如在计算曲线弧的长度、旋转曲面的面积、不均匀曲线段的质量、重心坐标、转动惯量、对质点的引力等方面均有着重要的应用.这类问题的解决方法仍是应用积分的**元素法**,下面用例子说明.

例 5　求线密度为$\rho=\sqrt{x^2+y^2}$的曲线L的质量,其中,L为圆周$x^2+y^2=-2y$.

解　曲线L的极坐标方程为L:$r=-2\sin\theta(-\pi\leqslant\theta\leqslant 0)$,而

$$\rho=\sqrt{x^2+y^2}=r=-2\sin\theta,\quad \mathrm{d}s=\sqrt{[r(\theta)]^2+[r'(\theta)]^2}\mathrm{d}\theta=2\mathrm{d}\theta,$$

则

$$M=\oint_L\rho(x,y)\mathrm{d}s=\oint_L\sqrt{x^2+y^2}\mathrm{d}s=\int_{-\pi}^{0}-4\sin\theta\mathrm{d}\theta=8.$$

例 6　计算半径为R,中心角为2α的圆弧L对于它的对称轴的转动惯量I(设线密度$\rho=1$).

解　建立坐标系如图 10.4 所示,在弧L上取典型的一小段弧,其端点坐标为(x,y),长度为$\mathrm{d}s$,则该小段弧的质量为$\rho\cdot\mathrm{d}s$,绕对称轴(x轴)的转动惯量近似等于$y^2\rho\cdot\mathrm{d}s$.由元素法可得整段圆弧L对于它的对称轴(x轴)的转动惯量

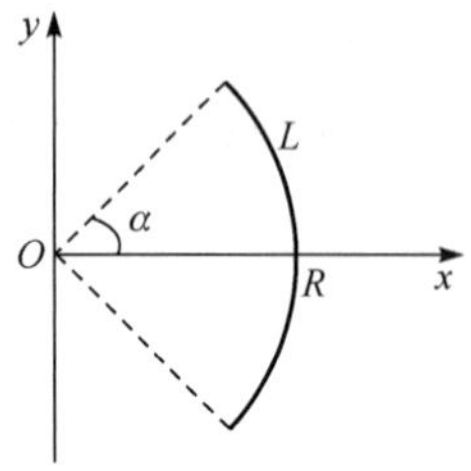

图 10.4

$$I=\int_L y^2\mathrm{d}s.$$

因L的参数方程为

$$\begin{cases}x=R\cos\theta,\\ y=R\sin\theta,\end{cases}\quad -\alpha\leqslant\theta\leqslant\alpha,$$

于是

$$I=\int_L y^2\mathrm{d}s=\int_{-\alpha}^{\alpha}R^2\sin^2\theta\sqrt{(-R\sin\theta)^2+(R\cos\theta)^2}\,\mathrm{d}\theta$$

$$=R^3\int_{-\alpha}^{\alpha}\sin^2\theta\mathrm{d}\theta=2R^3\left(\frac{\theta}{2}-\frac{\sin2\theta}{4}\right)\Big|_0^{\alpha}=R^3(\alpha-\sin\alpha\cos\alpha).$$

例 7 用第一类曲线积分计算由曲线 $L:y=\frac{1}{4}x^2-\frac{1}{2}\ln x\,(1\leqslant x\leqslant 2)$绕直线 l: $y=\frac{3}{4}x-\frac{9}{8}$旋转所成的旋转曲面的面积.

解 记 u 是曲线 L 上的点(x,y)到直线 l 的距离,则

$$u=\frac{1}{\sqrt{1+\left(\frac{3}{4}\right)^2}}\left|\left(\frac{1}{4}x^2-\frac{1}{2}\ln x\right)-\left(\frac{3}{4}x-\frac{9}{8}\right)\right|$$

$$=\frac{1}{5}\left(x^2-2\ln x-3x+\frac{9}{2}\right).$$

曲线 L 上的弧微分

$$\mathrm{d}s=\sqrt{1+\left[\left(\frac{1}{4}x^2-\frac{1}{2}\ln x\right)'\right]^2}\,\mathrm{d}x=\frac{1}{2}\left(x+\frac{1}{x}\right)\mathrm{d}x,$$

利用元素法可知,所求旋转曲面的面积

$$A=\int_L 2\pi u\mathrm{d}s$$

$$=\frac{2\pi}{5}\int_1^2\left(x^2-2\ln x-3x+\frac{9}{2}\right)\cdot\frac{1}{2}\left(x+\frac{1}{x}\right)\mathrm{d}x$$

$$=\frac{2}{5}\left[\frac{7}{2}+\frac{1}{2}\ln2\cdot(1-2\ln2)\right].$$

例 8 求半径为 R 的均匀半圆周 L(线密度 $\rho=1$)对位于圆心的单位质量的质点的引力.

解 取圆心为坐标原点,上半圆周方程为

$$\begin{cases}x=R\cos\theta,\\ y=R\sin\theta,\end{cases}\quad 0\leqslant\theta\leqslant\pi.$$

由对称性知所求引力沿 x 轴方向的分力为 0,利用元素法可推出沿 y 轴方向的分力为

$$F_y=\int_L\frac{k}{R^2}\sin\theta\mathrm{d}s=\int_0^{\pi}\frac{k}{R}\sin\theta\mathrm{d}\theta=\frac{2k}{R}.$$

所以所求引力

$$\boldsymbol{F}=\frac{2k}{R}\boldsymbol{j}.$$

习　题　10.1

1. 填空题

(1) 设 L 为半圆周 $x=a\cos t, y=a\sin t, 0\leqslant t\leqslant \pi$，则$\int_L (x^2+y^2)^n \mathrm{d}s=$ ________；

(2) 设 L 为连接(1,0) 和(0,1) 两点的直线段，则$\int_L (x+y)\mathrm{d}s=$ ________.

2. 选择题

(1) 设 L 为圆周 $x^2+y^2=1$，则$\oint_L (x^2+y^2)\mathrm{d}s=($　　$)$；

(A)$\int_{2\pi}^{0}\mathrm{d}\theta$　　(B)$\int_0^{2\pi}\mathrm{d}\theta$　　(C)$\int_0^{2\pi} r^2\mathrm{d}\theta$　　(D)$\int_0^{2\pi}\sqrt{2}\mathrm{d}\theta$

(2) 设 L 为抛物线 $y=x^2$ 上 $0\leqslant x\leqslant 1$ 的弧段，则$\int_L x\mathrm{d}s=($　　$)$.

(A)$\frac{1}{12}(5\sqrt{5}-1)$　(B)$(5\sqrt{5}-1)$　(C)$\frac{1}{12}$　(D)$\frac{1}{8}(5\sqrt{5}-1)$

3. 利用对弧长的曲线积分的定义证明，如果曲线弧段 L 分为两段光滑曲线弧段 L_1, L_2，则 $\int_L f(x,y)\mathrm{d}s=\int_{L_1} f(x,y)\mathrm{d}s+\int_{L_2} f(x,y)\mathrm{d}s$.

4. 计算下列对弧长的曲线积分：

(1) $\oint_L \sqrt{x^2+y^2}\mathrm{d}s$，其中，$L$ 为圆周 $x^2+y^2=4x$；

(2) $\int_L |x|\mathrm{d}s$，其中，L 为 $|x|+|y|=1$；

(3) $\int_L (x^2+y^2)\mathrm{d}s$，其中，$L$ 为 $x^2+y^2+z^2=1$ 与 $x+y+z=1$ 的交线；

(4) $\oint_L |xy|\mathrm{d}s$，其中，L 为$\frac{x^2}{a^2}+\frac{y^2}{b^2}=1\ (a>b>0)$；

(5) $\int_L y^2\mathrm{d}s$，其中，平面曲线 L 为旋转线 $x=a(t-\sin t)$，$y=a(1-\cos t)(0\leqslant t\leqslant 2\pi)$ 的一拱；

(6) $\int_L (x+y)\mathrm{d}s$，其中，L 为双纽线 $r^2=a^2\cos 2\theta$(极坐标方程) 的右面一瓣.

5. 设 L 为椭圆$\frac{x^2}{4^2}+\frac{y^2}{3^2}=1$，其周长为 a，则$\oint_L (2xy+3x^2+4y^2)\mathrm{d}s$ 的值为多少？

6. 求 1/8 球面 $x^2+y^2+z^2=R^2(x\geqslant 0, y\geqslant 0, z\geqslant 0)$的边界曲线的质心，设曲线线密度 $\rho=1$.

10.2　对坐标的曲线积分

10.2.1　对坐标的曲线积分的定义与性质

引例 10.2　设 L 是 xOy 面内一条光滑曲线弧段，A 与 B 是 L 上两点，一质点在变力 $\boldsymbol{F}(x,y)=P(x,y)\boldsymbol{i}+Q(x,y)\boldsymbol{j}$ 作用下从点 A 沿曲线 L 移动到点 B，其中，函数 $P(x,y), Q(x,y)$在 L 上连续，试求移动过程中变力 $\boldsymbol{F}(x,y)$所作的功 W(图 10.5).

如果 $\boldsymbol{F}$ 是常力(大小与方向不变)且质点从 A 沿直线移动到点 B,那么常力 $\boldsymbol{F}$ 所做的功 W 等于向量 $\boldsymbol{F}$ 与 $\overrightarrow{AB}$ 的数量积,即

$$W=\boldsymbol{F}\cdot\overrightarrow{AB}.$$

而此时 $\boldsymbol{F}(x,y)$ 是变力且质点的运动路径是曲线 L,功 W 不能直接按上述的公式计算. 然而 10.1 节处理曲线型构件质量的方法,可用于解决此"受变力沿曲线运动物体做功"问题.

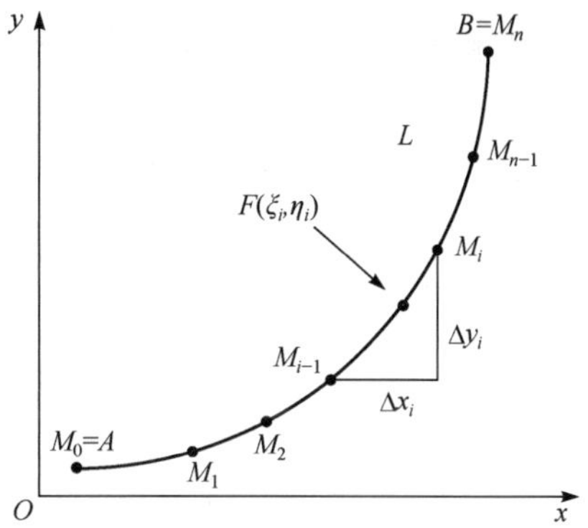

图 10.5

先用曲线 L 上的点 $A=M_0(x_0,y_0)$, $M_1(x_1,y_1)$, $M_2(x_2,y_2)$, $\cdots$, $M_{n-1}(x_{n-1},y_{n-1})$, $M_n(x_n,y_n)=B$ 把 L 分成 n 个小弧段,由于有向小弧段 $\overset{\frown}{M_{i-1}M_i}$ 光滑且很短,可用有向直线段

$$\overrightarrow{M_{i-1}M_i}=\Delta x_i\cdot\boldsymbol{i}+\Delta y_i\cdot\boldsymbol{j}$$

近似代替,其中,$\Delta x_i=x_i-x_{i-1}$, $\Delta y_i=y_i-y_{i-1}$. 又因函数 $P(x,y)$, $Q(x,y)$ 在 L 上连续, 可用 $\overset{\frown}{M_{i-1}M_i}$ 上任意取定一点 (ξ_i,η_i) 处的力

$$\boldsymbol{F}(\xi_i,\eta_i)=P(\xi_i,\eta_i)\boldsymbol{i}+Q(\xi_i,\eta_i)\boldsymbol{j}$$

近似代替 $\overset{\frown}{M_{i-1}M_i}$ 上各点处的力. 这样变力 $\boldsymbol{F}(x,y)$ 沿有向小弧段 $\overset{\frown}{M_{i-1}M_i}$ 所做的功 ΔW_i,可近似地等于常力 $\boldsymbol{F}(\xi_i,\eta_i)$ 沿直线段 $\overrightarrow{M_{i-1}M_i}$ 所做的功,即

$$\Delta W_i\approx\boldsymbol{F}(\xi_i,\eta_i)\cdot\overrightarrow{M_{i-1}M_i}=P(\xi_i,\eta_i)\Delta x_i+Q(\xi_i,\eta_i)\Delta y_i.$$

于是

$$W=\sum_{i=1}^{n}\Delta W_i\approx\sum_{i=1}^{n}\boldsymbol{F}(\xi_i,\eta_i)\cdot\overrightarrow{M_{i-1}M_i}=\sum_{i=1}^{n}[P(\xi_i,\eta_i)\Delta x_i+Q(\xi_i,\eta_i)\Delta y_i].$$

令 λ 为 n 个小弧段的最大长度,对上式取 $\lambda\to0$ 时的极限,所得极限值就是变力 $\boldsymbol{F}(x,y)$ 沿曲线 L 所做的功,即

$$W=\lim_{\lambda\to0}\sum_{i=1}^{n}[P(\xi_i,\eta_i)\Delta x_i+Q(\xi_i,\eta_i)\Delta y_i].$$

这类和式的极限在研究其他问题时也常常遇到,为此引入下面的定义.

定义 10.2 设 L 是 xOy 面内从点 A 到点 B 的一条有向光滑曲线弧,函数 $P(x,y)$, $Q(x,y)$ 在 L 上有界. 在 L 上沿曲线的方向任意插入一点列 $A=M_0(x_0,y_0)$, $M_1(x_1,y_1)$, $M_2(x_2,y_2)$, $\cdots$, $M_{n-1}(x_{n-1},y_{n-1})$, $M_n(x_n,y_n)=B$,把 L 分成 n 个有向小弧段 $L_1,L_2,\cdots,L_n$,小弧段 L_i 的起点为 $M_{i-1}(x_{i-1},y_{i-1})$,终点为 $M_i(x_i,y_i)$,记 $\Delta x_i=x_i-x_{i-1}$, $\Delta y_i=y_i-y_{i-1}$, (ξ_i,η_i) 为 L_i 上任意一点,λ 为各小弧段长度的最大值. 如果极限 $\lim\limits_{\lambda\to0}\sum\limits_{i=1}^{n}P(\xi_i,\eta_i)\Delta x_i$ 总存在,则称此极限为函数 $P(x,y)$ 在有向曲线 L 上**对坐标 $\boldsymbol{x}$**

的曲线积分(x coordinate of curve integral)，记作$\int_L P(x,y)\mathrm{d}x$. 类似地，如果$\lim\limits_{\lambda\to 0}\sum\limits_{i=1}^{n} Q(\xi_i,\eta_i)\Delta y_i$总存在，则称此极限为函数$Q(x,y)$在有向曲线$L$上**对坐标$y$的曲线积分**($y$ coordinate of curve integral)，记作$\int_L Q(x,y)\mathrm{d}y$，即

$$\int_L P(x,y)\mathrm{d}x = \lim_{\lambda\to 0}\sum_{i=1}^{n} P(\xi_i,\eta_i)\Delta x_i,$$

$$\int_L Q(x,y)\mathrm{d}y = \lim_{\lambda\to 0}\sum_{i=1}^{n} Q(\xi_i,\eta_i)\Delta y_i.$$

其中，$P(x,y)$，$Q(x,y)$称为**被积函数**(integrand)，L称为**积分弧段**(integral radian).

以上两个积分也称为**第二类曲线积分**(the second sort of curve integral). 应用上常见到的是$\int_L P(x,y)\mathrm{d}x+\int_L Q(x,y)\mathrm{d}y$，为了方便可以将它写成

$$\int_L P(x,y)\mathrm{d}x+\int_L Q(x,y)\mathrm{d}y=\int_L P(x,y)\mathrm{d}x+Q(x,y)\mathrm{d}y.$$

当$P(x,y)$，$Q(x,y)$在有向光滑曲线弧L上连续时，对坐标的曲线积分$\int_L P(x,y)\mathrm{d}x$及$\int_L Q(x,y)\mathrm{d}y$都存在，因此，以后总假定$P(x,y)$，$Q(x,y)$在L上连续.

定义10.2也可推广到积分弧段为空间有向曲线弧Γ的情形，

$$\int_\Gamma P(x,y,z)\mathrm{d}x = \lim_{\lambda\to 0}\sum_{i=1}^{n} P(\xi_i,\eta_i,\zeta_i)\Delta x_i,$$

$$\int_\Gamma Q(x,y,z)\mathrm{d}y = \lim_{\lambda\to 0}\sum_{i=1}^{n} Q(\xi_i,\eta_i,\zeta_i)\Delta y_i,$$

$$\int_\Gamma R(x,y,z)\mathrm{d}z = \lim_{\lambda\to 0}\sum_{i=1}^{n} R(\xi_i,\eta_i,\zeta_i)\Delta z_i.$$

对于空间有向曲线弧Γ上的第二类曲线积分也可简写为

$$\int_\Gamma P(x,y,z)\mathrm{d}x+\int_\Gamma Q(x,y,z)\mathrm{d}y+\int_\Gamma R(x,y,z)\mathrm{d}z$$
$$=\int_\Gamma P(x,y,z)\mathrm{d}x+Q(x,y,z)\mathrm{d}y+R(x,y,z)\mathrm{d}z.$$

根据定义10.2，可以推出对坐标的曲线积分除了满足与性质10.1类似的线性性质

$$\int_L \alpha P\mathrm{d}x+\beta Q\mathrm{d}y=\alpha\int_L P\mathrm{d}x+\beta\int_L Q\mathrm{d}y$$

外，还具有下列性质.

性质10.5　如果把L分成两段光滑的有向曲线弧L_1和L_2，则

$$\int_L P\mathrm{d}x+Q\mathrm{d}y=\int_{L_1} P\mathrm{d}x+Q\mathrm{d}y+\int_{L_2} P\mathrm{d}x+Q\mathrm{d}y.$$

此公式可以推广到 L 由 $L_1,L_2,\cdots,L_k$ 等 k 个有向光滑曲线弧段组成的情形，即

$$\int_L P\mathrm{d}x+Q\mathrm{d}y=\int_{L_1} P\mathrm{d}x+Q\mathrm{d}y+\int_{L_2} P\mathrm{d}x+Q\mathrm{d}y+\cdots+\int_{L_k} P\mathrm{d}x+Q\mathrm{d}y.$$

性质 10.6 设 L 是有向曲线弧，$-L$ 是与 L 方向相反的有向曲线弧，则

$$\int_{-L} P(x,y)\mathrm{d}x+Q(x,y)\mathrm{d}y=-\int_L P(x,y)\mathrm{d}x+Q(x,y)\mathrm{d}y.$$

需要注意的是：当积分弧段的方向改变时，对坐标的曲线积分要改变符号. 因此关于对坐标的曲线积分，必须注意积分弧段的方向.

性质 10.6 是对坐标的曲线积分所特有的，对弧长的曲线积分不具有这个性质. 然而对弧长的曲线积分具有的性质 10.3，对坐标的曲线积分却不具备类似性质.

10.2.2 对坐标的曲线积分的计算

类似于对弧长的曲线积分一样，对坐标的曲线积分也可化为定积分计算，并有如下定理.

定理 10.2 设 $P(x,y)$，$Q(x,y)$ 在有向光滑弧段 L 上有定义且连续，L 的参数方程为

$$\begin{cases}x=\varphi(t),\\ y=\psi(t),\end{cases}$$

当参数 t 单调的从 α 变到 β 时，点 $M(x,y)$ 从 L 的起点 A 沿着 L 运动到终点 B，$\varphi(t)$ 与 $\psi(t)$ 在以 α 及 β 为端点的闭区间上具有一阶连续的导数且 $\varphi'^2(t)+\psi'^2(t)\neq 0$，则曲线积分 $\int_L P(x,y)\mathrm{d}x+Q(x,y)\mathrm{d}y$ 存在且

$$\int_L P(x,y)\mathrm{d}x+Q(x,y)\mathrm{d}y=\int_\alpha^\beta\{P[\varphi(t),\psi(t)]\cdot\varphi'(t)+Q[\varphi(t),\psi(t)]\cdot\psi'(t)\}\mathrm{d}t. \tag{10.6}$$

证 先证明

$$\int_L P(x,y)\mathrm{d}x=\int_\alpha^\beta\{P[\varphi(t),\psi(t)]\cdot\varphi'(t)\mathrm{d}t.$$

根据定义 10.2，$\int_L P(x,y)\mathrm{d}x=\lim\limits_{\lambda\to 0}\sum\limits_{i=1}^n P(\xi_i,\eta_i)\Delta x_i$. 设分点 x_i 对应参数 t_i，点 (ξ_i,η_i) 对应参数 τ_i，由于

$$\Delta x_i=x_i-x_{i-1}=\varphi(t_i)-\varphi(t_{i-1})=\varphi'(\tau_i')\Delta t_i,$$

其中，$\tau_i'\in(t_{i-1},t_i)$，所以

$$\int_L P(x,y)\mathrm{d}x=\lim_{\lambda\to 0}\sum_{i=1}^n P[\varphi(\tau_i),\psi(\tau_i)]\varphi'(\tau'_i)\Delta t_i.$$

因为 L 为光滑曲线弧，所以 $\varphi'(t)$ 连续（即 $\varphi'(\tau_i')\approx\varphi'(\tau_i)$），则有

$$\int_L P(x,y)\mathrm{d}x = \lim_{\lambda\to 0}\sum_{i=1}^{n} P[\varphi(\tau_i),\psi(\tau_i)]\varphi'(\tau'_i)\Delta t_i$$
$$= \lim_{\lambda\to 0}\sum_{i=1}^{n} P[\varphi(\tau_i),\psi(\tau_i)]\varphi'(\tau_i)\Delta t_i$$
$$= \int_\alpha^\beta P[\varphi(t),\psi(t)]\cdot\varphi'(t)\mathrm{d}t.$$

同理可证

$$\int_L Q(x,y)\mathrm{d}y = \int_\alpha^\beta Q[\varphi(t),\psi(t)]\cdot\psi'(t)\ \mathrm{d}t.$$

两式相加可得

$$\int_L P(x,y)\mathrm{d}x + Q(x,y)\mathrm{d}y = \int_\alpha^\beta \{P[\varphi(t),\psi(t)]\cdot\varphi'(t) + Q[\varphi(t),\psi(t)]\cdot\psi'(t)\}\mathrm{d}t,$$

其中,下限 α 对应于 L 的起点 A,上限 β 对应于 L 的终点 B,α 不一定小于 β. □

由式(10.6)可以看出,计算 $\int_L P(x,y)\mathrm{d}x + Q(x,y)\mathrm{d}y$ 时无须过多技巧,只需要把 L 的参数方程中 x,y 的表达式 $\varphi(t),\psi(t)$ 代入,再把 $\mathrm{d}x$ 和 $\mathrm{d}y$ 分别换成 $\varphi'(t)\mathrm{d}t$ 与 $\psi'(t)\mathrm{d}t$,最后以下限 α(对应于 L 的起点)、上限 β(对应于 L 的终点)计算定积分. 为便于记忆,将此计算过程可归结为**"一代(入)、二换(元)、三定限"**. 其积分变量 t 由 α(对应于 L 的起点)变到 β(对应于 L 的终点)的过程记为:$t:\alpha\to\beta$.

根据曲线 L 的不同情况,定理 10.2 的结论可以推广如下.

(1) 如果 L 的方程为 $y=\psi(x)(x:a\to b)$,则

$$\int_L P(x,y)\mathrm{d}x + Q(x,y)\mathrm{d}y = \int_a^b \{P[x,\psi(x)] + Q[x,\psi(x)]\cdot\psi'(x)\}\mathrm{d}x. \quad (10.7)$$

(2) 对空间光滑曲线弧 $\Gamma:\begin{cases}x=\varphi(t),\\ y=\psi(t),\ t:\alpha\to\beta,\\ z=\omega(t),\end{cases}$ 则

$$\int_\Gamma P(x,y,z)\mathrm{d}x + Q(x,y,z)\mathrm{d}y + R(x,y,z)\mathrm{d}z$$
$$= \int_\alpha^\beta \{P[\varphi(t),\psi(t),\omega(t)]\varphi'(t) + Q[\varphi(t),\psi(t),\omega(t)]\psi'(t)$$
$$+ R[\varphi(t),\psi(t),\omega(t)]\omega'(t)\}\mathrm{d}t, \quad (10.8)$$

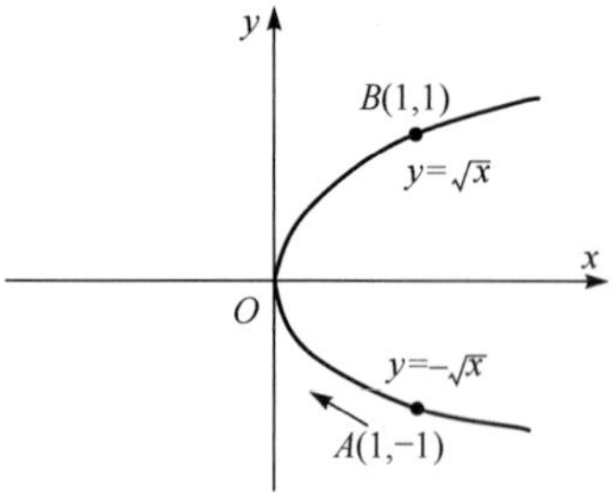

图 10.6

其中,下限 α 对应 Γ 的起点,上限 β 对应 Γ 的终点,α 不一定小于 β.

例 1　计算 $\int_L xy\mathrm{d}x$,其中,L 为沿抛物线 $y^2=x$ 从点 $A(1,-1)$ 到 $B(1,1)$ 的一段(图 10.6).

解　方法一　将积分 $\int_L xy\mathrm{d}x$ 化为对 x 的定积分来计算.

此时需要把曲线 L 的方程等价地写成以 x 为自变量的形式

$$y=\pm\sqrt{x},\quad x\in[0,1].$$

由于 $y=\pm\sqrt{x}$不是单值函数，所以必须把 L 拆分为$\widehat{AO}$，$\widehat{OB}$两个子弧段，即 $L=\widehat{AO}+\widehat{OB}$其中，

$$\widehat{AO}: y=-\sqrt{x}, x: 1\to 0,$$
$$\widehat{OB}: y=\sqrt{x},\quad x: 0\to 1.$$

由性质 10.5 与定理 10.2 的结论有

$$\begin{aligned}\int_L xy\,\mathrm{d}x &= \int_{\widehat{AO}} xy\,\mathrm{d}x+\int_{\widehat{OB}} xy\,\mathrm{d}x\\ &= \int_1^0 x(-\sqrt{x})\,\mathrm{d}x+\int_0^1 x\sqrt{x}\,\mathrm{d}x\\ &= 2\int_0^1 x^{\frac{3}{2}}\,\mathrm{d}x=\frac{4}{5}.\end{aligned}$$

方法二 将积分化为对 y 的定积分来计算.

此时需要把曲线 L 的方程等价地写成以 y 为自变量的形式

$$L: x=y^2, y: -1\to 1.$$

由定理 10.2 的结论有

$$\int_L xy\,\mathrm{d}x=\int_{-1}^1 y^2 y(y^2)'\,\mathrm{d}y=2\int_{-1}^1 y^4\,\mathrm{d}y=\frac{4}{5}.$$

由例 1 的两种解法可知，适当选择曲线 L 的方程(适当选择自变量，即积分变量)可以简化计算过程.

例 2 计算$\int_L y^2\,\mathrm{d}x$，其中，L 为

(1) 半径为 a 圆心在原点的上半圆周，方向为逆时针方向；

(2) 从点 $A\,(a,0\,)$沿 x 轴到点 $B\,(-a,0\,)$，如图 10.7 所示.

解 (1) L 的参数方程为：$x=a\cos t, y=a\sin t\,(t: 0\to\pi)$，则

$$\begin{aligned}\int_L y^2\,\mathrm{d}x &= \int_0^{\pi} a^2\sin^2 t\cdot(-a\sin t)\,\mathrm{d}t\\ &= -2a^3\int_0^{\frac{\pi}{2}}\sin^3 t\,\mathrm{d}t=-\frac{4}{3}a^3.\end{aligned}$$

(2) L 的方程为：$y=0, x: a\to -a$，则

$$\int_L y^2\,\mathrm{d}x=\int_a^{-a} 0\,\mathrm{d}x=0.$$

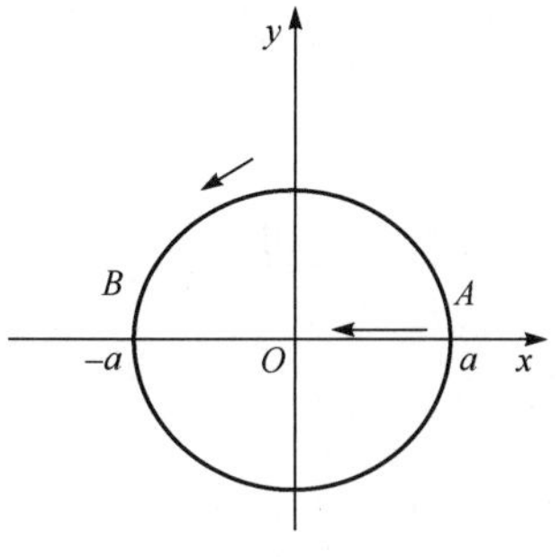

图 10.7

由例 2 可知，虽然两个曲线积分的被积函数相同，起点与终点也相同，但是由于路径的不同导致曲线积分值并不相等，说明对坐标的曲线积分虽然积分曲线

的起点与终点相同,但积分可能与路径有关.然而对于某些特殊的被积函数,只要起点与终点相同,即使路径不同,曲线积分的值也可能相等,即积分值与路径无关.

例 3　计算$\int_L 2xy\,\mathrm{d}x+x^2\mathrm{d}y$,其中,$L$ 为

(1) 抛物线 $L: y=x^2, x: 0\to 1$;

(2) 抛物线 $L: x=y^2, y: 0\to 1$;

(3) 有向折线 $L: \overline{OA}+\overline{AB}$,如图 10.8 所示.

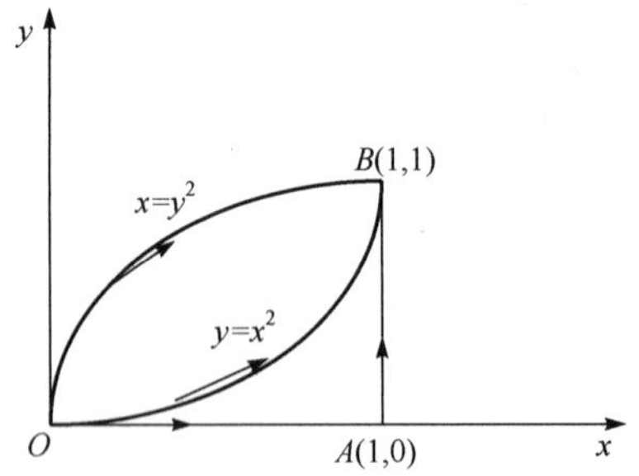

图 10.8

解　(1) 注意到 $L: y=x^2, x: 0\to 1$, $\int_L 2xy\,\mathrm{d}x+x^2\mathrm{d}y$ 化为对 x 的定积分比较简单,所以

$$\int_L 2xy\,\mathrm{d}x+x^2\mathrm{d}y=\int_0^1(2x\cdot x^2+x^2\cdot 2x)\mathrm{d}x=4\int_0^1 x^3\mathrm{d}x=1.$$

(2) 注意到 $L: x=y^2, y: 0\to 1$, $\int_L 2xy\,\mathrm{d}x+x^2\mathrm{d}y$ 化为对 y 的定积分比较简单,所以

$$\int_L 2xy\,\mathrm{d}x+x^2\mathrm{d}y=\int_0^1(2y^2y\cdot 2y+y^4)\mathrm{d}y=5\int_0^1 y^4\mathrm{d}y=1.$$

(3) 由于有向折线 L 由两段光滑的子段$\overline{OA}$,$\overline{AB}$组成,利用性质 10.5 可得

$$\int_L 2xy\,\mathrm{d}x+x^2\mathrm{d}y=\int_{OA}2xy\,\mathrm{d}x+x^2\mathrm{d}y+\int_{AB}2xy\,\mathrm{d}x+x^2\mathrm{d}y,$$

注意到$\overline{OA}: y=0(x: 0\to 1)$,　$\overline{AB}: x=1(y: 0\to 1)$,则

$$\int_L 2xy\,\mathrm{d}x+x^2\mathrm{d}y=\int_0^1(2x\cdot 0+x^2\cdot 0)\mathrm{d}x+\int_0^1(2y\cdot 0+1)\mathrm{d}y=1.$$

例 4　计算 $I=\int_\Gamma x^3\mathrm{d}x+3zy^2\mathrm{d}y-x^2y\,\mathrm{d}z$,其中,$\Gamma$ 是从点 $A(3,2,1)$ 到点 $B(0,0,0)$ 的直线段 AB.

解　直线 AB 的方程为

$$\frac{x}{3}=\frac{y}{2}=\frac{z}{1},$$

化为参数方程得

$$x=3t,\quad y=2t,\quad z=t,\quad t: 1\to 0,$$

所以

$$I=\int_1^0[(3t)^3\cdot 3+3t(2t)^2\cdot 2-(3t)^2\cdot 2t]\mathrm{d}t=87\int_1^0 t^3\mathrm{d}t=-\frac{87}{4}.$$

例 5　一个质点在力 $\boldsymbol{F}$ 的作用下从点 $A(a,0)$沿椭圆$\dfrac{x^2}{a^2}+\dfrac{y^2}{b^2}=1$ 按逆时针方向

移动到点 $B(0,b)$，$\boldsymbol{F}$ 的大小与质点到原点的距离成正比，方向恒定指向原点. 求力 $\boldsymbol{F}$ 所做的功 W.

解 椭圆的参数方程为

$$x=a\cos t, y=b\sin t, \quad t:0\to\frac{\pi}{2}.$$

又

$$\boldsymbol{r}=\overrightarrow{OM}=x\boldsymbol{i}+y\boldsymbol{j}, \quad \boldsymbol{F}=k\cdot|\boldsymbol{r}|\cdot\left(-\frac{\boldsymbol{r}}{|\boldsymbol{r}|}\right)=-k(x\boldsymbol{i}+y\boldsymbol{j}),$$

其中，$k>0$ 是比例常数. 于是

$$\begin{aligned} W &= \int_{\widehat{AB}} -kx\,\mathrm{d}x - ky\,\mathrm{d}y = -k\int_{\widehat{AB}} x\,\mathrm{d}x + y\,\mathrm{d}y \\ &= -k\int_0^{\frac{\pi}{2}} (-a^2\cos t\sin t + b^2\sin t\cos t)\,\mathrm{d}t \\ &= k(a^2-b^2)\int_0^{\frac{\pi}{2}} \sin t\cos t\,\mathrm{d}t = \frac{k}{2}(a^2-b^2). \end{aligned}$$

例 6 求 $I=\int_\Gamma (z-y)\mathrm{d}x+(x-z)\mathrm{d}y+(x-y)\mathrm{d}z$，其中，$\Gamma:\begin{cases}x^2+y^2=1,\\ x-y+z=2,\end{cases}$ 从 z 轴正向看为顺时针方向.

解 取 Γ 的参数方程为 $x=\cos t, y=\sin t, z=2-\cos t+\sin t, t:2\pi\to 0$，所以

$$\begin{aligned} I &= -\int_0^{2\pi}[(2-\cos t)(-\sin t)+(-2+2\cos t-\sin t)\cos t \\ &\quad +(\cos t-\sin t)(\cos t+\sin t)]\mathrm{d}t \\ &= \int_0^{2\pi}(1-4\cos^2 t)\mathrm{d}t = -2\pi. \end{aligned}$$

10.2.3 对坐标的曲线积分的应用

对坐标的曲线积分常见应用如下.

(1) 闭曲线 L 所围的平面区域的面积

$$A=\frac{1}{2}\oint_L -y\,\mathrm{d}x+x\,\mathrm{d}y. \tag{10.9}$$

(2) 变力 $\boldsymbol{F}=P\boldsymbol{i}+Q\boldsymbol{j}$ 沿有向曲线 L 所做的功 $W=\int_L P\,\mathrm{d}x+Q\,\mathrm{d}y$.

例如，理想气体膨胀时做功就是曲线积分的例子，$W=\int_{V_1}^{V_2}P\,\mathrm{d}V$，而 W 的大小是与路径有关的，即视 P 是按哪条曲线变化的. 若是等温过程，$PV=nRT$ 等于是沿曲线 $P=\dfrac{nRT}{V}$ 这一曲线变化，其曲线积分为

$$W=\int_{V_1}^{V_2}P\mathrm{d}V=\int_{V_1}^{V_2}\frac{nRT}{V}\mathrm{d}V=nRT\ln\frac{V_2}{V_1}$$（即将函数 P 以曲线 $P=\dfrac{nRT}{V}$ 代入）；

若是绝热过程 $PV^\gamma=K$（K 为常数，γ 为绝热指数），则 P 应由 $P=\dfrac{K}{V^\gamma}$代入得

$$W=\int_{V_1}^{V_2}P\mathrm{d}V=\int_{V_1}^{V_2}\frac{K}{V^\gamma}\mathrm{d}V=\frac{K}{1-\gamma}\left(\frac{1}{V_2^{\gamma-1}}-\frac{1}{V_1^{\gamma-1}}\right),$$

显然，W 的曲线积分是和路径有关的.

(3) 两类曲线积分之间的关系. 设有向曲线弧段 L 的起点为 A，终点为 B，参数方程为

$$\begin{cases}x=\varphi(t),\\ y=\psi(t),\end{cases}\quad \alpha<t<\beta.$$

起点 A 对应参数为 α，终点 B 对应参数为 β，不妨设 $\alpha<\beta$（参数增加方向对应曲线的走向一致）. 由对坐标的曲线积分的计算公式得

$$\int_L P(x,y)\mathrm{d}x+Q(x,y)\mathrm{d}y=\int_\alpha^\beta\{P[\varphi(t),\psi(t)]\varphi'(t)+Q[\varphi(t),\psi(t)]\psi'(t)\}\mathrm{d}t.$$

由于 $\boldsymbol{\tau}=\varphi'(t)\boldsymbol{i}+\psi'(t)\boldsymbol{j}$ 为曲线弧段 L 在点 $M(\varphi(t),\psi(t))$ 处的切向量，其方向指向参数的增加方向（曲线的走向），则切向量 $\boldsymbol{\tau}$ 的方向余弦为

$$\cos\alpha=\frac{\varphi'(t)}{\sqrt{[\varphi'(t)]^2+[\psi'(t)]^2}},\quad \cos\beta=\frac{\psi'(t)}{\sqrt{[\varphi'(t)]^2+[\psi'(t)]^2}}.$$

由对弧长的曲线积分的计算公式得

$$\begin{aligned}&\int_L[P(x,y)\cos\alpha+Q(x,y)\cos\beta]\mathrm{d}s\\ =&\int_\alpha^\beta\left\{P[\varphi(t),\psi(t)]\frac{\varphi'(t)}{\sqrt{[\varphi'(t)]^2+[\psi'(t)]^2}}\right.\\ &\left.+Q[\varphi(t),\psi(t)]\frac{\psi'(t)}{\sqrt{[\varphi'(t)]^2+[\psi'(t)]^2}}\right\}\sqrt{[\varphi'(t)]^2+[\psi'(t)]^2}\mathrm{d}t\\ =&\int_\alpha^\beta\{P[\varphi(t),\psi(t)]\varphi'(t)+Q[\varphi(t),\psi(t)]\psi'(t)\}\mathrm{d}t\\ =&\int_L P(x,y)\mathrm{d}x+Q(x,y)\mathrm{d}y.\end{aligned}$$

由此可见，平面曲线 L 上的“对坐标的曲线积分”与“对弧长的曲线积分”这两类曲线积分之间有下列关系：

$$\int_L P(x,y)\mathrm{d}x+Q(x,y)\mathrm{d}y=\int_L[P(x,y)\cos\alpha+Q(x,y)\cos\beta]\mathrm{d}s,\tag{10.10}$$

其中，$\cos\alpha$，$\cos\beta$ 为曲线 L 上点 (x,y) 处切线方向的方向余弦，并且切线方向指向曲线参数的增加方向.

与平面曲线积分类似，对于空间曲线 Γ 上定义两类曲线积分有

$$\int_{\Gamma} P(x,y,z)\mathrm{d}x + Q(x,y,z)\mathrm{d}y + R(x,y,z)\mathrm{d}z$$
$$= \int_{\Gamma} [P(x,y,z)\cos\alpha + Q(x,y,z)\cos\beta + R(x,y,z)\cos\gamma]\mathrm{d}s, \quad (10.11)$$

其中,$\cos\alpha$,$\cos\beta$,$\cos\gamma$ 为曲线 Γ 上点 (x,y,z) 处切线方向的方向余弦,并且切线方向指向曲线参数的增加方向.

在理论研究和实际应用中,为了简化运算,人们更喜欢用向量的关系式. 两类曲线积分之间的关系也可用向量的形式表示. 若记

$$\boldsymbol{F} = P(x,y)\boldsymbol{i} + Q(x,y)\boldsymbol{j}, \quad \mathrm{d}\boldsymbol{r} = \mathrm{d}x\boldsymbol{i} + \mathrm{d}y\boldsymbol{j}, \quad \boldsymbol{\tau} = \cos\alpha\boldsymbol{i} + \cos\beta\boldsymbol{j},$$

则对坐标的曲线积分可表示为

$$\int_L P(x,y)\mathrm{d}x + Q(x,y)\mathrm{d}y = \int_L \boldsymbol{F}\cdot\mathrm{d}\boldsymbol{r} = \int_L \boldsymbol{F}\cdot\boldsymbol{\tau}\mathrm{d}s.$$

对于空间曲线积分,令

$$\boldsymbol{A} = P(x,y,z)\boldsymbol{i} + Q(x,y,z)\boldsymbol{j} + R(x,y,z)\boldsymbol{k}, \mathrm{d}\boldsymbol{r} = \mathrm{d}x\boldsymbol{i} + \mathrm{d}y\boldsymbol{j} + \mathrm{d}z\boldsymbol{k},$$
$$\boldsymbol{\tau} = \cos\alpha\boldsymbol{i} + \cos\beta\boldsymbol{j} + \cos\gamma\boldsymbol{k},$$

空间曲线积分可表为

$$\int_{\Gamma} P(x,y,z)\mathrm{d}x + Q(x,y,z)\mathrm{d}y + R(x,y,z)\mathrm{d}z = \int_{\Gamma} \boldsymbol{A}\cdot\mathrm{d}\boldsymbol{r} = \int_{\Gamma} \boldsymbol{A}\cdot\boldsymbol{\tau}\mathrm{d}s.$$

习 题 10.2

1. 填空题

(1) 设 Γ 是从点 $A(1,2,3)$ 到点 $B(0,0,0)$ 的直线段 AB,则 $\int_{\Gamma} x^3\mathrm{d}x + 3y^2\mathrm{d}y + x^2y\mathrm{d}z =$ ________;

(2) 设 L 为沿 $y=\sqrt{x}$ 从点 $(0,0)$ 到 $(1,1)$ 的一段,则化 $\int_L P(x,y)\mathrm{d}x + Q(x,y)\mathrm{d}y$ 为对弧长的曲线积分结果是________;

(3) 设积分路径 L: $\begin{cases} x=\varphi(t), \\ y=\psi(t), \end{cases}$ $\alpha \leqslant t \leqslant \beta$,那么第二类曲线积分计算公式 $\int_L P(x,y)\mathrm{d}x + Q(x,y)\mathrm{d}y$ 的值为________;

(4) 设 L 为 $x=\sqrt{\cos t}$, $y=\sqrt{\sin t}\left(0\leqslant t\leqslant \frac{\pi}{2}\right)$,方向按 t 增大的方向,则 $\int_L x^2\ y\mathrm{d}y - xy^2\mathrm{d}x =$ ________.

2. 计算下列对坐标的曲线积分:

(1) 求曲线积分 $I=\int_L \frac{\mathrm{d}x+\mathrm{d}y}{|x|+|y|}$,其中,$L$ 为 $|x|+|y|=1$,取逆时针方向;

(2) 求 $\lim\limits_{R\to+\infty}\oint_L \frac{x\mathrm{d}y - y\mathrm{d}x}{(x^2+xy+y^2)^2}$,其中,$L$ 为 $x^2+y^2=R^2$ 的正方向;

(3) 求 $\oint_L -y\mathrm{d}x + x\mathrm{d}y$,其中,$L$ 为沿圆周 $(x-1)^2+(y-1)^2=1$ 正向一周;

(4) 求 $I=\int_L(x^2-2xy)\mathrm{d}x+(y^2-2xy)\mathrm{d}y$,其中,$L$ 为抛物线 $y=x^2$ 上从点 $A(-1,1)$ 到 $B(1,1)$ 的一段.

3. 计算积分 $\int_L x^2\mathrm{d}x+(y-x)\mathrm{d}y$,其中,$L$ 为

(1) 半径为 a,圆心在原点的上半圆周,起点为 $A(a,0)$,终点为 $B(-a,0)$;

(2) x 轴上由点 $A(a,0)$ 到点 $B(-a,0)$ 的直线段.

4. 求 $I=\int_L(\mathrm{e}^x\sin y-b(x+y))\mathrm{d}x+(\mathrm{e}^x\cos y-ax)\mathrm{d}y$,其中,$a,b$ 为正的常数,L 为从点 $A(2a,0)$ 沿曲线 $y=\sqrt{2ax-x^2}$ 到点 $O(0,0)$ 的弧.

5. 已知平面区域 $D=\{(x,y)\mid 0\leqslant x\leqslant\pi,0\leqslant y\leqslant\pi\}$,$L$ 为 D 的正向边界,试证

(1) $\oint_L x\mathrm{e}^{\sin y}\mathrm{d}y-y\mathrm{e}^{-\sin x}\mathrm{d}x=\oint_L x\mathrm{e}^{-\sin y}\mathrm{d}y-y\mathrm{e}^{\sin x}\mathrm{d}x$;

(2) $\int_L x\mathrm{e}^{\sin y}\mathrm{d}y-y\mathrm{e}^{-\sin x}\mathrm{d}x\geqslant 2\pi^2$.

10.3　Green 公式

10.3.1　Green 公式

在一元函数积分学中,Newton-Leibniz 公式为

$$\int_a^b F'(x)\mathrm{d}x=F(b)-F(a),$$

表示 $F'(x)$ 在区间 $[a,b]$ 上的积分可以通过它的原函数 $F(x)$ 在该区间端点(区间的边界)上的值来表示.

下面将要介绍的 Green(格林)公式告诉我们,在平面区域 D 上的二重积分可以通过沿闭区域 D 的边界曲线 L 上的曲线积分来表示. 下面先介绍一下平面区域的一些概念.

区域连通性的分类　设 D 为平面区域,如果 D 内任一封闭曲线所围成的部分都属于 D,则称 D 为平面**单连通区域**(the simple connecting area),否则称为**复连通区域**(complex connected region),如图 10.9 所示.

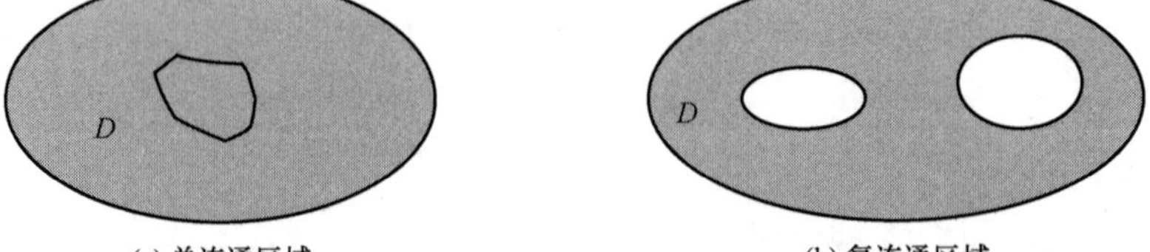

(a) 单连通区域　　(b) 复连通区域

图 10.9

区域边界曲线方向　对平面区域 D 的边界曲线 L,规定 L 的正向如下:

当观察者沿 L 的这个方向行走时,D 内在他近处的那一部分总在他的左侧. 曲

线 L 的正向如图 10.10 所示.

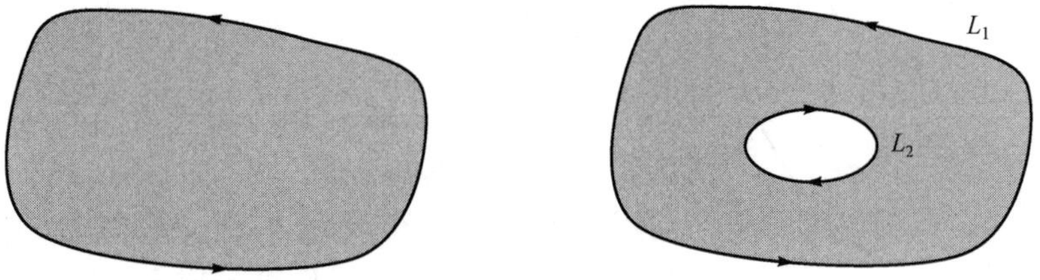

(a) (b)

图 10.10

定理 10.3 设闭区域 D 由分段光滑的曲线 L 围成,函数 $P(x,y)$ 及 $Q(x,y)$ 在 D 上具有一阶连续偏导数,则有

$$\iint_D \left(\frac{\partial Q}{\partial x}-\frac{\partial P}{\partial y}\right)\mathrm{d}x\mathrm{d}y=\oint_L P\mathrm{d}x+Q\mathrm{d}y, \tag{10.12}$$

其中,L 是 D 的边界曲线且取正向. 人们常称式(10.12)为 Green 公式.

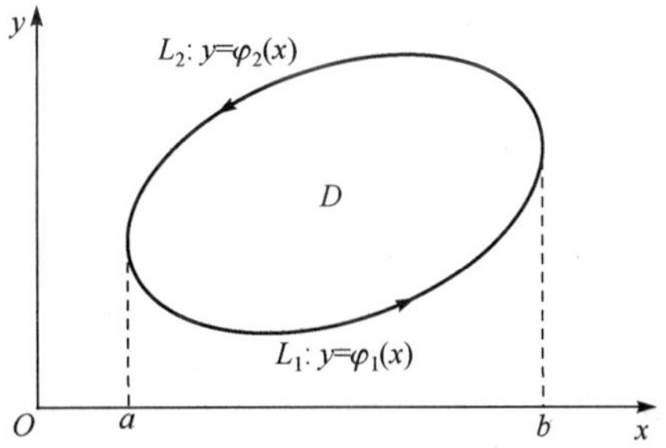

图 10.11

证 (1) 若区域 D 是单连通区域,并且既是 X-型又是 Y-型区域(图 10.11). 首先,把 D 看作是 X-型区域时,设

$$D:\begin{cases}\varphi_1(x)\leqslant y\leqslant\varphi_2(x),\\ a\leqslant x\leqslant b.\end{cases}$$

因为$\dfrac{\partial P}{\partial y}$连续,由二重积分的计算方法得

$$\iint_D \frac{\partial P}{\partial y}\mathrm{d}x\mathrm{d}y=\int_a^b\left[\int_{\varphi_1(x)}^{\varphi_2(x)}\frac{\partial P(x,y)}{\partial y}\mathrm{d}y\right]\mathrm{d}x=\int_a^b\{P[x,\varphi_2(x)]-P[x,\varphi_1(x)]\}\mathrm{d}x.$$

此外,由对坐标的曲线积分的性质及计算方法得

$$\begin{aligned}\oint_L P\mathrm{d}x&=\int_{L_1}P\mathrm{d}x+\int_{L_2}P\mathrm{d}x=\int_a^b P[x,\varphi_1(x)]\mathrm{d}x+\int_b^a P[x,\varphi_2(x)]\mathrm{d}x\\&=\int_a^b\{P[x,\varphi_1(x)]-P[x,\varphi_2(x)]\}\mathrm{d}x.\end{aligned}$$

因此,

$$-\iint_D \frac{\partial P}{\partial y}\mathrm{d}x\mathrm{d}y=\oint_L P\mathrm{d}x.$$

其次,把 D 看作是 Y-型区域时,设 $D=\{(x,y)\mid\psi_1(y)\leqslant x\leqslant\psi_2(y),c\leqslant y\leqslant d\}$,类似地,可证

$$\iint_D \frac{\partial Q}{\partial x}\mathrm{d}x\mathrm{d}y=\oint_L Q\mathrm{d}x.$$

由于 D 既是 X-型区域,又是 Y-型区域,所以上述两个关系式同时成立,两式合

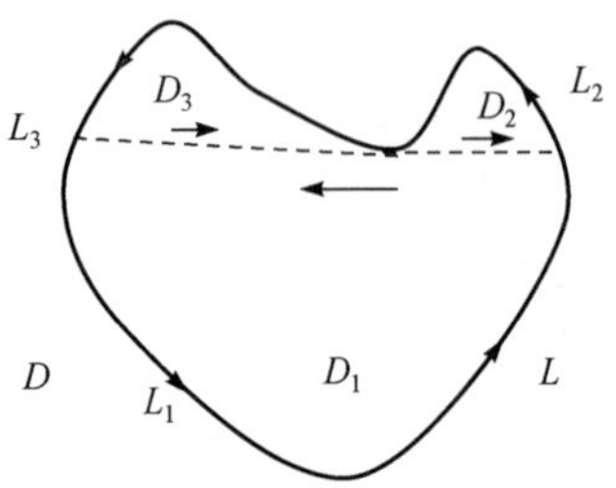

图 10.12

并即得

$$\iint_D\left(\frac{\partial Q}{\partial x}-\frac{\partial P}{\partial y}\right)\mathrm{d}x\mathrm{d}y=\oint_L P\,\mathrm{d}x+Q\mathrm{d}y.$$

(2) 如果闭区域 D 由分段光滑的闭曲线围成如图 10.12 所示的单连通区域. 通过添加辅助线的方式可以将 D 分成三个既是 X-型又是 Y-型的区域 D_1, D_2, D_3. 此时 D 的边界 L 被分成 L_1, L_2, L_3 三段, 并且这三段边界的方向在三个区域 D_1, D_2, D_3 的边界中也保证了正向. 利用积分区域的可加性及(1)的结论, 并注意到三个封闭边界曲线积分相加时辅助曲线正好应用了两次且曲线的方向相反, 其上的曲线积分相互抵消, 因此可得

$$\begin{aligned}\iint_D\left(\frac{\partial Q}{\partial x}-\frac{\partial P}{\partial y}\right)\mathrm{d}x\mathrm{d}y&=\iint_{D_1+D_2+D_3}\left(\frac{\partial Q}{\partial x}-\frac{\partial P}{\partial y}\right)\mathrm{d}x\mathrm{d}y\\&=\iint_{D_1}\left(\frac{\partial Q}{\partial x}-\frac{\partial P}{\partial y}\right)\mathrm{d}x\mathrm{d}y+\iint_{D_2}\left(\frac{\partial Q}{\partial x}-\frac{\partial P}{\partial y}\right)\mathrm{d}x\mathrm{d}y+\iint_{D_3}\left(\frac{\partial Q}{\partial x}-\frac{\partial P}{\partial y}\right)\mathrm{d}x\mathrm{d}y\\&=\oint_{D_1\text{边界}}P\mathrm{d}x+Q\mathrm{d}y+\oint_{D_2\text{边界}}P\mathrm{d}x+Q\mathrm{d}y+\oint_{D_3\text{边界}}P\mathrm{d}x+Q\mathrm{d}y\\&=\int_{L_1}P\mathrm{d}x+Q\mathrm{d}y+\int_{L_2}P\mathrm{d}x+Q\mathrm{d}y+\int_{L_3}P\mathrm{d}x+Q\mathrm{d}y\\&=\oint_L P\,\mathrm{d}x+Q\mathrm{d}y.\end{aligned}$$

综合(1)、(2)的结论有, 当闭区域 D 是单连通时, Green 公式一定成立.

(3) 如果闭区域 D 是复连通区域, 闭区域由不止一条闭曲线所围成, 如图 10.13 所示, D 的边界 L 由 L_1, L_2, L_3 三条曲线构成, 即 $L=L_1+L_2+L_3$, 添加辅助直线段 AB, CE, 则 D 可以看成一个由边界曲线 AB, L_2, BA, AFC, CE, L_3, EC 及 CGA 构成的单连通区域($AFC+CGA=L_1$). 由(2)可知

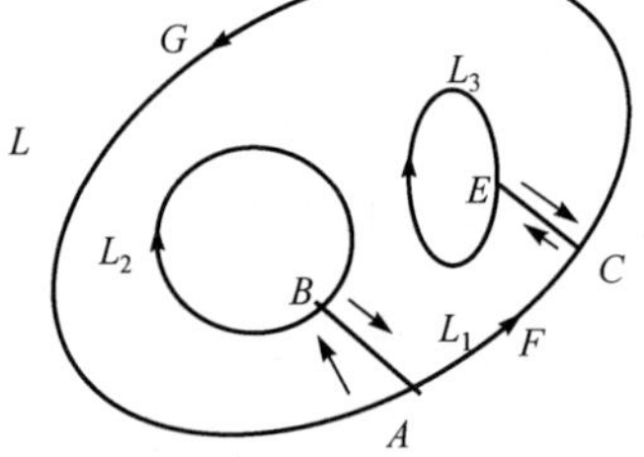

图 10.13

$$\begin{aligned}&\iint_D\left(\frac{\partial Q}{\partial x}-\frac{\partial P}{\partial y}\right)\mathrm{d}x\mathrm{d}y\\&=\left\{\int_{AB}+\int_{L_2}+\int_{BA}+\int_{AFC}+\int_{CE}+\int_{L_3}+\int_{EC}+\int_{CGA}\right\}(P\mathrm{d}x+Q\mathrm{d}y)\\&=\left(\oint_{L_2}+\oint_{L_3}+\oint_{L_1}\right)(P\mathrm{d}x+Q\mathrm{d}y)=\oint_L P\,\mathrm{d}x+Q\mathrm{d}y.\end{aligned}$$

(L_1, L_2, L_3 对 D 来说为正方向). □

注　对复连通区域 D, Green 公式右端应包括沿区域 D 的全部边界的曲线积分, 并且边界的方向对区域 D 来说都是取正向.

Green 公式的实质是反映了沿闭曲线的曲线积分与围成的闭区域上的二重积分之间的联系. 基于两者的联系,Green 公式有下列一个简单应用,即可以用曲线积分计算平面图形的面积. 设闭区域 D 的边界曲线为 L,取 $P=-y,Q=x$,则由 Green 公式得

$$\oint_L x\mathrm{d}y-y\mathrm{d}x=2\iint_D \mathrm{d}x\mathrm{d}y$$

上式的右端是闭区域 D 的面积 A 的 2 倍,因此有

$$A=\iint_D \mathrm{d}x\mathrm{d}y=\frac{1}{2}\oint_L x\mathrm{d}y-y\mathrm{d}x. \tag{10.13}$$

即对坐标的曲线积分的应用中的式(10.7).

例 1 求椭圆 $x=a\cos\theta,y=b\sin\theta$ 所围成图形的面积 A.

解 设 D 是由椭圆 $x=a\cos\theta,y=b\sin\theta(0\leqslant\theta\leqslant 2\pi)$ 所围成的区域. 由式(10.8)得

$$\begin{aligned}A&=\iint_D \mathrm{d}x\mathrm{d}y=\frac{1}{2}\oint_L -y\mathrm{d}x+x\mathrm{d}y\\&=\frac{1}{2}\int_0^{2\pi}(ab\sin^2\theta+ab\cos^2\theta)\mathrm{d}\theta=\frac{1}{2}ab\int_0^{2\pi}\mathrm{d}\theta=\pi ab .\end{aligned}$$

例 2 设 L 是任意一条分段光滑的闭曲线,试证明 $\oint_L 2xy\mathrm{d}x+x^2\mathrm{d}y=0$.

证 令 $P=2xy,Q=x^2$,则

$$\frac{\partial Q}{\partial x}-\frac{\partial P}{\partial y}=2x-2x=0.$$

因此,由 Green 公式得

$$\oint_L 2xy\mathrm{d}x+x^2\mathrm{d}y=\pm\iint_D 0\mathrm{d}x\mathrm{d}y=0.$$ □

(请读者思考为什么二重积分前有"±"号?)

例 3 计算 $\iint_D \mathrm{e}^{-y^2}\mathrm{d}x\mathrm{d}y$, 其中,$D$ 是以 $O(0,0)$, $A(1,1)$,$B(0,1)$ 为顶点的三角形闭区域(图 10.14).

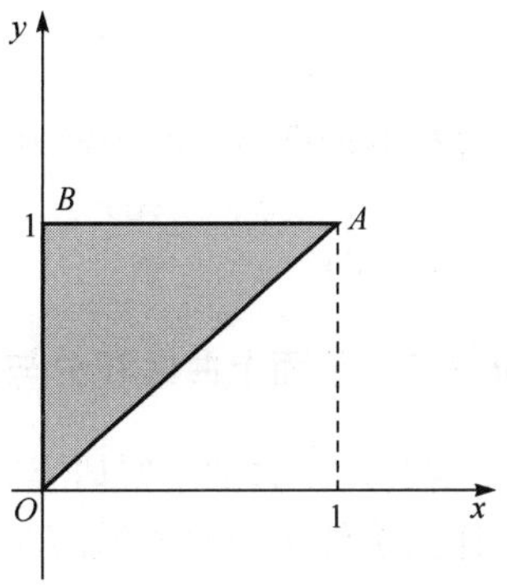

图 10.14

分析 要使 $\frac{\partial Q}{\partial x}-\frac{\partial P}{\partial y}=\mathrm{e}^{-y^2}$,只需 $P=0,Q=x\mathrm{e}^{-y^2}$.

解 令 $P=0,Q=x\mathrm{e}^{-y^2}$,则 $\frac{\partial Q}{\partial x}-\frac{\partial P}{\partial y}=\mathrm{e}^{-y^2}$. 由 Green 公式得

$$\begin{aligned}\iint_D \mathrm{e}^{-y^2}\mathrm{d}x\mathrm{d}y&=\int_{OA+AB+BO}x\mathrm{e}^{-y^2}\mathrm{d}y=\int_{OA}x\mathrm{e}^{-y^2}\mathrm{d}y\\&=\int_0^1 x\mathrm{e}^{-x^2}\mathrm{d}x=\frac{1}{2}(1-\mathrm{e}^{-1}).\end{aligned}$$

例 4　计算$\oint_L \frac{x\mathrm{d}y - y\mathrm{d}x}{x^2+y^2}$,其中,$L$ 为一条无重点、分段光滑且不经过原点的连续闭曲线,L 的方向为逆时针方向.

解　令 $P(x,y)=\frac{-y}{x^2+y^2}$,$Q(x,y)=\frac{x}{x^2+y^2}$. 则

(1) 当 $x^2+y^2\neq 0$ 时有

$$\frac{\partial Q}{\partial x}=\frac{y^2-x^2}{(x^2+y^2)^2}=\frac{\partial P}{\partial y}.$$

故当闭曲线 L 内不含原点时(图 10.15(a)),

$$\oint_L \frac{x\mathrm{d}y - y\mathrm{d}x}{x^2+y^2}=\iint_D\left(\frac{\partial Q}{\partial x}-\frac{\partial P}{\partial y}\right)\mathrm{d}x\mathrm{d}y=0,$$

其中,D 是由闭曲线 L 围成的区域.

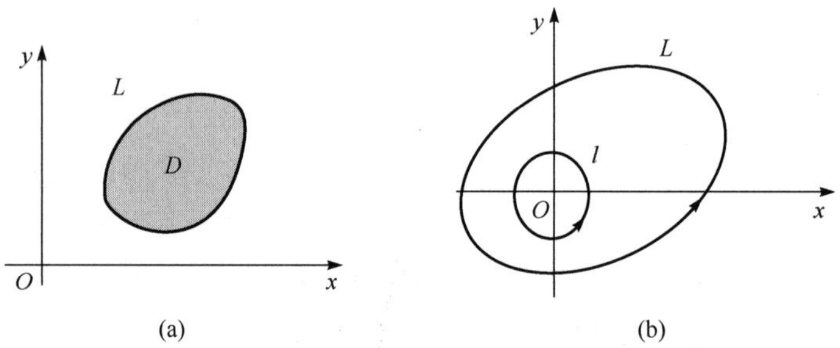

图 10.15

(2) 如果闭曲线 L 内含原点(图 10.15(b)),取正数 r,使得圆周 l:$x^2+y^2=r^2$ 含在 L 内,则有

$$\oint_{L+l} \frac{x\mathrm{d}y - y\mathrm{d}x}{x^2+y^2}=\iint_{D_1}\left(\frac{\partial Q}{\partial x}-\frac{\partial P}{\partial y}\right)\mathrm{d}x\mathrm{d}y=0.$$

其中,D_1 为介于 L 与 l 之间的区域. 因此得到

$$\oint_L \frac{x\mathrm{d}y - y\mathrm{d}x}{x^2+y^2}=\oint_l \frac{x\mathrm{d}y - y\mathrm{d}x}{x^2+y^2}\ (L \text{ 与 } l \text{ 的方向都是逆时针}).$$

注意到有向曲线 l 的参数方程为 $x=r\cos\theta$,$y=r\sin\theta$,θ:$0\to 2\pi$,则有

$$\oint_L \frac{x\mathrm{d}y - y\mathrm{d}x}{x^2+y^2}=\oint_l \frac{x\mathrm{d}y - y\mathrm{d}x}{x^2+y^2}=\int_0^{2\pi}\frac{r^2\cos^2\theta+r^2\sin^2\theta}{r^2}\mathrm{d}\theta=2\pi.$$

10.3.2　平面上曲线积分与路径无关的条件

在物理、力学中要研究所谓势场,就是要研究场力所做的功与路径无关的情形. 在什么条件下场力所做的功与路径无关?这个问题在数学上就是要研究曲线积分与路径无关的条件. 为了研究这个问题,先要明确什么称为曲线积分$\int_L P\mathrm{d}x+Q\mathrm{d}y$ 与路

径无关. 大家将会发现如果曲线积分$\int_L P\mathrm{d}x+Q\mathrm{d}y$与路径无关的话,那么曲线积分$\int_L P\mathrm{d}x+Q\mathrm{d}y$的计算将会变得简单.

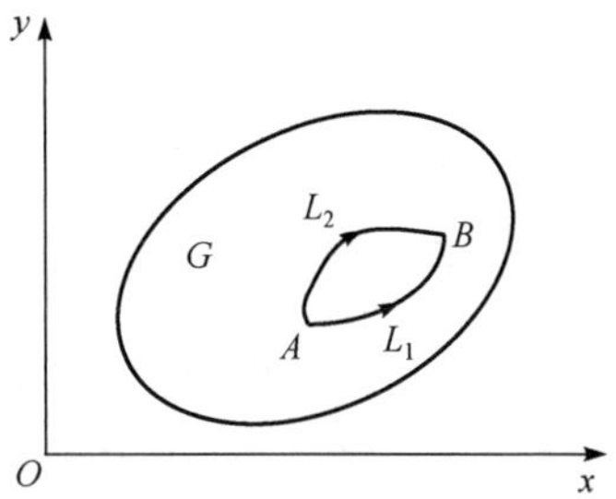

图 10.16

设 G 是一个开区域,$P(x,y)$,$Q(x,y)$ 在区域 G 内具有一阶连续偏导数. 如果对于 G 内任意指定的两个点 A,B 以及 G 内从点 A 到点 B 的任意两条曲线 L_1,L_2(图 10.16),

如果等式

$$\int_{L_1} P\mathrm{d}x+Q\mathrm{d}y=\int_{L_2} P\mathrm{d}x+Q\mathrm{d}y$$

恒成立,则称**曲线积分$\int_L P\mathrm{d}x+Q\mathrm{d}y$在 G 内与路径无关**,否则说该曲线积分与路径有关.

设曲线积分$\int_L P\mathrm{d}x+Q\mathrm{d}y$在$G$内与路径无关,$L_1$ 和 L_2 是G内任意两条从点A 到点 B 的曲线,则有

$$\int_{L_1} P\mathrm{d}x+Q\mathrm{d}y=\int_{L_2} P\mathrm{d}x+Q\mathrm{d}y\Leftrightarrow\int_{L_1} P\mathrm{d}x+Q\mathrm{d}y-\int_{L_2} P\mathrm{d}x+Q\mathrm{d}y=0$$

$$\Leftrightarrow\int_{L_1} P\mathrm{d}x+Q\mathrm{d}y+\int_{L_2^-} P\mathrm{d}x+Q\mathrm{d}y=0\Leftrightarrow\oint_{L_1+(L_2^-)} P\mathrm{d}x+Q\mathrm{d}y=0,$$

所以有以下等价命题.

曲线积分$\int_L P\mathrm{d}x+Q\mathrm{d}y$在$G$内与路径无关$\Leftrightarrow$沿$G$内任意闭曲线$C$的曲线积分$\oint_C P\mathrm{d}x+Q\mathrm{d}y$等于零.

在单连通区域内,上述结论与 Green 公式结合,就得到曲线积分与路径无关的一个容易验证的条件,有以下定理.

定理 10.4 设开区域G是一个单连通域,函数$P(x,y)$及$Q(x,y)$在G内具有一阶连续偏导数,则曲线积分$\int_L P\mathrm{d}x+Q\mathrm{d}y$在$G$内与路径无关(或沿$G$内任意闭曲线的曲线积分为零)的充分必要条件是等式$\frac{\partial P}{\partial y}=\frac{\partial Q}{\partial x}$在$G$内恒成立.

证 充分性 若$\frac{\partial P}{\partial y}=\frac{\partial Q}{\partial x}$,则$\frac{\partial Q}{\partial x}-\frac{\partial P}{\partial y}=0$. 由 Green 公式,对 G 内任意闭曲线 L 有

$$\oint_L P\mathrm{d}x+Q\mathrm{d}y=\iint_D\left(\frac{\partial Q}{\partial x}-\frac{\partial P}{\partial y}\right)\mathrm{d}x\mathrm{d}y=0,$$

其中，D 是由封闭曲线 L 围成的区域.

必要性　假设存在一点 $M_0\in G$，使 $\frac{\partial Q}{\partial x}-\frac{\partial P}{\partial y}=\eta\neq 0$. 不妨设 $\eta>0$，则由 $\frac{\partial Q}{\partial x}-\frac{\partial P}{\partial y}$ 的连续性，存在 M_0 的一个 δ 邻域 $U(M_0,\delta)$，使在此邻域内有 $\frac{\partial Q}{\partial x}-\frac{\partial P}{\partial y}\geqslant\frac{\eta}{2}$. 于是沿邻域 $U(M_0,\delta)$ 边界 l 的闭曲线积分

$$\oint_l P\mathrm{d}x+Q\mathrm{d}y=\iint_{U(M_0,\delta)}\left(\frac{\partial Q}{\partial x}-\frac{\partial P}{\partial y}\right)\mathrm{d}x\mathrm{d}y\geqslant\frac{\eta}{2}\cdot\pi\delta^2>0,$$

这与闭曲线积分为零的假设相矛盾，因此，在 G 内，恒有 $\frac{\partial Q}{\partial x}-\frac{\partial P}{\partial y}=0$. □

注　(1) 定理 10.4 要求区域 G 是单连通区域，并且函数 $P(x,y)$ 及 $Q(x,y)$ 在 G 内具有一阶连续偏导数. 如果这两个条件之一不能满足，那么定理的结论不能保证成立. 本节的例 4 就属于这种情况. 为了方便使用，偏导函数 $\frac{\partial P}{\partial y}$，$\frac{\partial Q}{\partial x}$ 不连续的点称为**奇点**(singular point).

(2) 如果曲线积分与路径无关，L 是起点为 (x_0,y_0)、终点 (x,y) 且位于 G 内的任意曲线，则对坐标的曲线积分 $\int_L P(x,y)\mathrm{d}x+Q(x,y)\mathrm{d}y$ 可记为 $\int_{(x_0,y_0)}^{(x,y)}P(x,y)\mathrm{d}x+Q(x,y)\mathrm{d}y$，它表示这时曲线积分只与起点和终点有关，因此，也可看成关于 (x,y) 的函数，记为

$$u(x,y)=\int_{(x_0,y_0)}^{(x,y)}P(x,y)\mathrm{d}x+Q(x,y)\mathrm{d}y.$$

如果曲线积分与路径无关，当曲线 L 的表达式不利于曲线积分的计算时，可以选择不同的路径 L' 简化计算，但是必须保证 L' 与 L 有相同的起点和终点.

例 5　计算 $\int_L 2xy\mathrm{d}x+x^2\mathrm{d}y$，其中，$L$ 为抛物线 $y=x^2$ 上从 $O(0,0)$ 到 $B(1,1)$ 的一段弧.

解　因为 $\frac{\partial P}{\partial y}=\frac{\partial Q}{\partial x}=2x$ 在整个 xOy 面内都成立，所以在整个 xOy 面内，积分 $\int_L 2xy\mathrm{d}x+x^2\mathrm{d}y$ 与路径无关. 为了简化计算，可取折线 $L'=OA+AB$，其中 $A(0,1)$，则

$$\begin{aligned}\int_L 2xy\mathrm{d}x+x^2\mathrm{d}y&=\int_L 2xy\mathrm{d}x+x^2\mathrm{d}y\\&=\int_{OA}2xy\mathrm{d}x+x^2\mathrm{d}y+\int_{AB}2xy\mathrm{d}x+x^2\mathrm{d}y=\int_0^1 1^2\mathrm{d}y=1.\end{aligned}$$

如果曲线积分与路径有关，虽然不能灵活选择简单路径，但可考虑通过灵活应用 Green 公式等技巧简化计算，即不满足封闭条件的曲线可以通过添加辅助线的方法

进行转化,不满足一阶偏导连续条件的可以用避开奇点或挖去奇点的方法处理.

例 6 计算$\int_L (x^2+3y)\mathrm{d}x+(y^2-x)\mathrm{d}y$,其中,$L$ 为上半圆周 $y=\sqrt{4x-x^2}$ 从 $O(0,0)$ 到 $A(4,0)$ 的部分(图 10.17).

解 为了使用 Green 公式,添加辅助线段$\overline{AO}$,它与 L 所围区域为 D,则

$$\begin{aligned}\text{原式}&=\oint_{L+AO}(x^2+3y)\mathrm{d}x+(y^2-x)\mathrm{d}y+\int_{OA}(x^2+3y)\mathrm{d}x+(y^2-x)\mathrm{d}y\\&=4\iint_D \mathrm{d}x\mathrm{d}y+\int_0^4 x^2\mathrm{d}x=8\pi+\frac{64}{3}.\end{aligned}$$

例 7 设质点在场力 $\boldsymbol{F}=\frac{k}{r^2}(y\boldsymbol{i}-x\boldsymbol{j})$作用下沿曲线 $L:y=\frac{\pi}{2}\cos x$ 由 $A\left(0,\frac{\pi}{2}\right)$移动到 $B\left(\frac{\pi}{2},0\right)$(图 10.18). 求场力所做的功 W(其中,$r=\sqrt{x^2+y^2}$).

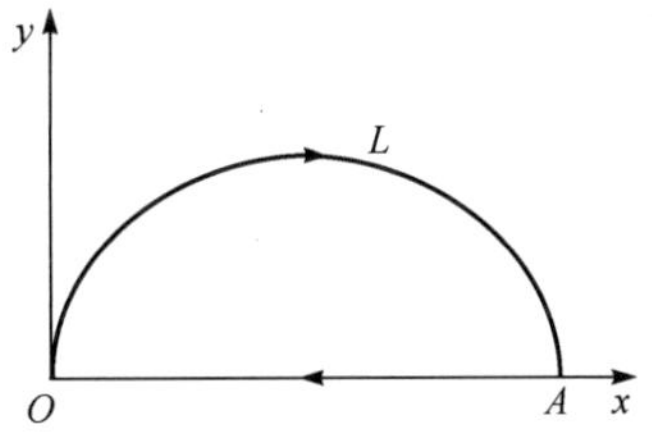

图 10.17

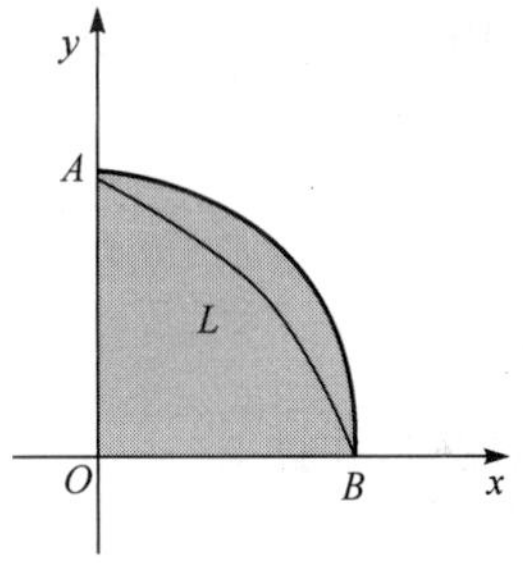

图 10.18

解 由对坐标的曲线积分的物理意义知 $W=\int_L \boldsymbol{F}\cdot \mathrm{d}\boldsymbol{s}=\int_L \frac{k}{r^2}(y\mathrm{d}x-x\mathrm{d}y)$.

令 $P=\frac{ky}{r^2}$,$Q=-\frac{kx}{r^2}$,则有

$$\frac{\partial Q}{\partial x}=\frac{\partial P}{\partial y}=\frac{k(x^2-y^2)}{r^4},\quad x^2+y^2\neq 0.$$

可见在不含原点的单连通区域内,积分与路径无关. 取圆弧

$$AB:x=\frac{\pi}{2}\cos\theta,y=\frac{\pi}{2}\sin\theta,\quad \theta:\frac{\pi}{2}\to 0,$$

则

$$W=\int_{AB}\frac{k}{r^2}(y\mathrm{d}x-x\mathrm{d}y)=k\int_{\frac{\pi}{2}}^{0}-(\sin^2\theta+\cos^2\theta)\mathrm{d}\theta=\frac{\pi}{2}k.$$

注 例 7 只在不含原点的单连通区域内,积分与路径无关,因此不能取过原点的有向折线 $AO+OB$.

10.3.3　二元函数的全微分求积

给定一个可微分的二元函数 $u(x,y)$，其全微分

$$du(x,y)=\frac{\partial u}{\partial x}dx+\frac{\partial u}{\partial y}dy=P(x,y)dx+Q(x,y)dy,$$

其中，$P(x,y)=\frac{\partial u}{\partial x}$，$Q(x,y)=\frac{\partial u}{\partial y}$. 反之，若给定两个二元函数 $P(x,y)$ 与 $Q(x,y)$，问表达式

$$P(x,y)dx+Q(x,y)dy$$

是否为某个二元函数的全微分，即是否存在二元函数 $u(x,y)$，使得

$$du(x,y)=P(x,y)dx+Q(x,y)dy.$$

若存在这样的函数，那么函数 $P(x,y)$ 与 $Q(x,y)$ 满足什么条件？怎样求 $u(x,y)$？关于这些问题有如下定理.

定理 10.5　设区域 G 是一个单连通区域，函数 $P(x,y)$，$Q(x,y)$ 在 G 内具有一阶连续偏导数，则表达式 $P(x,y)dx+Q(x,y)dy$ 在 G 内为某函数 $u(x,y)$ 的全微分的充分必要条件是

$$\frac{\partial P}{\partial y}=\frac{\partial Q}{\partial x}$$

在 G 内恒成立，并且

$$u(x,y)=\int_{(x_0,y_0)}^{(x,y)}P(x,y)dx+Q(x,y)dy. \tag{10.14}$$

证　必要性　设存在 $u(x,y)$，使得

$$du(x,y)=P(x,y)dx+Q(x,y)dy,$$

则必有

$$P(x,y)=\frac{\partial u}{\partial x},\quad Q(x,y)=\frac{\partial u}{\partial y}.$$

因此有

$$\frac{\partial P}{\partial y}=\frac{\partial^2 u}{\partial x\partial y},\quad \frac{\partial Q}{\partial x}=\frac{\partial^2 u}{\partial y\partial x}.$$

由假设知$\frac{\partial^2 u}{\partial x\partial y}$，$\frac{\partial^2 u}{\partial y\partial x}$在 G 内连续，故二者相等，从而

$$\frac{\partial P}{\partial y}=\frac{\partial Q}{\partial x}.$$

充分性　在定理 10.5 的条件下，由定理 10.4 知曲线积分

$$\int_{(x_0,y_0)}^{(x,y)}P(x,y)dx+Q(x,y)dy$$

与路径无关，如果选择路径 $y=y_0(x:x_0\to x)$，　$x=x(y:y_0\to y)$，则

$$u(x,y)=\int_{(x_0,y_0)}^{(x,y)}P(x,y)\mathrm{d}x+Q(x,y)\mathrm{d}y$$
$$=\int_{x_0}^{x}P(x,y_0)\mathrm{d}x+\int_{y_0}^{y}Q(x,y)\mathrm{d}y,$$

由此可得

$$\frac{\partial u}{\partial y}=Q(x,y).$$

也可选择路径 $x=x_0(y:y_0\to y)$，$y=y(x:x_0\to x)$，则

$$u(x,y)=\int_{(x_0,y_0)}^{(x,y)}P(x,y)\mathrm{d}x+Q(x,y)\mathrm{d}y$$
$$=\int_{y_0}^{y}Q(x_0,y)\mathrm{d}y+\int_{x_0}^{x}P(x,y)\mathrm{d}x.$$

由此可得

$$\frac{\partial u}{\partial x}=P(x,y).$$

综上所述，可得表达式 $P(x,y)\mathrm{d}x+Q(x,y)\mathrm{d}y$ 在 G 内为函数 $u(x,y)$ 的全微分.

□

为方便使用，归纳平面上曲线积分与路径无关的等价条件如下：

(1) 沿 G 中任意光滑闭曲线 L，有 $\oint_L P\mathrm{d}x+Q\mathrm{d}y=0$；

(2) 对 G 中任一分段光滑曲线 L，曲线积分 $\int_L P\mathrm{d}x+Q\mathrm{d}y$ 与积分路径无关，只与起点和终点有关；

(3) 在 G 内每一点都有 $\frac{\partial P}{\partial y}=\frac{\partial Q}{\partial x}$；

(4) 在 G 内，$P(x,y)\mathrm{d}x+Q(x,y)\mathrm{d}y$ 为某函数 $u(x,y)$ 的全微分.

例 8 验证在 xOy 平面内，$xy^2\mathrm{d}x+x^2y\mathrm{d}y$ 是某函数 $u(x,y)$ 的全微分，并求 $u(x,y)$.

解 由于 $P(x,y)=xy^2$，$Q(x,y)=x^2y$，故在 xOy 平面内有

$$\frac{\partial P}{\partial y}=\frac{\partial Q}{\partial x}=2xy,$$

所以，$xy^2\mathrm{d}x+x^2y\mathrm{d}y$ 是某函数 $u(x,y)$ 的全微分.

由定理 10.5 有

$$u(x,y)=\int_{(x_0,y_0)}^{(x,y)}P(x,y)\mathrm{d}x+Q(x,y)\mathrm{d}y$$
$$=\int_{(0,0)}^{(x,y)}xy^2\mathrm{d}x+x^2y\mathrm{d}y.$$

因曲线积分与路径无关，选择路径 $O(0,0)\to A(x,0)\to B(x,y)$ 得

$$u(x,y)=\int_0^x x\cdot 0^2\mathrm{d}x+\int_0^y x^2y\mathrm{d}y=\frac{x^2y^2}{2}.$$

例9　验证$\dfrac{x\mathrm{d}y-y\mathrm{d}x}{x^2+y^2}$在右半平面($x>0$)内是某函数$u(x,y)$的全微分，并求$u(x,y)$.

解　由于

$$P(x,y)=\frac{-y}{x^2+y^2},\quad Q(x,y)=\frac{x}{x^2+y^2},$$

在右半平面($x>0$)内有

$$\frac{\partial Q}{\partial x}=\frac{y^2-x^2}{(x^2+y^2)^2}=\frac{\partial P}{\partial y}.$$

因此，右半平面($x>0$)内，$\dfrac{x\mathrm{d}y-y\mathrm{d}x}{x^2+y^2}$为某二元函数$u(x,y)$的全微分. 可取

$$u(x,y)=\int_{(1,0)}^{(x,y)}\frac{x\mathrm{d}y-y\mathrm{d}x}{x^2+y^2},$$

因该曲线积分与路径无关，选择路径$A(1,0)\to B(x,0)\to C(x,y)$得

$$u(x,y)=\int_{(1,0)}^{(x,y)}\frac{x\mathrm{d}y-y\mathrm{d}x}{x^2+y^2}=0+\int_0^y\frac{x\mathrm{d}y}{x^2+y^2}$$

$$=\arctan\frac{y}{x}\Big|_0^y=\arctan\frac{y}{x}.$$

习　题　10.3

1. 判断下列说法是否正确：

(1) 封闭区域D的边界按逆时针即为正向；

(2) 设P,Q在封闭区域D上满足Green公式的条件，L是D的外正向边界曲线，则$\displaystyle\iint_D\left(\frac{\partial Q}{\partial x}-\frac{\partial P}{\partial y}\right)\mathrm{d}x\mathrm{d}y=\oint_L P\mathrm{d}x+Q\mathrm{d}y$；

(3) 对单一积分$\oint_L P\mathrm{d}x$或$\oint_L Q\mathrm{d}y$不能用Green公式；

(4) 设闭区域D由分段光滑的曲线L围成，$P(x,y)$，$Q(x,y)$上有一阶连续偏导数，则

(i) $\displaystyle\oint_{L^+}P\mathrm{d}x+Q\mathrm{d}y=\iint_D\left(\frac{\partial P}{\partial x}-\frac{\partial Q}{\partial y}\right)\mathrm{d}x\mathrm{d}y$,

(ii) $\displaystyle\oint_{L^+}Q\mathrm{d}y-P\mathrm{d}x=\iint_D\left(\frac{\partial P}{\partial x}+\frac{\partial Q}{\partial y}\right)\mathrm{d}x\mathrm{d}y$,

(iii) $\displaystyle\oint_{L^+}Q(x,y)\mathrm{d}y=\iint_D\frac{\partial Q}{\partial x}\mathrm{d}x\mathrm{d}y$.

2. 填空题

(1) 设L为$x^2+y^2=1$上从点$A(1,0)$经过点$C(0,1)$到点$B(-1,0)$的曲线段，则$\int_L e^{y^2}\mathrm{d}y=$ ________；

(2) 设 L 为 $x^2+\frac{y^2}{4}=1$ 的正向，则 $\oint_L \frac{-y\mathrm{d}x+x\mathrm{d}y}{4x^2+y^2}=$ ________；

(3) 设 L 是从点 $A\left(1,\frac{1}{2}\right)$ 沿着 $2y=x^2$ 到点 $B(2,2)$ 的弧段，则积分 $\int_L \frac{2x}{y}\mathrm{d}x-\frac{x^2}{y^2}\mathrm{d}y$ 的值为 ________.

3. 求 $\oint_{C^+}\sqrt{x^2+y^2}\mathrm{d}x+y[xy+\ln(x+\sqrt{x^2+y^2})]\mathrm{d}y$，其中，$C^+$ 是以 $A(1,1)$，$B(2,2)$ 和 $E(1,3)$ 三点为定点的三角形的正向边界.

4. 计算曲线积分 $\oint_L \frac{x\mathrm{d}y-y\mathrm{d}x}{4x^2+y^2}$，其中，$L$ 是以点 $(1,0)$ 为中心、以 $R(R\neq 1)$ 为半径的圆周，取逆时针方向.

5. 求 $I=\int_L(\mathrm{e}^x\sin y-m(x+y))\mathrm{d}x+(\mathrm{e}^x\cos y-m)\mathrm{d}y$，其中，$L$ 为由点 $A(a,0)$ 到点 $O(0,0)$ 的上半圆周，$x^2+y^2=ax(a>0)$，m 为常数.

6. 求 $I=\int_L \frac{-y}{(x^2+1)+y^2}\mathrm{d}x+\frac{x+1}{(x^2+1)+y^2}\mathrm{d}y$，其中，$L$ 是以原点为圆心、以 $R(R\neq 1)$ 为半径的圆周，取逆时针方向.

7. 设 L 为正向圆周 $x^2+y^2=2$ 在第一象限中的部分，求曲线积分 $\int_L x\mathrm{d}y-2y\mathrm{d}x$ 的值.

8. 确定 λ 的值，使得 $I=\int_{\overline{AB}}(x^4+4xy^\lambda)\mathrm{d}x+(6x^{\lambda-1}y^2-5y^4)\mathrm{d}y$ 与积分路径无关，并求当点 A、点 B 分别为 $(0,0)$，$(1,2)$ 时该积分的值.

10.4　对面积的曲面积分

10.4.1　对面积的曲面积分的定义

引例 10.3　曲面形物体的质量. 设 Σ 为具有连续的面密度 $\rho(x,y,z)$（单位面积上的质量）非均匀的曲面物体，求其质量 M.

问题分析　与 10.3 节求曲线质量问题类似，对于面密度非均匀的薄片，可以把其分割成若干个小片. 由于面密度是连续的，各个小片每点处的面密度可近似看作常数，即各个小片可看作均匀的. 在此基础上计算出每个小片质量的近似值，累加后可得整个薄片质量的近似值. 由极限的思想可知，随着分割细化，该近似值的极限就是整个薄片质量（图 10.19）.

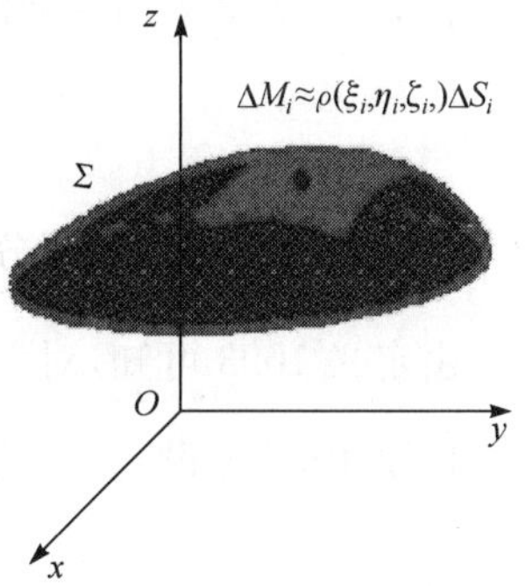

图 10.19

解决方法　上述分析具体实施过程如下：

(1) 把曲面 Σ 分成 n 个小块，$\Delta S_1,\Delta S_2,\cdots,\Delta S_n$（$\Delta S_i$ 也代表第 i 个小曲面的面积）；

(2) 在第 i 块小曲面 ΔS_i 上任意选定一点 (ξ_i,η_i,ζ_i)，则它的质量 ΔM_i 有近似值

$$\Delta M_i\approx\rho(\xi_i,\eta_i,\zeta_i)\Delta S_i;$$

(3) 求整块薄片质量 M 的近似值,

$$M=\sum_{i=1}^{n}\Delta M_i\approx\sum_{i=1}^{n}\rho(\xi_i,\eta_i,\zeta_i)\Delta S_i;$$

(4) 取极限求精确值,

$$M=\lim_{\lambda\to 0}\sum_{i=1}^{n}\rho(\xi_i,\eta_i,\zeta_i)\Delta S_i,$$

其中,λ 为各小块曲面 ΔS_i 直径的最大值.

注 曲面直径是指曲面上任意两点间距离的最大者.曲面光滑是指曲面上各点处都具有切平面,并且当切点在曲面上连续移动时,切平面也连续转动.

这种和式的极限还会在其他问题中遇到.抽去其具体物理意义,就得出对面积的曲面积分概念.

定义 10.3 设 Σ 是光滑的曲面,函数 $f(x,y,z)$ 在 Σ 上有界,把 Σ 任意分成 n 小块 ΔS_i(ΔS_i 也代表该小块曲面的面积),在小曲面 ΔS_i 上任取一点 (ξ_i,η_i,ζ_i),作乘积 $f(\xi_i,\eta_i,\zeta_i)\Delta S_i(i=1,2,\cdots,n)$,并作和 $\sum\limits_{i=1}^{n}f(\xi_i,\eta_i,\zeta_i)\Delta S_i$,当各小块曲面直径的最大值 $\lambda\to 0$ 时,如果极限 $\lim\limits_{\lambda\to 0}\sum\limits_{i=1}^{n}f(\xi_i,\eta_i,\zeta_i)\Delta S_i$ 存在,则称此极限为函数 $f(x,y,z)$ 在曲面 Σ 上**对面积的曲面积分**(acreage of curved surface integral) 或**第一类曲面积分**(the first sort of curved surface integral),记作 $\iint\limits_{\Sigma}f(x,y,z)\mathrm{d}S$,即

$$\iint\limits_{\Sigma}f(x,y,z)\mathrm{d}S=\lim_{\lambda\to 0}\sum_{i=1}^{n}f(\xi_i,\eta_i,\zeta_i)\Delta S_i,$$

其中,$f(x,y,z)$ 称为**被积函数**(integrand),Σ 称为**积分曲面**(integral curved face).

当 $f(x,y,z)$ 在光滑曲面 Σ 上连续时,对面积的曲面积分总存在.今后总假定 $f(x,y,z)$ 在 Σ 上连续.如果曲面封闭,则曲面积分可表示为 $\oint\!\!\!\oint\limits_{\Sigma}f(x,y,z)\mathrm{d}S$.

根据定义 10.3,面密度为连续函数 $\rho(x,y,z)$ 的光滑曲面 Σ 的质量 M 可表示为 $\rho(x,y,z)$ 在 Σ 上对面积的曲面积分,即

$$M=\iint\limits_{\Sigma}\rho(x,y,z)\mathrm{d}S.$$

10.4.2 对面积的曲面积分的性质

由定义 10.3 可知,对面积的曲面积分与对弧长的曲线积分有类似的性质.

性质 10.7 设 c_1,c_2 为常数,如果 $\iint\limits_{\Sigma}f(x,y,z)\mathrm{d}S$,$\iint\limits_{\Sigma}g(x,y,z)\mathrm{d}S$ 都存在,则

$$\iint\limits_{\Sigma}[c_1f(x,y,z)+c_2g(x,y,z)]\mathrm{d}S=c_1\iint\limits_{\Sigma}f(x,y,z)\mathrm{d}S+c_2\iint\limits_{\Sigma}g(x,y,z)\mathrm{d}S.$$

性质 10.8 若曲面 Σ 可分成两片光滑曲面 Σ_1 及 Σ_2，则

$$\iint_{\Sigma} f(x,y,z)\mathrm{d}S = \iint_{\Sigma_1} f(x,y,z)\mathrm{d}S + \iint_{\Sigma_2} f(x,y,z)\mathrm{d}S.$$

性质 10.9 设在曲面 Σ 上 $f(x,y,z) \leqslant g(x,y,z)$，则

$$\iint_{\Sigma} f(x,y,z)\mathrm{d}S \leqslant \iint_{\Sigma} g(x,y,z)\mathrm{d}S.$$

性质 10.10 $\iint_{\Sigma}\mathrm{d}S = S$，其中，$S$ 为曲面 Σ 的面积.

10.4.3 对面积的曲面积分的计算

下面定理给出了对面积的曲面积分存在的某种特定条件和具体计算方法.

定理 10.6 设光滑曲面 $\Sigma: z = z(x,y)$，$(x,y) \in D_{xy}$，D_{xy} 为 Σ 在 xOy 面上的投影区域(图 10.20)，$f(x,y,z)$ 是 Σ 上连续的单值函数，则曲面积分 $\iint_{\Sigma} f(x,y,z)\mathrm{d}S$ 存在且有

$$\iint_{\Sigma} f(x,y,z)\mathrm{d}S = \iint_{D_{xy}} f(x,y,z(x,y))\sqrt{1 + z_x^2(x,y) + z_y^2(x,y)}\,\mathrm{d}x\mathrm{d}y. \quad (10.15)$$

证 由定义知

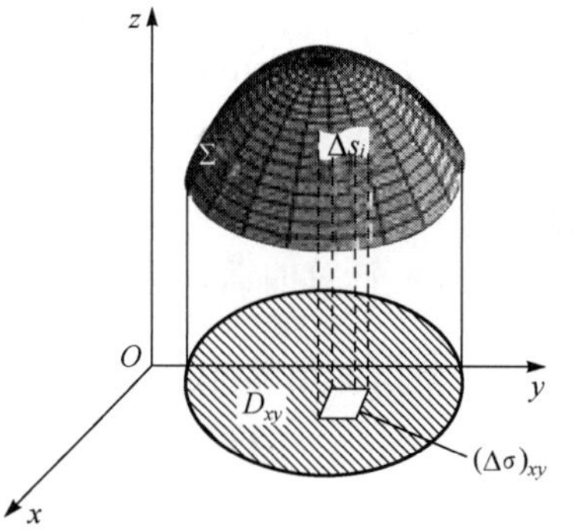

图 10.20

$$\iint_{\Sigma} f(x,y,z)\mathrm{d}S = \lim_{\lambda\to 0}\sum_{i=1}^{n} f(\xi_i,\eta_i,\zeta_i)\Delta S_i，而$$

$$\Delta S_i = \iint_{(\Delta\sigma_i)_{xy}} \sqrt{1 + z_x^2(x,y) + z_y^2(x,y)}\,\mathrm{d}x\mathrm{d}y$$

$$= \sqrt{1 + z_x^2(\xi'_i,\eta'_i) + z_y^2(\xi'_i,\eta'_i)}\,(\Delta\sigma_i)_{xy},$$

其中，(ξ'_i,η'_i) 是平面区域 $(\Delta\sigma_i)_{xy}$ 内一点. 因为 Σ 光滑，所以 $z(x,y)$ 的偏导数 $z_x(x,y)$，$z_y(x,y)$ 连续，即

$$\sqrt{1+z_x^2(\xi'_i,\eta'_i)+z_y^2(\xi'_i,\eta'_i)} \approx \sqrt{1+z_x^2(\xi_i,\eta_i)+z_y^2(\xi_i,\eta_i)},$$

从而

$$\iint_{\Sigma} f(x,y,z)\mathrm{d}S$$

$$= \lim_{\lambda\to 0}\sum_{i=1}^{n} f(\xi_i,\eta_i,z(\xi_i,\eta_i))\cdot\sqrt{1 + z_x^2(\xi'_i,\eta'_i) + z_y^2(\xi'_i,\eta'_i)}\,(\Delta\sigma_i)_{xy}$$

$$= \lim_{\lambda\to 0}\sum_{i=1}^{n} f(\xi_i,\eta_i,z(\xi_i,\eta_i))\cdot\sqrt{1 + z_x^2(\xi_i,\eta_i) + z_y^2(\xi_i,\eta_i)}\,(\Delta\sigma_i)_{xy}$$

$$= \iint\limits_{D_{xy}} f[x,y,z(x,y)] \cdot \sqrt{1+z_x^2(x,y)+z_y^2(x,y)}\,\mathrm{d}x\mathrm{d}y,$$

即

$$\iint\limits_{\Sigma} f(x,y,z)\mathrm{d}S = \iint\limits_{D_{xy}} f[x,y,z(x,y)] \cdot \sqrt{1+z_x^2(x,y)+z_y^2(x,y)}\,\mathrm{d}x\mathrm{d}y. \quad \square$$

由式(10.15)可以看出,计算$\iint\limits_{\Sigma} f(x,y,z)\mathrm{d}S$无需太多技巧,只需把$z=z(x,y)$代入被积函数,把 dS 换成$\sqrt{1+z_x^2(x,y)+z_y^2(x,y)}\,\mathrm{d}x\mathrm{d}y$,然后在$\Sigma$的投影域$D_{xy}$上计算二重积分.对于第一类曲面积分的这种计算思路可以简单归结为**"一代(入)、二换(元)、三投影"**.

类似地,如果积分曲面Σ的方程为$y=y(z,x)$,D_{zx}为Σ在zOx面上的投影区域,则函数$f(x,y,z)$在Σ上对面积的曲面积分有公式

$$\iint\limits_{\Sigma} f(x,y,z)\mathrm{d}S = \iint\limits_{D_{zx}} f[x,y(z,x),z]\sqrt{1+y_z^2(z,x)+y_x^2(z,x)}\,\mathrm{d}z\mathrm{d}x. \tag{10.16}$$

如果积分曲面Σ的方程为$x=x(y,z)$,D_{yz}为Σ在yOz面上的投影区域,则函数$f(x,y,z)$在Σ上对面积的曲面积分有公式

$$\iint\limits_{\Sigma} f(x,y,z)\mathrm{d}S = \iint\limits_{D_{yz}} f[x(y,z),y,z]\sqrt{1+x_y^2(y,z)+x_z^2(y,z)}\,\mathrm{d}y\mathrm{d}z. \tag{10.17}$$

例 1　计算曲面积分$\iint\limits_{\Sigma}\frac{1}{z}\mathrm{d}S$,其中,$\Sigma$是球面$x^2+y^2+z^2=a^2$被平面$z=h(0<h<a)$截出的顶部(图 10.21).

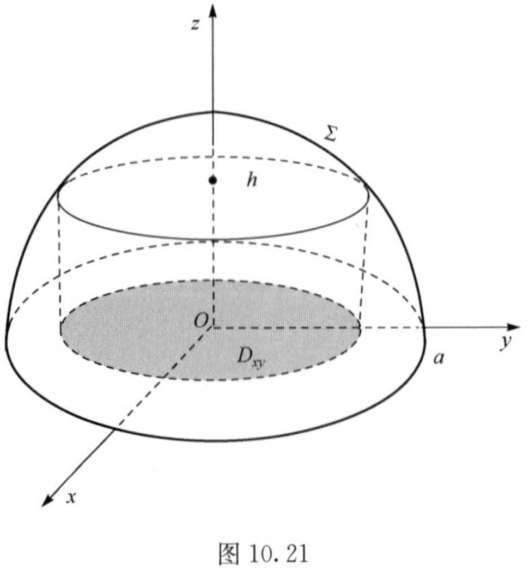

图 10.21

解　Σ的方程可写为$z=\sqrt{a^2-x^2-y^2}$,$D_{xy}:x^2+y^2\leqslant a^2-h^2$.因为

$$z_x=\frac{-x}{\sqrt{a^2-x^2-y^2}},$$

$$z_y=\frac{-y}{\sqrt{a^2-x^2-y^2}},$$

$$\mathrm{d}S=\sqrt{1+z_x^2+z_y^2}\,\mathrm{d}x\mathrm{d}y = \frac{a}{\sqrt{a^2-x^2-y^2}}\mathrm{d}x\mathrm{d}y,$$

所以

$$\iint_{\Sigma}\frac{1}{z}\mathrm{d}S=\iint_{D_{xy}}\frac{a}{a^2-x^2-y^2}\mathrm{d}x\mathrm{d}y$$
$$=a\int_0^{2\pi}\mathrm{d}\theta\int_0^{\sqrt{a^2-h^2}}\frac{r\mathrm{d}r}{a^2-r^2}$$
$$=2\pi a\left[-\frac{1}{2}\ln(a^2-r^2)\right]\Bigg|_0^{\sqrt{a^2-h^2}}=2\pi a\ln\frac{a}{h}.$$

例 2　计算$\oiint_{\Sigma}xyz\mathrm{d}S$,其中,$\Sigma$ 是由平面 $x=0$,$y=0$,$z=0$ 及 $x+y+z=1$ 所围成的四面体的整个边界曲面.

解　整个边界曲面 Σ 在平面 $x=0$,$y=0$,$z=0$ 及 $x+y+z=1$ 上的部分依次记为 Σ_1,Σ_2,Σ_3 及 Σ_4,并且 Σ_4 可表示为 $z=1-x-y$ 且在 xOy 平面投影为 D_{xy}:$\begin{cases}0\leqslant x\leqslant 1,\\0\leqslant y\leqslant 1-x\end{cases}$,如图 10.22 所示,于是

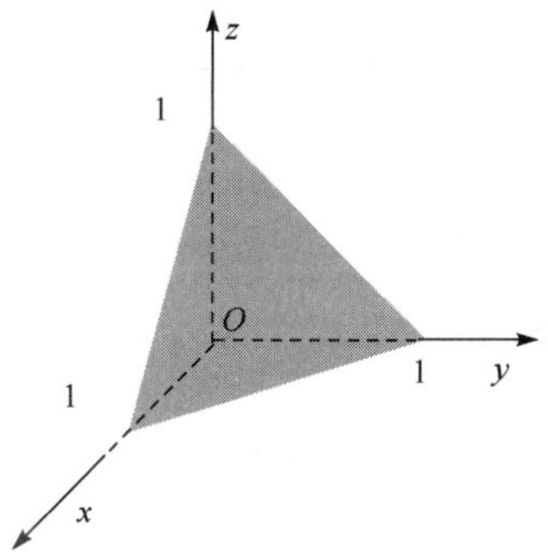

图 10.22

$$\oiint_{\Sigma}xyz\mathrm{d}S=\iint_{\Sigma_1}xyz\mathrm{d}S+\iint_{\Sigma_2}xyz\mathrm{d}S+\iint_{\Sigma_3}xyz\mathrm{d}S+\iint_{\Sigma_4}xyz\mathrm{d}S$$
$$=0+0+0+\iint_{\Sigma_4}xyz\mathrm{d}S$$
$$=\iint_{D_{xy}}\sqrt{3}xy(1-x-y)\mathrm{d}x\mathrm{d}y$$
$$=\sqrt{3}\int_0^1x\mathrm{d}x\int_0^{1-x}y(1-x-y)\mathrm{d}y=\sqrt{3}\int_0^1x\cdot\frac{(1-x)^3}{6}\mathrm{d}x=\frac{\sqrt{3}}{120}.$$

10.4.4　对面积的曲面积分的应用

利用对面积的曲面积分可以计算曲面的面积

$$S=\iint_{\Sigma}1\mathrm{d}S.$$

同样地,利用对面积的曲面积分也可以解决曲面物体的质量、重心坐标以及曲面物体关于各坐标轴、坐标面、原点的转动惯量等相关问题,将通过下面的例子来演示.

例 3　设高为 h,底面半径为 R 的盛有某种油脂的圆柱形铁桶,斜卧在土壤中,桶底的一半浸没在油脂中,油面刚达到桶口的 B 点(图 10.23),试求油面的面积.

解　建立坐标系(图 10.24),则桶是由圆柱面 $x^2+y^2=R^2$ 以及平面 $z=0$ 及油面所围成的封闭曲面且油面所在的平面方程为 $Rz=hy$. 又油面与圆柱面的交线

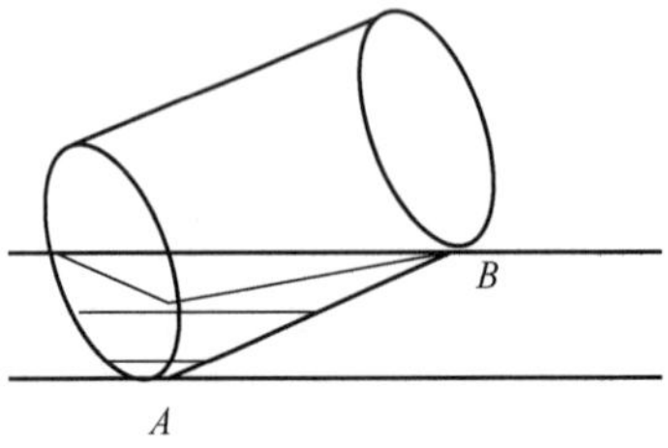

图 10.23

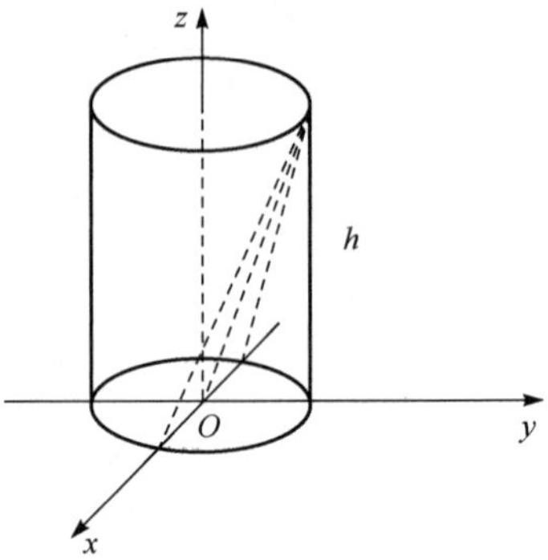

图 10.24

$$\begin{cases} x^2+y^2=R^2, \\ hy-Rz=0, \end{cases} \quad y>0, z>0$$

在 xOy 面的投影为半圆周,故油面 Σ 的面积为

$$S=\iint_{\Sigma}\mathrm{d}S=\iint_{D_{xy}}\sqrt{1+z_x^2+z_y^2}\,\mathrm{d}x\mathrm{d}y$$

$$=\iint_{D_{xy}}\sqrt{1+\left(\frac{h}{R}\right)^2}\,\mathrm{d}x\mathrm{d}y=\frac{\pi}{2}R\sqrt{R^2+h^2}.$$

实际上,油面正好是长半轴为 $\sqrt{R^2+h^2}$,短半轴为 R 的半个椭圆,其面积为 $\frac{\pi}{2}R\sqrt{R^2+h^2}$.

例 4　设 Σ 是旋转抛物面 $z=2-(x^2+y^2)(z\geqslant 0)$ 的部分曲面(图 10.25).

(1) 计算 $I=\iint_{\Sigma}f(x,y,z)\mathrm{d}S$,

(i) $f(x,y,z)=\rho$;

(ii) $f(x,y,z)=x^2+y^2$,并给出每种情况的物理解释.

(2) 求均匀薄壳 Σ 的重心(面密度 ρ 为常数).

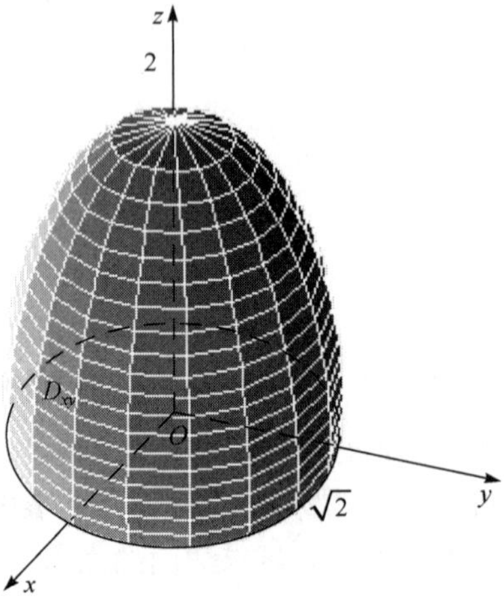

图 10.25

解　(1) 积分曲面 Σ 在 xOy 坐标面上的投影区域 $D_{xy}: x^2+y^2\leqslant 2$,

$$\mathrm{d}S=\sqrt{1+4x^2+4y^2}\,\mathrm{d}x\mathrm{d}y.$$

(i) 当 $f(x,y,z)=\rho$ 时,

$$I=\rho\iint_{\Sigma}\mathrm{d}S=\rho\iint_{D_{xy}}\sqrt{1+4x^2+4y^2}\,\mathrm{d}x\mathrm{d}y$$

$$=\rho\int_0^{2\pi}\mathrm{d}\theta\int_0^{\sqrt{2}}\sqrt{1+4r^2}\,r\mathrm{d}r=\frac{13}{3}\pi\rho.$$

其物理意义为 I 表示当面密度为常数 ρ 时，曲面 Σ 的质量，同时得到曲面的面积为$\frac{13}{3}\pi$.

(ii) 当 $f(x,y,z)=x^2+y^2$ 时，

$$I=\iint_{\Sigma}(x^2+y^2)\mathrm{d}S=\iint_{D_{xy}}(x^2+y^2)\sqrt{1+4x^2+4y^2}\,\mathrm{d}x\mathrm{d}y$$

$$=\int_0^{2\pi}\mathrm{d}\theta\int_0^{\sqrt{2}}\sqrt{1+4r^2}\,r^3\,\mathrm{d}r=\frac{149}{30}\pi.$$

其物理意义为 I 表示均匀薄壳 Σ 对坐标轴 Oz 的转动惯量，或表示面密度 $\rho=x^2+y^2$ 时，曲面 Σ 的质量.

(2) 设均匀薄壳的重心坐标为 $G(\bar{x},\bar{y},\bar{z})$，由对称性可知 $\bar{x}=\bar{y}=0$，下面求 $\bar{z}$.

$$M_z=\iint_{\Sigma}z\rho\,\mathrm{d}S=\rho\iint_{D_{xy}}(2-x^2-y^2)\sqrt{1+4x^2+4y^2}\,\mathrm{d}x\mathrm{d}y$$

$$=\rho\int_0^{2\pi}\mathrm{d}\theta\int_0^{\sqrt{2}}(2-r^2)\sqrt{1+4r^2}\,r\,\mathrm{d}r=\frac{37}{10}\pi\rho,$$

$$M=\rho\iint_{\Sigma}\mathrm{d}S=\frac{13}{3}\pi\rho,$$

则 $\bar{z}=\frac{M_z}{M}=\frac{111}{130}$，重心坐标为 $G\left(0,0,\frac{111}{130}\right)$.

习 题 10.4

1. 填空题

(1) 设 Σ 为抛物面 $z=2-(x^2+y^2)$ 在 xOy 面上方的部分，则 $\iint_{\Sigma}3z\mathrm{d}S=$ __________；

(2) 设 Σ 为锥面 $z=\sqrt{x^2+y^2}$ 及平面 $z=1$ 所围成的区域的整个边界曲面，则 $\iint_{\Sigma}(x^2+y^2)\mathrm{d}S=$ __________；

(3) 设 Σ 为 $z=2-x^2-y^2$ 在 xOy 平面上方的曲面，则 $\iint_{\Sigma}\mathrm{d}S=$ __________.

2. 计算下列第一类曲面积分：

(1) $\iint_{\Sigma}\left(z+2x+\frac{4}{3}y\right)\mathrm{d}S$，其中，$\Sigma$ 为平面 $\frac{x}{2}+\frac{y}{3}+\frac{z}{4}=1$ 在第一象限的部分；

(2) $\iint_{\Sigma}(x+y+z)\mathrm{d}S$，$\Sigma$ 为球面 $x^2+y^2+z^2=a^2$ ($z\geqslant h$ 且 $0<h<a$) 上的部分.

3. 计算下列曲面积分：

(1) 设 Σ 为曲面 $y+z=5$ 被柱面 $x^2+y^2=25$ 所截的部分，求曲面积分 $I=\iint_{\Sigma}(x+y+z)\mathrm{d}S$ 的值；

(2) 设曲面 Σ：$|x|+|y|+|z|=1$，则 $\oiint_{\Sigma}(x+|y|)\mathrm{d}S$ 的值.

4. 计算曲面积分 $I=\iint\limits_{\Sigma}(ax+by+cz+r)^2\mathrm{d}S$,其中,$\Sigma$ 为球面$x^2+y^2+z^2=R^2$.

5. 计算$\iint\limits_{\Sigma}z\mathrm{d}S$,其中,$\Sigma$ 为上半球面 $x^2+y^2+z^2=1$ 的外侧.

6. 计算曲面积分$\iint\limits_{\Sigma}\frac{\mathrm{d}S}{r^2}$,其中,$\Sigma$ 为圆柱面 $x^2+y^2=R^2$ 介于 $z=0$ 及 $z=H$ 之间的部分,r 为曲面上的点到原点的距离.

7. 设曲面 S 是上半球面 $x^2+y^2+z^2=a^2(z\geqslant 0,a>0)$ 被柱面 $x^2+y^2=ax$ 所割下的部分,求 S 的面积.

8. 设曲面 $z=\frac{1}{2}(x^2+y^2)$,其面密度 ρ 为常数,求该曲面在 $0\leqslant z\leqslant\frac{3}{2}$ 部分 S 的质量与质心.

*10.5　对坐标的曲面积分

10.5.1　对坐标的曲面积分的定义和性质

当积分路径是一条曲线时,如果只考虑曲线弧的长度而不区分其方向,定义的积分为对弧长的曲线积分;反之,若考虑曲线弧长度的同时也区分其方向,这时定义的积分称为对坐标的曲线积分.类似地,在 10.4 节中定义了只考虑积分曲面的面积而不区分其方向的积分——对面积的曲面积分,本小节将研究同时考虑积分曲面的面积与方向的积分——对坐标的曲面积分.这类积分在物理的电磁学、流体测量等领域有非常重要的应用.

首先对曲面做一些说明.这里假定曲面是光滑的.

在日常生活中,通常遇到的曲面都是双侧的.例如,圆柱面 $x^2+y^2=R^2$,球面 $x^2+y^2+z^2=R^2$ 有内外之分;抛物面 $z=x^2+y^2$,$z=xy$ 有上下之分等.但是令人不可思议的是还有不分内外或上下的曲面,即被称为**默比乌斯带**(Möbius strip)和**克莱因瓶**(Klein bottle)的单侧曲面(图 10.26).

(a) 默比乌斯带

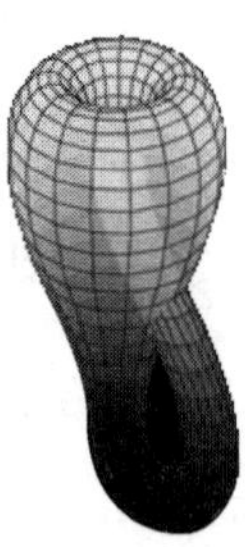

(b) 克莱因瓶

图 10.26

默比乌斯带是一种拓扑学结构,它只有一个面(表面)和一个边界.这个结构可以用一个纸带旋转半圈再把两端粘上之后轻而易举地制作出来. 默比乌斯带本身具有很多奇妙的性质. 如果从中间剪开一个默比乌斯带,不会得到两个窄的带子,而是会形成一个把纸带的端头扭转了两次再结合的环,再把刚刚做出那个把纸带的端头扭转了两次再结合的环从中间剪开,则变成两个环. 如果你把带子的宽度分为三分,并沿着分割线剪开的话,会得到两个环,一个是窄一些的默比乌斯带,另一个则是一个旋转了两次再结合的环.

克莱因瓶是指一种无定向性的平面,它的结构非常简单,一个瓶子底部有一个洞,现在延长瓶子的颈部,并且扭曲地进入瓶子内部,然后和底部的洞相连接. 和平时用来喝水的杯子不一样,这个物体没有边,它的表面不会终结. 事实上,克莱因瓶是一个在四维空间中才可能真正表现出来的曲面,如果一定要把它表现在三维空间中,只好把它表现得似乎是自己和自己相交一样. 有趣的是,如果把克莱因瓶沿着它的对称线切下去,竟会得到两个默比乌斯带.

对于一般的双侧曲面,如果曲面由方程 $z=z(x,y)$ 表示,曲面可分为**上侧**与**下侧**(这里假定 z 轴铅直向上). 设 $\boldsymbol{n}=(\cos\alpha,\cos\beta,\cos\gamma)$ 为曲面上某点处的法向量,若 $\cos\gamma>0$ 则法向量所指方向的侧为曲面的上侧;反之,在曲面的下侧总有 $\cos\gamma<0$. 当方程 $z=z(x,y)$ 的图像是封闭的曲面时,其有内侧与外侧之分. 类似地,如果曲面的方程为 $y=y(z,x)$,则曲面可分为**左侧**与**右侧**,在曲面的右侧 $\cos\beta>0$,在曲面的左侧 $\cos\beta<0$. 如果曲面的方程为 $x=x(y,z)$,则曲面可分为**前侧**与**后侧**,在曲面的前侧 $\cos\alpha>0$,在曲面的后侧 $\cos\alpha<0$. **规定了侧的曲面称为有向曲面.**

设 Σ 是有向曲面. 在 Σ 上取一小块曲面 ΔS,把 ΔS 投影到 xOy 平面上得到一个投影区域,该投影区域的面积记为 $(\Delta\sigma)_{xy}$. 假定 ΔS 上各点处的法向量与 z 轴的夹角 γ 的余弦 $\cos\gamma$ 有相同的符号(即 $\cos\gamma$ 都是正的或都是负的). 规定 ΔS 在 xOy 面上的投影 $(\Delta S)_{xy}$ 为

$$(\Delta S)_{xy}=\begin{cases}(\Delta\sigma)_{xy}, & \cos\gamma>0,\\ -(\Delta\sigma)_{xy}, & \cos\gamma<0,\\ 0, & \cos\gamma\equiv 0,\end{cases}$$

其中,$\cos\gamma\equiv 0$ 也就是 $(\Delta\sigma)_{xy}=0$ 的情形. ΔS 在 xOy 面上的投影 $(\Delta S)_{xy}$ 实际上就是 ΔS 在 xOy 平面上的投影区域的面积附加上一定的正负号.

类似地,可以定义 ΔS 在 zOx 面及在 yOz 面上的投影 $(\Delta S)_{zx}$ 及 $(\Delta S)_{yz}$ 分别为

$$(\Delta S)_{zx}=\begin{cases}(\Delta\sigma)_{zx}, & \cos\beta>0,\\ -(\Delta\sigma)_{zx}, & \cos\beta<0,\\ 0, & \cos\beta\equiv 0\end{cases}$$

与

$$(\Delta S)_{yz}=\begin{cases}(\Delta\sigma)_{yz}, & \cos\alpha>0,\\ -(\Delta\sigma)_{yz}, & \cos\alpha<0,\\ 0, & \cos\alpha\equiv 0.\end{cases}$$

下面通过一个具体实例引入对坐标的曲面积分的概念.

引例 10.4　设稳定流动(流速与时间 t 无关)的不可压缩流体的速度场由

$$\boldsymbol{v}(x,y,z)=P(x,y,z)\boldsymbol{i}+Q(x,y,z)\boldsymbol{j}+R(x,y,z)\boldsymbol{k}$$

给出,Σ是速度场中的一片有向曲面,函数 $P(x,y,z)$,$Q(x,y,z)$,$R(x,y,z)$ 都在Σ上连续,求在单位时间内流向 Σ 指定侧的流体的质量,即流量 Φ.

如果流体流过平面上面积为 A 的一个闭区域,并且流体在这闭区域上各点处的流速为 $\boldsymbol{v}$(常向量).又设 $\boldsymbol{n}$ 为该平面的单位法向量(图 10.27),那么在单位时间内流过这闭区域的流体组成一个底面积为 A,斜高为$|\boldsymbol{v}|$的斜柱体(图 10.28).

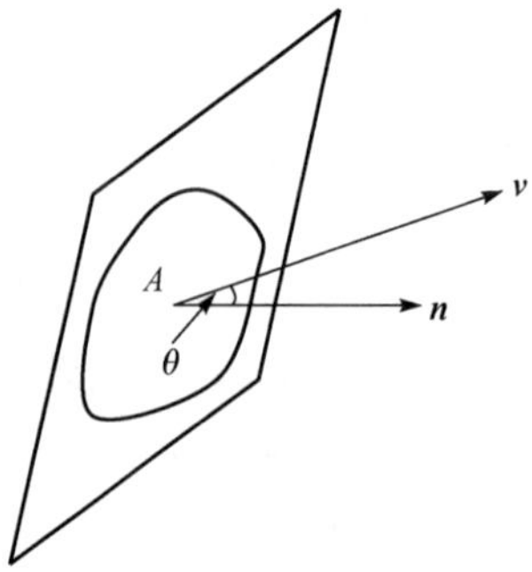

图 10.27

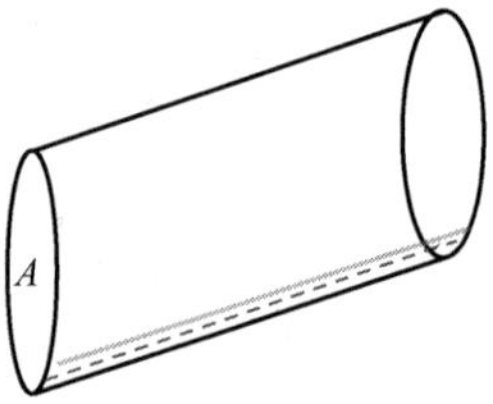

图 10.28

当 $(\widehat{\boldsymbol{v},\boldsymbol{n}})=\theta<\frac{\pi}{2}$时,这斜柱体的体积,即流量为 $A|\boldsymbol{v}|\cos\theta=A\boldsymbol{v}\cdot\boldsymbol{n}$;

当$(\widehat{\boldsymbol{v},\boldsymbol{n}})=\frac{\pi}{2}$时,显然流体通过闭区域 A 的流向 $\boldsymbol{n}$ 所指一侧的流量 Φ 为零,而 $A\boldsymbol{v}\cdot\boldsymbol{n}=0$,故 $\Phi=A\boldsymbol{v}\cdot\boldsymbol{n}=0$;

当$(\widehat{\boldsymbol{v},\boldsymbol{n}})>\frac{\pi}{2}$时,$A\boldsymbol{v}\cdot\boldsymbol{n}<0$,这时仍把 $A\boldsymbol{v}\cdot\boldsymbol{n}$ 称为流体通过闭区域 A 流向 $\boldsymbol{n}$ 所指一侧的流量,它表示流体通过闭区域 A 实际上流向$-\boldsymbol{n}$ 所指一侧,并且流向$-\boldsymbol{n}$ 所指一侧的流量为$-A\boldsymbol{v}\cdot\boldsymbol{n}$. 因此,不论$(\widehat{\boldsymbol{v},\boldsymbol{n}})$为何值,流体通过闭区域 A 流向 $\boldsymbol{n}$ 所指一侧的流量均为 $A\boldsymbol{v}\cdot\boldsymbol{n}$.

如果在曲面上各点处流速 $\boldsymbol{v}(x,y,z)$不相等,这就需要借助分割、近似、求和、取极限的积分思想求流量,具体步骤如下:

把曲面 Σ 分成 n 小块:$\Delta S_1,\Delta S_2,\cdots,\Delta S_n$($\Delta S_i$ 同时也代表第 i 小块曲面的面积). 在 Σ 光滑与 $\boldsymbol{v}$ 连续的前提下,只要 ΔS_i 的直径很小,就可以用 ΔS_i 上任一点(ξ_i,η_i,ζ_i)处的流速

$$\boldsymbol{v}_i=\boldsymbol{v}(\xi_i,\eta_i,\zeta_i)=P(\xi_i,\eta_i,\zeta_i)\boldsymbol{i}+Q(\xi_i,\eta_i,\zeta_i)\boldsymbol{j}+R(\xi_i,\eta_i,\zeta_i)\boldsymbol{k}$$

代替 ΔS_i 上其他各点处的流速,以该点(ξ_i,η_i,ζ_i)处曲面 Σ 的单位法向量

$$\boldsymbol{n}_i=\cos\alpha_i\boldsymbol{i}+\cos\beta_i\boldsymbol{j}+\cos\gamma_i\boldsymbol{k}$$

代替 ΔS_i 上其他各点处的单位法向量(图 10.29)，即曲面 ΔS_i 近似看作空间的小平面. 从而得到通过 ΔS_i 流向指定侧的流量 $\Delta\Phi_i$ 的近似值为

$$\boldsymbol{v}_i\cdot\boldsymbol{n}_i\Delta S_i,\quad i=1,2,\cdots,n.$$

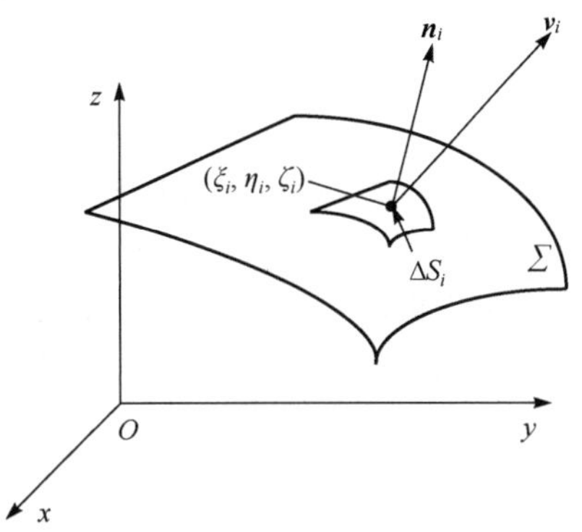

图 10.29

于是,通过 Σ 流向指定侧的流量

$$\begin{aligned}\Phi&\approx\sum_{i=1}^{n}\boldsymbol{v}_i\cdot\boldsymbol{n}_i\Delta S_i\\&=\sum_{i=1}^{n}[P(\xi_i,\eta_i,\zeta_i)\cos\alpha_i+Q(\xi_i,\eta_i,\zeta_i)\cos\beta_i\\&\quad+R(\xi_i,\eta_i,\zeta_i)\cos\gamma_i]\Delta S_i.\end{aligned}$$

由于

$$\cos\alpha_i\cdot\Delta S_i\approx(\Delta S_i)_{yz},\quad\cos\beta_i\cdot\Delta S_i\approx(\Delta S_i)_{zx},\quad\cos\gamma_i\cdot\Delta S_i\approx(\Delta S_i)_{xy},$$

因此,上式可以写成

$$\Phi\approx\sum_{i=1}^{n}[P(\xi_i,\eta_i,\zeta_i)(\Delta S_i)_{yz}+Q(\xi_i,\eta_i,\zeta_i)(\Delta S_i)_{zx}+R(\xi_i,\eta_i,\zeta_i)(\Delta S_i)_{xy}].$$

设 λ 为小曲面 $\Delta S_1,\Delta S_2,\cdots,\Delta S_n$ 的直径最大值,取 $\lambda\to0$ 时上述和式的极限,就得到流量 Φ 的精确值.

这样和式的极限在其他问题中也常常遇到. 抽去它们的实际意义,就得出下列对坐标的曲面积分的概念.

定义 10.4 设 Σ 为光滑的有向曲面,函数 $R(x,y,z)$ 在 Σ 上有界. 把 Σ 任意分成 n 块小曲面 ΔS_i(ΔS_i 同时也代表第 i 小块曲面的面积), 在 xOy 面上的投影为 $(\Delta S_i)_{xy}$,(ξ_i,η_i,ζ_i) 是 ΔS_i 上任意取定的一点. 如果当各小块曲面的直径的最大值 $\lambda\to0$ 时,

$$\lim_{\lambda\to0}\sum_{i=1}^{n}R(\xi_i,\eta_i,\zeta_i)(\Delta S_i)_{xy}$$

存在,则称此极限为函数 $R(x,y,z)$ 在有向曲面 Σ 上**对坐标 x,y 的曲面积分**(x,y coordinate of curved surface integral),记作 $\iint\limits_{\Sigma}R(x,y,z)\mathrm{d}x\mathrm{d}y$,即

$$\iint\limits_{\Sigma}R(x,y,z)\mathrm{d}x\mathrm{d}y=\lim_{\lambda\to0}\sum_{i=1}^{n}R(\xi_i,\eta_i,\zeta_i)(\Delta S_i)_{xy},$$

其中,$R(x,y,z)$ 称为**被积函数**(integrand),Σ 称为**积分曲面**(integral curved face).

类似地,定义函数 $Q(x,y,z)$ 在有向曲面 Σ 上对坐标 z,x 的曲面积分(z,x coordinate of curved surface integral) 为

$$\iint\limits_{\Sigma}Q(x,y,z)\mathrm{d}z\mathrm{d}x=\lim_{\lambda\to0}\sum_{i=1}^{n}Q(\xi_i,\eta_i,\zeta_i)(\Delta S_i)_{zx},$$

及函数 $P(x,y,z)$ 在有向曲面 Σ 上**对坐标 y,z 的曲面积分**(y,z coordinate of curved surface integral) 为

$$\iint_{\Sigma} P(x,y,z)\mathrm{d}y\mathrm{d}z = \lim_{\lambda \to 0} \sum_{i=1}^{n} P(\xi_i,\eta_i,\zeta_i)(\Delta S_i)_{yz},$$

上述曲面积分也称为**第二类曲面积分**(the second sort of curved surface integral).

当 $P(x,y,z),Q(x,y,z),R(x,y,z)$ 在有向光滑曲面 Σ 上连续时,对坐标的曲面积分是存在的,以后总假定 P,Q,R 在 Σ 上连续.

在应用上出现较多的形式是

$$\iint_{\Sigma} P(x,y,z)\mathrm{d}y\mathrm{d}z + \iint_{\Sigma} Q(x,y,z)\mathrm{d}z\mathrm{d}x + \iint_{\Sigma} R(x,y,z)\mathrm{d}x\mathrm{d}y,$$

为了简化记号,上式可简写为

$$\iint_{\Sigma} P(x,y,z)\mathrm{d}y\mathrm{d}z + Q(x,y,z)\mathrm{d}z\mathrm{d}x + R(x,y,z)\mathrm{d}x\mathrm{d}y.$$

因此,其物理意义为当积分 $\iint_{\Sigma} R(x,y,z)\mathrm{d}x\mathrm{d}y$ 大于零时,它刻画了 z 轴方向的流速 $R(x,y,z)$ 流向 z 轴正方向的流量;反之为 z 轴负方向的流量;同样,两个积分 $\iint_{\Sigma} Q(x,y,z)\mathrm{d}z\mathrm{d}x$ 和 $\iint_{\Sigma} P(x,y,z)\mathrm{d}y\mathrm{d}z$ 分别计算了速度分量在 y 轴及 x 轴方向的流量. 因此,流向 Σ 指定侧的流量 Φ 可表示为

$$\Phi = \iint_{\Sigma} P(x,y,z)\mathrm{d}y\mathrm{d}z + Q(x,y,z)\mathrm{d}z\mathrm{d}x + R(x,y,z)\mathrm{d}x\mathrm{d}y.$$

10.5.2 对坐标的曲面积分的性质

对坐标的曲面积分具有与对坐标的曲线积分类似的性质.

性质 10.11　如果 Σ 可分成 Σ_1 和 Σ_2 两个光滑的曲面,则

$$\begin{aligned}&\iint_{\Sigma} P\mathrm{d}y\mathrm{d}z + Q\mathrm{d}z\mathrm{d}x + R\mathrm{d}x\mathrm{d}y \\ &= \iint_{\Sigma_1} P\mathrm{d}y\mathrm{d}z + Q\mathrm{d}z\mathrm{d}x + R\mathrm{d}x\mathrm{d}y + \iint_{\Sigma_2} P\mathrm{d}y\mathrm{d}z + Q\mathrm{d}z\mathrm{d}x + R\mathrm{d}x\mathrm{d}y.\end{aligned}$$

性质 10.12　设 Σ 是有向曲面,$-\Sigma$ 表示与 Σ 取相反侧的有向曲面,则

$$\iint_{-\Sigma} P\mathrm{d}y\mathrm{d}z + Q\mathrm{d}z\mathrm{d}x + R\mathrm{d}x\mathrm{d}y = -\iint_{\Sigma} P\mathrm{d}y\mathrm{d}z + Q\mathrm{d}z\mathrm{d}x + R\mathrm{d}x\mathrm{d}y.$$

特别地,

$$\iint_{-\Sigma} P\mathrm{d}y\mathrm{d}z = -\iint_{\Sigma} P\mathrm{d}y\mathrm{d}z,\quad \iint_{-\Sigma} Q\mathrm{d}z\mathrm{d}x = -\iint_{\Sigma} Q\mathrm{d}z\mathrm{d}x,\quad \iint_{-\Sigma} R\mathrm{d}x\mathrm{d}y = -\iint_{\Sigma} R\mathrm{d}x\mathrm{d}y.$$

这是因为若 $\boldsymbol{n}=(\cos\alpha,\cos\beta,\cos\gamma)$ 是 Σ 的单位法向量,则 $-\Sigma$ 上的单位法向量是

$$-\boldsymbol{n}=(-\cos\alpha,-\cos\beta,-\cos\gamma),$$

从而

$$\iint_{-\Sigma} P\mathrm{d}y\mathrm{d}z + Q\mathrm{d}z\mathrm{d}x + R\mathrm{d}x\mathrm{d}y$$
$$= -\iint_{\Sigma} \{P(x,y,z)\cos\alpha + Q(x,y,z)\cos\beta + R(x,y,z)\cos\gamma\}\mathrm{d}S$$
$$= -\iint_{\Sigma} P\mathrm{d}y\mathrm{d}z + Q\mathrm{d}z\mathrm{d}x + R\mathrm{d}x\mathrm{d}y.$$

10.5.3 对坐标的曲面积分的计算法

设有向曲面 Σ 的方程为 $\Sigma: z = z(x,y)$，Σ 在 xOy 面上的投影区域为 D_{xy}，函数 $z = z(x,y)$ 在 D_{xy} 上具有一阶连续偏导数，$R(x,y,z)$ 在 Σ 上是单值连续函数，则

$$\iint_{\Sigma} R(x,y,z)\mathrm{d}x\mathrm{d}y = \pm\iint_{D_{xy}} R[x,y,z(x,y)]\mathrm{d}x\mathrm{d}y, \tag{10.18}$$

其中，当 Σ 是上侧时，取"+"号；当 Σ 是下侧时，取"−"号.

这是因为由定义

$$\iint_{\Sigma} R(x,y,z)\mathrm{d}x\mathrm{d}y = \lim_{\lambda\to 0}\sum_{i=1}^{n} R(\xi_i,\eta_i,\zeta_i)(\Delta S_i)_{xy}.$$

设 Σ 是上侧，则 $\cos\gamma > 0$，$(\Delta S_i)_{xy} = (\Delta\sigma_i)_{xy}$，而在曲面 Σ 上，$\zeta_i = z(\xi_i,\eta_i)$，因此，

$$\begin{aligned}\iint_{\Sigma} R(x,y,z)\mathrm{d}x\mathrm{d}y &= \lim_{\lambda\to 0}\sum_{i=1}^{n} R(\xi_i,\eta_i,\zeta_i)(\Delta S_i)_{xy}\\ &= \lim_{\lambda\to 0}\sum_{i=1}^{n} R[\xi_i,\eta_i,z(\xi_i,\eta_i)](\Delta\sigma_i)_{xy}\\ &= \iint_{D_{xy}} R[x,y,z(x,y)]\mathrm{d}x\mathrm{d}y.\end{aligned}$$

如果 Σ 是下侧，则 $\cos\gamma < 0$，$(\Delta S_i)_{xy} = -(\Delta\sigma_i)_{xy}$，因此，

$$\begin{aligned}\iint_{\Sigma} R(x,y,z)\mathrm{d}x\mathrm{d}y &= \lim_{\lambda\to 0}\sum_{i=1}^{n} R(\xi_i,\eta_i,\zeta_i)(\Delta S_i)_{xy}\\ &= \lim_{\lambda\to 0}\sum_{i=1}^{n} R[\xi_i,\eta_i,z(\xi_i,\eta_i)][-(\Delta\sigma_i)_{xy}]\\ &= -\lim_{\lambda\to 0}\sum_{i=1}^{n} R[\xi_i,\eta_i,z(\xi_i,\eta_i)](\Delta\sigma_i)_{xy}\\ &= -\iint_{D_{xy}} R[x,y,z(x,y)]\mathrm{d}x\mathrm{d}y.\end{aligned}$$

综上所述可得

$$\iint_{\Sigma} R(x,y,z)\mathrm{d}x\mathrm{d}y = \pm\iint_{D_{xy}} R[x,y,z(x,y)]\mathrm{d}x\mathrm{d}y.$$

由式(10.18)可以看出，计算 $\iint_{\Sigma} R(x,y,z)\mathrm{d}x\mathrm{d}y$ 时，需要把 $z = z(x,y)$ 代入被积

函数,把 Σ 投影到 xOy 面的区域 D_{xy} 上,然后确定 Σ 的上下侧. 对于第二类曲面积分的这种计算思路可以简单归结为**"一代(入)、二投(影)、三定侧"**.

类似地,对于 $\iint\limits_{\Sigma} P(x,y,z)\mathrm{d}y\mathrm{d}z$,需把曲面 Σ 表示为:$x = x(y,z)$,此时 Σ 有前侧、后侧之分,若 Σ 在 yOz 面上投影区域为 D_{yz},则

$$\iint\limits_{\Sigma} P(x,y,z)\mathrm{d}y\mathrm{d}z = \pm \iint\limits_{D_{yz}} P[x(y,z),y,z]\mathrm{d}y\mathrm{d}z, \tag{10.19}$$

其中,前侧取"+"号,后侧取"−"号.

对于 $\iint\limits_{\Sigma} Q(x,y,z)\mathrm{d}z\mathrm{d}x$, Σ 需表示为:$y = y(x,z)$,此时 Σ 有左、右侧之分,若 Σ 在 xOz 面上投影区域为 D_{xz},则

$$\iint\limits_{\Sigma} Q(x,y,z)\mathrm{d}z\mathrm{d}x = \pm \iint\limits_{D_{xz}} Q[x,y(x,z),z]\mathrm{d}x\mathrm{d}z, \tag{10.20}$$

其中,右侧取"+"号,左侧取"−"号.

下面通过例题熟悉这种算法.

例 1　计算曲面积分 $\iint\limits_{\Sigma} x^2\mathrm{d}y\mathrm{d}z + y^2\mathrm{d}z\mathrm{d}x + z^2\mathrm{d}x\mathrm{d}y$,其中,$\Sigma$ 是长方体 Ω 的整个表面的外侧,$\Omega = ((x,y,z)\,|\,0 \leqslant x \leqslant a, 0 \leqslant y \leqslant b, 0 \leqslant z \leqslant c)$.

解　把 Ω 的上、下面分别记为 Σ_1 和 Σ_2, 前、后面分别记为 Σ_3 和 Σ_4,右、左面分别记为 Σ_5 和 Σ_6,则

$\Sigma_1: z = c(0 \leqslant x \leqslant a, 0 \leqslant y \leqslant b)$ 的上侧,
$\Sigma_2: z = 0(0 \leqslant x \leqslant a, 0 \leqslant y \leqslant b)$ 的下侧,
$\Sigma_3: x = a(0 \leqslant y \leqslant b, 0 \leqslant z \leqslant c)$ 的前侧,
$\Sigma_4: x = 0(0 \leqslant y \leqslant b, 0 \leqslant z \leqslant c)$ 的后侧,
$\Sigma_5: y = b(0 \leqslant x \leqslant a, 0 \leqslant z \leqslant c)$ 的右侧,
$\Sigma_6: y = 0(0 \leqslant x \leqslant a, 0 \leqslant z \leqslant c)$ 的左侧.

除 Σ_3,Σ_4 外,其余四片曲面在 yOz 面上的投影为零,因此,

$$\iint\limits_{\Sigma} x^2\mathrm{d}y\mathrm{d}z = \iint\limits_{\Sigma_3} y^2\mathrm{d}y\mathrm{d}z + \iint\limits_{\Sigma_4} x^2\mathrm{d}y\mathrm{d}z = \iint\limits_{D_{yz}} a^2\mathrm{d}y\mathrm{d}z - \iint\limits_{D_{yz}} 0\mathrm{d}y\mathrm{d}z = a^2bc\ .$$

类似地,可得

$$\iint\limits_{\Sigma} y^2\mathrm{d}z\mathrm{d}x = b^2ac, \quad \iint\limits_{\Sigma} z^2\mathrm{d}x\mathrm{d}y = c^2ab.$$

于是所求曲面积分

$$\iint\limits_{\Sigma} x^2\mathrm{d}y\mathrm{d}z + y^2\mathrm{d}z\mathrm{d}x + z^2\mathrm{d}x\mathrm{d}y = (a+b+c)abc.$$

例 2　计算曲面积分 $\iint\limits_{\Sigma} xyz\mathrm{d}x\mathrm{d}y$,其中,$\Sigma$ 是球面 $x^2+y^2+z^2=1$ 外侧在 $x \geqslant 0$,

$y \geqslant 0$ 的部分.

分析 为了计算积分 $\iint\limits_{\Sigma} xyz\,\mathrm{d}x\mathrm{d}y$,需要把 Σ 的方程 $x^2+y^2+z^2=1$ 等价地写为形如 $z=z(x,y)$ 的单值函数,需要将球面 Σ 拆分为上半球与下半球两个曲面,才能分别满足算法要求.

解 把有向曲面 Σ 分成以下两部分(图 10.30):

$\Sigma_1: z=\sqrt{1-x^2-y^2}\ (x\geqslant 0, y\geqslant 0)$ 的上侧,

$\Sigma_2: z=-\sqrt{1-x^2-y^2}\ (x\geqslant 0, y\geqslant 0)$ 的下侧.

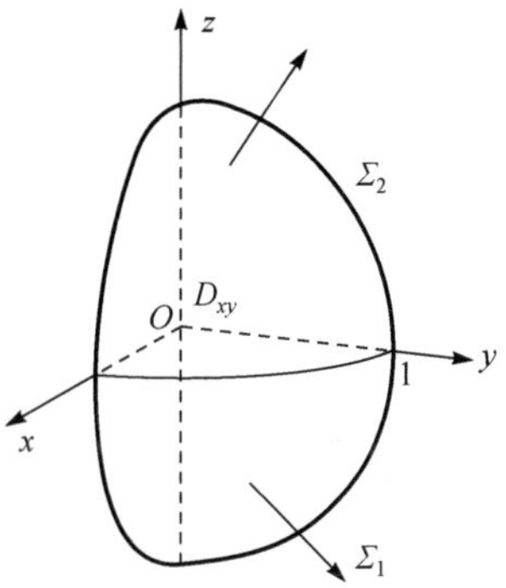

图 10.30

Σ_1 和 Σ_2 在 xOy 面上的投影区域都是 $D_{xy}: x^2+y^2\leqslant 1\ (x\geqslant 0, y\geqslant 0)$. 于是

$$\begin{aligned}\iint\limits_{\Sigma} xyz\,\mathrm{d}x\mathrm{d}y &= \iint\limits_{\Sigma_1} xyz\,\mathrm{d}x\mathrm{d}y+\iint\limits_{\Sigma_2} xyz\,\mathrm{d}x\mathrm{d}y\\ &= \iint\limits_{D_{xy}} xy\sqrt{1-x^2-y^2}\,\mathrm{d}x\mathrm{d}y-\iint\limits_{D_{xy}} xy\left(-\sqrt{1-x^2-y^2}\right)\mathrm{d}x\mathrm{d}y\\ &= 2\iint\limits_{D_{xy}} xy\sqrt{1-x^2-y^2}\,\mathrm{d}x\mathrm{d}y\\ &= 2\int_0^{\frac{\pi}{2}}\mathrm{d}\theta\int_0^1 r^2\sin\theta\cos\theta\sqrt{1-r^2}\,r\mathrm{d}r=\frac{2}{15}.\end{aligned}$$

10.5.4 两类曲面积分之间的联系

设积分曲面 Σ 由方程 $z=z(x,y)$ 给出,Σ 在 xOy 面上的投影区域为 D_{xy},函数 $z=z(x,y)$ 在 D_{xy} 上具有一阶连续的偏导数,被积函数 $R(x,y,z)$ 在 Σ 上连续. 如果 Σ 取上侧,则有

$$\iint\limits_{\Sigma} R(x,y,z)\,\mathrm{d}x\mathrm{d}y=\iint\limits_{D_{xy}} R[x,y,z(x,y)]\,\mathrm{d}x\mathrm{d}y.$$

此外,因上述有向曲面 Σ 在点 (x,y,z) 处指向上侧的法向量的方向余弦为

$$\cos\alpha=\frac{-z_x}{\sqrt{1+z_x^2+z_y^2}},\quad \cos\beta=\frac{-z_y}{\sqrt{1+z_x^2+z_y^2}},\quad \cos\gamma=\frac{1}{\sqrt{1+z_x^2+z_y^2}},$$

故由对面积的曲面积分计算公式有

$$\iint\limits_{\Sigma} R(x,y,z)\cos\gamma\,\mathrm{d}S=\iint\limits_{D_{xy}} R[x,y,z(x,y)]\,\mathrm{d}x\mathrm{d}y.$$

由此可见

$$\iint\limits_{\Sigma} R(x,y,z)\,\mathrm{d}x\mathrm{d}y=\iint\limits_{\Sigma} R(x,y,z)\cos\gamma\,\mathrm{d}S.$$

如果 Σ 取下侧,则有

$$\iint_{\Sigma} R(x,y,z)\cos\gamma \mathrm{d}S = -\iint_{D_{xy}} R[x,y,z(x,y)]\mathrm{d}x\mathrm{d}y,$$

但这时$\cos\gamma = \dfrac{-1}{\sqrt{1+z_x^2+z_y^2}}$,仍有

$$\iint_{\Sigma} R(x,y,z)\mathrm{d}x\mathrm{d}y = \iint_{\Sigma} R(x,y,z)\cos\gamma \mathrm{d}S.$$

类似地,可推得

$$\iint_{\Sigma} P(x,y,z)\mathrm{d}y\mathrm{d}z = \iint_{\Sigma} P(x,y,z)\cos\alpha \mathrm{d}S,$$

$$\iint_{\Sigma} Q(x,y,z)\mathrm{d}z\mathrm{d}x = \iint_{\Sigma} P(x,y,z)\cos\beta \mathrm{d}S.$$

综合起来有

$$\iint_{\Sigma} P\mathrm{d}y\mathrm{d}z + Q\mathrm{d}z\mathrm{d}x + R\mathrm{d}x\mathrm{d}y = \iint_{\Sigma}(P\cos\alpha + Q\cos\beta + R\cos\gamma)\mathrm{d}S, \quad (10.21)$$

其中,$\cos\alpha,\cos\beta,\cos\gamma$ 是有向曲面Σ上点(x,y,z)处的法向量的方向余弦.

式(10.21)的意义在于建立了对面积与对坐标的两类曲面积分之间的联系,它既为研究物理量之间的关系奠定了基础,也为寻找曲面积分的简便计算方法提供一个途径.

两类曲面积分之间的联系也可写成如下向量的形式:若记

$$\boldsymbol{A} = P(x,y,z)\boldsymbol{i} + Q(x,y,z)\boldsymbol{j} + R(x,y,z)\boldsymbol{k},$$

$$\boldsymbol{n} = (\cos\alpha,\cos\beta,\cos\gamma), \quad \mathrm{d}S = (\mathrm{d}y\mathrm{d}z, \mathrm{d}z\mathrm{d}x, \mathrm{d}x\mathrm{d}y),$$

则

$$\begin{aligned}
&\iint_{\Sigma} P(x,y,z)\mathrm{d}y\mathrm{d}z + Q(x,y,z)\mathrm{d}z\mathrm{d}x + R(x,y,z)\mathrm{d}x\mathrm{d}y \\
=& \iint_{\Sigma} \boldsymbol{A}\cdot \mathrm{d}S \\
=& \iint_{\Sigma} [P(x,y,z)\cos\alpha + Q(x,y,z)\cos\beta + R(x,y,z)\cos\gamma]\mathrm{d}S \\
=& \iint_{\Sigma} \boldsymbol{A}\cdot \boldsymbol{n}\mathrm{d}S.
\end{aligned}$$

例 3　计算曲面积分$\iint_{\Sigma}(z^2+x)\mathrm{d}y\mathrm{d}z - z\mathrm{d}x\mathrm{d}y$,其中,$\Sigma$是曲面$z=\dfrac{1}{2}(x^2+y^2)$介于平面$z=0$及$z=2$之间的部分的下侧(图 10.31).

分析　一般情况下,曲面积分$\iint_{\Sigma}(z^2+x)\mathrm{d}y\mathrm{d}z - z\mathrm{d}x\mathrm{d}y$ 需要拆分为$\iint_{\Sigma}(z^2+$

$x)\mathrm{d}y\mathrm{d}z$ 与 $\iint\limits_{\Sigma} z\mathrm{d}x\mathrm{d}y$，计算时需要分别向 xOy 面和 yOz 面投影，工作量较大. 而通过两类积分之间的关系把 $\iint\limits_{\Sigma}(z^2+x)\mathrm{d}y\mathrm{d}z$ 这个对坐标 y,z 的曲面积分转化为对坐标 x,y 的曲面积分 $\iint\limits_{\Sigma}[(z^2+x)(-x)]\mathrm{d}x\mathrm{d}y$，再与 $\iint\limits_{\Sigma} z\mathrm{d}x\mathrm{d}y$ 合并，这样只需计算 $\iint\limits_{\Sigma}[(z^2+x)(-x)-z]\mathrm{d}x\mathrm{d}y$ 一个积分即可，极大地减少了计算量.

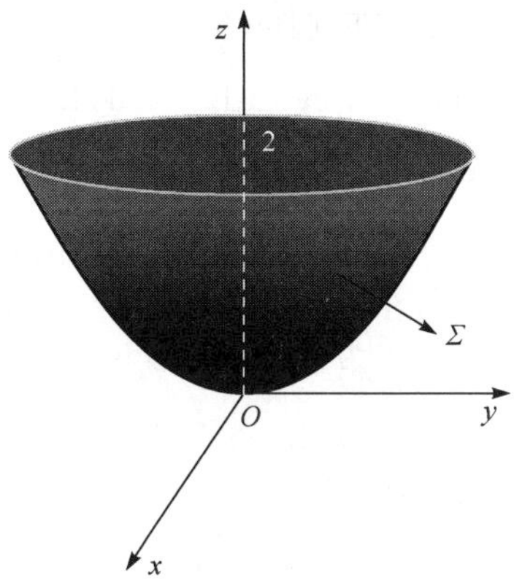

图 10.31

解 由两类曲面积分之间的关系可得

$$\iint\limits_{\Sigma}(z^2+x)\mathrm{d}y\mathrm{d}z=\iint\limits_{\Sigma}(z^2+x)\cos\alpha\mathrm{d}S=\iint\limits_{\Sigma}(z^2+x)\frac{\cos\alpha}{\cos\gamma}\mathrm{d}x\mathrm{d}y.$$

在曲面 Σ 上点 (x,y,z) 处指向 Σ 的侧的法向量的方向余弦为

$$\cos\alpha=\frac{x}{\sqrt{1+x^2+y^2}},\quad \cos\gamma=\frac{-1}{\sqrt{1+x^2+y^2}}.$$

又 $\mathrm{d}S=\sqrt{1+x^2+y^2}\mathrm{d}x\mathrm{d}y$，故

$$\iint\limits_{\Sigma}(z^2+x)\mathrm{d}y\mathrm{d}z-z\mathrm{d}x\mathrm{d}y=\iint\limits_{\Sigma}[(z^2+x)(-x)-z]\mathrm{d}x\mathrm{d}y.$$

由对坐标的曲面积分计算方法，并注意到 $\iint\limits_{x^2+y^2\leqslant 4}\frac{1}{4}x(x^2+y^2)^2\mathrm{d}x\mathrm{d}y=0$，则有

$$\begin{aligned}&\iint\limits_{\Sigma}[(z^2+x)(-x)-z]\mathrm{d}x\mathrm{d}y\\&=-\iint\limits_{x^2+y^2\leqslant 4}\left\{\left[\frac{1}{4}(x^2+y^2)^2+x\right]\cdot(-x)-\frac{1}{2}(x^2+y^2)\right\}\mathrm{d}x\mathrm{d}y\\&=\iint\limits_{x^2+y^2\leqslant 4}\left[x^2+\frac{1}{2}(x^2+y^2)\right]\mathrm{d}x\mathrm{d}y\\&=\int_0^{2\pi}\mathrm{d}\theta\int_0^2\left(r^2\cos^2\theta+\frac{1}{2}r^2\right)r\mathrm{d}r=8\pi.\end{aligned}$$

习 题 10.5

1. 填空题

(1) 设 Σ 为球面 $x^2+y^2+z^2=a^2$ 的外侧，则 $\iint\limits_{\Sigma} y\mathrm{d}x\mathrm{d}y=$ ________；

(2) 第二类曲面积分 $\iint\limits_{\Sigma} P\mathrm{d}y\mathrm{d}z+Q\mathrm{d}z\mathrm{d}x+R\mathrm{d}x\mathrm{d}y$ 化为第一类曲面积分为________，其中，α,β,γ 为有向曲面 Σ 上点 (x,y,z) 处的________的方向角.

2. 计算下列曲面积分：

(1) $I=\iint\limits_{\Sigma} xyz\mathrm{d}x\mathrm{d}y+xz\mathrm{d}y\mathrm{d}z+z^2\mathrm{d}x\mathrm{d}z$，其中，$\Sigma$ 为 $x^2+z^2=a^2$ 在 $x\geqslant 0$ 的一半被 $y=0$ 和 $y=h(h>0)$ 所截下部分的外侧；

(2) $I=\iint\limits_{\Sigma} xy\mathrm{d}z\mathrm{d}x$，其中，$\Sigma$ 为曲线 $x=\mathrm{e}^{y^2}\ (0\leqslant y\leqslant a)$ 绕 x 轴旋转成的旋转面，取外侧.

3. 设 Σ 为柱面 $x^2+y^2=a^2\ (0\leqslant z\leqslant h)$ 的外侧，满足 $x\geqslant 0$ 的一半，求 $I=\iint\limits_{\Sigma} z\mathrm{d}y\mathrm{d}z+xyz\,\mathrm{d}z\mathrm{d}x+y\mathrm{d}x\mathrm{d}y$.

4. 求曲面积分

$$I=\iint\limits_{\Sigma}(x+\cos y)\mathrm{d}y\mathrm{d}z+(y+\cos z)\mathrm{d}z\mathrm{d}x+(z+\cos x)\mathrm{d}x\mathrm{d}y,$$

其中，Σ 为 $x+y+z=\pi$ 在第 Ⅰ 卦限部分，取上侧.

5. 计算曲面积分 $I=\iint\limits_{\Sigma}(2x+z)\mathrm{d}y\mathrm{d}z+z\mathrm{d}x\mathrm{d}y$，其中，$\Sigma$ 为有向曲面 $z=x^2+y^2\ (0\leqslant z\leqslant 1)$，其法向量与 z 轴正向的夹角为锐角.

6. 计算曲面积分 $I=\iint\limits_{\Sigma}2x^3\mathrm{d}y\mathrm{d}z+2y^3\mathrm{d}z\mathrm{d}x+3(z^2-1)\mathrm{d}x\mathrm{d}y$，其中，$\Sigma$ 为曲面 $z=1-x^2-y^2\ (z\geqslant 0)$ 的上侧.

10.6 Gauss 公式

10.6.1 Gauss 公式

10.3 节的 Green 公式给出了具有连续偏导数的函数沿光滑闭曲线的曲线积分可以转化为曲线所围区域上的二重积分，从而简化了对坐标的曲线积分的计算. 类似地，可以提出这样的问题：函数沿光滑闭曲面的对坐标的曲面积分能否化为曲面所围区域上的三重积分呢？若能的话，该函数应满足什么条件？下面的 Gauss 公式给出了回答.

定理 10.7 设空间区域 Ω 由分片光滑的闭曲面 Σ 所围成，函数 $P(x,y,z)$，$Q(x,y,z)$，$R(x,y,z)$ 在 Ω 上具有一阶连续偏导数，则

$$\begin{aligned}&\oiint\limits_{\Sigma}P(x,y,z)\mathrm{d}y\mathrm{d}z+Q(x,y,z)\mathrm{d}z\mathrm{d}x+R(x,y,z)\mathrm{d}x\mathrm{d}y\\&=\iiint\limits_{\Omega}\left(\frac{\partial P}{\partial x}+\frac{\partial Q}{\partial y}+\frac{\partial R}{\partial z}\right)\mathrm{d}v\quad(\text{Gauss 公式})\end{aligned}\tag{10.22}$$

或

$$\begin{aligned}&\oiint\limits_{\Sigma}[P(x,y,z)\cos\alpha+Q(x,y,z)\cos\beta+R(x,y,z)\cos\gamma]\mathrm{d}S\\&=\iiint\limits_{\Omega}\left(\frac{\partial P}{\partial x}+\frac{\partial Q}{\partial y}+\frac{\partial R}{\partial z}\right)\mathrm{d}v\quad(\text{Gauss 公式}),\end{aligned}\tag{10.23}$$

其中，Σ 是 Ω 的整个边界曲面的外侧，$\cos\alpha, \cos\beta, \cos\gamma$ 为 Σ 指向外侧的法向量的方向余弦.

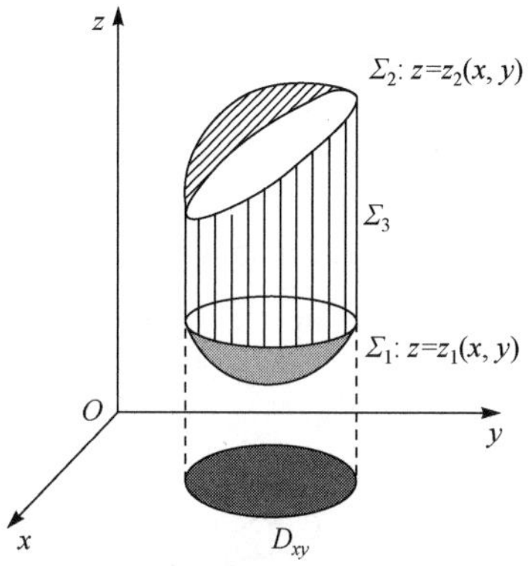

图 10.32

证 设 Ω 是一柱体，上边界曲面为 $\Sigma_2: z = z_2(x,y)$，下边界曲面为 $\Sigma_1: z = z_1(x,y)$，侧面为柱面 Σ_3，Σ_1 取下侧，Σ_2 取上侧，Σ_3 取外侧. 记 D_{xy} 为柱体 Ω 在 xOy 平面的投影区域(图 10.32)，则柱体 Ω 可以表示为

$$\begin{cases}(x,y)\in D_{xy},\\ z_1(x,y)\leqslant z\leqslant z_2(x,y).\end{cases}$$

根据三重积分的计算方法有

$$\begin{aligned}\iiint_{\Omega}\frac{\partial R}{\partial z}\mathrm{d}v &= \iint_{D_{xy}}\mathrm{d}x\mathrm{d}y\int_{z_1(x,y)}^{z_2(x,y)}\frac{\partial R}{\partial z}\mathrm{d}z\\ &= \iint_{D_{xy}}\{R[x,y,z_2(x,y)]-R[x,y,z_1(x,y)]\}\mathrm{d}x\mathrm{d}y.\end{aligned}$$

此外，由对坐标的曲面积分计算方法有

$$\iint_{\Sigma_1}R(x,y,z)\mathrm{d}x\mathrm{d}y = -\iint_{D_{xy}}R[x,y,z_1(x,y)]\mathrm{d}x\mathrm{d}y,$$

$$\iint_{\Sigma_2}R(x,y,z)\mathrm{d}x\mathrm{d}y = \iint_{D_{xy}}R[x,y,z_2(x,y)]\mathrm{d}x\mathrm{d}y,$$

$$\iint_{\Sigma_3}R(x,y,z)\mathrm{d}x\mathrm{d}y = 0,$$

以上三式相加得

$$\oiint_{\Sigma}R(x,y,z)\mathrm{d}x\mathrm{d}y = \iint_{D_{xy}}\{R[x,y,z_2(x,y)]-R[x,y,z_1(x,y)]\}\mathrm{d}x\mathrm{d}y,$$

所以

$$\iiint_{\Omega}\frac{\partial R}{\partial z}\mathrm{d}v = \oiint_{\Sigma}R(x,y,z)\mathrm{d}x\mathrm{d}y.$$

类似地有

$$\iiint_{\Omega}\frac{\partial P}{\partial x}\mathrm{d}v = \oiint_{\Sigma}P(x,y,z)\mathrm{d}y\mathrm{d}z,$$

$$\iiint_{\Omega}\frac{\partial Q}{\partial y}\mathrm{d}v = \oiint_{\Sigma}Q(x,y,z)\mathrm{d}z\mathrm{d}x,$$

把以上三式两端分别相加，即得 Gauss 公式

$$\iiint_{\Omega}\left(\frac{\partial P}{\partial x}+\frac{\partial Q}{\partial y}+\frac{\partial R}{\partial z}\right)\mathrm{d}x\mathrm{d}y\mathrm{d}z = \oiint_{\Sigma}P\,\mathrm{d}y\mathrm{d}z+Q\mathrm{d}z\mathrm{d}x+R\mathrm{d}x\mathrm{d}y\ .$$ □

10.6.2 用 Gauss 公式计算曲面积分

例 1 利用 Gauss 公式计算曲面积分 $\oiint\limits_{\Sigma}(x-y)\mathrm{d}x\mathrm{d}y+(y-z)x\mathrm{d}y\mathrm{d}z$，其中，$\Sigma$ 为柱面 $x^2+y^2=1$ 及平面 $z=0,z=3$ 所围成的空间闭区域 Ω 的整个边界曲面的外侧(图 10.33).

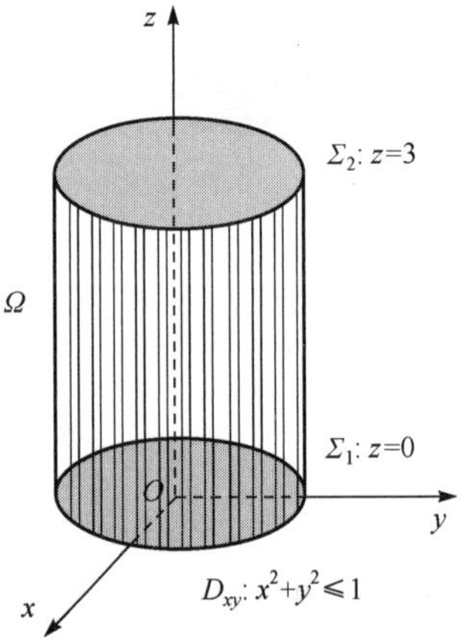

图 10.33

解 这里 $P=(y-z)x,Q=0,R=x-y$，则

$$\frac{\partial P}{\partial x}=y-z,\quad \frac{\partial Q}{\partial y}=0,\quad \frac{\partial R}{\partial z}=0.$$

由 Gauss 公式，原积分可转化为三重积分，并利用柱面坐标计算有

$$\oiint\limits_{\Sigma}(x-y)\mathrm{d}x\mathrm{d}y+(y-z)\mathrm{d}y\mathrm{d}z$$

$$=\iiint\limits_{\Omega}(y-z)\mathrm{d}x\mathrm{d}y\mathrm{d}z=\iiint\limits_{\Omega}(\rho\sin\theta-z)\rho\mathrm{d}\rho\mathrm{d}\theta\mathrm{d}z$$

$$=\int_0^{2\pi}\mathrm{d}\theta\int_0^1\rho\mathrm{d}\rho\int_0^3(\rho\sin\theta-z)\mathrm{d}z=-\frac{9\pi}{2}.$$

当积分曲面不是封闭曲面时，可以恰当"添加"简单曲面，使得积分曲面满足封闭条件，然后利用 Gauss 公式简化计算.

例 2 计算曲面积分 $\iint\limits_{\Sigma}(x^2\cos\alpha+y^2\cos\beta+z^2\cos\gamma)\mathrm{d}S$，其中，$\Sigma$ 为锥面 $x^2+y^2=z^2$ 介于平面 $z=0$ 及 $z=h\ (h>0)$ 之间的部分的下侧，$\cos\alpha,\cos\beta,\cos\gamma$ 是 Σ 上点 (x,y,z) 处的法向量的方向余弦.

解 所给曲面 Σ 不是封闭曲面，可用"添补法"添上一曲面(图 10.34)

$$\Sigma_1: z=h(x^2+y^2\leqslant h^2),$$

取上侧，使其成为封闭曲面，然后利用 Gauss 公式转化为三重积分，并利用直角坐标系和积分区域的对称性与被积函数的奇偶性得

$$\oiint\limits_{\Sigma+\Sigma_1}(x^2\cos\alpha+y^2\cos\beta+z^2\cos\gamma)\mathrm{d}S$$

$$=\iiint\limits_{\Omega}2(x+y+z)\mathrm{d}v=2\iiint\limits_{\Omega}z\mathrm{d}v$$

$$=2\iint\limits_{D_{xy}}\mathrm{d}x\mathrm{d}y\int_{\sqrt{x^2+y^2}}^{h}z\mathrm{d}z=2\iint\limits_{D_{xy}}\frac{z^2}{2}\bigg|_{\sqrt{x^2+y^2}}^{h}\mathrm{d}x\mathrm{d}y$$

$$=\iint\limits_{D_{xy}}(h^2-x^2-y^2)\mathrm{d}x\mathrm{d}y=\frac{1}{2}\pi h^4.$$

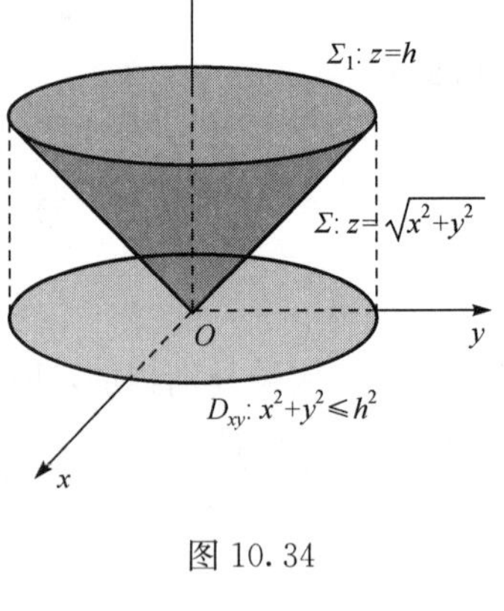

图 10.34

因此，

$$\begin{aligned}&\iint_{\Sigma}(x^2\cos\alpha+y^2\cos\beta+z^2\cos\gamma)\mathrm{d}S\\&=\frac{1}{2}\pi h^4-\iint_{\Sigma_1}(x^2\cos\alpha+y^2\cos\beta+z^2\cos\gamma)\mathrm{d}S\\&=\frac{1}{2}\pi h^4-\iint_{\Sigma_1}z^2\cos\gamma\mathrm{d}S=\frac{1}{2}\pi h^4-\iint_{\Sigma_1}h^2\mathrm{d}S\\&=\frac{1}{2}\pi h^4-\pi h^4=-\frac{1}{2}\pi h^4.\end{aligned}$$

例 3 计算曲面积分$\oiint_{\Sigma}x^3\mathrm{d}y\mathrm{d}z+y^3\mathrm{d}z\mathrm{d}x+z^3\mathrm{d}x\mathrm{d}y$,其中,$\Sigma$ 为球面 $x^2+y^2+z^2=a^2$ 的外侧.

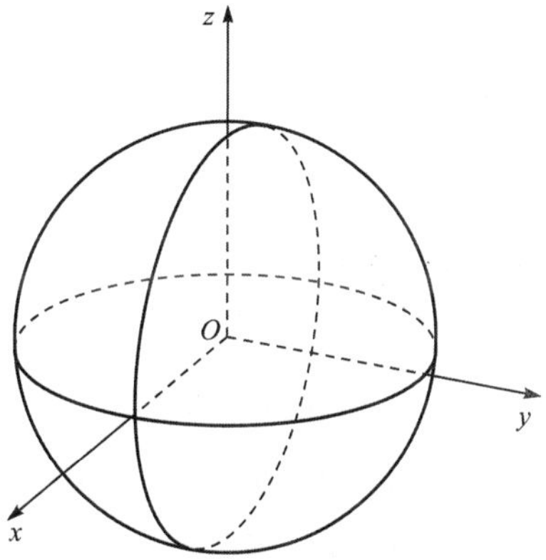

图 10.35

解 利用 Gauss 公式得

$$\begin{aligned}&\oiint_{\Sigma}x^3\mathrm{d}y\mathrm{d}z+y^3\mathrm{d}z\mathrm{d}x+z^3\mathrm{d}x\mathrm{d}y\\&=\iiint_{\Omega}3(x^2+y^2+z^2)\mathrm{d}v\\&=3\iiint_{\Omega}(x^2+y^2+z^2)\mathrm{d}v,\end{aligned}$$

其中,Ω 为球体 $x^2+y^2+z^2\leqslant a^2$. 再用球坐标系下三重积分的计算方法有

$$\begin{aligned}&\oiint_{\Sigma}x^3\mathrm{d}y\mathrm{d}z+y^3\mathrm{d}z\mathrm{d}x+z^3\mathrm{d}x\mathrm{d}y=3\iiint_{\Omega}(x^2+y^2+z^2)\mathrm{d}v\\&=3\int_0^{2\pi}\mathrm{d}\theta\int_0^{\pi}\mathrm{d}\varphi\int_0^a r^2\cdot r^2\sin\varphi\mathrm{d}r\\&=3\cdot2\pi\cdot[-\cos\varphi]_0^{\pi}\cdot\frac{a^5}{5}=\frac{12}{5}\pi a^5.\end{aligned}$$

需要特别指出的是

$$3\iiint_{\Omega}(x^2+y^2+z^2)\mathrm{d}v\neq3\iiint_{\Omega}a^2\mathrm{d}v=3a^2\cdot\frac{4}{3}\pi a^3=4\pi a^5,$$

因为 Ω 为球体 $x^2+y^2+z^2\leqslant a^2$,而不是球面 Σ:$x^2+y^2+z^2=a^2$. 但是,对于曲面积分则有

$$\oiint_{\Sigma}(x^2+y^2+z^2)\mathrm{d}S=\oiint_{\Sigma}a^2\mathrm{d}S=a^2\cdot4\pi a^2=4\pi a^4.$$

习　题　10.6

1. 填空题

(1) 设 Σ 为球面 $x^2+y^2+z^2=R^2$ 的外侧，则 $\oiint\limits_{\Sigma}\frac{1}{(x^2+y^2+z^2)^{\frac{3}{2}}}(x\mathrm{d}y\mathrm{d}z+y\mathrm{d}z\mathrm{d}x+z\mathrm{d}x\mathrm{d}y)=$ ____________；

(2) 设 Σ 为球面 $x^2+y^2+z^2=a^2$ 的外侧，则 $\iint\limits_{\Sigma}z\mathrm{d}z\mathrm{d}y=$ ____________；

(3) 设 Σ 为半球面 $z=\sqrt{R^2-x^2-y^2}$ 的上侧，则 $\iint\limits_{\Sigma}x\mathrm{d}z\mathrm{d}y+y\mathrm{d}z\mathrm{d}x+z\mathrm{d}x\mathrm{d}y=$ ____________.

2. 求 $I=\iint\limits_{\Sigma}\frac{ax\mathrm{d}y\mathrm{d}z+(z+a^2)\mathrm{d}x\mathrm{d}y}{(x^2+y^2+z^2)^{\frac{1}{2}}}$，其中，$\Sigma$ 为下半球面 $z=-\sqrt{a^2-x^2-y^2}$ 的上侧，$a>0$ 为常数.

3. 求曲面积分 $I=\iint\limits_{\Sigma}x^2\mathrm{d}y\mathrm{d}z+y^2\mathrm{d}x\mathrm{d}z+z^2\mathrm{d}x\mathrm{d}y$，其中，$\Sigma$ 为立方体 Ω：$0\leqslant x\leqslant a,0\leqslant y\leqslant b,0\leqslant z\leqslant c$ 的表面外侧.

4. 求曲面积分 $I=\iint\limits_{\Sigma}(2x+z)\mathrm{d}y\mathrm{d}z+z\mathrm{d}x\mathrm{d}y$，其中，$\Sigma$ 是有向曲面 $z=x^2+y^2(0\leqslant z\leqslant 1)$，其法向量与 z 轴正向的夹角为锐角.

5. 计算积分 $I=\iint\limits_{\Sigma}x^3\mathrm{d}y\mathrm{d}z+2xz^2\mathrm{d}z\mathrm{d}x+3y^2z\mathrm{d}x\mathrm{d}y$，其中，曲面 Σ 为抛物面 $z=4-x^2-y^2$ 被 $z=0$ 所截下部分的下侧.

6. 设 Σ 为锥面 $z=\sqrt{x^2+y^2}(0\leqslant z\leqslant 1)$ 的下侧，求 $\iint\limits_{\Sigma}x\mathrm{d}y\mathrm{d}z+2y\mathrm{d}z\mathrm{d}x+3(z-1)\mathrm{d}x\mathrm{d}y$ 的值.

7. 求曲面积分 $I=\iint\limits_{\Sigma}xz\mathrm{d}y\mathrm{d}z+2yz\mathrm{d}z\mathrm{d}x+3xy\mathrm{d}x\mathrm{d}y$，其中，$\Sigma$ 为曲面 $z=1-x^2-\frac{y^2}{4}(0\leqslant z\leqslant 1)$ 的上侧.

8. 总结题：归纳定积分、二重积分、三重积分、第一类与第二类曲线积分和第一类第二类曲面积分关于积分区域对称性和轮换对称性的性质.

9. 思考题：定积分、二重积分、三重积分、第一类与第二类曲线积分和第一类第二类曲面积分之间的联系与区别.

模拟考场十

一、填空题(每小题3分，共15分)

1. 设 L 是 xOy 平面上沿逆时针方向绕行的闭曲线，并且 $\oint_L(x-2y)\mathrm{d}x+(4x+3y)\mathrm{d}y=9$，则 L 所围成平面区域 D 的面积等于____________.

2. 设 $2xy(x^4+y^2)^{\lambda}\mathrm{d}x-x^2(x^4+y^2)^{\lambda}\mathrm{d}y$ 是某个二元函数的全微分，则 $\lambda=$ ____________.

3. 设 L：$|x|+|y|=1$，曲线积分 $\oint_L\frac{\mathrm{d}s}{|x|+|y|}=$ ____________.

4. 设 $P(x,y,z)$ 在空间有界闭区域 Ω 上有连续的一阶偏导数，又 Σ 是 Ω 的光滑边界曲面之外侧，由 Gauss 公式，则 $\oiint_{\Sigma} P(x,y,z)\mathrm{d}y\mathrm{d}z =$ ________.

5. 设 Σ 是球面 $x^2+y^2+z^2=a^2$ 的外侧，则 $\oiint_{\Sigma} z\mathrm{d}x\mathrm{d}y =$ ________.

二、选择题(每小题 3 分，共 15 分)

6. 设 L 是单位圆周 $x^2+y^2=1$ 的边界曲线，则 $\oint_L (x^2+y^2)\mathrm{d}s =$ (   ).

(A)0　　(B)π　　(C)2π　　(D)$-\pi$

7. 设曲线 L 为顺时针方向的圆周 $x^2+y^2=a^2$，则 $\oint_L y\mathrm{d}x - x\mathrm{d}y =$ (   ).

(A)$2\pi a^2$　　(B)$-2\pi a^2$　　(C)$-\pi a^2$　　(D)πa^2

8. 已知 $\dfrac{(x+ay)\mathrm{d}x+y\mathrm{d}y}{(x+y)^2}$ 为某个函数的全微分，则 $a=$ (   ).

(A)-1　　(B)0　　(C)1　　(D)2

9. 设曲线积分 $\int_C xy^2\mathrm{d}x + y\varphi(x)\mathrm{d}y$ 与路径无关，其中，$\varphi(x)$ 具有连续的导函数且 $\varphi(0)=0$，则 $\int_{(0,0)}^{(1,1)} xy^2\mathrm{d}x + y\varphi(x)\mathrm{d}y =$ (   ).

(A) $\dfrac{3}{8}$　　(B) $\dfrac{1}{2}$　　(C) $\dfrac{3}{4}$　　(D)1

10. 设 S 是平面 $x+y+z=4$ 被柱面 $x^2+y^2=1$ 截出的有限部分，则 $\iint_S y\mathrm{d}S =$ (   ).

(A)0　　(B) $\dfrac{4}{3}\sqrt{3}$　　(C)$4\sqrt{3}$　　(D)π

三、计算题(每小题 7 分，共 56 分)

11. 设 L 为圆周 $x^2+y^2=1$，求 $\oint_L x^2\mathrm{d}s$.

12. 求曲线积分 $\int_L x\mathrm{d}x + y\mathrm{d}y + z\mathrm{d}z$，其中，$L$ 为从 $(1,1,1)$ 到 $(2,3,4)$ 的直线段.

13. 求曲线积分 $\int_L (x^2-y)\mathrm{d}x - (x+\sin^2 y)\mathrm{d}y$，其中，$L$ 是在圆周 $y=\sqrt{2x-x^2}$ 上由点 $(0,0)$ 到点 $(1,1)$ 的一段弧.

14. 计算 $\int_L (3x+2y)\mathrm{d}x - (x-4y)\mathrm{d}y$，其中，$L$ 为 $\dfrac{x^2}{a^2}+\dfrac{y^2}{b^2}=1$ 取逆时针方向.

15. 计算 $\iint_{\Sigma}(xy+yz+zx)\mathrm{d}S$，其中，$\Sigma$ 为锥面 $z=\sqrt{x^2+y^2}$ 被柱面 $x^2+y^2=2ax$ 所截下的部分曲面.

16. 计算 $I=\iint_{\Sigma} xz^2\mathrm{d}y\mathrm{d}z + yz^2\mathrm{d}z\mathrm{d}x + z^2(x^2+y^2)\mathrm{d}x\mathrm{d}y$，其中，$\Sigma$ 为 $x^2+y^2\leqslant z^2$，$1\leqslant z\leqslant\sqrt{3}$ 所确定的立体表面的外侧.

17. 计算曲面积分 $\oiint_{\Sigma}(2x+z)\mathrm{d}y\mathrm{d}z + 2z\mathrm{d}x\mathrm{d}y$，其中，$\Sigma$ 为锥面 $z=\sqrt{x^2+y^2}$ 与平面 $z=1$ 所围成的封闭曲面的外侧.

18. 确定 λ 的值，使存在 $u(x,y)$，使得 $du=(x^4+4xy^\lambda)dx+(6x^{\lambda-1}y^2-5y^4)dy$，并求 $u(x,y)$.

四、解答题(每小题 7 分，共 14 分)

19. 在过点 $O(0,0)$ 和 $A(\pi,0)$ 的曲线族 $y=a\sin x(a>0)$ 中求出一条曲线 L，使沿该曲线从 O 到 A 的积分 $\int_{OA}(1+y^3)dx+(2x+y)dy$ 的值最小.

20. 设函数 $f(x)$ 在 $(-\infty,+\infty)$ 内具有一阶连续导数，L 是 $y>0$ 的有向分段光滑曲线，起点 $A(1,2)$，终点 $B\left(4,\frac{1}{2}\right)$，记 $I=\int_L \frac{1}{y}[1+y^2f(xy)]dx+\frac{x}{y^2}[y^2f(xy)-1]dy$.

(1) 求证：曲线积分 I 与路径无关；　　(2) 计算 I 的值.

数学家史话　数学天才——Gauss

Johann Carl Friedrich Gauss(卡尔 · 弗里德里希 · 高斯)，德国数学家、物理学家和天文学家.

Gauss 学习非常勤奋，11 岁时发现了二项式定理，17 岁时发明了二次互反律，18 岁时发明了用圆规和直尺作正 17 边形的方法，解决了两千多年来悬而未决的难题. 21 岁大学毕业，22 岁时获博士学位. 1804 年被选为英国皇家学会会员. 从 1807 年到 1855 年逝世，一直担任哥廷根大学教授兼哥廷根天文台台长. 他还是法国科学院和其他许多科学院的院士，被誉为历史上最伟大的数学家之一. 他善于把数学成果有效地应用于天文学、物理学等科学领域，又是著名的天文学家和物理学家，是与 Archimedes 和 Newton 等同享盛名的科学家.

Gauss 出生于德国布伦兹维克的一个贫苦家庭. 在成长过程中，幼年的 Gauss 主要是受益于母亲和舅舅的教育. Gauss 的外祖父是一位石匠，30 岁那年死于肺结核，留下了两个孩子：高斯的母亲罗捷雅、舅舅弗利德里希. 弗利德里希富有智慧，为人热情而又聪明能干，投身于纺织贸易颇有成就. 他发现姐姐的儿子聪明伶利，因此他就把一部分精力花在这位小天才身上，用生动活泼的方式开发 Gauss 的智力. 若干年后，已成年并成就显赫的 Gauss 回想起舅舅为他所做的一切，深感对他成才之重要，他想到舅舅多产的思想，不无伤感地说，舅舅去世使“我们失去了一位天才”. 正是由于弗利德里希慧眼识英才，经常劝导姐夫让孩子向学者方面发展，才使得 Gauss 没有成为园丁或者泥瓦匠.

在数学史上，很少有人像 Gauss 一样很幸运地有一位鼎力支持他成才的母亲. 罗捷雅直到 34 岁才出嫁，生下 Gauss 时已有 35 岁了. 她性格坚强、聪明贤慧、富有幽默感. Gauss 一生下来，就对一切现象和事物十分好奇，而且决心弄个水落石出，这已经超出了一个孩子能被许可的范围. 当丈夫为此训斥孩子时，她总是支持 Gauss，坚决反对顽固的丈夫想把儿子变得跟他一样无知.

罗捷雅真诚地希望儿子能干出一番伟大的事业，对 Gauss 的才华极为珍视. 然而，她也不敢轻易地让儿子投入当时尚不能养家糊口的数学研究中. 在 Gauss19 岁那年，尽管他已作出了许多伟大的数学成就，但她仍向数学界的朋友 W. 波尔约问道：Gauss 将来会有出息吗？ W. 波尔约说她的儿子将是“欧洲最伟大的数学家”，为此她激动得热泪盈眶.

在全世界广为流传的一则故事说，Gauss 最出名的故事就是他十岁时，小学老师出了一道算术难题：“计算 1+2+3…+100=？”. 这可难为初学算术的学生，但是 Gauss 却在几秒后将答案解了出来，他利用算术级数(等差级数)的对称性，然后就像求得一般算术级数和的过程一样，把数目一对对的凑在一起：1＋100，2＋99，3＋98，…，49＋52，50＋51 而这样的组合有 50 组，所以答案很快的就可以求出是 101×50＝5050. 不过，这很可能是一个不真实的传说. 据对 Gauss 素有研究的著名数学史家 E · T · Bell 考证，布特纳当时给孩子们出的是一道更难的加法题：81297＋81495＋81693＋…＋100899.

1801 年 Gauss 有机会戏剧性地施展他的优势的计算技巧. 那年的元旦，有一个后来被证实的小行星，并被命名为谷神星的天体被发现，当时它好像在向太阳靠近，天文学家虽然有 40 天的时间可以观察它，但还不能计算出它的轨道. Gauss 只作了 3 次观测就提出了一种计算轨道参数的方法，而且达到的精确度使得天文学家在 1801 年末和 1802 年初能够毫无困难地再次确定谷神星的位置. Gauss 在这一计算方法中用到了他大约在 1794 年创造的最小二乘法在天文学中立即得到公认. Gauss 的计算方法在小行星“智神星”方面也获得类似的成功.

布伦兹维克公爵在 Gauss 的成才过程中起了举足轻重的作用. 不仅如此，这种作用实际上反映了欧洲近代科学发展的一种模式，表明在科学研究社会化以前，私人的资助是科学发展的重要推动因素之一. Gauss 正处于私人资助科学研究与科学研究社会化的转变时期.

1792 年，Gauss 进入布伦兹维克的卡罗琳学院继续学习. 1795 年，公爵又为他支付各种费用，送他入德国著名的哥廷根大学，这样就使得 Gauss 得以按照自己的理想，勤奋地学习和开始进行创造性的研究. 1806 年，公爵在抵抗拿破仑统帅的法军时不幸阵亡，这给 Gauss 以沉重打击. 他悲痛欲绝，长时间对法国人有一种深深的敌意. 大公的去世给 Gauss 带来了经济上的拮据，德国处于法军奴役下的不幸，以及第一个妻子的逝世，这一切使得高斯有些心灰意冷，但他是位刚强的汉子，从不向他人透露自己的窘况，也不让朋友安慰自己的不幸. 慷慨、仁慈的资助人去世了，因此 Gauss 必须找一份合适的工作，以维持一家人的生计. 由于 Gauss 在天文学、数学方面的杰出工作，他的名声从 1802 年起就已开始传遍欧洲. 彼得堡科学院不断暗示他，自从 1783 年 Euler 去世后，Euler 在彼得堡科学院的位置一直在等待着像 Gauss 这样的天才. 公爵在世时坚决劝阻 Gauss 去俄国，他甚至愿意给 Gauss 增加薪金，为他建立天文台. 现在，Gauss 又在他的生活中面临着新的选择.

为了不使德国失去最伟大的天才，德国著名学者 Humboldt(洪堡)联合其他学者和政界人物，为 Gauss 争取到了享有特权的哥廷根大学数学和天文学教授，以及哥廷根天文台台长的职位. 1807 年，Gauss 赴哥廷根就职，全家迁居于此. 从这时起，除了一次到柏林去参加科学会议以外，他一直住在哥廷根. Humboldt 等人的努力，不仅使得 Gauss 一家人有了舒适的生活环境，Gauss 本人可以充分发挥其天才，而且为哥廷根数学学派的创立、德国成为世界科学中心和数学中心创造了条件. 同时，这也标志着科学研究社会化的一个良好开端.

Gauss 的学术地位，历来被人们推崇得很高. 他有“数学王子”“数学家之王”的美称、被认为是人类有史以来“最伟大的三位(或四位)数学家之一”(Archimedes，Newton，Gauss，或 Euler).

第11章　无穷级数

一个爱书的人，他必定不致缺少一个忠实的朋友、一个良好的导师、一个可爱的伴侣、一个悠婉的安慰者.

——Barrow(巴罗)

无穷级数(infinite series)是数与函数的一种重要表达形式，一些特殊的函数，只有把它们展开成无穷级数并进行逐项求导数或逐项求积分才能处理它们. 无穷级数在数值计算、函数逼近、微分方程中有重要应用，是微积分理论研究与应用中极其有力的工具，是微积分一个不可缺少的部分.

11.1　无穷级数的概念和性质

11.1.1　常数项级数的概念

人们认识事物的过程往往是一个由近似到精确的过程. 例如，计算半径为 R 的圆的面积 s 时，最早是通过下面的方法：

第1步　先作出圆的一个内接正六边形，记它的面积为 s_1. 显然，s_1 是 s 的一个粗糙的近似值，相差了六个小弓形的面积.

第2步　以这个正六边形的每一边为底作六个顶点在圆周上的等腰三角形，就形成了圆的内接正十二边形，如果记这六个等腰三角形的面积之和为 s_2，则内接正十二边形的面积就是 s_1+s_2，这是 s 的一个较好的近似值.

第3步　如此继续下去，正二十四边形的面积 $s_1+s_2+s_3$ 是 s 的一个更好的近似值.

……

第 n 步　继续下去，内接正 3×2^n 边形面积就逐步逼近圆的面积，$s\approx s_1+s_2+\cdots+s_n$.

正如中国古代数学家刘徽在《九章算术》方田章“圆田术”注中的生动描述：“割之弥细，所失弥少. 割之又割，以至于不可割，则与圆合体而无所失亦”.

若 n 无限增大，即内接正多边形的边数无限增多，则 $s=s_1+s_2+\cdots+s_n+\cdots$，这样就出现了一个无穷多个数量依次相加的数学式子.

定义 11.1　给出数列 $\{u_n\}$：$u_1,u_2,u_3,\cdots,u_n,\cdots$，则表达式

$$\sum_{n=1}^{\infty}u_n=u_1+u_2+u_3+\cdots+u_n+\cdots \tag{11.1}$$

称为**常数项无穷级数**,简称为**常数项级数**(constant series),其中,u_n 称为**级数的一般项**(general term).

作常数项级数前 n 项的和

$$s_n=u_1+u_2+u_3+\cdots+u_n, \tag{11.2}$$

s_n 称为级数(11.1)的**部分和**(partial sum)或**前 n 项和**.

$$s_1=u_1, s_2=u_1+u_2, s_3=u_1+u_2+u_3, \cdots, s_n=u_1+u_2+u_3+\cdots+u_n, \cdots$$

构成了一个新的数列——**部分和数列**. 根据这个数列的极限是否存在,引入无穷级数(11.1)收敛与发散的概念.

11.1.2 级数收敛与发散的定义

定义 11.2 如果级数 $\sum\limits_{n=1}^{\infty}u_n$ 的部分和数列 $\{s_n\}$ 有极限 s,即 $\lim\limits_{n\to\infty}s_n=s$,则称级数 $\sum\limits_{n=1}^{\infty}u_n$ **收敛**(converge),这时极限 s 称为此**级数的和**(sum),记为 $\sum\limits_{n=1}^{\infty}u_n=s$;如果 $\{s_n\}$ 没有极限,则称级数 $\sum\limits_{n=1}^{\infty}u_n$ **发散**(diverge).

若级数 $\sum\limits_{n=1}^{\infty}u_n$ 收敛于 s,则部分和 $s_n\approx s$,它们之间的差是

$$r_n=s-s_n=u_{n+1}+u_{n+2}+\cdots, \tag{11.3}$$

称为级数的**余项**(remainder term). 显然,$\lim\limits_{n\to\infty}r_n=0$. $|r_n|$ 是用 s_n 近似代替 s 所产生的**误差**(error).

例 1 讨论等比级数(几何级数)

$$a+aq+aq^2+\cdots+aq^{n-1}+\cdots \tag{11.4}$$

的收敛性,其中,$a\neq0$,q 称为式(11.4)的公比.

解 当 $q\neq1$ 时,其前 n 项和

$$s_n=a+aq+aq^2+\cdots+aq^{n-1}=a\cdot\frac{1-q^n}{1-q}.$$

若 $|q|<1$,则 $\lim\limits_{n\to\infty}q^n=0$. 于是 $\lim\limits_{n\to\infty}s_n=\lim\limits_{n\to\infty}a\dfrac{1-q^n}{1-q}=\dfrac{a}{1-q}$,即当 $|q|<1$ 时等比级数收敛且其和为 $\dfrac{a}{1-q}$;若 $|q|>1$,则 $\lim\limits_{n\to\infty}|q|^n=\infty$. 当 $n\to\infty$ 时,s_n 是无穷大量,级数发散.

当 $q=1$ 时,级数成为 $a+a+a+\cdots$,于是 $s_n=na$,$\lim\limits_{n\to\infty}s_n=\infty$,级数发散;当 $q=-1$ 时,级数成为 $a-a+a-a+\cdots$,当 n 为奇数时,$s_n=a$,而当 n 为偶数时,$s_n=0$,所以当 $n\to\infty$ 时,s_n 极限不存在,级数发散.

综上所述,当 $|q|<1$ 时,级数(11.4)收敛且和为 $\dfrac{a}{1-q}$,当 $|q|\geqslant1$ 时,级数(11.4)

发散.

例 2 证明级数 $\sum_{n=1}^{\infty}\frac{1}{n(n+1)}=1$.

证 级数的前 n 项和为

$$s_n=\frac{1}{1\cdot 2}+\frac{1}{2\cdot 3}+\cdots+\frac{1}{n(n+1)}$$
$$=\left(1-\frac{1}{2}\right)+\left(\frac{1}{2}-\frac{1}{3}\right)+\cdots+\left(\frac{1}{n}-\frac{1}{n+1}\right)=1-\frac{1}{n+1},$$

当 $n\to\infty$时,$s_n\to 1$,所以级数 $\sum_{n=1}^{\infty}\frac{1}{n(n+1)}=1$. □

通过以上两例可以知道,利用级数收敛的定义判断级数的收敛性需要求出前 n 项的和 s_n,但是只有一些特殊的级数比较容易求出 s_n,因此,需要找到更方便有效的方法来判断级数的敛散性.

11.1.3 收敛级数的基本性质

由级数收敛性定义可以得出下面性质.

性质 11.1 若级数 $\sum_{n=1}^{\infty}u_n$ 收敛,其和为 s,又 k 为常数,则 $\sum_{n=1}^{\infty}ku_n$ 也收敛且其和为 ks.

证 设 $\sum_{n=1}^{\infty}u_n$ 的前 n 项和为 s_n,$\sum_{n=1}^{\infty}ku_n$ 的前 n 项和为 σ_n,则

$$\sigma_n=ku_1+ku_2+\cdots+ku_n=k(u_1+u_2+\cdots u_n)=ks_n,$$

所以

$$\lim_{n\to\infty}\sigma_n=\lim_{n\to\infty}ks_n=k\lim_{n\to\infty}s_n=ks,$$

由收敛定义可知 $\sum_{n=1}^{\infty}ku_n$ 不仅收敛且和为 ks. □

由上述证明也可看出当 $k\neq 0$ 时,若$\{s_n\}$极限不存在,则$\{\sigma_n\}$的极限也不可能存在,所以由级数发散的定义可知此时 $\sum_{n=1}^{\infty}ku_n$ 发散. 因此,可以得出结论:**级数的每一项同乘一个不为零的常数后,它的敛散性不会改变.**

性质 11.2 若 $\sum_{n=1}^{\infty}u_n=s$,$\sum_{n=1}^{\infty}v_n=\sigma$,则 $\sum_{n=1}^{\infty}(u_n\pm v_n)=s\pm\sigma$.

证 设级数 $\sum_{n=1}^{\infty}u_n$,$\sum_{n=1}^{\infty}v_n$,$\sum_{n=1}^{\infty}(u_n\pm v_n)$ 的前 n 项和分别为 s_n,σ_n 和 τ_n,则

$$\tau_n=(u_1\pm v_1)+(u_2\pm v_2)+\cdots+(u_n\pm v_n)$$
$$=(u_1+u_2+\cdots+u_n)\pm(v_1+v_2+\cdots+v_n)$$
$$=s_n\pm v_n,$$

因此$\lim\limits_{n\to\infty}\tau_n=\lim\limits_{n\to\infty}(s_n\pm v_n)=s\pm\sigma$. □

性质 11.2 说明两个收敛级数可以逐项相加或逐项相减，而一个收敛级数与一个发散级数相加(相减)得到的新级数一定发散.

例 3 判断级数

$$\left(\frac{1}{2}+\frac{1}{3}\right)+\left(\frac{1}{2^2}+\frac{1}{3^2}\right)+\left(\frac{1}{2^3}+\frac{1}{3^3}\right)+\cdots+\left(\frac{1}{2^n}+\frac{1}{3^n}\right)+\cdots$$

的收敛性.

解 因为$\sum\limits_{n=1}^{\infty}\frac{1}{2^n}$与$\sum\limits_{n=1}^{\infty}\frac{1}{3^n}$都为等比级数，公比分别为$\frac{1}{2}$，$\frac{1}{3}$，所以由性质 11.2 知

$$\sum_{n=1}^{\infty}\left(\frac{1}{2^n}+\frac{1}{3^n}\right)=\sum_{n=1}^{\infty}\frac{1}{2^n}+\sum_{n=1}^{\infty}\frac{1}{3^n}=\frac{\frac{1}{2}}{1-\frac{1}{2}}+\frac{\frac{1}{3}}{1-\frac{1}{3}}=\frac{3}{2},$$

故原级数收敛.

性质 11.3 在级数前面去掉、加上或改变有限项，不会改变其敛散性. 但在级数收敛时其和可能改变.

证 只证“在级数前面去掉或加上有限项不改变级数的敛散性”，其他情形都可以看成在级数的前面先去掉有限项，然后再加上有限项的结果.

将收敛级数$\sum\limits_{n=1}^{\infty}u_n$的前$k$项去掉，得到新级数$u_{k+1}+u_{k+2}+\cdots+u_{k+n}+\cdots$，新级数的部分和为

$$\sigma_n=u_{k+1}+u_{k+2}+\cdots+u_{k+n}=s_{k+n}-s_k,$$

其中，s_{k+n}和s_k分别为$\sum\limits_{n=1}^{\infty}u_n$的前$k+n$项和与前$k$项和. 因为$s_k$是常数，所以当$n\to\infty$时$\sigma_n$与$s_{k+n}$或者同时有极限或者同时没有极限，即新级数和原级数具有相同的敛散性. □

性质 11.4 如果级数$\sum\limits_{n=1}^{\infty}u_n$收敛，则对此级数的项任意加括号所形成的新级数仍收敛且其和不变.

证 设级数$\sum\limits_{n=1}^{\infty}u_n=s$，且前$n$项和为$s_n$，将此级数任意加括号后得到的新级数为

$$\sum_{k=1}^{\infty}v_k=(u_1+\cdots+u_{n_1})+(u_{n_1+1}+\cdots+u_{n_2})+\cdots+(u_{n_{k-1}+1}+\cdots+u_{n_k})+\cdots,$$

其前k项和为σ_k，

$$\sigma_1=u_1+\cdots+u_{n_1}=s_{n_1},$$
$$\sigma_2=(u_1+\cdots+u_{n_1})+(u_{n_1+1}+\cdots+u_{n_2})=s_{n_2},$$
$$\cdots\cdots$$

$$\sigma_k=(u_1+\cdots+u_{n_1})+(u_{n_1+1}+\cdots+u_{n_2})+\cdots+(u_{n_{k-1}+1}+\cdots+u_{n_k})=s_{n_k}.$$

可见，$\{\sigma_k\}$是$\{s_n\}$的一个子数列. 由数列的收敛性及收敛数列与其子列的关系可以得出$\{\sigma_k\}$必收敛且加括号后得到的新级数和原级数的和相同. □

注　如果加括号后形成的级数收敛，则不能判定去掉括号后原来的级数也收敛. 例如，$\sum\limits_{n=1}^{\infty}(1-1)$ 是收敛的，但级数 $1-1+1-1+1-1+\cdots$ 是发散的.

根据性质 11.4 还可以得到如下推论.

推论　一个级数如果添加括号后所成的新级数发散，那么原级数一定发散.

11.1.4　级数收敛的必要条件

性质 11.5　若级数 $\sum\limits_{n=1}^{\infty}u_n$ 收敛，则 $\lim\limits_{n\to\infty}u_n=0$，反之未必.

证　设 $\sum\limits_{n=1}^{\infty}u_n=s$，即 $\lim\limits_{n\to\infty}s_n=s$，则 $\lim\limits_{n\to\infty}s_{n-1}=s$，所以

$$\lim_{n\to\infty}u_n=\lim_{n\to\infty}(s_n-s_{n-1})=\lim_{n\to\infty}s_n-\lim_{n\to\infty}s_{n-1}=s-s=0.$$

但若 $\lim\limits_{n\to\infty}u_n=0$，级数未必收敛. 例如，调和级数

$$1+\frac{1}{2}+\frac{1}{3}+\cdots+\frac{1}{n}+\cdots,$$

它的一般项 $u_n=\frac{1}{n}\to 0(n\to\infty)$，但是它是发散的(11.2 节会加以证明). □

推论　若级数 $\sum\limits_{n=1}^{\infty}u_n$ 的一般项 u_n 当 $n\to\infty$ 时不趋于零，则此级数必发散.

例 4　判断级数 $\sum\limits_{n=1}^{\infty}\frac{1}{1+a^n}(|a|<1)$ 的收敛性.

解　因为 $|a|<1$ 时，$\lim\limits_{n\to\infty}\frac{1}{1+a^n}=1\neq 0$，所以级数发散.

有了上述这些性质，能更方便、有效的判断常数项级数的敛散.

习　题　11.1

1. 写出下列级数的前五项：

(1) $\sum\limits_{n=1}^{\infty}\frac{1+n}{1+n^2}$；　(2) $\sum\limits_{n=1}^{\infty}\frac{n!}{n^n}$；　(3) $\sum\limits_{n=1}^{\infty}\frac{2\cdot 4\cdots 2n}{1\cdot 3\cdots(2n-1)}$；　(4) $\sum\limits_{n=1}^{\infty}\frac{(-1)^n}{2^n}$.

2. 写出下列级数的一般项：

(1) $1+\frac{1}{2}+3+\frac{1}{4}+5+\frac{1}{6}+\cdots$；

(2) $\frac{2}{1\cdot 2}+\frac{3}{2\cdot 3}+\frac{4}{3\cdot 4}+\cdots$；

(3) $x^2-\frac{x^4}{5!}+\frac{x^6}{9!}-\frac{x^8}{13!}+\cdots$;

(4) $\frac{\sqrt{x}}{2}+\frac{x}{2\cdot 4}+\frac{x\sqrt{x}}{2\cdot 4\cdot 6}+\frac{x^2}{2\cdot 4\cdot 6\cdot 8}+\cdots$.

3. 用级数收敛与发散的定义判定下列级数的收敛性：

(1) $\frac{1}{1\cdot 3}+\frac{1}{3\cdot 5}+\cdots+\frac{1}{(2n-1)(2n+1)}+\cdots$;

(2) $\sin\pi+2\sin\frac{\pi}{2}+3\sin\frac{\pi}{3}+\cdots+n\sin\frac{\pi}{n}+\cdots$;

(3) $\sum_{n=1}^{\infty}(\sqrt{n+2}-2\sqrt{n+1}+\sqrt{n})$;

(4) $\sum_{n=1}^{\infty}\left(\frac{1}{3n}+\frac{1}{2^n}\right)$;

(5) $-\frac{4}{5}+\frac{4^2}{5^2}-\frac{4^3}{5^3}+\cdots+(-1)^n\frac{4^n}{5^n}+\cdots$;

(6) $\sum_{n=1}^{\infty}\left(\frac{1}{1+n}\right)^n$.

11.2 正项级数审敛法

对于级数 $\sum_{n=1}^{\infty}u_n$，若所有项是非负的，则称此级数为**正项级数**(positive term series). 之所以专门研究正项级数，一是因为它较为简单，有许多良好的性质；二是因为许多其他类型级数的收敛性可以利用正项级数来研究.

设级数

$$u_1+u_2+u_3+\cdots+u_n+\cdots \tag{11.5}$$

是一个正项级数($u_n\geqslant 0$)，它的部分和数列 $\{s_n\}$ 显然是一个单调增加数列，

$$s_1\leqslant s_2\leqslant s_3\leqslant\cdots\leqslant s_n\leqslant\cdots.$$

如果数列 $\{s_n\}$ 有界，根据单调有界数列必有极限的准则，必存在 s，使 $\lim_{n\to\infty}s_n=s$，从而级数(11.5)必收敛于和 s. 反之，若 $\lim_{n\to\infty}s_n=s$，根据有极限的数列是有界数列的性质可知数列 $\{s_n\}$ 有界. 因此，有如下结论.

定理 11.1 正项级数 $\sum_{n=1}^{\infty}u_n$ 收敛的充分必要条件是它的部分和数列 $\{s_n\}$ 有界.

推论 正项级数 $\sum_{n=1}^{\infty}u_n$ 发散的充分必要条件是它的部分和数列 $\lim_{n\to\infty}s_n=+\infty$.

尽管很多正项级数的部分和 s_n 难以求出，判别它的有界性也不容易，但这不影响定理 11.1 的应用，以下的各种审敛法都是基于定理 11.1 给出的.

11.2.1 比较审敛法

定理 11.2（比较审敛法(the comparison test)） 设$\sum_{n=1}^{\infty} u_n$和$\sum_{n=1}^{\infty} v_n$都是正项级数，且$u_n \leqslant v_n (n=1,2,\cdots)$. 如果级数$\sum_{n=1}^{\infty} v_n$收敛，则级数$\sum_{n=1}^{\infty} u_n$收敛；如果级数$\sum_{n=1}^{\infty} u_n$发散，则$\sum_{n=1}^{\infty} v_n$发散.

证 设级数$\sum_{n=1}^{\infty} u_n$，$\sum_{n=1}^{\infty} v_n$的前n项和分别为s_n，σ_n，则

$$s_n = u_1 + u_2 + \cdots + u_n \leqslant v_1 + v_2 + \cdots + v_n = \sigma_n,$$

即

$$0 \leqslant s_n \leqslant \sigma_n, \quad n=1,2,\cdots.$$

若级数$\sum_{n=1}^{\infty} v_n$收敛，则$\{\sigma_n\}$有界，从而$\{s_n\}$也有界，于是由定理 11.1 可知级数$\sum_{n=1}^{\infty} u_n$收敛.

若级数$\sum_{n=1}^{\infty} u_n$发散，则$\lim\limits_{n\to\infty} s_n = +\infty$，故$\lim\limits_{n\to\infty} \sigma_n = +\infty$，由定理 11.1 推论可知级数$\sum_{n=1}^{\infty} v_n$发散. □

注 应用比较审敛法时需要注意两个方面：

(1) 要判断一个级数收敛，通过对级数一般项进行适当放大找到一个对应的收敛级数；

(2) 要判断一个级数发散，通过对级数一般项进行适当缩小找到一个对应的发散级数.

例 1 证明调和级数$1+\frac{1}{2}+\frac{1}{3}+\cdots+\frac{1}{n}+\cdots$是发散的.

证 由微分学可证得一个不等式$x>\ln(1+x)(x>0)$. 由此不等式得

$$\begin{aligned} s_n &= 1+\frac{1}{2}+\frac{1}{3}+\cdots+\frac{1}{n} > \ln(1+1)+\ln\left(1+\frac{1}{2}\right)+\ln\left(1+\frac{1}{3}\right)+\cdots+\ln\left(1+\frac{1}{n}\right) \\ &= \ln 2+\ln\frac{3}{2}+\ln\frac{4}{3}+\cdots+\ln\frac{n+1}{n} = \ln\left(2\cdot\frac{3}{2}\cdot\frac{4}{3}\cdot\cdots\cdot\frac{n+1}{n}\right) \\ &= \ln(1+n) = \sigma_n. \end{aligned}$$

因为$\lim\limits_{n\to\infty} \sigma_n = +\infty$，所以$\lim\limits_{n\to\infty} s_n = +\infty$，故调和级数发散. □

调和级数是发散的，这是一个令人困惑的事情. 事实上，当n越来越大时，调和级数的项变得越来越小，然而，慢慢地 —— 非常慢慢地 —— 它的和将增大并超过任何

一个有限值.调和级数的这种特性使一代又一代的数学家困惑并为之着迷.从更广泛的意义上讲,如果 a_n 是不全部为 0 的等差数列,则$\frac{1}{a_n}$ 就称为调和数列,求和所得 $\sum_{n=1}^{\infty}\frac{1}{a_n}$ 即为调和级数,易得所有调和级数都是发散于无穷的.

例 2　讨论 p 级数 $1+\frac{1}{2^p}+\frac{1}{3^p}+\cdots+\frac{1}{n^p}+\cdots$的收敛性,其中,常数 $p>0$.

解　当$p\leqslant 1$,有$\frac{1}{n^p}\geqslant\frac{1}{n}$,而调和级数$\sum_{n=1}^{\infty}\frac{1}{n}$发散,由定理 11.2 可知当$p\leqslant 1$时 p 级数$\sum_{n=1}^{\infty}\frac{1}{n^p}$ 发散;当 $p>1$,因为当$k-1<x\leqslant k$时,有$\frac{1}{k^p}\leqslant\frac{1}{x^p}$,所以

$$\frac{1}{k^p}=\int_{k-1}^{k}\frac{1}{k^p}\mathrm{d}x\leqslant\int_{k-1}^{k}\frac{1}{x^p}\mathrm{d}x\ ,\quad k=2,3,\cdots,$$

p 级数的部分和

$$s_n=1+\frac{1}{2^p}+\frac{1}{3^p}+\cdots+\frac{1}{n^p}=1+\sum_{k=2}^{n}\frac{1}{k^p}\leqslant 1+\sum_{k=2}^{n}\int_{k-1}^{k}\frac{1}{x^p}\mathrm{d}x=1+\int_{1}^{n}\frac{1}{x^p}\mathrm{d}x$$
$$=1+\frac{1}{p-1}\left(1-\frac{1}{n^{p-1}}\right)<1+\frac{1}{p-1},\quad n=1,2,\cdots,$$

这说明$\{s_n\}$有界,因此 p 级数收敛.

综上所述,p 级数当$p>1$时收敛,当$p\leqslant 1$时发散.

注　这是一类重要的级数,可以用来利用比较审敛法作为判别级数收敛和发散的标准级数,如级数$\sum_{n=1}^{\infty}\frac{1}{n^2}$ 收敛,级数$\sum_{n=1}^{\infty}\frac{1}{n^{\frac{1}{2}}}$ 发散.

例 3　讨论级数$\sum_{n=1}^{\infty}\frac{1}{1+a^n}(a>0)$ 的收敛性.

解　当$a>1$时,$\sum_{n=1}^{\infty}\frac{1}{a^n}$ 是公比为$0<\frac{1}{a}<1$的等比级数,所以其收敛,而此时 $\frac{1}{1+a^n}<\frac{1}{a^n}$,由比较审敛法知级数$\sum_{n=1}^{\infty}\frac{1}{1+a^n}$ 收敛;

当$a=1$时,原级数为$\sum_{n=1}^{\infty}\frac{1}{2}$,显然发散;

当$0<a<1$时,$\frac{1}{1+a^n}>\frac{1}{2}$.因为$\sum_{n=1}^{\infty}\frac{1}{2}$ 发散,所以原级数也发散 .

例 4　设$a_n\leqslant c_n\leqslant b_n(n=1,2\cdots)$,级数$\sum_{n=1}^{\infty}a_n$ 和级数$\sum_{n=1}^{\infty}b_n$ 均收敛,证明级数 $\sum_{n=1}^{\infty}c_n$ 也收敛.

证　因为 $\sum_{n=1}^{\infty}a_n$，$\sum_{n=1}^{\infty}b_n$ 均收敛，所以级数 $\sum_{n=1}^{\infty}(b_n-a_n)$ 收敛. 又由题设有 $0\leqslant c_n-a_n\leqslant b_n-a_n$，由比较审敛法知级数 $\sum_{n=1}^{\infty}(c_n-a_n)$ 也收敛，所以

$$\sum_{n=1}^{\infty}c_n=\sum_{n=1}^{\infty}[a_n+(c_n-a_n)]$$

收敛. □

在很多情况下，下面比较审敛法的极限形式更加实用.

定理 11.3（比较审敛法的极限形式 the limit comparison test）　设 $\sum_{n=1}^{\infty}u_n$ 和 $\sum_{n=1}^{\infty}v_n$ 都是正项级数，若

$$\lim_{n\to\infty}\frac{u_n}{v_n}=l,\quad v_n>0,$$

则

(1) 当 $0<l<+\infty$ 时，级数 $\sum_{n=1}^{\infty}v_n$ 与级数 $\sum_{n=1}^{\infty}u_n$ 同时收敛或同时发散；

(2) 当 $l=0$ 且级数 $\sum_{n=1}^{\infty}v_n$ 收敛时，级数 $\sum_{n=1}^{\infty}u_n$ 收敛；

(3) 当 $l=+\infty$ 且级数 $\sum_{n=1}^{\infty}v_n$ 发散时，级数 $\sum_{n=1}^{\infty}u_n$ 发散.

证　(1) 当 $0<l<+\infty$ 时，对于 $\varepsilon=\frac{l}{2}$，由 $\lim_{n\to\infty}\frac{u_n}{v_n}=l$，存在正整数 N，使当 $n>N$ 时有 $l-\frac{l}{2}<\frac{u_n}{v_n}<l+\frac{l}{2}$，即 $\frac{l}{2}v_n<u_n<\frac{3l}{2}v_n$. 再由比较审敛法可得 $\sum_{n=1}^{\infty}v_n$ 与 $\sum_{n=1}^{\infty}u_n$ 同时收敛或同时发散 .

(2) 当 $l=0$ 时，对 $\varepsilon=1$，存在正整数 N，使当 $n>N$ 时有 $\frac{u_n}{v_n}<1$，即 $v_n>u_n$. 再由比较审敛法知当 $\sum_{n=1}^{\infty}v_n$ 收敛时，$\sum_{n=1}^{\infty}u_n$ 也收敛.

(3) 当 $l=+\infty$ 时，存在正整数 N，当 $n>N$ 时，有 $\frac{u_n}{v_n}>1$，即 $v_n<u_n$. 根据比较审敛法知当 $\sum_{n=1}^{\infty}v_n$ 发散时，$\sum_{n=1}^{\infty}u_n$ 也发散. □

注　使用比较审敛法时，无论是一般式或极限式，要判断级数的敛散性都需要找一个与要判别的级数敛散性一致的标准级数进行比较.

例 5　判别级数 $\sum_{n=1}^{\infty}\sin\frac{\pi}{2^n}$ 的收敛性.

解 因为$\lim\limits_{n\to\infty}\dfrac{\sin\dfrac{\pi}{2^n}}{\dfrac{\pi}{2^n}}=1$，而等比级数$\sum\limits_{n=1}^{\infty}\dfrac{\pi}{2^n}$收敛$\left(公比为\dfrac{1}{2}<1\right)$，所以由定理 11.3 知此级数收敛.

例 6 判断级数$\sum\limits_{n=1}^{\infty}\dfrac{1+n}{1+n^2}$的收敛性.

解 因为$\lim\limits_{n\to\infty}\dfrac{\dfrac{1+n}{1+n^2}}{\dfrac{1}{n}}=\lim\limits_{n\to\infty}\dfrac{n+n^2}{1+n^2}=1$，而调和级数$\sum\limits_{n=1}^{\infty}\dfrac{1}{n}$发散，所以由定理 11.3 知此级数发散.

11.2.2 比值审敛法与根值审敛法

一个级数的敛散性本质上是由其本身的性质决定，并不由选择标准级数的不同而不同，因此给出如下由其自身性质决定的比值判别法和根植判别法.

定理 11.4（比值审敛法，D'Alembert（达朗贝尔）判别法） 设$\sum\limits_{n=1}^{\infty}u_n$为正项级数，若

$$\lim_{n\to\infty}\frac{u_{n+1}}{u_n}=\rho,$$

则

(1) 当$\rho<1$时，级数收敛；

(2) 当$\rho>1$$\left(或\lim\limits_{n\to\infty}\dfrac{u_{n+1}}{u_n}=+\infty\right)$时，级数发散；

(3) 当$\rho=1$时，级数可能收敛也可能发散.

证 (1) 当$\rho<1$时，取一个适当正数ε，使$\rho+\varepsilon=\gamma<1$. 依极限定义，存在自然数$m$，当$n\geqslant m$时有$\dfrac{u_{n+1}}{u_n}<\rho+\varepsilon=\gamma$. 因此，

$$u_{m+1}<\gamma u_m,\ u_{m+2}<\gamma u_{m+1}<\gamma^2 u_m,\ u_{m+3}<\gamma u_{m+2}<\gamma^3 u_m,\ \cdots,$$

而级数$\sum\limits_{k=1}^{\infty}\gamma^k u_m$收敛（公比$\gamma<1$）. 这样，根据比较审敛法的极限形式可知级数$\sum\limits_{n=1}^{\infty}u_n$收敛.

(2) 当$\rho>1$时，取一个适当正数ε，使$\rho-\varepsilon>1$. 依极限定义，存在自然数m，当$n\geqslant m$时有$\dfrac{u_{n+1}}{u_n}>\rho-\varepsilon>1$，即$u_{n+1}>u_n$，从而$\lim\limits_{n\to\infty}u_n\neq 0$. 于是可知$\sum\limits_{n=1}^{\infty}u_n$发散. 类似可证当$\lim\limits_{n\to\infty}\dfrac{u_{n+1}}{u_n}=+\infty$时，$\sum\limits_{n=1}^{\infty}u_n$发散.

(3) 当 $\rho=1$ 时，级数可能收敛也可能发散. 例如，p 级数，无论 p 为何值都有

$$\lim_{n\to\infty}\frac{u_{n+1}}{u_n}=\lim_{n\to\infty}\frac{\dfrac{1}{(n+1)^p}}{\dfrac{1}{n^p}}=1.$$

事实上，已经知道 p 级数当 $p>1$ 时收敛，当 $p\leqslant 1$ 时发散，因此，不能只根据 $\rho=1$ 判断收敛性. □

例 7　判别级数 $\sum\limits_{n=1}^{\infty}\dfrac{2^n\cdot n!}{n^n}$ 的收敛性.

解　因为

$$\frac{u_{n+1}}{u_n}=\frac{2^{n+1}\cdot(n+1)!}{(n+1)^{n+1}}\cdot\frac{n^n}{2^n\cdot n!}=2\cdot\left(\frac{n}{n+1}\right)^n=2\cdot\frac{1}{\left(1+\dfrac{1}{n}\right)^n},$$

所以

$$\lim_{n\to\infty}\frac{u_{n+1}}{u_n}=\lim_{n\to\infty}\frac{2}{\left(1+\dfrac{1}{n}\right)^n}=\frac{2}{\mathrm{e}}<1,$$

根据比值审敛法，级数收敛.

例 8　判别级数 $\sum\limits_{n=1}^{\infty}\dfrac{n^2}{\left(2+\dfrac{1}{n}\right)^n}$ 的收敛性.

解　因为 $\dfrac{n^2}{\left(2+\dfrac{1}{n}\right)^n}<\dfrac{n^2}{2^n}$，所以先判定级数 $\sum\limits_{n=1}^{\infty}\dfrac{n^2}{2^n}$ 的收敛性，又

$$\lim_{n\to\infty}\frac{u_{n+1}}{u_n}=\lim_{n\to\infty}\frac{(n+1)^2}{2^{n+1}}\frac{2^n}{n^2}=\lim_{n\to\infty}\frac{1}{2}\left(1+\frac{1}{n}\right)^2=\frac{1}{2}<1.$$

根据比值审敛法，级数 $\sum\limits_{n=1}^{\infty}\dfrac{n^2}{2^n}$ 收敛，再由比较审敛法知级数 $\sum\limits_{n=1}^{\infty}\dfrac{n^2}{\left(2+\dfrac{1}{n}\right)^n}$ 也收敛.

定理 11.5(Cauchy 根值审敛法)　设 $\sum\limits_{n=1}^{\infty}u_n$ 为正项级数，如果

$$\lim_{n\to\infty}\sqrt[n]{u_n}=\rho,$$

则

(1) 当 $\rho<1$ 时，级数收敛；

(2) 当 $\rho>1$（或 $\lim\limits_{n\to\infty}\sqrt[n]{u_n}=+\infty$）时，级数发散；

(3) 当 $\rho=1$ 时，级数可能收敛也可能发散.

证明与定理 11.4 相仿，这里从略.

例 9 判别级数$\sum\limits_{n=1}^{\infty}\left(\dfrac{n}{2n+1}\right)^n$的收敛性.

解 因为$\lim\limits_{n\to\infty}\sqrt[n]{u_n}=\lim\limits_{n\to\infty}\dfrac{n}{2n+1}=\dfrac{1}{2}<1$,由根值审敛法知级数$\sum\limits_{n=1}^{\infty}\left(\dfrac{n}{2n+1}\right)^n$收敛.

例 10 判别级数$\sum\limits_{n=1}^{\infty}2^{-n-(-1)^n}$的收敛性.

解 因为$\lim\limits_{n\to\infty}\sqrt[n]{u_n}=\lim\limits_{n\to\infty}2^{-1-\frac{(-1)^n}{n}}=\dfrac{1}{2}<1$,由根值审敛法知原级数收敛.

注 利用比值审敛法或根值审敛法时,一般根据级数的一般项来判定使用比值审敛法或根值审敛法.

习 题 11.2

1. 用比较审敛法或其极限形式判定下列级数的收敛性:

(1) $\sum\limits_{n=1}^{\infty}\dfrac{1}{(n+1)(n+2)}$; (2) $\sum\limits_{n=1}^{\infty}\left(1-\cos\dfrac{\pi}{n^2}\right)$; (3) $\sum\limits_{n=1}^{\infty}\dfrac{1}{\ln(n+1)}$;

(4) $\sum\limits_{n=1}^{\infty}\dfrac{1+n}{1+n^3}$; (5) $\sum\limits_{n=1}^{\infty}\dfrac{1}{\sqrt{4n^2+n}}$.

2. 用比值审敛法判定下列级数的收敛性:

(1) $\sum\limits_{n=1}^{\infty}\dfrac{a^n}{n^s}(a,s>0)$; (2) $\sum\limits_{n=1}^{\infty}\dfrac{n^2}{4^n}$;

(3) $\sum\limits_{n=1}^{\infty}\dfrac{4^n n!}{n^n}$; (4) $\sum\limits_{n=1}^{\infty}n\sin\dfrac{\pi}{3^n}$.

3. 用根值审敛法判定下列级数的收敛性:

(1) $\sum\limits_{n=1}^{\infty}\left(\dfrac{n+1}{2n+3}\right)^n$; (2) $\sum\limits_{n=1}^{\infty}\dfrac{1}{[\ln(n+1)]^n}$; (3) $\sum\limits_{n=1}^{\infty}\dfrac{2^n}{1+e^n}$;

(4) $\sum\limits_{n=1}^{\infty}\left(\dfrac{b}{a_n}\right)^n$,其中$\lim\limits_{n\to\infty}a_n=a$,且$a\neq b$,$a$,$b$及$a_n$均为正数.

*4. 判定下列级数的收敛性:

(1) $\sum\limits_{n=1}^{\infty}\left(\dfrac{n^2}{3n^2+2}\right)^n$; (2) $\sum\limits_{n=1}^{\infty}\dfrac{\ln(1+1n)}{\sqrt{n+1}}$; (3) $\sum\limits_{n=1}^{\infty}\dfrac{\sqrt{n+1}-\sqrt{n}}{n}$.

*5. 求证下列极限等式:

(1) $\lim\limits_{n\to\infty}\dfrac{n^n}{(n!)^2}=0$; (2) $\lim\limits_{n\to\infty}\dfrac{n^k}{a^n}=0(a>1)$.

11.3 一般常数项级数

11.2 节讨论了正项级数的收敛性问题,本节将要进一步讨论一般常数项级数的收敛性,所谓**一般常数项级数**是指级数的各项符号可正可负也可为零.先来讨论一种特殊的级数——**交错级数**.

11.3.1　交错级数

若 $u_n>0(n=1,2,3\cdots)$,则称级数

$$u_1-u_2+u_3-u_4+\cdots \tag{11.6}$$

或

$$-u_1+u_2-u_3+u_4+\cdots \tag{11.7}$$

为**交错级数**(alternating series).交错级数是一般常数项级数的一种特殊情形,显然式(11.6)和式(11.7)具有相同的收敛性,所以只讨论式(11.6)的收敛性.

定理 11.6(Leibniz 判别法)　若交错级数 $\sum\limits_{n=1}^{\infty}(-1)^{n-1}u_n$ 满足条件

(1) $u_n\geqslant u_{n+1}$, $n=1,2,\cdots$;

(2) $\lim\limits_{n\to\infty}u_n=0$,

则此级数收敛且其和 $s\leqslant u_1$,其余项 r_n 的绝对值 $|r_n|\leqslant u_{n+1}$.

证　先证前 $2n$ 项和 s_{2n} 的极限存在.为此,把 s_{2n} 写成两种形式:

$$s_{2n}=(u_1-u_2)+(u_3-u_4)+\cdots+(u_{2n-1}-u_{2n}) \tag{11.8}$$

$$s_{2n}=u_1-(u_2-u_3)-(u_4-u_5)-\cdots-(u_{2n-2}-u_{2n-1})-u_{2n} \tag{11.9}$$

由条件(1)知所有的括号内的值均为非负的,所以由式(11.8)可以看出 $\{s_{2n}\}$ 单调递增,由式(11.9)可以看出 $s_{2n}\leqslant u_1$.于是根据单调有界数列必有极限的准则知当 n 无限增大时,s_{2n} 趋于一个极限 s,并且 s 不大于 u_1,即

$$\lim_{n\to\infty}s_{2n}=s \text{ 且 } s\leqslant u_1.$$

再证明前 $2n+1$ 项和 s_{2n+1} 的极限存在且也是 s.事实上

$$s_{2n+1}=s_{2n}+u_{2n+1},$$

由条件(2)知 $\lim\limits_{n\to\infty}u_{2n+1}=0$,所以

$$\lim_{n\to\infty}s_{2n+1}=\lim_{n\to\infty}(s_{2n}+u_{2n+1})=s.$$

由以上的证明可以看出,级数的前奇数项与前偶数项的部分和的极限都是 s,所以级数 $\sum\limits_{n=1}^{\infty}(-1)^{n-1}u_n$ 的前 n(n 不分奇、偶)项和 s_n 当 n 无限增大时极限为 s,这就证明了级数 $\sum\limits_{n=1}^{\infty}(-1)^{n-1}u_n=s$ 且 $s\leqslant u_1$.

余项 r_n 可以写为

$$r_n=\pm(u_{n+1}-u_{n+2}+\cdots),$$

其绝对值

$$|r_n|=u_{n+1}-u_{n+2}+\cdots.$$

上式右端也是一个交错级数,它也满足收敛的两个条件,所以其和小于级数的首项,

即 $|r_n| \leqslant u_{n+1}$. □

例 1 证明交错级数 $1-\frac{1}{2}+\frac{1}{3}-\frac{1}{4}+\cdots+(-1)^{n-1}\frac{1}{n}+\cdots$ 收敛.

证 因为

$$u_n=\frac{1}{n}>\frac{1}{n+1}=u_{n+1}, \quad n=1,2,\cdots,$$

且

$$\lim_{n\to\infty}u_n=\lim_{n\to\infty}\frac{1}{n}=0.$$

由 Leibniz 判别法知 $\sum_{n=1}^{\infty}(-1)^{n-1}\frac{1}{n}$ 收敛且其和 $s<1$. □

11.3.2 绝对收敛与条件收敛

下面来讨论一般的常数项级数

$$\sum_{n=1}^{\infty}u_n=u_1+u_2+u_3+\cdots+u_n+\cdots \tag{11.10}$$

的收敛性,其中,u_n 可以是正数、负数或零. 对应这个级数,可以构造一个正项级数

$$\sum_{n=1}^{\infty}|u_n|=|u_1|+|u_2|+|u_3|+\cdots+|u_n|+\cdots, \tag{11.11}$$

称级数(11.11)为级数(11.10)的绝对值级数. 若级数 $\sum_{n=1}^{\infty}|u_n|$ 收敛,则称级数 $\sum_{n=1}^{\infty}u_n$ **绝对收敛**(absolute convergence);若级数 $\sum_{n=1}^{\infty}u_n$ 收敛而级数 $\sum_{n=1}^{\infty}|u_n|$ 发散,则称级数 $\sum_{n=1}^{\infty}u_n$ **条件收敛**(conditional convergence).

级数绝对收敛与级数收敛之间有如下重要关系.

定理 11.7 若级数 $\sum_{n=1}^{\infty}u_n$ 绝对收敛,则 $\sum_{n=1}^{\infty}u_n$ 必定收敛.

证 若级数 $\sum_{n=1}^{\infty}u_n$ 绝对收敛,即 $\sum_{n=1}^{\infty}|u_n|$ 收敛,因为 $0\leqslant|u_n|+u_n\leqslant 2|u_n|$,所以由比较审敛法,级数 $\sum_{n=1}^{\infty}(u_n+|u_n|)$ 也收敛,而 $\sum_{n=1}^{\infty}u_n=\sum_{n=1}^{\infty}[(u_n+|u_n|)-|u_n|]$,所以级数 $\sum_{n=1}^{\infty}u_n$ 收敛.

根据定理 11.7,可以将许多判断一般常数项级数的收敛性问题转化为判断正项级数的收敛性问题. 若可判断级数 $\sum_{n=1}^{\infty}|u_n|$ 收敛,就可判断级数 $\sum_{n=1}^{\infty}u_n$ 收敛. 这也正体现出掌握正项级数收敛性判别法的重要性.

例 2 判定级数$\sum\limits_{n=1}^{\infty}\dfrac{\cos n\alpha}{n(n+1)}$的收敛性.

解 因为$\left|\dfrac{\cos n\alpha}{n(n+1)}\right|\leqslant\dfrac{1}{n^2}$,而级数$\sum\limits_{n=1}^{\infty}\dfrac{1}{n^2}$收敛,所以级数$\sum\limits_{n=1}^{\infty}\dfrac{\cos n\alpha}{n(n+1)}$绝对收敛,由定理 11.7 知级数$\sum\limits_{n=1}^{\infty}\dfrac{\cos n\alpha}{n(n+1)}$收敛.

一般地,若$\sum\limits_{n=1}^{\infty}|u_n|$发散,则无法判断$\sum\limits_{n=1}^{\infty}u_n$也发散. 例如,级数$\sum\limits_{n=1}^{\infty}(-1)^{n-1}\dfrac{1}{n}$,由例 1 结论可知级数$\sum\limits_{n=1}^{\infty}(-1)^{n-1}\dfrac{1}{n}$收敛,但$\sum\limits_{n=1}^{\infty}\left|(-1)^{n-1}\dfrac{1}{n}\right|=\sum\limits_{n=1}^{\infty}\dfrac{1}{n}$是发散的. 不过如果用**比值审敛法**或**根值审敛法**判定级数$\sum\limits_{n=1}^{\infty}|u_n|$发散,则一定可以判断出级数$\sum\limits_{n=1}^{\infty}u_n$也发散. 这是因为由这两种审敛法的证明可以看出这两种审敛法判断发散的依据是$\lim\limits_{n\to\infty}|u_n|\neq 0$,从而$\lim\limits_{n\to\infty}u_n\neq 0$,因此级数$\sum\limits_{n=1}^{\infty}u_n$发散.

例 3 判定级数$\sum\limits_{n=1}^{\infty}(-1)^n\dfrac{(n!)^2}{2n^2}$的收敛性.

解 由

$$|u_n|=\left|(-1)^n\frac{(n!)^2}{2n^2}\right|=\frac{(n!)^2}{2n^2},$$

$$\lim_{n\to\infty}\frac{|u_{n+1}|}{|u_n|}=\lim_{n\to\infty}\frac{((n+1)!)^2}{2(n+1)^2}\frac{2n^2}{(n!)^2}=\lim_{n\to\infty}n^2=+\infty,$$

可知$\lim\limits_{n\to\infty}|u_n|\neq 0$,从而$\lim\limits_{n\to\infty}u_n\neq 0$,因此,该级数发散.

根据一般常数项级数$\sum\limits_{n=1}^{\infty}u_n$,构造一个新级数$\sum\limits_{n=1}^{\infty}v_n$,其一般项为

$$v_n=\frac{1}{2}(u_n+|u_n|)=\begin{cases}u_n, & u_n>0,\\ 0, & u_n\leqslant 0.\end{cases}$$

可见级数$\sum\limits_{n=1}^{\infty}v_n$是由级数$\sum\limits_{n=1}^{\infty}u_n$中的全体正项构成的新级数. 类似地,令

$$w_n=\frac{1}{2}(u_n-|u_n|)=\begin{cases}0, & u_n\geqslant 0,\\ u_n, & u_n<0,\end{cases}$$

则级数$\sum\limits_{n=1}^{\infty}w_n$是由级数$\sum\limits_{n=1}^{\infty}u_n$中的全体负项构成的新级数. 级数$\sum\limits_{n=1}^{\infty}v_n$与级数$\sum\limits_{n=1}^{\infty}w_n$的收敛性是由级数$\sum\limits_{n=1}^{\infty}u_n$的收敛性决定的. 若级数$\sum\limits_{n=1}^{\infty}u_n$绝对收敛,则级数$\sum\limits_{n=1}^{\infty}v_n$与级

数$\sum_{n=1}^{\infty} w_n$都收敛;若级数$\sum_{n=1}^{\infty} u_n$条件收敛,则级数$\sum_{n=1}^{\infty} v_n$与级数$\sum_{n=1}^{\infty} w_n$都发散.

习 题 11.3

1. 设常数$k>0$,则级数$\sum_{n=1}^{\infty}(-1)^n\frac{k+n}{n^2}$ ______.

(A) 发散　　(B) 绝对收敛　　(C) 条件收敛　　(D) 敛散性与k取值有关

2. 已知级数$\sum_{n=1}^{\infty}(-1)^{n-1}a_n=2$,$\sum_{n=1}^{\infty}a_{2n-1}=5$,则级数$\sum_{n=1}^{\infty}a_n=$ ______.

(A) 3　　(B) 7　　(C) 8　　(D) 9

3. 判断下列级数的收敛性,若收敛,是条件收敛还是绝对收敛?

(1) $\sum_{n=1}^{\infty}(-1)^n\frac{1}{\sqrt[3]{n^2}}$;　　(2) $\sum_{n=1}^{\infty}(-1)^{n+1}\frac{n}{2^{n+1}}$;

(3) $\sum_{n=1}^{\infty}(-1)^n\frac{3^{n^2}}{n!}$;　　(4) $\sum_{n=2}^{\infty}\frac{(-1)^{n-1}}{\ln^{10}n}$.

*4. 研究级数$\sum_{n=1}^{\infty}\frac{(-1)^n}{n}\cdot\frac{a}{1+a^n}(a>1)$是绝对收敛、条件收敛还是发散?

11.4 幂 级 数

11.4.1 函数项级数的概念

定义在区间I上的函数列$\{u_n(x)\}$,把它的各项依次相加,即

$$\sum_{n=1}^{\infty}u_n(x)=u_1(x)+u_2(x)+u_3(x)+\cdots+u_n(x)+\cdots,\tag{11.12}$$

称式(11.12)为定义在区间I上的**函数项无穷级数**,简称为**函数项级数**(function series).

当自变量x取特定值,如$x=x_0\in I$时,级数(11.12)就变成一个常数项级数,

$$\sum_{n=1}^{\infty}u_n(x_0)=u_1(x_0)+u_2(x_0)+u_3(x_0)+\cdots+u_n(x_0)+\cdots.\tag{11.13}$$

如果级数(11.13)收敛,就称x_0是函数项级数$\sum_{n=1}^{\infty}u_n(x)$的**收敛点**(point of convergence),如果级数(11.13)发散,则称x_0为函数项级数$\sum_{n=1}^{\infty}u_n(x)$的**发散点**(point of divergence).函数项级数(11.12)所有收敛点的全体称为它的**收敛域**(convergence region),所有发散点的全体称为**发散域**(divergence region).

对应于收敛域内的任何一个数x,函数项级数成为一个收敛的常数项级数.设$s_n(x)$是其前n项和,若$\lim\limits_{n\to\infty}s_n(x)$存在,则记$\lim\limits_{n\to\infty}s_n(x)=s(x)$.显然$s(x)$是$x$的函数,

称其为函数项级数$\sum\limits_{n=1}^{\infty}u_n(x)$的**和函数**(sum of function). 记$r_n(x)=s(x)-s_n(x)$,称其为函数项级数(11.12)的余项,对于收敛域上的每一点x有$\lim\limits_{n\to\infty}r_n(x)=0$.

从上述定义可以看出函数项级数在某点处的收敛性问题,实质上是常数项级数的收敛性问题,由此可以利用常数项级数收敛性的判别法来判断函数项级数的收敛性.

11.4.2　幂级数及其收敛域

函数项级数中简单又常见的一种级数就是各项都是幂函数的函数项级数,形如

$$\sum_{n=0}^{\infty}a_nx^n=a_0+a_1x+a_2x^2+\cdots+a_nx^n+\cdots, \tag{11.14}$$

$$\sum_{n=0}^{\infty}a_n(x-x_0)^n=a_0+a_1(x-x_0)+a_2(x-x_0)^2+\cdots+a_n(x-x_0)^n+\cdots, \tag{11.15}$$

称式(11.14)和(11.15)为**幂函数项级数**,简称为**幂级数**(power series). 其中,常数$a_n(n=0,1,2\cdots)$称为幂级数的系数.

例如,

$$1+x+x^2+\cdots+x^n+\cdots,$$

$$1+(x-1)+\frac{1}{2!}(x-1)^2+\cdots+\frac{1}{n!}(x-1)^n+\cdots$$

均为幂级数.

注意到对于形如$\sum\limits_{n=0}^{\infty}a_n(x-x_0)^n$的幂级数,可以作变量代换,令$t=x-x_0$,原级数就转化为$\sum\limits_{n=0}^{\infty}a_nt^n$,所以下面的讨论主要针对级数(11.14)展开.

下面讨论给定一个幂级数,它的收敛域是什么样的呢? 先考察一个简单的幂级数

$$\sum_{n=0}^{\infty}x^n=1+x+x^2+\cdots+x^n+\cdots.$$

它是公比为x的等比级数,当$|x|<1$时,级数收敛且和为$\frac{1}{1-x}$;当$|x|\geqslant 1$时级数发散,因此,它的收敛域是开区间$(-1,1)$.

从这个例子可以看出它的收敛域是一个区间. 事实上,这个结论对于一般幂级数也是成立的. 我们有如下定理:

定理11.8 (Abel(阿贝尔)定理)　如果级数$\sum\limits_{n=0}^{\infty}a_nx^n$当$x=x_0(x_0\neq 0)$时收敛,

则满足不等式 $|x|<|x_0|$ 的一切 x 使这个级数绝对收敛；反之，如果级数 $\sum_{n=0}^{\infty}a_nx^n$ 当 $x=x_0$ 时发散，则满足不等式 $|x|>|x_0|$ 的一切 x 使这个级数发散.

证 (1) 设 $x_0(\neq 0)$ 是幂级数 $\sum_{n=0}^{\infty}a_nx^n$ 的收敛点，根据常数项级数收敛的必要条件有

$$\lim_{n\to\infty}a_nx_0^n=0,$$

于是存在一个常数 M，使得 $|a_nx_0^n|\leqslant M\ (n=0,1,2,\cdots)$.

级数 $\sum_{n=0}^{\infty}a_nx^n$ 的一般项的绝对值为

$$|a_nx^n|=\left|a_nx_0^n\cdot\frac{x^n}{x_0^n}\right|=|a_nx_0^n|\cdot\left|\frac{x}{x_0}\right|^n\leqslant M\left|\frac{x}{x_0}\right|^n.$$

因为当 $|x|<|x_0|$ 时，等比级数 $\sum_{n=0}^{\infty}M\left|\frac{x}{x_0}\right|^n$ 收敛 $\left(公比\left|\frac{x}{x_0}\right|<1\right)$，所以级数 $\sum_{n=0}^{\infty}|a_nx^n|$ 收敛，也就是级数 $\sum_{n=0}^{\infty}a_nx^n$ 绝对收敛.

(2) 设 x_0 是幂级数 $\sum_{n=0}^{\infty}a_nx^n$ 的发散点，可用反证法证明.

假设有一点 $x_1(|x_1|>|x_0|)$，使级数收敛，则根据定理第一部分，级数当 $x=x_0$ 时应收敛，这与已知条件矛盾，定理得证. □

定理 11.8 的结论表明如果幂级数在 $x=x_0\ (x_0\neq 0)$ 处收敛，则对于开区间 $(-|x_0|,|x_0|)$ 内的任何 x，幂级数都收敛且为绝对收敛；如果幂级数在 $x=x_0$ 处发散，则对于闭区间 $[-|x_0|,|x_0|]$ 外的任何 x，幂级数都发散. 这样，如果幂级数在数轴上既有非零的收敛点又有发散点，那么从原点出发沿数轴正向走，先是只遇到收敛点，而后是只遇到发散点，两部分的界点可能是收敛点，也可能是发散点. 从原点出发沿数轴负向走情况也是如此，并且两个界点关于原点对称.

由以上分析，就得出一个重要的推论.

推论 如果幂级数 $\sum_{n=0}^{\infty}a_nx^n$ 不是仅在 $x=0$ 一点收敛，也不是在整个数轴上都收敛，则必存在一个确定的正数 R，使得

(1) 当 $|x|<R$ 时，幂级数绝对收敛；

(2) 当 $|x|>R$ 时，幂级数发散；

(3) 当 $x=R$ 或 $x=-R$ 时，幂级数可能收敛也可能发散.

推论中的正数 R 通常称为幂级数 $\sum_{n=0}^{\infty}a_nx^n$ 的**收敛半径**(convergence radius)，开区间 $(-R,R)$ 称为幂级数的**收敛区间**(interval of convergence)，判断出幂级数在 $x=\pm R$ 处的收敛性就可以确定幂级数的收敛域，其收敛域应是

$$(-R,R),[-R,R],(-R,R],[-R,R)$$

这 4 个区间之一.

特别地,如果幂级数 $\sum_{n=0}^{\infty} a_n x^n$ 仅在 $x=0$ 处收敛,则规定收敛半径 $R=0$,收敛域内只有一点 $x=0$;如果幂级数 $\sum_{n=0}^{\infty} a_n x^n$ 对一切 x 都收敛,则规定收敛半径为 $R=+\infty$,此时收敛域为$(-\infty,+\infty)$.

关于收敛半径的求法有如下定理.

定理 11.9 对于幂级数 $\sum_{n=0}^{\infty} a_n x^n (a_n \neq 0)$,如果

$$\lim_{n\to\infty}\left|\frac{a_{n+1}}{a_n}\right|=\rho, \quad 0\leqslant\rho\leqslant+\infty,$$

其中,a_n,a_{n+1} 是幂级数 $\sum_{n=0}^{\infty} a_n x^n$ 相邻两项的系数,则此幂级数的收敛半径为

$$R=\begin{cases}\dfrac{1}{\rho}, & \rho\neq 0,\\ +\infty, & \rho=0,\\ 0, & \rho=+\infty.\end{cases}$$

证 幂级数 $\sum_{n=0}^{\infty} a_n x^n$ 的各项取绝对值所成的新级数为

$$|a_0|+|a_1x|+|a_2x^2|+\cdots+|a_nx^n|+\cdots. \tag{11.16}$$

对这个级数应用比值审敛法,

$$\lim_{n\to\infty}\frac{|a_{n+1}x^{n+1}|}{|a_nx^n|}=\lim_{n\to\infty}\frac{|a_{n+1}|}{|a_n|}|x|=\rho|x|.$$

(1) 若 $\lim\limits_{n\to\infty}\left|\dfrac{a_{n+1}}{a_n}\right|=\rho(\rho\neq 0)$ 存在,根据比值审敛法,当 $\rho|x|<1$,即 $|x|<\dfrac{1}{\rho}$ 时,级数(11.16) 收敛,从而级数(11.14) 绝对收敛;当 $\rho|x|>1$,即 $|x|>\dfrac{1}{\rho}$ 时,级数(11.16) 发散,并且当 n 充分大时,$|a_{n+1}x^{n+1}|>|a_nx^n|$. 因此,级数(11.16) 的一般项 $|a_nx^n|$ 不能趋于零,所以级数(11.14) 的一般项 a_nx^n 也不趋于零,从而级数 $\sum_{n=0}^{\infty} a_n x^n$ 发散,于是收敛半径 $R=\dfrac{1}{\rho}$.

(2) 若 $\rho=0$,则对任何 $x\neq 0$ 有 $\dfrac{|a_{n+1}x^{n+1}|}{|a_nx^n|}\to 0(n\to\infty)$,所以级数(11.16)收敛,从而级数(11.14)绝对收敛,即收敛半径 $R=+\infty$.

(3) 若 $\rho=+\infty$,则对于除 $x=0$ 外的其他一切 x 值都有 $\rho|x|=+\infty$,所以级数(11.16)发散,于是 $R=0$. □

求幂级数收敛域的步骤如下：

(1) 求出收敛半径 R；

(2) 将 $x=-R$ 和 $x=R$ 代入幂级数，判断常数项级数 $\sum_{n=0}^{\infty} a_n R^n$ 和 $\sum_{n=0}^{\infty} a_n(-R)^n$ 的收敛性；

(3) 写出幂级数的收敛域.

例 1 求下列各幂级数的收敛域：

(1) $\sum_{n=1}^{\infty}(-1)^n \frac{x^n}{n}$； (2) $\sum_{n=1}^{\infty} \frac{x^n}{2^n n!}$； (3) $\sum_{n=0}^{\infty} n!x^n$.

解 (1) 因为

$$\lim_{n\to\infty}\left|\frac{a_{n+1}}{a_n}\right|=\lim_{n\to\infty}\frac{\frac{1}{n+1}}{\frac{1}{n}}=1,$$

所以收敛半径 $R=1$.

当 $x=1$ 时，级数成为交错级数 $\sum_{n=1}^{\infty}(-1)^n \frac{1}{n}$，由 Leibniz 判别法知该级数收敛；当 $x=-1$ 时，级数成为调和级数 $\sum_{n=1}^{\infty}\frac{1}{n}$，该级数发散. 所以收敛域为 $(-1,1]$.

(2) 因为

$$\lim_{n\to\infty}\left|\frac{a_{n+1}}{a_n}\right|=\lim_{n\to\infty}\frac{2^n n!}{2^{n+1}(n+1)!}=0,$$

所以收敛半径 $R=+\infty$，收敛域为 $(-\infty,+\infty)$.

(3) 因为

$$\lim_{n\to\infty}\left|\frac{a_{n+1}}{a_n}\right|=\lim_{n\to\infty}\frac{(n+1)!}{n!}=+\infty,$$

所以收敛半径 $R=0$，其收敛域内只有 $x=0$ 一个点.

例 2 求幂级数 $\sum_{n=1}^{\infty}\frac{(x-5)^n}{\sqrt{n}}$ 的收敛域.

解 设 $x-5=t$，则原级数变为 $\sum_{n=1}^{\infty}\frac{t^n}{\sqrt{n}}$，因为

$$\lim_{n\to\infty}\left|\frac{a_{n+1}}{a_n}\right|=\lim_{n\to\infty}\frac{\sqrt{n}}{\sqrt{n+1}}=1,$$

所以级数 $\sum_{n=1}^{\infty}\frac{t^n}{\sqrt{n}}$ 的收敛半径为 1. 当 $t=-1$ 时，级数 $\sum_{n=1}^{\infty}\frac{(-1)^n}{\sqrt{n}}$ 收敛；当 $t=1$ 时，级数 $\sum_{n=1}^{\infty}\frac{1}{\sqrt{n}}$ 发散. 于是 $\sum_{n=1}^{\infty}\frac{t^n}{\sqrt{n}}$ 的收敛域为 $-1\leqslant t<1$，即 $-1\leqslant x-5<1$，从而 $4\leqslant$

$x<6$，所以原级数的收敛域为$[4,6)$.

例 3 求幂级数 $\sum\limits_{n=1}^{\infty}\frac{2n-1}{2^n}x^{2n-2}$ 的收敛域.

解 级数中缺少奇次幂的项，定理 11.9 不能直接应用，用比值审敛法来求收敛半径. 设 $u_n(x)=\frac{2n-1}{2^n}x^{2n-2}$，

$$\lim_{n\to\infty}\left|\frac{u_{n+1}(x)}{u_n(x)}\right|=\lim_{n\to\infty}\left|\frac{\frac{2n+1}{2^{n+1}}x^{2n}}{\frac{2n-1}{2^n}x^{2n-2}}\right|=\frac{x^2}{2}.$$

当$\frac{x^2}{2}<1$，即$|x|<\sqrt{2}$时，幂级数收敛；当$\frac{x^2}{2}>1$，即$|x|>\sqrt{2}$时，幂级数发散，所以$R=\sqrt{2}$.

当 $x=\pm\sqrt{2}$ 时，级数成为$\sum\limits_{n=1}^{\infty}\left(n-\frac{1}{2}\right)$，它是发散的. 因此，该幂级数的收敛域是$(-\sqrt{2},\sqrt{2})$.

11.4.3 幂级数的运算与性质

设幂级数

$$a_0+a_1x+a_2x^2+\cdots+a_nx^n+\cdots$$

及

$$b_0+b_1x+b_2x^2+\cdots+b_nx^n+\cdots$$

分别在区间$(-R,R)$及$(-R',R')$内收敛. 对于这两个幂级数，有下列四则运算：

(1) 加减法：

$$\begin{aligned}&(a_0+a_1x+a_2x^2+\cdots+a_nx^n+\cdots)\pm(b_0+b_1x+b_2x^2+\cdots+b_nx^n+\cdots)\\&=(a_0\pm b_0)+(a_1\pm b_1)x+(a_2\pm b_2)x^2+\cdots+(a_n\pm b_n)x^n+\cdots.\end{aligned}$$

根据收敛级数的基本性质，当$R\neq R'$时，上式在$(-R,R)$与$(-R',R')$中较小的区间内收敛.

(2) 乘法：

$$\begin{aligned}&(a_0+a_1x+a_2x^2+\cdots+a_nx^n+\cdots)\cdot(b_0+b_1x+b_2x^2+\cdots+b_nx^n+\cdots)\\&=a_0b_0+(a_0b_1+a_1b_0)x+(a_0b_2+a_1b_1+a_2b_0)x^2+\cdots\\&\quad+(a_0b_n+a_1b_{n-1}+\cdots+a_nb_0)x^n+\cdots.\end{aligned}$$

这是两个幂级数的 Cauchy 乘积，可以证明上式在$(-R,R)$与$(-R',R')$中较小的区间内收敛.

(3) 除法：

$$\frac{a_0+a_1x+a_2x^2+\cdots+a_nx^n+\cdots}{b_0+b_1x+b_2x^2+\cdots+b_nx^n+\cdots}=c_0+c_1x+c_2x^2+\cdots+c_nx^n+\cdots,$$

其中，$a_n = c_nb_0 + c_{n-1}b_1 + \cdots + c_1b_{n-1} + c_0b_n$. 幂级数$\sum_{n=0}^{\infty} c_nx^n$的收敛区间可能比原来两级数的收敛区间小得多.

例如，

$$\sum_{n=0}^{\infty} a_nx^n = 1 + 0x + 0x^2 + \cdots + 0x^n + \cdots,$$

$$\sum_{n=0}^{\infty} b_nx^n = 1 - x + 0x^2 + \cdots + 0x^n + \cdots.$$

显然，这两个幂级数的收敛半径均为$R = +\infty$，但$\dfrac{\sum_{n=0}^{\infty} a_nx^n}{\sum_{n=0}^{\infty} b_nx^n} = \dfrac{1}{1-x} = \sum_{n=0}^{\infty} x^n$，而级数$\sum_{n=0}^{\infty} x^n$的收敛半径为$R = 1$.

幂级数的和函数有下列重要的性质：

性质 11.6 幂级数$\sum_{n=0}^{\infty} a_nx^n$的和函数$s(x)$在其收敛域$I$上连续.

性质 11.7 幂级数$\sum_{n=0}^{\infty} a_nx^n$的和函数$s(x)$在其收敛域$I$上可积，并有逐项积分公式

$$\int_0^x s(x)\mathrm{d}x = \int_0^x \left(\sum_{n=0}^{\infty} a_nx^n\right)\mathrm{d}x = \sum_{n=0}^{\infty}\int_0^x a_nx^n\mathrm{d}x = \sum_{n=0}^{\infty}\frac{a_n}{n+1}x^{n+1}, \quad x \in I.$$

逐项积分后所得到的幂级数和原级数有相同的收敛半径.

性质 11.8 幂级数$\sum_{n=0}^{\infty} a_nx^n$的和函数$s(x)$在其收敛区间$(-R,R)$内可导且有逐项求导公式

$$s'(x) = \left(\sum_{n=0}^{\infty} a_nx^n\right)' = \sum_{n=0}^{\infty}(a_nx^n)' = \sum_{n=1}^{\infty} na_nx^{n-1}, \quad |x| < R.$$

逐项求导后所得到的幂级数和原级数有相同的收敛半径.

上述结论可以反复应用并可得幂级数的和函数在其收敛区间内具有任意阶导数. 性质 11.6～性质 11.8 常称为幂级数的分析性质，利用其分析性质可求幂级数的和函数.

例 4 求幂级数$\sum_{n=1}^{\infty} nx^{n-1}$的和函数.

解 先求收敛域. 由$\lim_{n\to\infty}\left|\dfrac{a_{n+1}}{a_n}\right| = \lim_{n\to\infty}\dfrac{n+1}{n} = 1$得收敛半径$R = 1$. 当$x = -1$时，级数$\sum_{n=1}^{\infty}(-1)^n n$发散；当$x = 1$时，级数$\sum_{n=1}^{\infty} n$发散. 所以收敛域为$(-1,1)$.

设幂级数的和函数为 $s(x)$，即

$$s(x)=\sum_{n=1}^{\infty}nx^{n-1},\quad -1<x<1,$$

$$\int_0^x s(x)\mathrm{d}x=\int_0^x\Big(\sum_{n=1}^{\infty}nx^{n-1}\Big)\mathrm{d}x=\sum_{n=1}^{\infty}\int_0^x nx^{n-1}\mathrm{d}x=\sum_{n=1}^{\infty}x^n=\frac{x}{1-x},$$

从而

$$s(x)=\Big(\int_0^x s(x)\mathrm{d}x\Big)'=\Big(\frac{x}{1-x}\Big)'=\frac{1}{(1-x)^2},$$

所以该幂级数的和函数为 $s(x)=\dfrac{1}{(1-x)^2}$，$-1<x<1$.

例 5　求幂级数 $\sum\limits_{n=0}^{\infty}\dfrac{x^n}{n+1}$ 的和函数.

解　先求收敛域. 由 $\lim\limits_{n\to\infty}\left|\dfrac{a_{n+1}}{a_n}\right|=\lim\limits_{n\to\infty}\dfrac{n+1}{n+2}=1$ 得收敛半径 $R=1$. 当 $x=-1$ 时，幂级数成为交错级数 $\sum\limits_{n=0}^{\infty}\dfrac{(-1)^n}{n+1}$，是收敛的；当 $x=1$ 时，幂级数成为 $\sum\limits_{n=0}^{\infty}\dfrac{1}{n+1}$，是发散的. 因此，收敛域为 $[-1,1)$.

设幂级数的和函数为 $s(x)$，即

$$s(x)=\sum_{n=0}^{\infty}\frac{x^n}{n+1},\quad x\in[-1,1),$$

则

$$xs(x)=\sum_{n=0}^{\infty}\frac{x^{n+1}}{n+1},$$

$$[xs(x)]'=\sum_{n=0}^{\infty}\Big(\frac{x^{n+1}}{n+1}\Big)'=\sum_{n=0}^{\infty}x^n=\frac{1}{1-x},\quad |x|<1.$$

对上式从 0 到 x 积分得

$$xs(x)=\int_0^x\frac{1}{1-x}\mathrm{d}x=-\ln(1-x),\quad -1\leqslant x<1.$$

于是，当 $x\neq0$ 时有 $s(x)=-\dfrac{1}{x}\ln(1-x)$.

$s(0)$ 可由 $s(0)=a_0=1$ 得出，也可由和函数的连续性得到

$$s(0)=\lim_{x\to0}s(x)=\lim_{x\to0}\Big[-\frac{1}{x}\ln(1-x)\Big]=1.$$

综上所述有

$$s(x)=\begin{cases}-\dfrac{1}{x}\ln(1-x), & x\in[-1,0)\cup(0,1),\\ 1, & x=0.\end{cases}$$

习 题 11.4

1. 求下列幂级数的收敛域.

(1) $\sum_{n=1}^{\infty}\frac{x^n}{n\cdot 3^n}$； (2) $\sum_{n=1}^{\infty}\frac{x^n}{2\cdot 4\cdot 6\cdots(2n)}$； (3) $\sum_{n=1}^{\infty}\frac{2^n x^n}{n^2+1}$；

(4) $\sum_{n=1}^{\infty}(-1)^n\frac{x^{2n+1}}{2n+1}$； (5) $\sum_{n=1}^{\infty}(\sqrt{n+1}-\sqrt{n})2^n x^{2n}$； (6) $\sum_{n=1}^{\infty}\frac{(x-5)^n}{\sqrt{n}}$.

2. 利用逐项求导或逐项积分,求下列级数的和函数.

(1) $\sum_{n=1}^{\infty}nx^{n-1}$； (2) $\sum_{n=1}^{\infty}\frac{1}{n(n+1)}x^n$； (3) $\sum_{n=1}^{\infty}\frac{(-1)^{n-1}x^{2n-1}}{2n-1}$.

* 3. 设 $I_n=\int_0^{\frac{\pi}{4}}\sin^n x\cos x\mathrm{d}x(n=0,1,2,\cdots)$,求 $\sum_{n=0}^{\infty}I_n$.

11.5 函数展开成幂级数

11.5.1 Taylor 级数

前面已经讨论了幂级数的收敛域及收敛域上的和函数,但在许多应用中,还会遇到相反的问题:是否能把给定的函数 $f(x)$在某个区间内“展开成幂级数”. 也就是说,能否找到这样一个幂级数,使该幂级数在某区间内恰好收敛于给定函数 $f(x)$. 如果能够找到这样的幂级数,就称函数 $f(x)$在该区间内能展开成幂级数.

由 Taylor 公式知,如果函数 $f(x)$在点 x_0 的某邻域内有 $n+1$ 阶导数,则在该邻域内有

$$f(x)=f(x_0)+f'(x_0)(x-x_0)+\frac{f''(x_0)}{2!}(x-x_0)^2+\cdots+\frac{f^{(n)}(x_0)}{n!}(x-x_0)^n+R_n(x), \tag{11.17}$$

其中,$R_n(x)=\frac{f^{(n+1)}(\xi)}{(n+1)!}(x-x_0)^{n+1}$,$R_n(x)$称为 Lagrange 型余项,$\xi$ 是介于 x 与 x_0 之间的某个值.

如果设一个 x 的 n 次多项式为 $p_n(x)$,

$$p_n(x)=f(x_0)+f'(x_0)(x-x_0)+\frac{f''(x_0)}{2!}(x-x_0)^2+\cdots+\frac{f^{(n)}(x_0)}{n!}(x-x_0)^n, \tag{11.18}$$

则 $f(x)$可由 $p_n(x)$近似表达且误差为$|R_n(x)|$. 如果$|R_n(x)|$随着 n 的增大而减小,那么可以通过增加多项式(11.18)的项数来提高精确度. 如果 $f(x)$在点 x_0 的某邻域内有任意阶导数,那么可以设想让多项式(11.18)的项数趋向无穷,从而形成幂级数

$$f(x_0)+f'(x_0)(x-x_0)+\frac{f''(x_0)}{2!}(x-x_0)^2+\cdots+\frac{f^{(n)}(x_0)}{n!}(x-x_0)^n+\cdots \tag{11.19}$$

这个级数就称为函数 $f(x)$的 **Taylor(泰勒)级数**．当 $x=x_0$ 时,显然 $f(x)$的 Taylor 级数收敛于 $f(x_0)$,但问题是在 x_0 的邻域内的其他各点处,$f(x)$的 Taylor 级数是否也收敛？如果收敛,是否收敛于 $f(x)$？下面的定理可以回答这些问题.

定理 11.10　设函数 $f(x)$在点 x_0 的某一邻域 $U(x_0)$内具有各阶导数,则 $f(x)$在该邻域内能展开成 Taylor 级数的充分必要条件是 $f(x)$的 Taylor 公式中的余项 $R_n(x)$当 $n\to\infty$时的极限为零.

证　必要性　设 $f(x)$在 $U(x_0)$内能展开为 Taylor 级数,即

$$f(x)=f(x_0)+f'(x_0)(x-x_0)+\frac{f''(x_0)}{2!}(x-x_0)^2+\cdots+\frac{f^{(n)}(x_0)}{n!}(x-x_0)^n+\cdots \tag{11.20}$$

对一切 $x\in U(x_0)$都成立. 于是 $f(x)$的 n 阶 Taylor 公式(11.17)可以写成

$$f(x)=s_{n+1}(x)+R_n(x),$$

其中,$s_{n+1}(x)$是 $f(x)$的 Taylor 级数(11.19)的前 $n+1$ 项之和. 由式(11.20),

$$\lim_{n\to\infty}s_{n+1}(x)=f(x),$$

所以

$$\lim_{n\to\infty}R_n(x)=\lim_{n\to\infty}[f(x)-s_{n+1}(x)]=f(x)-f(x)=0.$$

充分性　设 $\lim\limits_{n\to\infty}R_n(x)=0$ 对一切 $x\in U(x_0)$都成立. 由 $s_{n+1}(x)=f(x)-R_n(x)$得

$$\lim_{n\to\infty}s_{n+1}(x)=\lim_{n\to\infty}[f(x)-R_n(x)]=f(x),$$

即 $f(x)$的 Taylor 级数在 $U(x_0)$内收敛,并且收敛于 $f(x)$.　□

特别地,在式(11.19)中,当 $x_0=0$ 时得

$$f(0)+f'(0)x+\frac{f''(0)}{2!}x^2+\cdots+\frac{f^{(n)}(0)}{n!}x^n+\cdots. \tag{11.21}$$

级数(11.21)称为函数 $f(x)$的 **Maclaurin(麦克劳林)级数**. 函数 $f(x)$的 Maclaurin 级数是 x 的幂级数. 可以证明如果函数 $f(x)$能够展开成 x 的幂级数,那么它一定与函数 $f(x)$的 Maclaurin 级数(11.21)一致.

定理 11.11　如果函数 $f(x)$在 $x_0=0$ 的某邻域内展开成 x 的幂级数,

$$f(x)=\sum_{n=0}^{\infty}a_nx^n=a_0+a_1x+a_2x^2+\cdots+a_nx^n+\cdots,x\in U(x_0),$$

那么必有

$$a_0=f(0),a_1=f'(0),a_2=\frac{f''(0)}{2!},\cdots,a_n=\frac{1}{n!}f^{(n)}(0),\cdots.$$

证　设

$$f(x)=a_0+a_1x+a_2x^2+\cdots+a_nx^n+\cdots,\quad x\in U(x_0).$$

根据幂级数在收敛区间内可逐项求导有

$$f'(x)=a_1+2a_2x+3a_3x^2+\cdots+na_nx^{n-1}+\cdots,$$

$$f''(x)=2a_2+3\cdot 2a_3x+\cdots+n\cdot(n-1)a_nx^{n-2}+\cdots,$$

$$\cdots\cdots$$

$$f^{(n)}(x)=n!\ a_n+(n+1)n(n-1)\cdots 2a_{n+1}x+\cdots.$$

把 $x=0$ 代入以上各式得

$$a_0=f(0),a_1=f'(0),a_2=\frac{f''(0)}{2!},\cdots,a_n=\frac{1}{n!}f^{(n)}(0),\cdots.$$ □

从以上证明可以看出如果函数 $f(x)$能够展开成 x 的幂级数，那么这个幂级数就是 $f(x)$的 Maclaurin 级数；但是如果 $f(x)$的 Maclaurin 级数在 $x_0=0$ 的某邻域内收敛，它却并不一定收敛于 $f(x)$，所以如果 $f(x)$在点 x_0 的某邻域内任意阶导数都存在，可以作出其 Maclaurin 级数，但这个级数是否在某个区间内收敛及是否收敛于 $f(x)$要依据

$$\lim_{n\to\infty}R_n(x)=0.$$

定理 11.11 表明各种不同的函数不管有多复杂，只要满足一定的条件都能表示成如式(11.20)的统一形式. 这意味着凡是这样的函数都具有右端级数所显示的那种排列整齐的无穷层次结构. 这种数学现象透露出一种绵长的诗的意象，那略带神秘色彩的奇异的光芒就像秋夜的星空引发的美的遐想.

11.5.2 函数展开为幂级数

下面给出把函数展开为 x 的幂级数的方法.

1. 直接展开法

(1) 求 $f(x)$的各阶导数；

(2) 求 $f^{(n)}(0)(n=1,2,\cdots)$；

(3) 写出幂级数 $\sum\limits_{n=0}^{\infty}\frac{f^{(n)}(0)}{n!}x^n$ 且求出收敛半径 R；

(4) 考察余项 $R_n(x)$在$(-R,R)$内的极限

$$\lim_{n\to\infty}R_n(x)=\lim_{n\to\infty}\frac{f^{(n+1)}(\xi)}{(n+1)!}x^{n+1},\quad \xi\text{ 在 }0\text{ 与 }x\text{ 之间}$$

是否趋于零？如趋于零，则 $f(x)$在$(-R,R)$内的幂级数展开式为

$$f(x)=f(0)+f'(0)x+\frac{f''(0)}{2!}x^2+\cdots+\frac{f^{(n)}(0)}{n!}x^n+\cdots,\quad -R<x<R.$$

例 1 将函数 $f(x)=\mathrm{e}^x$ 展开成 x 的幂级数.

解 由 $f^{(n)}(x)=\mathrm{e}^x$ 得 $f^{(n)}(0)=1(n=1,2,\cdots)$，所以 $f(x)$的 Maclaurin 级数为

$$1+x+\frac{1}{2!}x^2+\cdots+\frac{1}{n!}x^n+\cdots.$$

易求出此级数的收敛半径为 $R=+\infty$.

对于任何的有限数 ξ 和 x(ξ 在 0 与 x 之间),

$$|R_n(x)|=\left|\frac{e^{\xi}}{(n+1)!}x^{n+1}\right|<e^{x}\cdot\frac{|x|^{n+1}}{(n+1)!}.$$

因为 e^x 有限,$\frac{|x|^{n+1}}{(n+1)!}$ 是收敛级数 $\sum\limits_{n=0}^{\infty}\frac{|x|^{n+1}}{(n+1)!}$ 的一般项,所以 $e^x\cdot\frac{|x|^{n+1}}{(n+1)!}\to 0$ $(n\to\infty)$,即 $\lim\limits_{n\to\infty}R_n(x)=0$,于是

$$e^x=1+x+\frac{x^2}{2!}+\cdots+\frac{x^n}{n!}+\cdots,\quad x\in(-\infty,+\infty). \tag{11.22}$$

例 2 将函数 $f(x)=\sin x$ 展开成 x 的幂级数.

解 $f(x)=\sin x$ 的各阶导数

$$f^{(n)}(x)=\sin\left(x+\frac{n\pi}{2}\right),\quad n=0,1,2,\cdots,$$

$f^{(n)}(0)$按顺序循环地取 $0,1,0,-1,\cdots(n=0,1,2,\cdots)$,于是 $f(x)$的 Maclaurin 级数为

$$x-\frac{1}{3!}x^3+\frac{1}{5!}x^5-\cdots+(-1)^n\frac{x^{2n+1}}{(2n+1)!}+\cdots.$$

易计算出收敛半径为 $R=+\infty$.

对于任何的有限数 ξ 和 x(ξ 在 0 与 x 之间),

$$|R_n(x)|=\left|\frac{\sin\left[\xi+\frac{(n+1)\pi}{2}\right]}{(n+1)!}x^{n+1}\right|<\frac{|x|^{n+1}}{(n+1)!}.$$

由例 1 可知$\frac{|x|^{n+1}}{(n+1)!}\to 0(n\to\infty)$,所以$\lim\limits_{n\to\infty}R_n(x)=0$. 于是

$$\sin x=x-\frac{x^3}{3!}+\frac{x^5}{5!}-\cdots+(-1)^n\frac{x^{2n+1}}{(2n+1)!}+\cdots,\quad x\in(-\infty,+\infty). \tag{11.23}$$

通过直接展开法,还可以得到下列常见函数的幂级数:

$$\frac{1}{1-x}=1+x+x^2+\cdots+x^n+\cdots,\quad x\in(1,1), \tag{11.24}$$

$$\frac{1}{1+x}=1-x+x-\cdots+(-1)^nx^n+\cdots,\quad x\in(-1,1), \tag{11.25}$$

$$(1+x)^m=1+mx+\frac{m(m-1)}{2!}x^2+\cdots+\frac{m(m-1)\cdots(m-n+1)}{n!}x^n+\cdots,\quad x\in(-1,1) \tag{11.26}$$

从以上两例能够体会到用直接展开法把函数展开成幂级数,要计算函数的 n 阶

导数，还要检验余项的极限是否为零，过程比较复杂. 下面介绍另外一种方法——间接展开法.

2. 间接展开法

利用上面给出的一些常见的函数幂级数展开式，通过幂级数的四则运算、分析性质、变量代换等方法，将所给函数展开成幂级数的方法称为**间接展开法**.

例 3 将函数 $f(x)=\cos x$ 展开成 x 的幂级数.

解 对 $f(x)=\sin x$ 的幂级数展开式(11.23)逐项求导可得

$$\cos x=(\sin x)'=1-\frac{x^2}{2!}+\frac{x^4}{4!}+\cdots+(-1)^n\frac{x^{2n}}{(2n)!}+\cdots,\quad -\infty<x<+\infty.$$

例 4 将函数$\dfrac{1}{1+x^2}$展开成 x 的幂级数.

解 将 $f(x)=\dfrac{1}{1+x}$的幂级数展开式(11.25)中的 x 代换为 x^2 得

$$\frac{1}{1+x^2}=1-x^2+x^4-\cdots+(-1)^n x^{2n}+\cdots,\quad x\in(-1,1).$$

例 5 将函数 $f(x)=\ln(1+x)$展开成 x 的幂级数.

解 因为 $f'(x)=\dfrac{1}{1+x}$，利用$\dfrac{1}{1+x}$的幂级数展开式(11.25)可以写出 $f'(x)$的展开式为

$$f'(x)=\frac{1}{1+x}=1-x+x^2-\cdots+(-1)^n x^n+\cdots,\quad x\in(-1,1).$$

将上式从 0 到 x 逐项积分得

$$\ln(1+x)=x-\frac{x^2}{2}+\frac{x^3}{3}-\frac{x^4}{4}+\cdots+(-1)^n\frac{x^{n+1}}{n+1}+\cdots,\quad -1<x\leqslant 1.$$

注 假设 $f(x)$在开区间$(-R,R)$内的展开式为

$$f(x)=\sum_{n=0}^{\infty}a_n x^n,\quad -R<x<R.$$

已经得到，如果上式的幂级数在区间端点 $x=-R$，$x=R$ 处收敛，而函数 $f(x)$在 $x=-R$，$x=R$ 处有定义且连续，则根据幂级数的和函数在其收敛域上连续的性质，该展开式对 $x=-R$，$x=R$ 也成立. 如例 5 中，当 $x=1$ 时展开式也成立，因为上式右端幂级数当 $x=1$ 时收敛，而 $\ln(1+x)$在 $x=1$ 处有定义且连续.

下面举例说明利用间接法将函数展开成$(x-x_0)$的幂级数的方法.

例 6 将函数 $f(x)=\lg x$ 展开成$(x-1)$的幂级数.

解 因为

$$\lg x=\log_{10}x=\frac{\ln x}{\ln 10}=\frac{1}{\ln 10}\cdot\ln[1+(x-1)].$$

由例5可知

$$\ln[1+(x-1)]=\sum_{n=0}^{\infty}(-1)^n\frac{(x-1)^{n+1}}{n+1},\quad 0<x\leqslant 2,$$

所以

$$\lg x=\frac{1}{\ln 10}\cdot\sum_{n=0}^{\infty}(-1)^n\frac{(x-1)^{n+1}}{n+1},\quad 0<x\leqslant 2.$$

例7 将函数 $f(x)=\dfrac{1}{x^2+3x+2}$ 展开成 $(x+4)$ 的幂级数.

解 因为

$$f(x)=\frac{1}{x^2+3x+2}=\frac{1}{(x+1)(x+2)}=\frac{1}{1+x}-\frac{1}{2+x}$$
$$=\frac{1}{-3\left(1-\dfrac{x+4}{3}\right)}+\frac{1}{2\left(1-\dfrac{x+4}{2}\right)},$$

而

$$\frac{1}{-3\left(1-\dfrac{x+4}{3}\right)}=-\frac{1}{3}\sum_{n=0}^{\infty}\frac{1}{3^n}(x+4)^n,\quad -7<x<-1,$$

$$\frac{1}{2\left(1-\dfrac{x+4}{2}\right)}=\frac{1}{2}\sum_{n=0}^{\infty}\frac{1}{2^n}(x+4)^n,\quad -6<x<-2,$$

所以

$$f(x)=\frac{1}{x^2+3x+2}=\sum_{n=0}^{\infty}\left(\frac{1}{2^{n+1}}-\frac{1}{3^{n+1}}\right)(x+4)^n,\quad -6<x<-2.$$

11.5.3 函数幂级数展开式的应用

1. 函数值的近似计算

级数的主要应用之一是利用它来进行数值计算,大家常用的三角函数表、对数表等,都是利用级数计算出来的.

例如,将未知数 U 表示成级数

$$U=u_1+u_2+\cdots+u_n+\cdots,$$

可以取其部分和 $U_n=u_1+u_2+\cdots+u_n$ 作为其近似值.此时所产生的误差来源于两个方面:第一,由级数的余项产生的误差,称其为**截断误差**(rounding error);第二,由计算 U_n 时四舍五入产生的误差,称其为**舍入误差**(truncation error).

如果级数是交错级数且满足 Libniz 定理,则 $|r_n|\leqslant|a_{n+1}|$;如果级数不是交错级数,一般可以通过适当放大余项中的各项,设法找出一个比原级数稍大且容易估计余项的新级数(如等比级数等),从而可采取新级数的余项 r_n' 作为原级数的截断误差

r_n 的估计值且有 $r_n \leqslant r_n'$.

例 8　计算$\sqrt[5]{240}$的近似值,要求误差不超过 0.0001.

解　因为

$$\sqrt[5]{240}=\sqrt[5]{243-3}=3\left(1-\frac{1}{3^4}\right)^{\frac{1}{5}},$$

利用$(1+x)^m$展开式

$$\sqrt[5]{240}=3\left(1-\frac{1}{3^4}\right)^{\frac{1}{5}}=3\left(1-\frac{1}{5}\cdot\frac{1}{3^4}-\frac{1\cdot 4}{5^2\cdot 2!}\cdot\frac{1}{3^8}-\cdots\right).$$

这个级数收敛很快,若取上式的前两项作为$\sqrt[5]{240}$的近似值,其误差为

$$\begin{aligned}|r_2|&=3\left(\frac{1\cdot 4}{5^2\cdot 2!}\cdot\frac{1}{3^8}+\frac{1\cdot 4\cdot 9}{5^3\cdot 3!}\cdot\frac{1}{3^{12}}+\cdots\right)\\&<3\cdot\frac{1\cdot 4}{5^2\cdot 2!}\cdot\frac{1}{3^8}\cdot\left[1+\frac{1}{81}+\left(\frac{1}{81}\right)^2+\cdots\right]\\&=\frac{6}{25}\cdot\frac{1}{3^8}\cdot\frac{1}{1-\frac{1}{81}}=\frac{1}{25\cdot 27\cdot 40}<\frac{1}{20000}.\end{aligned}$$

这个误差不超过 0.0001,所以取近似式为$\sqrt[5]{240}\approx 3\left(1-\frac{1}{5}\cdot\frac{1}{3^4}\right)$. 为了使舍入误差和截断误差之和不超过 0.0001,对其进行计算时应取五位小数,然后再四舍五入,所以最后得

$$\sqrt[5]{240}\approx 2.9926.$$

例 9　计算$\int_0^1\frac{\sin x}{x}\mathrm{d}x$ 的近似值,精确到 10^{-4}.

解　利用 $\sin x$ 的 Maclaurin 展开式并积分得

$$\begin{aligned}\int_0^1\frac{\sin x}{x}\mathrm{d}x&=\int_0^1\left(1-\frac{1}{3!}x^2+\frac{1}{5!}x^4-\frac{1}{7!}x^6+\cdots\right)\mathrm{d}x\\&=1-\frac{1}{3\cdot 3!}+\frac{1}{5\cdot 5!}-\frac{1}{7\cdot 7!}+\cdots.\end{aligned}$$

这是一个收敛的交错级数,因为其第 4 项$\frac{1}{7\cdot 7!}<\frac{1}{30000}<10^{-4}$,所以取前 3 项作为积分的近似值得

$$\int_0^1\frac{\sin x}{x}\mathrm{d}x=1-\frac{1}{3\cdot 3!}+\frac{1}{5\cdot 5!}\approx 0.9461.$$

2. Euler 公式

设有复数项级数为

$$(u_1+\mathrm{i}v_1)+(u_2+\mathrm{i}v_2)+\cdots+(u_n+\mathrm{i}v_n)+\cdots, \tag{11.27}$$

其中,u_n,v_n($n=1,2,3,\cdots$)为实常数或实函数. 如果实部所成的级数

$$u_1+u_2+\cdots+u_n+\cdots \tag{11.28}$$

收敛于和 u,并且虚部所成的级数

$$v_1+v_2+\cdots+v_n+\cdots \tag{11.29}$$

收敛于和 v,就称复数项级数(11.27)收敛.

如果复数项级数(11.27)各项的模所构成的级数

$$\sqrt{u_1^2+v_1^2}+\sqrt{u_2^2+v_2^2}+\cdots+\sqrt{u_n^2+v_n^2}+\cdots \tag{11.30}$$

收敛,则称级数(11.27)绝对收敛. 此时,由于

$$|u_n|\leqslant\sqrt{u_n^2+v_n^2},\ |v_n|\leqslant\sqrt{u_n^2+v_n^2},\quad n=1,2,3,\cdots,$$

所以级数(11.28)和(11.29)都绝对收敛,从而级数(11.27)收敛.

考察复数项级数

$$1+z+\frac{1}{2!}z^2+\cdots+\frac{1}{n!}z^n+\cdots,z=x+\mathrm{i}y. \tag{11.31}$$

可以证明该级数在整个复平面上是绝对收敛的. 在整个复平面上,用它来定义复变量的指数函数,记为 e^z.

$$\mathrm{e}^z=1+z+\frac{1}{2!}z^2+\cdots+\frac{1}{n!}z^n+\cdots,\quad |z|<+\infty. \tag{11.32}$$

当 $x=0$ 时,z 为纯虚数 $\mathrm{i}y$,代入式(11.32)有

$$\begin{aligned}\mathrm{e}^{\mathrm{i}y}&=1+\mathrm{i}y+\frac{1}{2!}(\mathrm{i}y)^2+\cdots+\frac{1}{n!}(\mathrm{i}y)^n+\cdots\\&=\left(1-\frac{1}{2!}y^2+\frac{1}{4!}y^4-\cdots\right)+\mathrm{i}\left(y-\frac{1}{3!}y^3+\frac{1}{5!}y^5-\cdots\right)\\&=\cos y+\mathrm{i}\sin y,\end{aligned}$$

把 y 换成 x,上式变为

$$\mathrm{e}^{\mathrm{i}x}=\cos x+\mathrm{i}\sin x. \tag{11.33}$$

这就是 **Euler 公式**.

特别地,当 $x=\pi$ 时得 $\mathrm{e}^{\mathrm{i}\pi}=-1$,即另一个 Euler 公式 $\mathrm{e}^{\mathrm{i}\pi}+1=0$. 这是大家公认的最优美的数学公式. 理由如下:①自然界的 e 含于其中;②最重要的常数 π 含于其中;③最重要的运算符号+含于其中;④最重要的关系符号=含于其中;⑤最重要的两个元 0,1 在里面;⑥最重要的虚数单位 i 也在其中. 大家之所以说她美,是因为这个公式的精简. 面对如此之美的数学公式,此时想起一首赞美她的诗歌:有了你,还需要什么?我心与你紧相连!

应用 Euler 公式,可以把复数写成指数形式

$$z=x+\mathrm{i}y=\rho(\cos\theta+\mathrm{i}\sin\theta)=\rho\mathrm{e}^{\mathrm{i}\theta}, \tag{11.34}$$

其中,$\rho=|z|$ 是 z 的模,$\theta=\arg z$ 是 z 的辐角(图 11.1).

再利用 $e^{-ix}=\cos x-i\sin x$,易得 Euler 公式的另外一种形式

$$\begin{cases}\cos x=\dfrac{e^{ix}+e^{-ix}}{2},\\ \sin x=\dfrac{e^{ix}-e^{-ix}}{2}.\end{cases}\qquad(11.35)$$

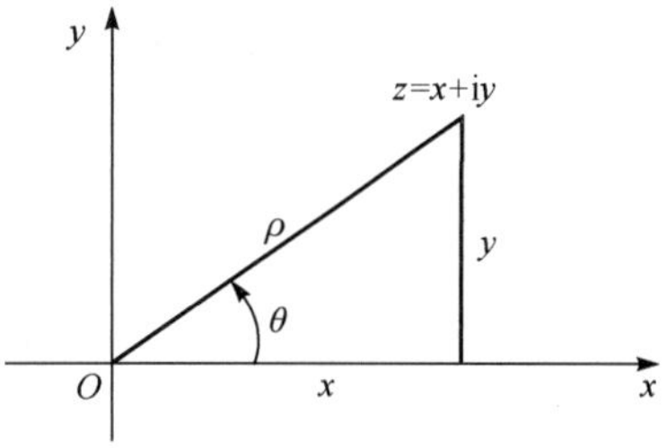

图 11.1

最后,根据定义式(11.32)和幂级数的乘法,不难验证

$$e^{z_1+z_2}=e^{z_1}\cdot e^{z_2}.$$

特殊地,取 z_1 为实数 x,z_2 为纯虚数 iy,则有

$$e^{x+iy}=e^x\cdot e^{iy}=e^x(\cos y+i\sin y).$$

说明复变量指数函数 e^z 在 $z=x+iy$ 处的值是模为 e^x,辐角为 y 的复数.

3. 求常数项级数的和

前面已经熟悉了常数项级数求和的几种常见方法,如利用定义和公式求和等,这里再介绍一种借助幂级数的和函数求常数项级数和的方法——**Abel 方法**.

其基本步骤如下:

(1) 对所给常数项级数 $\sum\limits_{n=0}^{\infty}a_n$,构造幂级数 $\sum\limits_{n=0}^{\infty}a_nx^n$;

(2) 求出幂级数 $\sum\limits_{n=0}^{\infty}a_nx^n$ 的和函数 $s(x)$;

(3) $\sum\limits_{n=0}^{\infty}a_n=\lim\limits_{x\to1^-}s(x)$.

例 10 求常数项级数 $\sum\limits_{n=1}^{\infty}\dfrac{(-1)^n}{2n-1}\left(\dfrac{3}{4}\right)^n$ 的和.

解 构造幂级数 $\sum\limits_{n=1}^{\infty}\dfrac{(-1)^n}{2n-1}\left(\dfrac{3}{4}\right)^nx^{2n-1}$,该级数的收敛区间为 $\left[-\dfrac{2\sqrt{3}}{3},\dfrac{2\sqrt{3}}{3}\right]$. 设

$$s(x)=\sum_{n=1}^{\infty}\frac{(-1)^n}{2n-1}\left(\frac{3}{4}\right)^nx^{2n-1},\quad x\in\left[-\frac{2\sqrt{3}}{3},\frac{2\sqrt{3}}{3}\right],$$

因为

$$s'(x)=\frac{1}{x^2}\sum_{n=1}^{\infty}(-1)^n\left(\frac{3}{4}x^2\right)^n=-\frac{3}{4+3x^2},$$

所以

$$s(x)=\int_0^x s'(x)dx=-\int_0^x\frac{3}{4+3x^2}dx=-\frac{\sqrt{3}}{2}\arctan\frac{\sqrt{3}}{2}x,$$

$$\lim_{x\to1^-}s(x)=\lim_{x\to1^-}\left[-\frac{\sqrt{3}}{2}\arctan\frac{\sqrt{3}}{2}x\right]=-\frac{\sqrt{3}}{2}\arctan\frac{\sqrt{3}}{2},$$

故 $$\sum_{n=1}^{\infty}\frac{(-1)^n}{2n-1}\left(\frac{3}{4}\right)^n=-\frac{\sqrt{3}}{2}\arctan\frac{\sqrt{3}}{2}.$$

习 题 11.5

1. 将下列函数展开成 x 的幂级数,并求其成立的区间.

(1) a^x; (2) $\ln(a+x)$; (3) $(1+x)\ln(1+x)$;

(4) $\cos^2 x$; (5) e^{-x^2}.

2. 将下列函数展开成 $(x-1)$ 的幂级数,并求其成立的区间.

(1) $\dfrac{1}{x^2+4x+3}$; (2) $\lg x$; (3) $\sqrt{x^3}$.

3. 将函数 $f(x)=\sin x$ 展开成 $\left(x-\dfrac{\pi}{4}\right)$ 的幂级数.

*4. (1) 验证 $y(x)=1+\dfrac{x^3}{3!}+\dfrac{x^6}{6!}+\cdots+\dfrac{x^{3n}}{(3n)!}+\cdots(-\infty<x<+\infty)$ 满足微分方程 $y''+y'+y=e^x$;

(2) 利用(1)的计算结果计算 $\displaystyle\sum_{n=0}^{\infty}\frac{x^{3n}}{(3n)!}$ 的和函数.

5. 求幂级数 $\displaystyle\sum_{n=0}^{\infty}\frac{(-1)^n(n+1)}{(2n+1)!}x^{2n+1}$ 的和函数,并计算数项级数 $\displaystyle\sum_{n=0}^{\infty}\frac{(-1)^n(n+1)}{(2n+1)!}x^{2n+1}$ 的和.

*11.6 Fourier 级数

Fourier 级数是不同于幂级数的另外一种常见的函数项级数.在科学实验和工程技术领域中会遇到很多周期现象.例如,各种各样的振动、交流电的变化、发动机中的活塞运动等都是周期运动.为了描述周期现象,就要用到周期函数,而正弦函数、余弦函数就是最常见、最基本的周期函数,用它们可以形象地表现一些简单的周期现象.但是自然界中的周期现象是多种多样的,一些较复杂的周期现象,就不能仅用一个三角函数来表示,而是需要很多甚至无穷多个正弦函数、余弦函数的叠加来表示.这样就出现了一个问题,是否所有的周期函数都可以用无穷多个正弦函数和余弦函数的叠加来表示呢?许多科学家都对此问题进行过研究.19世纪初,法国数学家 Fourier 就断言:任意函数都可以展开成三角级数,并由此开创了“Fourier 分析”这一数学分支,对19世纪科学的发展作出了重要的贡献.本节介绍的知识主要是 Fourier 和他同时代的德国数学家 Dirichlet 等人的研究成果,着重介绍如何把函数展开成三角级数.

11.6.1 三角级数及三角函数系的正交性

正弦函数是一种常见的简单函数.例如,描述简谐振动的函数

$$y=A\sin(\omega t+\varphi)$$

就是一个以$\frac{2\pi}{\omega}$为周期的正弦函数，其中，y 表示动点的位置，t 表示时间，A 为振幅，ω 为角频率，φ 为初相.

在实际问题中，除了正弦函数外，还会遇到非正弦函数，它们反映了较复杂的周期运动. 例如，电子技术中常用的周期为 T 的矩形波(图 11.2).

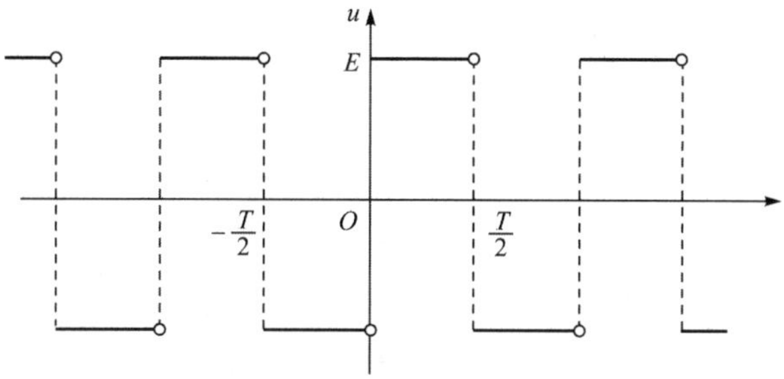

图 11.2

如同前面研究的用函数的幂级数展开式讨论函数，也想将非正弦周期函数展开成由简单的周期函数(如三角函数)组成的级数，即将周期为 $T\left(=\frac{2\pi}{\omega}\right)$的周期函数用一系列以 T 为周期的正弦函数 $A_n\sin(n\omega t+\varphi_n)$组成的级数来表示，记为

$$f(t)=A_0+\sum_{n=1}^{\infty}A_n\sin(n\omega t+\varphi_n)\ , \tag{11.36}$$

其中，$A_0, A_n, \varphi_n (n=1,2,3,\cdots)$都是常数.

将周期函数按上述方式展开，它的物理意义就是把一个比较复杂的周期运动看成许多不同频率的简谐振动的叠加. 将正弦函数 $A_n\sin(n\omega t+\varphi_n)$按三角公式变形得

$$A_n\sin(n\omega t+\varphi_n)=A_n\sin\varphi_n\cos n\omega t+A_n\cos\varphi_n\sin n\omega t.$$

令

$$\frac{a_0}{2}=A_0, a_n=A_n\sin\varphi_n, b_n=A_n\cos\varphi_n, \omega t=x,$$

则式(11.36)右端的级数就可以写成

$$\frac{a_0}{2}+\sum_{n=1}^{\infty}(a_n\cos nx+b_n\sin nx). \tag{11.37}$$

一般地，形如式(11.37)的级数称为**三角级数**(trigonometric series)，其中，a_0，$a_n, b_n (n=1,2,3,\cdots)$都是常数.

如同讨论幂级数一样，必须讨论三角级数(11.37)的收敛问题，以及给定周期为 2π 的周期函数如何展开成三角级数(11.37).

首先介绍三角函数系的正交性. 所谓**三角函数系**(trigonometric function system)

$$1, \cos x, \sin x, \cos 2x, \sin 2x, \cdots, \cos nx, \sin nx, \cdots \tag{11.38}$$

在区间$[-\pi,\pi]$上正交，就是指在三角函数系(11.38)中任何不同的两个函数的乘积在区间$[-\pi,\pi]$上的积分等于零，即

$$\int_{-\pi}^{\pi}\cos nx\,\mathrm{d}x=0,\quad n=1,2,3,\cdots,$$

$$\int_{-\pi}^{\pi}\sin nx\,\mathrm{d}x=0,\quad n=1,2,3,\cdots,$$

$$\int_{-\pi}^{\pi}\sin kx\cos nx\,\mathrm{d}x=0,\quad k,n=1,2,3,\cdots,$$

$$\int_{-\pi}^{\pi}\cos kx\cos nx\,\mathrm{d}x=0,\quad k,n=1,2,3,\cdots;k\neq n,$$

$$\int_{-\pi}^{\pi}\sin kx\sin nx\,\mathrm{d}x=0,\quad k,n=1,2,3,\cdots;k\neq n.$$

以上等式都可以通过计算定积分来验证.

在三角函数系(11.38)中，两个相同函数的乘积在区间$[-\pi,\pi]$上的积分不等于零，即

$$\int_{-\pi}^{\pi}1^2\,\mathrm{d}x=2\pi,\quad \int_{-\pi}^{\pi}\sin^2 nx\,\mathrm{d}x=\pi,\quad \int_{-\pi}^{\pi}\cos^2 nx\,\mathrm{d}x=\pi,\quad n=1,2,3\cdots.$$

11.6.2　函数展开成 Fourier 级数

要将周期为 2π 的函数 $f(x)$ 展开为三角级数

$$f(x)=\frac{a_0}{2}+\sum_{n=1}^{\infty}(a_n\cos nx+b_n\sin nx),\tag{11.39}$$

首先要确定三角级数的系数 $a_0,a_n,b_n\,(n=1,2,3,\cdots)$，而这些系数不是孤立存在的，那么它们与 $f(x)$之间有什么样的关系？也就是说，如何利用 $f(x)$求出系数 a_0,a_n，$b_n\,(n=1,2,3,\cdots)$.

假设式(11.39)可以逐项积分. 先求 a_0. 对式(11.39)从 $-\pi$ 到 π 逐项积分得到

$$\int_{-\pi}^{\pi}f(x)\mathrm{d}x=\int_{-\pi}^{\pi}\frac{a_0}{2}\mathrm{d}x+\sum_{k=1}^{\infty}\left[a_k\int_{-\pi}^{\pi}\cos kx\,\mathrm{d}x+b_k\int_{-\pi}^{\pi}\sin kx\,\mathrm{d}x\right].$$

根据三角函数系(11.38) 的正交性，等式右端除第一项外，其余都为零，所以

$$\int_{-\pi}^{\pi}f(x)\mathrm{d}x=\frac{a_0}{2}\cdot 2\pi,$$

于是得

$$a_0=\frac{1}{\pi}\int_{-\pi}^{\pi}f(x)\mathrm{d}x.$$

接着求 a_n. 用 $\cos nx$ 乘以式(11.39) 两端，再从 $-\pi$ 到 π 逐项积分得到

$$\int_{-\pi}^{\pi}f(x)\cos nx\,\mathrm{d}x=\frac{a_0}{2}\int_{-\pi}^{\pi}\cos nx\,\mathrm{d}x+\sum_{k=1}^{\infty}\left(a_k\int_{-\pi}^{\pi}\cos kx\cos nx\,\mathrm{d}x+b_k\int_{-\pi}^{\pi}\sin kx\sin nx\,\mathrm{d}x\right).$$

根据三角函数系(11.38)的正交性，等式右端除 $k=n$ 的一项外，其余各项均为零，

所以

$$\int_{-\pi}^{\pi} f(x)\cos nx\,\mathrm{d}x = a_n\int_{-\pi}^{\pi}\cos^2 nx\,\mathrm{d}x = a_n\pi,$$

于是得

$$a_n = \frac{1}{\pi}\int_{-\pi}^{\pi} f(x)\cos nx\,\mathrm{d}x,\quad n=1,2,3,\cdots.$$

类似地，用 $\sin nx$ 乘以式(11.39)两端，再从 $-\pi$ 到 π 逐项积分可得

$$b_n = \frac{1}{\pi}\int_{-\pi}^{\pi} f(x)\sin nx\,\mathrm{d}x,\quad n=1,2,3,\cdots.$$

当 $n=0$ 时，a_n 的表达式刚好给出 a_0，所以已得 a_0 结果可以合并到

$$\begin{cases} a_n = \dfrac{1}{\pi}\displaystyle\int_{-\pi}^{\pi} f(x)\cos nx\,\mathrm{d}x, & n=0,1,2,\cdots, \\ b_n = \dfrac{1}{\pi}\displaystyle\int_{-\pi}^{\pi} f(x)\sin nx\,\mathrm{d}x, & n=1,2,3,\cdots. \end{cases} \tag{11.40}$$

如果式(11.40)的积分都存在，则称它们的系数 $a_0, a_n, b_n (n=1,2,3,\cdots)$ 为函数 $f(x)$ 的 **Fourier 系数**，将这些系数代入式(11.39)，所得的三角级数 $\frac{a_0}{2}+\sum_{n=1}^{\infty}(a_n\cos nx + b_n\sin nx)$ 就称为函数 $f(x)$ 的 **Fourier 级数**.

根据上述分析，一个定义在 $(-\infty,+\infty)$ 上周期为 2π 的函数 $f(x)$，如果它在一个周期上可积，则一定可以作出 $f(x)$ 的 Fourier 级数. 但是问题是①函数 $f(x)$ 的 Fourier 级数是否一定收敛？②如果它收敛，是否一定收敛到函数 $f(x)$？也就是说，函数 $f(x)$ 满足什么样的条件可以展开成 Fourier 级数？下面不加证明的给出一个收敛定理，它给出上述问题的一个重要结论.

定理 11.12 (Diriclilet 收敛定理) 设 $f(x)$ 是周期为 2π 的周期函数，如果它满足

(1) 在一个周期内连续或只有有限个第一类间断点；

(2) 在一个周期内至多只有有限个极值点.

则 $f(x)$ 的 Fourier 级数收敛，且

当 x 是 $f(x)$ 的连续点时，级数收敛于 $f(x)$；

当 x 是 $f(x)$ 的间断点时，级数收敛于 $\frac{1}{2}[f(x-0)+f(x+0)]$.

例 1 设 $f(x)$ 是周期为 2π 的周期函数，在一个周期 $[-\pi,\pi)$ 上的表达式为

$$f(x)=\begin{cases} -1, & -\pi\leqslant x<0, \\ 1, & 0\leqslant x<\pi. \end{cases}$$

将函数 $f(x)$ 展开成 Fourier 级数.

解 所给函数满足收敛定理的条件，它在 $x=k\pi(k=0,\pm1,\pm2,\cdots)$ 处不连续，在其他点处连续. 由收敛定理可知函数 $f(x)$ 的 Fourier 级数收敛. 当 $x=k\pi$ 时，级数

收敛于$\frac{-1+1}{2}=0$；当 $x\neq k\pi$ 时，级数收敛于 $f(x)$. 和函数的图像如图 11.3 所示.

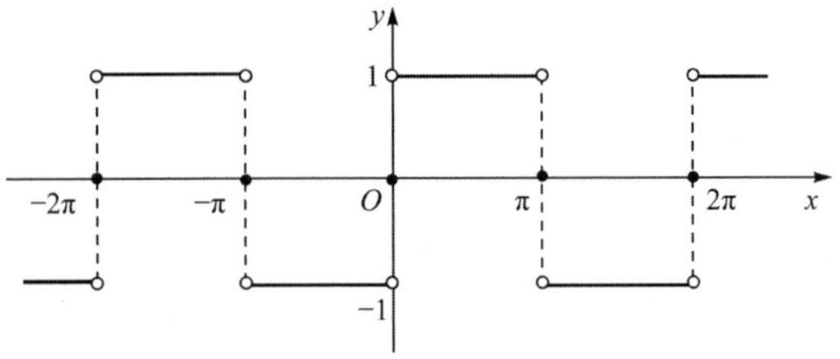

图 11.3

Fourier 系数计算如下：

$$a_n=\frac{1}{\pi}\int_{-\pi}^{\pi}f(x)\cos nx\,\mathrm{d}x=\frac{1}{\pi}\int_{-\pi}^{0}(-1)\cdot\cos nx\,\mathrm{d}x$$

$$+\frac{1}{\pi}\int_{0}^{\pi}1\cdot\cos nx\,\mathrm{d}x=0,\quad n=0,1,2,\cdots,$$

$$b_n=\frac{1}{\pi}\int_{-\pi}^{\pi}f(x)\sin nx\,\mathrm{d}x=\frac{1}{\pi}\int_{-\pi}^{0}(-1)\cdot\sin nx\,\mathrm{d}x+\frac{1}{\pi}\int_{0}^{\pi}1\cdot\sin nx\,\mathrm{d}x$$

$$=\frac{1}{n\pi}[1-\cos n\pi-\cos n\pi+1]=\frac{2}{n\pi}[1-(-1)^n]$$

$$=\begin{cases}\frac{4}{n\pi}, & n=1,3,5,\cdots,\\ 0, & n=2,4,6,\cdots.\end{cases}$$

所以函数 $f(x)$的 Fourier 级数展开式为

$$f(x)=\frac{4}{\pi}\left[\sin x+\frac{1}{3}\sin 3x+\cdots+\frac{1}{2k-1}\sin(2k-1)x+\cdots\right],\quad -\infty<x<+\infty;x\neq 0,\pm\pi,\pm 2\pi,\cdots.$$

利用级数的部分和近似表示函数的过程如图 11.4 所示.

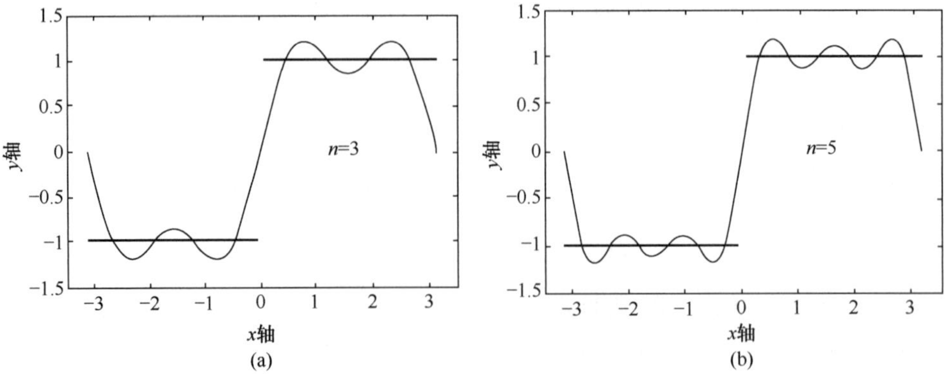

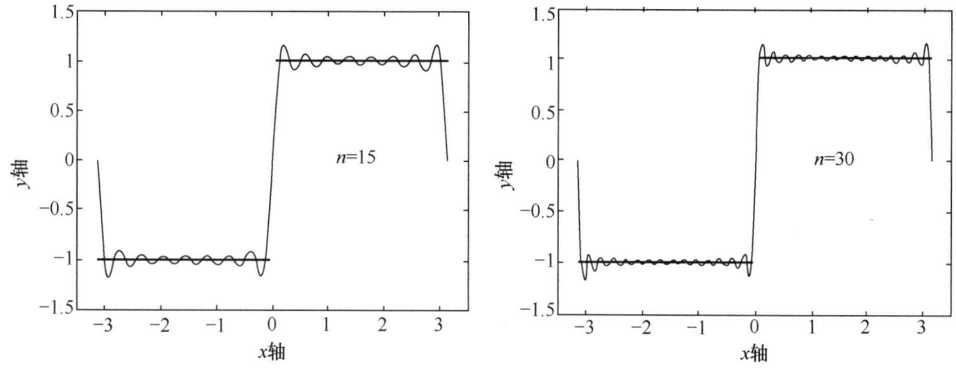

(c) (d)

图 11.4

注 如果将例 1 中的函数理解为矩形波的波形函数,则上面展开式表明矩形波是由一系列不同频率的正弦波叠加形成的.

一个周期函数可以表示成正弦函数和余弦函数的和这是令人惊讶的. Fourier 证明了无论什么声音,复杂的还是简单的,都可以用数学的语言给以完全的描述. 所有具有图形上的规则性或周期性的声音称为乐音,任何乐音都是周期函数,都可以表示成简单正弦函数 $A\sin(\omega t+\varphi)$之和,其中,每一项都代表一种适当频率和振幅的简单声音. 例如,小提琴奏出的乐声,它的公式基本上是

$$f(x)\approx 0.06\sin 1000\pi t+0.02\sin 2000\pi t+0.01\sin 3000\pi t.$$

相反,噪声具有高度的不规则性. 因此,不管这些声音是如何产生的,通过图形可把乐音和噪声区分开了.

又如,在晶体测定时往往用 X 射线的方法,晶体中的原子是很多的,X 射线会照射到很多原子,而这些原子发生散射而叠加在一起,相同的原子由于所处晶体的不同位置,产生的散射也是不同的,要将这些原子的散射叠加在一起,每一个原子产生的散射效果与 Fourier 级数相对应,把每一项加合起来就可以找出 X 射线作用于晶体上的一些规律. 当然具体的处理是比较复杂的,在此只大致了解其道理就够了,要想深究必须查阅相关著作.

例 2 设 $f(x)$是周期为 2π 的周期函数,在一个周期$[-\pi,\pi)$ 上的表达式为

$$f(x)=\begin{cases}x, & -\pi\leqslant x<0,\\ 0, & 0\leqslant x<\pi.\end{cases}$$

将函数 $f(x)$展开成 Fourier 级数.

解 所给函数满足收敛定理的条件,它在 $x=(2k+1)\pi\ (k=0,\pm 1,\pm 2,\cdots)$处不连续,在其他点处连续. 由收敛定理可知函数 $f(x)$ 的 Fourier 级数收敛. 当 $x=(2k+1)\pi$时,级数收敛于$\dfrac{0+(-\pi)}{2}=-\dfrac{\pi}{2}$;当 $x\neq(2k+1)\pi$ 时,级数收敛于$f(x)$

和函数的图像如图 11.5 所示.

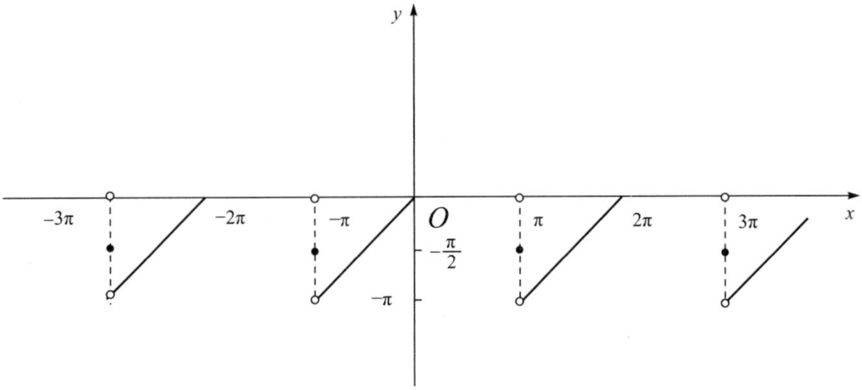

图 11.5

Fourier 系数计算如下:

$$a_n=\frac{1}{\pi}\int_{-\pi}^{\pi}f(x)\cos nx\,\mathrm{d}x=\frac{1}{\pi}\int_{-\pi}^{0}x\cdot\cos nx\,\mathrm{d}x=\frac{1}{n^2\pi}(1-\cos n\pi)$$

$$=\begin{cases}\dfrac{2}{n^2\pi}, & n=1,3,5,\cdots,\\ 0, & n=2,4,6,\cdots.\end{cases}$$

$$a_0=\frac{1}{\pi}\int_{-\pi}^{\pi}f(x)\mathrm{d}x=\frac{1}{\pi}\int_{-\pi}^{0}x\mathrm{d}x=-\frac{\pi}{2},$$

$$b_n=\frac{1}{\pi}\int_{-\pi}^{\pi}f(x)\sin nx\,\mathrm{d}x=\frac{1}{\pi}\int_{-\pi}^{0}x\cdot\sin nx\,\mathrm{d}x=-\frac{\cos n\pi}{n}$$

$$=\frac{(-1)^{n+1}}{n},n=1,2,3\cdots,$$

所以函数 $f(x)$的 Fourier 级数展开式为

$$f(x)=-\frac{\pi}{4}+\left(\frac{2}{\pi}\cos x+\sin x\right)-\frac{1}{2}\sin 2x+\left(\frac{2}{3^2\pi}\cos 3x+\frac{1}{3}\sin 3x\right)$$

$$-\frac{1}{4}\sin 4x+\left(\frac{2}{5^2\pi}\cos 5x+\frac{1}{5}\sin 5x\right)-\cdots,\quad -\infty<x<+\infty;x\neq\pm\pi,\pm 3\pi,\cdots.$$

利用级数的部分和近似表示函数的过程如图 11.6 所示.

11.6.3　正弦级数和余弦级数

一般地,一个函数的 Fourier 级数既含有正弦项也含有余弦项(如例 2). 但是也会遇到一些函数的 Fourier 级数,它只含有正弦项(如例 1)或者只含有余弦项和常数项. 这种现象不是因为偶然性产生的,而是与所给函数的奇偶性有直接关系.

设 $f(x)$是周期为 2π 的周期函数,则

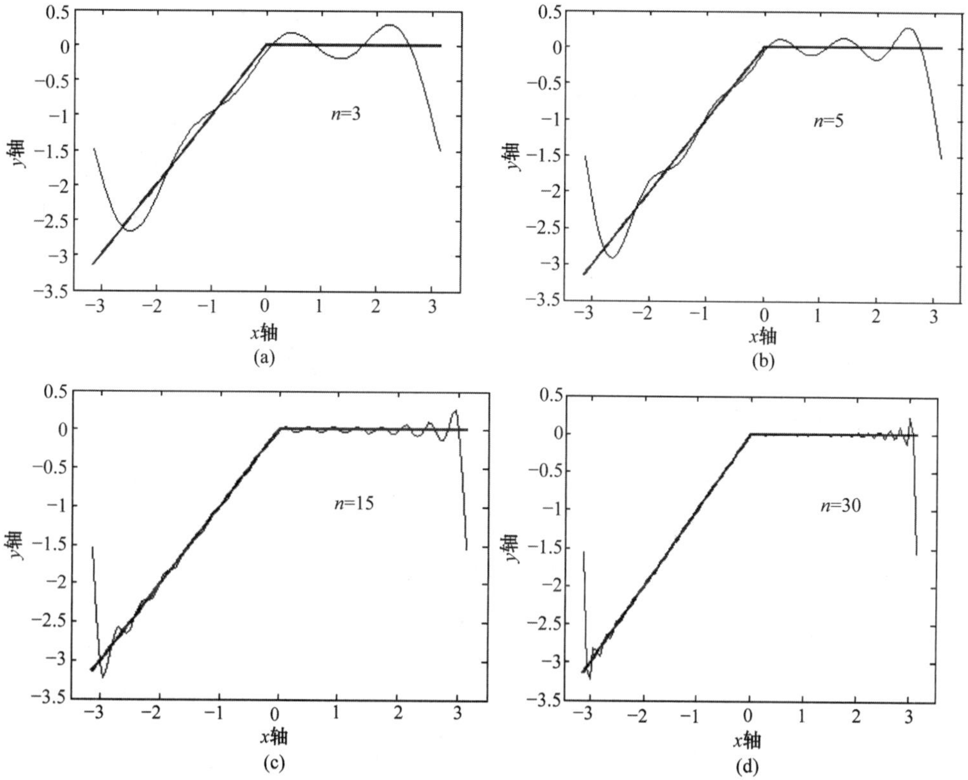

图 11.6

(1) 当 $f(x)$ 为奇函数时,其 Fourier 系数为

$$a_n=0,\quad n=0,1,2,\cdots,$$

$$b_n=\frac{2}{\pi}\int_0^{\pi}f(x)\sin nx\,\mathrm{d}x,\quad n=1,2,3,\cdots.$$

从系数可以看出奇函数的 Fourier 级数是只含有正弦项的**正弦级数**(sine series).

(2) 当 $f(x)$ 为偶函数时,其 Fourier 系数为

$$a_n=\frac{2}{\pi}\int_0^{\pi}f(x)\cos nx\,\mathrm{d}x,n=0,1,2,\cdots,$$

$$b_n=0,\ n=1,2,3,\cdots.$$

从系数可以看出偶函数的 Fourier 级数是只含有余弦项的**余弦级数**(cosine series).

例 3 设函数 $f(x)$ 是周期为 2π 的周期函数,它在 $[-\pi,\pi)$ 上的表达式为 $f(x)=x$,将 $f(x)$ 展开成 Fourier 级数.

解 首先,所给函数满足收敛定理的条件,它在 $x=(2k+1)\pi(k=0,\pm1,\pm2,\cdots)$ 处不连续,在其他点处连续. 由收敛定理可知函数 $f(x)$ 的 Fourier 级数收敛. 当

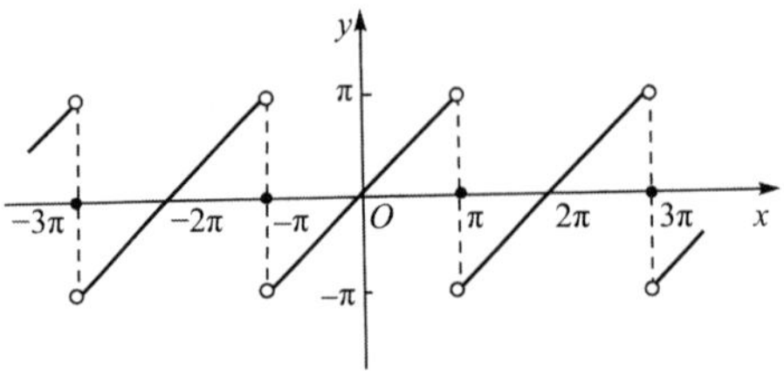

图 11.7

$x=(2k+1)\pi$时，级数收敛于$\dfrac{\pi+(-\pi)}{2}=0$；当 $x\neq(2k+1)\pi$ 时，级数收敛于 $f(x)$. 和函数的图像如图 11.7 所示.

其次，如果不计 $x=(2k+1)\pi(k=0,\pm1,\pm2,\cdots)$，则 $f(x)$是周期为 2π 的奇函数，所以

$a_n=0, n=0,1,2,\cdots,$

$$b_n=\frac{2}{\pi}\int_0^{\pi}f(x)\sin nx\,\mathrm{d}x=\frac{2}{\pi}\int_0^{\pi}x\sin nx\,\mathrm{d}x=-\frac{2}{n}\cos n\pi=\frac{2}{n}(-1)^{n+1},\quad n=1,2,3,\cdots,$$

故 $f(x)$ 的 Fourier 级数展开式为

$$f(x)=2\left(\sin x-\frac{1}{2}\sin 2x+\frac{1}{3}\sin 3x-\cdots+\frac{(-1)^{n+1}}{n}\sin nx+\cdots\right),$$

$$-\infty<x<+\infty; x\neq\pm\pi,\pm3\pi,\cdots.$$

利用级数的部分和近似表示函数的过程如图 11.8 所示.

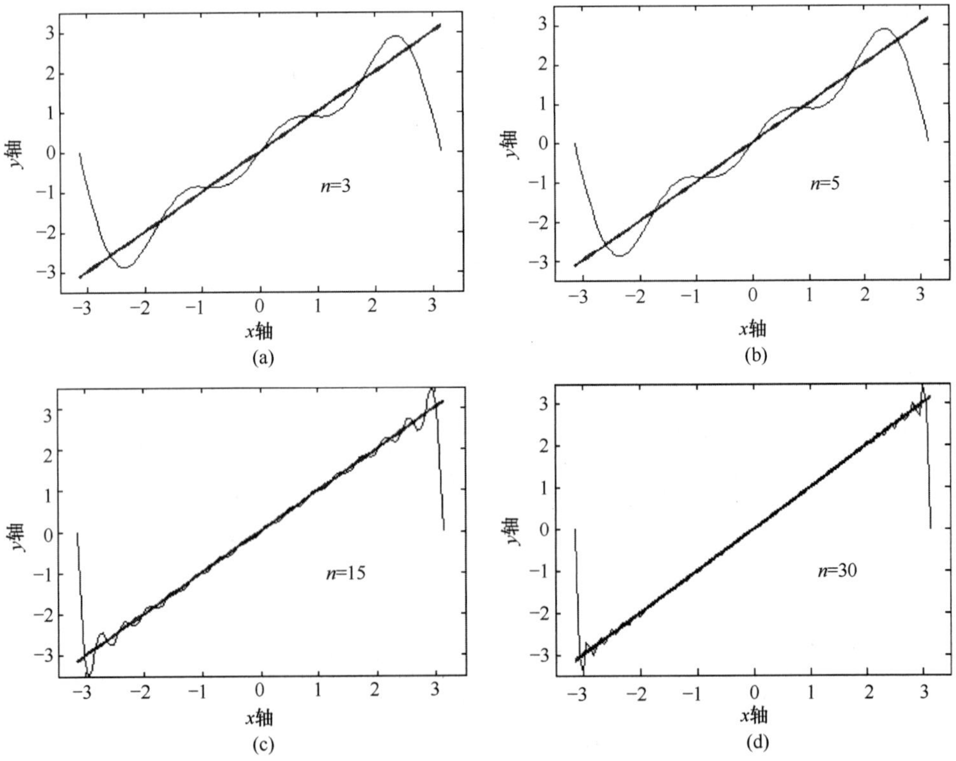

图 11.8

例 4　设函数 $f(x)$是周期为 2π 的周期函数，它在$[-\pi,\pi)$ 上的表达式为

$$f(x)=\begin{cases} x+\pi, & -\pi\leqslant x<0, \\ -x+\pi, & 0\leqslant x<\pi. \end{cases}$$

将 $f(x)$ 展开成 Fourier 级数.

解 首先,所给函数在 $[-\pi,\pi)$ 上满足收敛定理的条件,它在每点 x 处都连续. 由收敛定理可知函数 $f(x)$ 的 Fourier 级数收敛. 和函数的图像如图 11.9 所示.

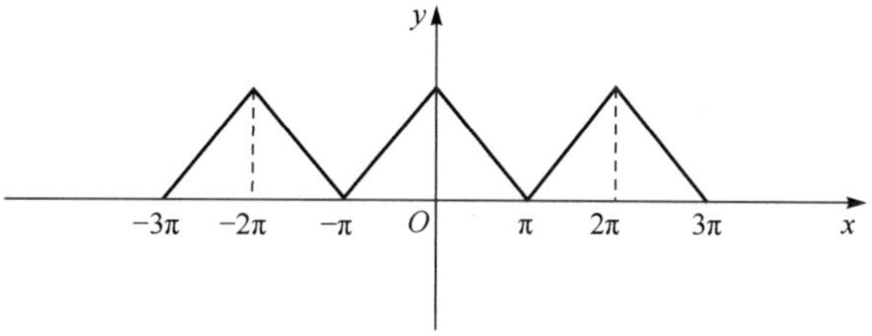

图 11.9

其次,$f(x)$ 是周期为 2π 的偶函数,所以

$$a_n=\frac{2}{\pi}\int_0^{\pi}f(x)\cos nx\,\mathrm{d}x=\frac{2}{\pi}\int_0^{\pi}(\pi-x)\cos nx\,\mathrm{d}x$$

$$=-\frac{2}{n\pi}\cos nx\,\Big|_0^{\pi}=\frac{2}{n\pi}[1-(-1)^n]$$

$$=\begin{cases}\dfrac{4}{n\pi}, & n=1,3,5,\cdots, \\ 0, & n=2,4,6\cdots,\end{cases}$$

$$a_0=\frac{2}{\pi}\int_0^{\pi}f(x)\mathrm{d}x=\frac{2}{\pi}\int_0^{\pi}(\pi-x)\mathrm{d}x=\pi,$$

$$b_n=0, n=,1,2,3,\cdots,$$

所以函数 $f(x)$ 的 Fourier 级数展开式为

$$f(x)=\frac{\pi}{2}+\frac{4}{\pi}\left(\cos x+\frac{1}{3}\cos 3x+\frac{1}{5}\cos 5x+\cdots\right),\quad -\infty<x<+\infty.$$

利用级数的部分和近似表示函数的过程如图 11.10 所示.

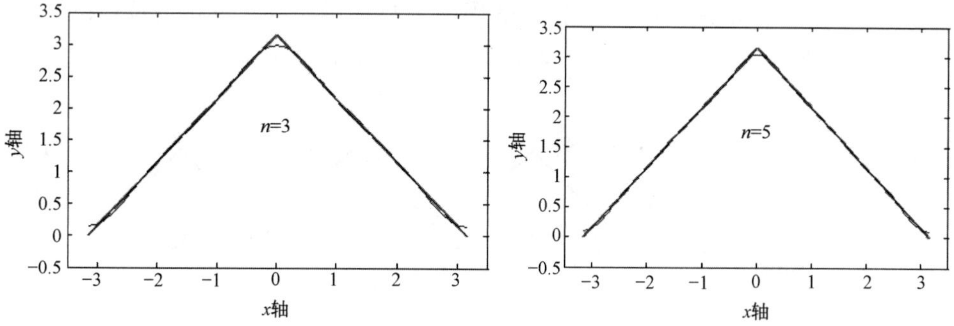

(a) (b)

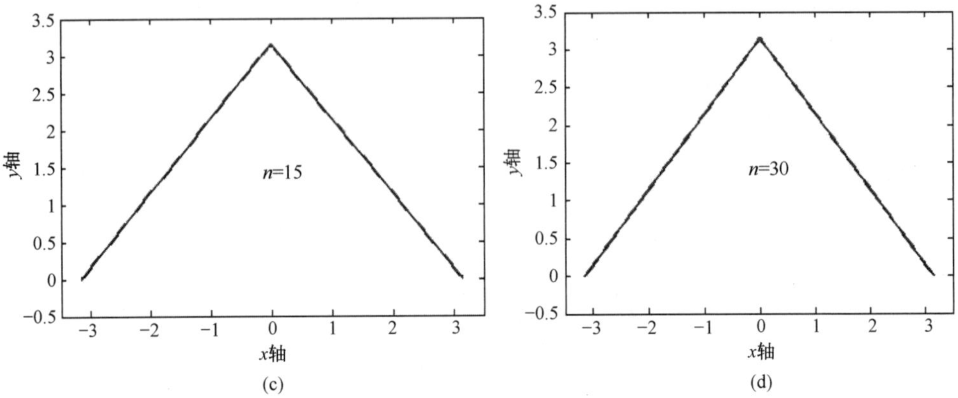

图 11.10

11.6.4　非周期函数的 Fourier 级数

1. 周期延拓

如果函数 $f(x)$ 只在 $[-\pi,\pi]$ 上有定义且满足收敛定理的条件，那么 $f(x)$ 可以通过周期延拓的方法展开成 Fourier 级数. 所谓**周期延拓**(cycle extension)是通过在 $[-\pi,\pi)$ 或 $(-\pi,\pi]$ 外补充函数 $f(x)$ 的定义，使它拓展成周期为 2π 的周期函数 $F(x)$ 的方式拓广函数的定义域的过程. 再将 $F(x)$ 展开成 Fourier 级数，最后限制 x 在 $(-\pi,\pi)$ 内，此时 $F(x)\equiv f(x)$，这样就得到 $f(x)$ 的 Fourier 展开式. 根据收敛定理，这个级数在端点 $x=\pm\pi$ 处收敛于 $\frac{1}{2}[f(\pi-0)+f(-\pi+0)]$.

例 5　将函数

$$f(x)=\begin{cases}-x, & -\pi\leqslant x<0,\\ x, & 0\leqslant x\leqslant\pi\end{cases}$$

展开成 Fourier 级数.

解　所给函数在 $[-\pi,\pi]$ 上满足收敛定理的条件. 利用周期延拓的方法将函数拓展为周期为 2π 的周期函数. 拓广的周期函数在每一点 x 处都连续(如图 11.11)，所以拓广的周期函数的 Fourier 级数在 $[-\pi,\pi]$ 上收敛于 $f(x)$.

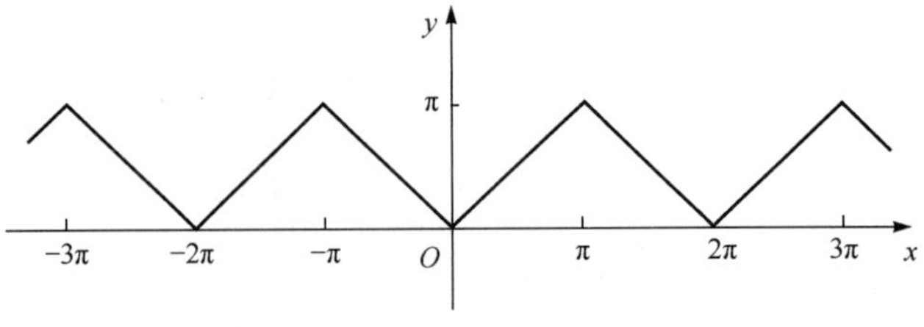

图 11.11

由于拓广的周期函数为偶函数,所以 Fourier 系数如下:

$$a_n=\frac{1}{\pi}\int_{-\pi}^{\pi}f(x)\cos nx\,\mathrm{d}x=\frac{2}{\pi}\int_{0}^{\pi}x\cdot\cos nx\,\mathrm{d}x$$

$$=-\frac{2}{n^2\pi}(\cos n\pi-1)=\begin{cases}-\dfrac{4}{n^2\pi}, & n=1,3,5,\cdots,\\ 0, & n=2,4,6,\cdots,\end{cases}$$

$$a_0=\frac{1}{\pi}\int_{-\pi}^{\pi}f(x)\mathrm{d}x=\frac{1}{\pi}\int_{-\pi}^{0}(-x)\mathrm{d}x+\frac{1}{\pi}\int_{0}^{\pi}x\mathrm{d}x=\pi,$$

$$b_n=0,\ n=1,2,3,\cdots.$$

故 $f(x)$的 Fourier 级数为

$$f(x)=\frac{\pi}{2}-\frac{4}{\pi}\left(\cos x+\frac{1}{3^2}\cos 3x+\frac{1}{5^2}\cos 5x+\cdots\right),\quad -\pi\leqslant x\leqslant\pi.$$

利用这个展开式,可以求出几个特殊数项级数的和. 令 $x=0$,由 $f(0)=0$ 得

$$\frac{\pi^2}{8}=1+\frac{1}{3^2}+\frac{1}{5^2}+\cdots.$$

设

$$\sigma=1+\frac{1}{2^2}+\frac{1}{3^2}+\frac{1}{4^2}+\cdots,\quad \sigma_1=1+\frac{1}{3^2}+\frac{1}{5^2}+\cdots=\frac{\pi^2}{8},$$

$$\sigma_2=\frac{1}{2^2}+\frac{1}{4^2}+\frac{1}{6^2}+\cdots,\quad \sigma_3=1-\frac{1}{2^2}+\frac{1}{3^2}-\frac{1}{4^2}+\cdots,$$

因为 $\sigma_2=\dfrac{\sigma}{4}=\dfrac{\sigma_1+\sigma_2}{4}$,所以

$$\sigma_2=\frac{\sigma_1}{3}=\frac{\pi^2}{24},\quad \sigma=\sigma_1+\sigma_2=\frac{\pi^2}{8}+\frac{\pi^2}{24}=\frac{\pi^2}{6},$$

$$\sigma_3=2\sigma_1-\sigma=\frac{\pi^2}{4}-\frac{\pi^2}{6}=\frac{\pi^2}{12}.$$

2. 奇偶延拓

如果需要将定义在$[0,\pi]$上的函数(满足收敛定理)展开成正弦级数或者是余弦级数,可以通过补充开区间$(-\pi,0)$内函数 $f(x)$的定义,使其拓广成定义在$(-\pi,\pi]$上的奇函数(若 $f(0)\neq 0$,规定 $F(0)=0$)或者是偶函数 $F(x)$的过程,这种方式称为**奇延拓**(odd extension)或者**偶延拓**(dual extension). 然后将奇延拓或者偶延拓后的函数展开成 Fourier 级数,这个级数一定是正弦级数或者是余弦级数. 接着再把 x 限制在$(0,\pi]$上,此时 $F(x)\equiv f(x)$,这样便得到了 $f(x)$的正弦级数或者余弦级数的展开式.

例 6 将函数 $f(x)=x+1(0\leqslant x\leqslant\pi)$分别展开成正弦级数和余弦级数.

解 (1) 先求正弦级数. 为此,对函数 $f(x)$进行奇延拓(图 11.12)

$$a_n=0,n=0,1,2,\cdots,$$

$$b_n=\frac{2}{\pi}\int_0^{\pi}f(x)\sin nx\,dx=\frac{2}{\pi}\int_0^{\pi}(x+1)\sin nx\,dx$$

$$=\frac{2}{\pi}[1-(\pi+1)\cos n\pi]=\begin{cases}\frac{2}{\pi}\cdot\frac{\pi+2}{n}, & n=1,3,5,\cdots,\\ -\frac{2}{\pi}, & n=2,4,6,\cdots,\end{cases}$$

所以函数 $f(x)$展开成的正弦级数为

$$f(x)=\frac{2}{\pi}\left[(\pi+2)\sin x-\frac{\pi}{2}\sin 2x+\frac{1}{3}(\pi+2)\sin 3x-\frac{\pi}{4}\sin 4x+\cdots\right],0<x<\pi.$$

在作奇延拓时，端点 $x=0,x=\pi$ 是 $f(x)$的间断点，由收敛定理可以计算出级数在 $x=0,x=\pi$ 处收敛于零.

(2) 再求余弦级数. 为此，对函数 $f(x)$作偶延拓(图 11.13)

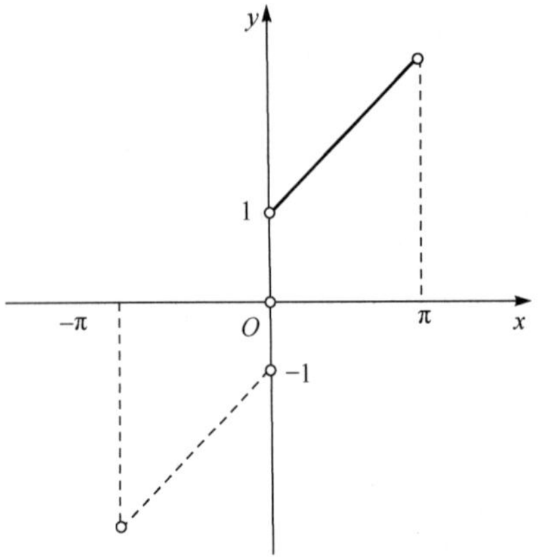

图 11.12

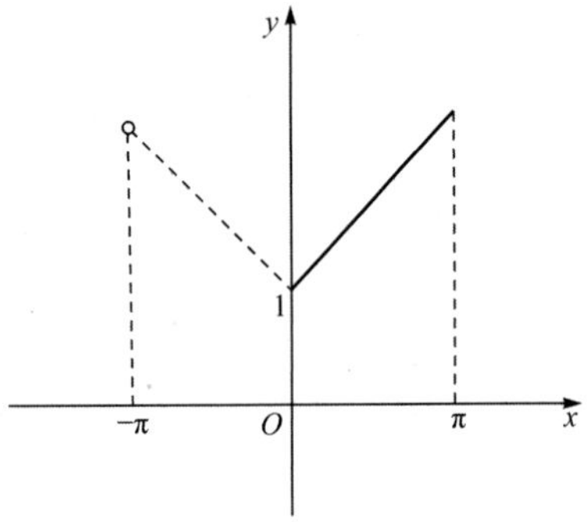

图 11.13

$$a_n=\frac{2}{\pi}\int_0^{\pi}f(x)\cos nx\,dx=\frac{2}{\pi}\int_0^{\pi}(x+1)\cos nx\,dx$$

$$=\frac{2}{n^2\pi}(\cos n\pi-1)=\begin{cases}0, & n=2,4,6,\cdots,\\ -\frac{4}{n^2\pi}, & n=1,3,5,\cdots,\end{cases}$$

$$a_0=\frac{2}{\pi}\int_0^{\pi}f(x)\,dx=\frac{2}{\pi}\int_0^{\pi}(x+1)\,dx=\pi+2,$$

$$b_n=0,n=1,2,3,\cdots,$$

所以函数 $f(x)$展开成的余弦级数为

$$f(x)=\frac{\pi}{2}+1-\frac{4}{\pi}\left(\cos x+\frac{1}{3^2}\cos 3x+\frac{1}{5^2}\cos 5x+\cdots\right),\quad 0\leqslant x\leqslant\pi.$$

在作偶延拓时，端点 $x=0$，$x=\pi$ 是 $f(x)$ 的连续点，由收敛定理知在 $x=0$，$x=\pi$ 处级数收敛于 $f(x)$.

11.6.5 周期为 2l 的周期函数的 Fourier 级数

前面讨论的周期函数都是以 2π 为周期的函数，或是可以延拓成周期为 2π 的非周期函数. 但在实际中遇到的周期函数，它的周期不一定是 2π，因此，需要讨论周期为 $2l$ 的周期函数的 Fourier 级数.

由前面的讨论结果，经过自变量的变量代换 $z=\frac{\pi x}{l}$ 可得下面定理.

定理 11.13 设周期为 $2l$ 的周期函数 $f(x)$ 满足收敛定理条件，则它的 Fourier 级数展开式为

$$f(x)=\frac{a_0}{2}+\sum_{n=1}^{\infty}\left(a_n\cos\frac{n\pi x}{l}+b_n\sin\frac{n\pi x}{l}\right), x\in C, \tag{11.41}$$

其中，

$$a_n=\frac{1}{l}\int_{-l}^{l}f(x)\cos\frac{n\pi x}{l}\mathrm{d}x, n=0,1,2,\cdots,$$

$$b_n=\frac{1}{l}\int_{-l}^{l}f(x)\sin\frac{n\pi x}{l}\mathrm{d}x, n=1,2,3,\cdots, \tag{11.42}$$

$$C=\left\{x\,\middle|\,f(x)=\frac{1}{2}[f(x^-)+f(x^+)]\right\}.$$

当 $f(x)$ 为奇函数时，

$$f(x)=\sum_{n=1}^{\infty}b_n\sin\frac{n\pi x}{l},\quad x\in C, \tag{11.43}$$

其中，

$$b_n=\frac{2}{l}\int_0^l f(x)\sin\frac{n\pi x}{l}\mathrm{d}x,\quad n=1,2,3,\cdots; \tag{11.44}$$

当 $f(x)$ 为偶函数时，

$$f(x)=\frac{a_0}{2}+\sum_{n=1}^{\infty}a_n\cos\frac{n\pi x}{l},\quad x\in C, \tag{11.45}$$

其中，

$$a_n=\frac{2}{l}\int_0^l f(x)\cos\frac{n\pi x}{l}\mathrm{d}x,\quad n=0,1,2,\cdots. \tag{11.46}$$

证 作变量代换 $z=\frac{\pi x}{l}$，于是区间 $-l\leqslant x\leqslant l$ 就变换成 $-\pi\leqslant z\leqslant\pi$. 设函数 $f(x)=f\left(\frac{lz}{\pi}\right)=F(z)$，从而 $F(z)$ 是周期为 2π 的周期函数，并且满足收敛定理的条件，将 $F(z)$ 展开成 Fourier 级数

$$F(z)=\frac{a_0}{2}+\sum_{n=1}^{\infty}(a_n\cos nz+b_n\sin nz),$$

其中

$$a_n=\frac{1}{\pi}\int_{-\pi}^{\pi}F(z)\cos nz\,\mathrm{d}z,\quad b_n=\frac{1}{\pi}\int_{-\pi}^{\pi}F(z)\sin nz\,\mathrm{d}z.$$

在以上式子中令 $z=\frac{\pi x}{l}$，并注意到 $f(x)=F(z)$，于是有

$$f(x)=\frac{a_0}{2}+\sum_{n=1}^{\infty}\left(a_n\cos\frac{n\pi x}{l}+b_n\sin\frac{n\pi x}{l}\right),$$

而且

$$a_n=\frac{1}{l}\int_{-l}^{l}f(x)\cos\frac{n\pi x}{l}\mathrm{d}x,\quad n=0,1,2,\cdots,$$

$$b_n=\frac{1}{l}\int_{-l}^{l}f(x)\sin\frac{n\pi x}{l}\mathrm{d}x,\quad n=1,2,3,\cdots.$$

类似地，可以证明定理的其余部分. □

例 7 设 $f(x)$ 是周期为 4 的周期函数，它在 $[-2,2)$ 上的表达式为

$$f(x)=\begin{cases}0, & -2\leqslant x<0,\\ k, & 0\leqslant x<2,\end{cases}\quad k\neq 0.$$

将 $f(x)$ 展开成 Fourier 级数.

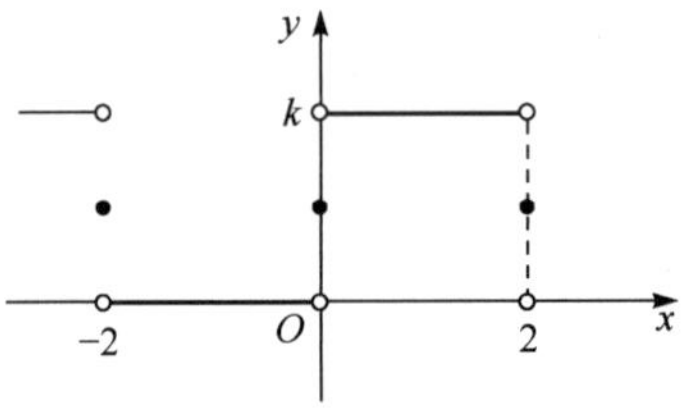

图 11.14

解 $f(x)$ 满足 Dirichlet 收敛定理的条件，它在 $x=2k(k=0,\pm1,\pm2,\cdots)$ 处不连续，在其他点处连续. 由收敛定理可知函数 $f(x)$ 的 Fourier 级数收敛. 当 $x=2k$ 时，级数收敛于 $\frac{0+k}{2}=\frac{k}{2}$；当 $x\neq 2k$ 时，级数收敛于 $f(x)$. 和函数的图像如图 11.14 所示.

根据式(11.42)可以计算出其 Fourier 系数为

$$a_n=\frac{1}{2}\int_0^2 k\cos\frac{n\pi x}{2}\mathrm{d}x=\frac{k}{n\pi}\left[\sin\frac{n\pi x}{2}\right]\bigg|_0^2=0,\quad n=1,2,3,\cdots,$$

$$a_0=\frac{1}{2}\int_{-2}^{0}0\mathrm{d}x+\frac{1}{2}\int_0^2 k\mathrm{d}x=k,$$

$$b_n=\frac{1}{2}\int_0^2 k\sin\frac{n\pi x}{2}\mathrm{d}x=\frac{k}{n\pi}(1-\cos n\pi)=\begin{cases}\frac{k}{n\pi}, & n=1,3,5,\cdots,\\ 0, & n=2,4,6,\cdots.\end{cases}$$

将所求系数代入式(11.41)得

$$f(x)=\frac{k}{2}+\frac{2k}{\pi}\left(\sin\frac{\pi x}{2}+\frac{1}{3}\sin\frac{3\pi x}{2}+\frac{1}{5}\sin\frac{5\pi x}{2}+\cdots\right),$$

$$-\infty<x<+\infty;x\neq 0,\pm 1,\pm 2,\cdots.$$

例 8 将下面函数展开为正弦级数

$$f(x)=\begin{cases}\sin\dfrac{\pi x}{l}, & 0<x<\dfrac{l}{2},\\ 0, & \dfrac{l}{2}<x<l.\end{cases}$$

解 $f(x)$满足 Dirichlet 收敛定理的条件. 为此,对函数 $f(x)$进行奇延拓,其和函数图像如图 11.15. 根据式(11.44)可以计算出其 Fourier 系数为

$$\begin{aligned}b_n &= \frac{2}{l}\int_0^{\frac{l}{2}}\sin\frac{\pi x}{l}\sin\frac{n\pi x}{l}\mathrm{d}x\\ &=\begin{cases}0, & n=3,5,7,\cdots,\\ -\dfrac{(-1)^{\frac{n}{2}}2n}{\pi(n^2-1)}, & n=2,4,6,\cdots,\end{cases}\end{aligned}$$

$$b_1=\frac{2}{l}\int_0^{\frac{l}{2}}\sin\frac{\pi x}{l}\sin\frac{\pi x}{l}\mathrm{d}x=\frac{2}{\pi}\int_0^{\frac{\pi}{2}}\sin^2 t\mathrm{d}t=\frac{1}{2},t=\frac{\pi x}{l}.$$

将所求系数代入式(11.43)得

$$f(x)=\frac{1}{2}\sin\frac{\pi x}{l}-\frac{4}{\pi}\sum_{n=1}^{\infty}\frac{(-1)^n n}{4n^2-1}\sin\frac{2n\pi x}{l},\quad 0<x<\frac{l}{2},\frac{l}{2}<x<l.$$

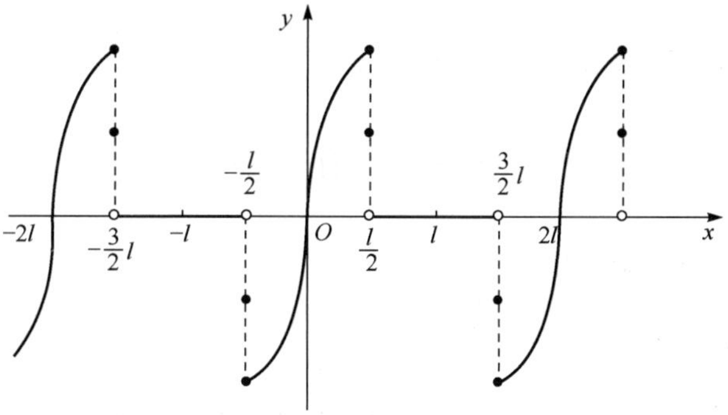

图 11.15

无论是数项级数、幂级数或 Fourier 级数,它们的一个重要作用就是表示函数. 在微积分刚刚开始研究时,普遍持有的错误观念是认为凡连续的函数都是可微的. 因此,当德国数学家 Weierstrass 在 1861 年举出一个处处连续却处处不可微的例子时,数学界可以说是大为震惊. Weierstrass 的例子就是用如下级数形式表示的函数

$$f(x)=\sum_{n=0}^{\infty}b^n\cos(a^n\pi x),$$

其中,a 是奇数,$b\in(0,1)$为常数,使得 $ab>1+\dfrac{3\pi}{2}$.

Gauss 曾经称“数学是眼睛的科学”，但是要看清 Weierstrass 摆在数学家们面前的这条曲线，单靠一双好眼睛无论如何是不够的. Weierstrass 的例子使人们迫切感到彻底摆脱对几何直觉的依赖，重新认识考察分析基础的必要性，从而为数学科学的发展提出了新的思维方式和发展方向.

*习 题 11.6

1. 下列周期函数 $f(x)$ 的周期为 2π，试将 $f(x)$ 展开成 Fourier 级数.

(1) $f(x)=3x^2+1, -\pi\leqslant x<\pi$；

(2) $f(x)=e^{2x}, -\pi\leqslant x<\pi$.

2. 将下列函数 $f(x)$ 展开成 Fourier 级数.

(1) $f(x)=\begin{cases} e^x, & -\pi\leqslant x<0, \\ 1, & 0\leqslant x\leqslant\pi; \end{cases}$

(2) $f(x)=\cos\dfrac{x}{2}(-\pi\leqslant x\leqslant\pi)$.

3. 将函数 $f(x)=2x^2(0\leqslant x\leqslant\pi)$ 分别展开成正弦级数和余弦级数.

4. 设周期函数 $f(x)$ 的周期为 2π，证明：

(1) 若 $f(x-\pi)=-f(x)$，则 $f(x)$ 的 Fourier 系数 $a_0=0, a_{2k}=0, b_{2k}=0, (k=0,1,2,\cdots)$；

(2) 若 $f(x-\pi)=f(x)$，则 $f(x)$ 的 Fourier 系数 $a_{2k+1}=0, b_{2k+1}=0(k=0,1,2,\cdots)$.

5. 将周期为 1 的周期函数 $f(x)=1-x^2\left(-\dfrac{1}{2}\leqslant x<\dfrac{1}{2}\right)$ 展开成 Fourier 级数.

6. 作文题：数学，爱你不容易，但爱你不后悔.

模拟考场十一

一、填空选择题(每小题 3 分，共 15 分)

1. 已知级数 $\sum\limits_{n=1}^{\infty}u_n$ 的前 n 项的和为 $s_n=\dfrac{2n}{n+1}$，则 $u_n=$ ________.

2. 设幂级数 $\sum\limits_{n=1}^{\infty}a_n(x+1)^n$ 在 $x=3$ 处条件收敛，则此幂级数的收敛半径为 $R=$ ________.

3. 若级数 $\sum\limits_{n=1}^{\infty}u_n$ 绝对收敛，则级数 $\sum\limits_{n=1}^{\infty}u_n$ 必定________；若级数 $\sum\limits_{n=1}^{\infty}u_n$ 条件收敛，则级数 $\sum\limits_{n=1}^{\infty}|u_n|$ 必定________.（　　）

(A) 收敛，　发散　　　　(B) 发散，　收敛

(C) 发散，　发散　　　　(D) 收敛，　收敛

4. 设常数 $\lambda>0$ 且级数 $\sum\limits_{n=1}^{\infty}u_n^2$ 收敛，则级数 $\sum\limits_{n=1}^{\infty}(-1)^n\dfrac{|u_n|}{\sqrt{n^2+\lambda}}$（　　）.

(A) 发散　　　　(B) 条件收敛

(C) 绝对收敛　　　　(D) 收敛性与 λ 有关

5. 下列级数中绝对收敛的是(　　).

(A) $\sum_{n=1}^{\infty}(-1)^n\dfrac{n^2}{n^2+1}$　　(B) $\sum_{n=1}^{\infty}(-1)^{n-1}\dfrac{1}{\sqrt{n}}$

(C) $\sum_{n=1}^{\infty}(-1)^n\dfrac{1}{\sqrt{n^5+n^2+1}}$　　(D) $\sum_{n=1}^{\infty}(-1)^n\dfrac{1}{\sqrt{n^2+1}}$

二、判定下列常数项级数的收敛性(每小题 4 分,共 20 分)

6. $\sum_{n=1}^{\infty}(\sqrt[n]{a}-1),(a>1)$.　7. $\sum_{n=1}^{\infty}\dfrac{[(n+1)!]^n}{2!4!\cdots(2n)!}$.　8. $\sum_{n=1}^{\infty}\dfrac{(n+1)!}{n^{n+1}}$.

9. $\sum_{n=1}^{\infty}\dfrac{n\cos^2\dfrac{n\pi}{3}}{2^n}$.　10. $\sum_{n=1}^{\infty}\dfrac{a^n}{1+a^{2n}}(a>0)$.

三、讨论下列级数的收敛性,若收敛,是条件收敛还是绝对收敛?(每小题 4 分,共 12 分)

11. $\sum_{n=1}^{\infty}\dfrac{(-1)^n}{\ln(1+n)}$.　12. $\sum_{n=1}^{\infty}(-1)^{n+1}\dfrac{2^{n^2}}{n!}$.　13. $\sum_{n=1}^{\infty}(-1)^n\dfrac{\sin\dfrac{\pi}{n}}{\pi^n}$.

四、求下列极限(每小题 5 分,共 15 分)

14. $\lim\limits_{n\to\infty}\dfrac{2^n n!}{n^n}$.　15. $\lim\limits_{n\to\infty}\dfrac{1}{n}\sum_{k=1}^{n}\dfrac{1}{3^k}\left(1+\dfrac{1}{k}\right)^{k^2}$.　16. $\lim\limits_{n\to\infty}\left[2^{\frac{1}{3}}\cdot4^{\frac{1}{9}}\cdots(2^n)^{\frac{1}{3^n}}\right]$.

五、求下列级数的和(函数)(每小题 4 分,共 20 分)

17. $\sum_{n=1}^{\infty}\dfrac{2n-1}{2^n}$.　18. $\sum_{n=0}^{\infty}(-1)^n\dfrac{n+1}{(2n+1)!}$.

19. $\sum_{n=1}^{\infty}\dfrac{n}{n+1}x^n$.　20. $\sum_{n=1}^{\infty}n(x-1)^n$.　21. $\sum_{n=0}^{\infty}\dfrac{x^{2n}}{(2n)!}$.

六、证明题(本题 6 分)

22. 常数项级数 $\sum_{n=1}^{\infty}u_n$ 的一般项 $u_n\to0(n\to\infty)$,并且级数 $\sum_{n=1}^{\infty}u_{2n-1}+u_{2n}$ 收敛,试证级数 $\sum_{n=1}^{\infty}u_n$ 收敛.

七、将下列函数展开成 x 的幂级数.(每小题 6 分,共 12 分)

23. $\dfrac{1}{(2-x)^2}$.

24. $\ln(x+\sqrt{1+x^2})$.

数学家史话　数学天才——Abel

N. H. Abel(尼耳期・亨利克・阿贝尔,1802～1829),1802 年 8 月出生于挪威的一个农村.他很早便展示出了数学方面的才华.16 岁那年,遇到了能赏识其才能的老师 Holmboe(霍姆伯).Holmboe 介绍他阅读 Newton,Euler,Lagrange,Gauss 的著作.大师们不同凡响的创造性方法和成果,开阔了 Abel 的视野,把他的精神提升到一个崭新的境界,他很快被推进到数学研究的前沿阵地.后来他感慨地在笔记中写下:“一个人如果要想在数学上有所进步,就应该阅读大师的而不是他们的门徒的著作.”

1821年,由于Holmboe和另几位好友的慷慨资助,Abel进入奥斯陆大学学习.两年后,在一不出名的杂志上发表了第一篇研究论文,内容是用积分方程解古典的等时线问题.这篇论文表明他是第一个直接应用并解出积分方程的人.接着他研究一般五次方程问题,成功地证明了像低次方程那样用根式解一般五次方程是不可能的.

他的数学思想已远远超越了挪威国界,需要与同行交流.他的教授和朋友们意识到了这一点,他们决定说服学校向政府申请一笔公费,以便他能到欧洲大陆作数学旅行.经过例行的繁文缛节的手续,Abel终于在1825年8月获得公费,开始历时两年的大陆之行.

踌躇满志的Abel自费印刷了证明五次方程不可解的论文,把它作为自己晋谒大陆大数学家们,特别是Gauss的科学护照.但看来Gauss并未重视这篇论文,因为人们在Gauss死后的遗物中发现Abel寄给他的小册子还没有裁开.

Abel一生最重要的工作是关于椭圆函数理论的广泛研究.现在公认地被称为"函数论世纪"的19世纪的前半叶,Abel的工作(后来Jacobi发展了这一理论)是函数论的两个最高成果之一.事实上,Abel发现了一片广袤的沃土,他个人不可能在短时间内把这片沃土全部开垦完毕,用Hermite(埃尔米特)的话来说,Abel留下的后继工作"够数学家们忙上五百年".Abel把这些丰富的成果整理成一长篇论文《论一类极广泛的超越函数的一般性质》.1826年7月,Abel抵达巴黎.他见到了那里所有出名的数学家,他们全都彬彬有礼地接待他,然而却没有一个人愿意仔细倾听他谈论自己的工作.他通过正常渠道将论文提交法国科学院.科学院秘书Fourier读了论文的引言,然后委托Legendre和Cauchy负责审查.Cauchy把稿件带回家中,究竟放在什么地方,竟记不起来了.直到两年后,Abel已去世,失踪的论文原稿才找到,而论文的正式发表,则迁延了12年之久.

但Abel最终毕竟还是幸运的,他回挪威后一年里,欧洲大陆的数学界渐渐了解了他.继失踪的那篇主要论文之后,Abel又写过若干篇类似的论文,都在"克雷勒杂志"上发表了.这些论文将Abel的名字传遍欧洲所有重要的数学中心,他已成为众所瞩目的优秀数学家之一.遗憾的是,他处境闭塞,孤陋寡闻,对此情况竟无所知.甚至连他想在自己的国家谋一个普通的大学教职也不可得.1829年4月6日晨,这颗耀眼的数学新星便过早地殒落了.Abel死后两天,克雷勒的一封信寄到,告知柏林大学已决定聘请他担任数学教授.

为了纪念挪威天才数学家Abel诞辰200周年,挪威政府于2003年设立了一项数学奖——Abel奖.这项每年颁发一次的奖项的奖金高达80万美元,相当于诺贝尔奖的奖金,是世界上奖金最高的数学奖.自16世纪以来,随着三次、四次方程陆续解出,人们把目光落在五次方程的求根公式上,然而近300年的探索一无所获,Abel证明了一般五次方程不存在求根公式,解决了这个世纪难题,在挪威皇宫有一尊Abel的雕像,这是一个大无畏的青年的形象,他的脚下踩着两个怪物——分别代表五次方程和椭圆函数.

附录 1　Matlab　实　验

实验五　空间解析几何与向量代数的 Matlab 求解

实验目的：深入了解向量的各种运算以及空间曲线、空间曲面的图形，掌握 Matlab 进行向量运算的方法，掌握 Matlab 绘制空间曲线和空间曲面的方法.

基本函数和命令如下.

1. 点乘和叉乘运算

Matlab 提供了函数 dot 进行点乘运算，提供了函数 cross 进行叉乘运算，格式分别为：dot(a,b) 和 cross(a,b)，其中，a,b 为两个向量.

2. 空间曲线和空间曲面图形的绘制

Matlab 一般用 plot3，ezplot3，comet3 绘制空间三维曲线，用 mesh，surf，ezmesh，ezsurf 绘制空间曲面.

实验举例如下.

例 1　已知向量 $\boldsymbol{a}=(2,1,-1)$，$\boldsymbol{b}=(1,-1,2)$，求 $\boldsymbol{a}+\boldsymbol{b}$，$\boldsymbol{a}\cdot\boldsymbol{b}$，$\boldsymbol{a}\times\boldsymbol{b}$.

解　编写 M 文件：

```
a=[2  1  -1];
b=[1  -1  2];
c1=a+b;
c2=dot(a,b);
c3=cross(a,b);
c1
c2
c3
```

运行文件，结果为

```
c1=     3     0     1
c2=     -1
c3=     1    -5    -3
```

例 2　绘制直线 $\dfrac{x-1}{4}=\dfrac{y}{-1}=\dfrac{z+2}{-3}$ 的图形.

解　直线的参数方程为：$\begin{cases}x=1+4t,\\ y=-t,\\ z=-2-3t,\end{cases}$　编写 M 文件：

```
t=-10:1/50:10;
x=1+4*t;
y=-t;
z=-2-3*t;
p1=plot3(x,y,z);     % 静态图形
pause     % 按任意键继续
comet3(x,y,z);       % 动态图形
```

运行文件,如图附录 5.1.

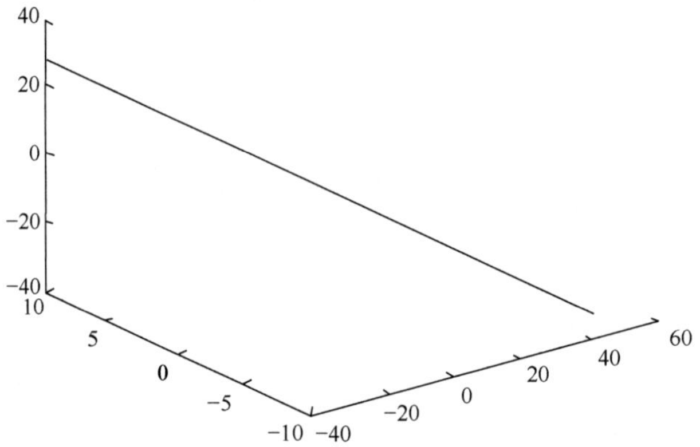

图附录 5.1　直线

例 3　绘制螺旋线$\begin{cases} x=a\cos t, \\ y=b\sin t, \\ z=ct \end{cases}$的图形.

解　编写 M 文件:

```
syms a b c t
t=0:pi/50:10*pi;
a=2;
b=3;
c=4;
x=a*cos(t);
y=b*sin(t);
z=c*t;

plot3(x,y,z)
```

运行文件,如图附录 5.2 所示.

例 4　绘制$\frac{x^2}{4}+\frac{y^2}{9}+\frac{z^2}{16}=1$的图形.

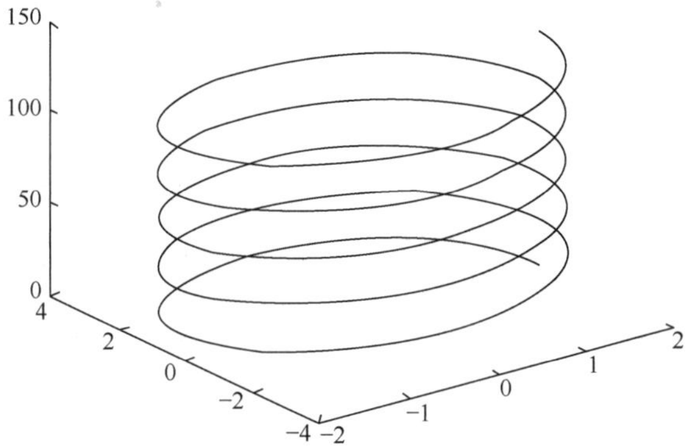

图附录 5.2 螺旋线

解 椭球面的参数方程为：$\begin{cases} x=2\cos v\cos u, \\ y=3\cos v\sin u, \\ z=4\sin v, \end{cases}$ Matlab 命令为

```
>>ezsurf('2*cos(v)*cos(u)','3*cos(v)*sin(u)','4*sin(v)',[0,2*pi],[-pi/
2,pi/2]);
```

如图附录 5.3.

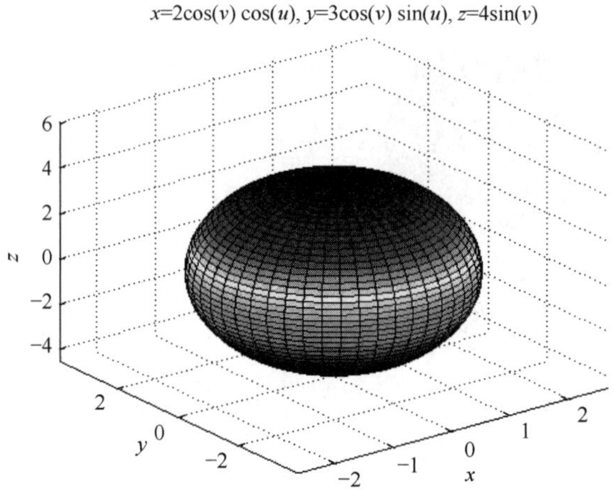

图附录 5.3 椭球面

例 5 绘制 $x^2+y^2+z^2=1$ 与 $x^2+y^2-x=0$ 的交线.

解 编写 M 文件：

```
syms s t k u r;
x1='2*sin(s)*cos(t)';
y1='2*sin(s)*sin(t)';
z1='2*cos(s)';
x2='-2*cos(k)*cos(k)';
```

```
y2='2*sin(k)*cos(k)';
z2='u';
subplot(1,2,1);
ezmesh(x2,y2,z2,[0,pi,-2,2]);
hold on;
ezsurf(x1,y1,z1,[-pi,pi,0,pi]);

hold off;
x3='-2*cos(r)*cos(r)';
y3='2*sin(r)*cos(r)';
z3='2*sin(r)';
subplot(1,2,2);
ezplot3(x3,y3,z3,[0,2*pi]);
```

运行文件,如图附录 5.4.

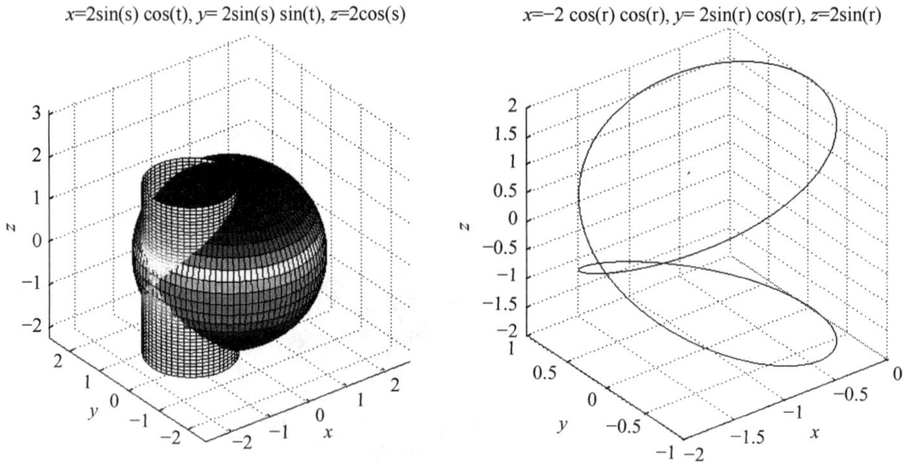

图附录 5.4　球面与圆柱面的交线

实验习题五

1. 设 $\boldsymbol{a}=3\boldsymbol{i}-\boldsymbol{j}-2\boldsymbol{k}$,$\boldsymbol{b}=\boldsymbol{i}+2\boldsymbol{j}-\boldsymbol{k}$,求

(1) $(-2\boldsymbol{a})\cdot 3\boldsymbol{b}$,$\boldsymbol{a}\times 2\boldsymbol{b}$;　(2) $\boldsymbol{a}$,$\boldsymbol{b}$ 夹角的余弦.

2. 画出下列各方程所表示的曲面:

(1) $\dfrac{x^2}{9}+\dfrac{y^2}{4}=1$;　　(2) $x^2-\dfrac{y^2}{4}+z^2=1$;　　(3) $x^2-y^2-4z^2=4$.

3. 画出圆锥面 $z=\sqrt{x^2+y^2}$ 与旋转抛物面 $z=2-x^2-y^2$ 的交线.

实验六 多元微分学的 Matlab 求解

实验目的:深入了解多元函数与隐函数(组)的求导,多元函数的极值与最值,掌握 Matlab 求多元函数及隐函数的导数,掌握 Matlab 求解多元函数极值的方法.

基本函数和命令如下.

1. 多元函数求导

Matlab 提供了函数 diff 进行求导运算,这和一元函数的求导命令一样. 格式为:diff(f(x,y),x),表示对多元函数 $f(x,y)$关于自变量 x 求导;diff(f(x,y),x,n)表示对多元函数 $f(x,y)$关于自变量 x 求 n 阶导数.

2. 向量函数 Jacobi 矩阵的计算

Matlab 提供了函数 jacobian 进行求解多元函数的 Jacobi 矩阵. 格式为:jacobian([f,g],[x,y]),结果为:

$$\begin{bmatrix} \frac{\partial f}{\partial x} & \frac{\partial f}{\partial y} \\ \frac{\partial g}{\partial x} & \frac{\partial f}{\partial y} \end{bmatrix}.$$

3. 行列式的计算

Matlab 提供了函数 det 求解行列式的值. 格式为:det(A),其中,$\boldsymbol{A}$ 为 n 阶方阵.

实验举例

例 1 求函数 $z=x^2\sin 2y$.

解 编写 M 文件:

```
syms x y
z=x^2*sin(2*y);

z_x=diff(z,x)
z_y=diff(z,y)
```

运行文件,结果为

```
z_x=2*x*sin(2*y)
z_y=2*x^2*cos(2*y)
```

例 2 已知 $z=x^6-2y^4+2x^2y^2$,求$\frac{\partial^2 z}{\partial x^2},\frac{\partial^2 z}{\partial y^2},\frac{\partial^2 z}{\partial x\partial y},\frac{\partial^2 z}{\partial y\partial x},\frac{\partial^4 z}{\partial y^2\partial x^2}$.

解 编写 M 文件:

```
syms x y
z=x^6-2*y^4+2*x^2*y^2;
```

```
z_xx=diff(z,x,2)
z_yy=diff(z,y,2)

z_xy=diff(diff(z,x),y)
z_yx=diff(diff(z,y),x)
z_y2x2=diff(diff(z,y,2),x,2)
```

运行文件,结果为:

```
z_xx=30* x^4+4* y^2
z_yy=- 24* y^2+ 4* x^2
z_xy=8* x* y
z_yx=8* x* y
z_y2x2=8
```

例 3 已知 $\sin(xy)+\cos(yz)+\tan(xz)=0$,求$\frac{\partial z}{\partial x},\frac{\partial z}{\partial y}$.

解 编写 M 文件为:

```
syms x y z
f=sin(x*y)+cos(y*z)+tan(z*x);

Jaco_f=jacobian(f,[x,y,z]);

f_x=Jaco_f(1);
f_y=Jaco_f(2);
f_z=Jaco_f(3);

z_x=-f_x/f_z
z_y=-f_y/f_z
```

运行文件,结果为

```
z_x=(-cos(x*y)*y-(1+tan(z*x)^2)*z)/(-sin(y*z)*y+(1+tan(z*x)^2)*x)
z_y=(-cos(x*y)*x+sin(y*z)*z)/(-sin(y*z)*y+(1+tan(z*x)^2)*x)
```

例 4 已知$\begin{cases}x=e^u+u\sin v,\\ y=e^u-u\cos v,\end{cases}$求$\frac{\partial u}{\partial x},\frac{\partial u}{\partial y},\frac{\partial v}{\partial x},\frac{\partial v}{\partial y}$.

解 编写 M 文件:

```
syms x y u v
f=x-exp(u)-u*sin(v);
g=y-exp(u)+u*cos(v);

Jaco_fg_uv=jacobian([f,g],[u,v]);
```

```
Jaco_fg_ux=jacobian([f,g],[u,x]);
Jaco_fg_uy=jacobian([f,g],[u,y]);
Jaco_fg_xv=jacobian([f,g],[x,v]);
Jaco_fg_yv=jacobian([f,g],[y,v]);

Det_fg_uv=det(Jaco_fg_uv);
Det_fg_ux=det(Jaco_fg_ux);
Det_fg_uy=det(Jaco_fg_uy);
Det_fg_xv=det(Jaco_fg_xv);
Det_fg_yv=det(Jaco_fg_yv);

u_x=-Det_fg_xv/Det_fg_uv;
u_y=-Det_fg_yv/Det_fg_uv;
v_x=-Det_fg_ux/Det_fg_uv;
v_y=-Det_fg_uy/Det_fg_uv;

u_x=simple(u_x);
u_y=simple(u_y);
v_x=simple(v_x);
v_y=simple(v_y);
u_x
u_y
v_x
v_y
```

运行文件,结果为

```
u_x=-sin(v)/(-sin(v)*exp(u)-1+cos(v)*exp(u))
u_y=cos(v)/(-sin(v)* exp(u)-1+cos(v)*exp(u))
v_x=-(-exp(u)+cos(v))/u/(-sin(v)*exp(u)-1+cos(v)*exp(u))
v_y=-(exp(u)+sin(v))/u/(-sin(v)*exp(u)-1+cos(v)*exp(u))
```

例 5 求函数 $f(x,y)=x^4-8xy+2y^2-3$ 的极值与极值点.

解 编写 M 文件:

```
syms x y

z=x^4-8*x*y+2*y^2-3;
z_x=diff(z,x);
z_y=diff(z,y);

[x_s,y_s]=solve(z_x,z_y,'x','y');
```

```
num_p=length(x_s);

A_xx=diff(z_x,x);
B_xy=diff(z_x,y);
C_yy=diff(z_y,y);

for i=1:num_p
    x=x_s(i);
    y=y_s(i);
    v_A=eval(A_xx);
    v_B=eval(B_xy);
    v_C=eval(C_yy);

    delta=eval(v_A*v_C-v_B);
    if delta>0
        if eval(v_A)>0
            disp('极小值点为:');
            [x,y]
            disp('极小值为:');
            eval(z)
        elseif eval(v_A)<0
            disp('极大值点为:');
            [x,y]
            disp('极大值为:');
            eval(z)
        end
    elseif delta<0
        disp('不是极值点！')
    else
        disp('需进一步讨论是否为极值点！')
    end
end
```

运行文件，结果为

```
极小值点为:[2,4]
极小值为:- 19

极小值点为:[-2,-4]
极小值为:-19
```

实验习题六

1. 设 $z=\arctan\dfrac{y}{x}$,求$\dfrac{\partial z}{\partial x},\dfrac{\partial^2 z}{\partial y^2},\dfrac{\partial^2 z}{\partial x\partial y}$.

2. 设 $z=\arcsin(x-y),x=3t,y=4t^3$,求$\dfrac{\partial^2 z}{\partial x\partial y},\dfrac{\mathrm{d}z}{\mathrm{d}t}$.

3. 设 $x^2+y^2+z^2-4z=0$,求$\dfrac{\partial^2 z}{\partial x^2}$.

4. 设 $xu-yv=0,yu+xv=1$,求$\dfrac{\partial u}{\partial x},\dfrac{\partial u}{\partial y},\dfrac{\partial v}{\partial x},\dfrac{\partial v}{\partial y}$.

实验七 重积分、曲线积分与曲面积分的 Matlab 求解

实验目的:深入了解二重积分、三重积分、第一类与第二类曲线积分、第一类与第二类曲面积分的计算方法,掌握 Matlab 求重积分、曲线积分和曲面积分.

基本函数和命令如下.

Matlab 通过计算定积分或累次积分来实现重积分、曲线积分和曲面积分的计算.

格式为:

(1) 定积分:int(f,a,b),其中,f 为被积函数,a,b 分别为积分下限和上限;

(2) 二重积分:int(int(f,y1(x),y2(x)),a,b),表示先对 y 积分,$y1(x)$,$y2(x)$分别为积分下限和上限,后对 x 积分,a,b 分别为积分下限和上限;

(3) 三重积分:int(int(int(f,z1(x,y),z2(x,y)),y1(x),y2(x)),a,b),表示先对 z 积分,接着对 y 积分,最后对 x 积分.

曲线积分和曲面积分先化为定积分或重积分,然后再进行计算.

例 1 计算 $I=\iint_D xy\mathrm{d}\sigma$,其中 D 是由直线 $y=1,x=2$ 和 $y=x$ 所围成的闭区域.

解 积分域为 X 型区域:$D:\begin{cases}1\leqslant x\leqslant 2,\\1\leqslant y\leqslant x,\end{cases}$编写 M 文件:

```
syms x y
f=x*y;


y_l=1;
y_u=x;
x_l=1;
x_u=2;
Ix=int(int(f,y,y_l,y_u),x,x_l,x_u);
```

运行文件,结果为 Ix=9/8

例 2 求球体 $x^2+y^2+z^2\leqslant 4a^2$ 被圆柱面 $x^2+y^2=2ax$ 所截得的(含在圆柱面内)立体的体积.

解 利用对称性,所求体积为 $V=4\iint\limits_D\sqrt{4a^2-x^2-y^2}\,\mathrm{d}x\mathrm{d}y$,其中,$D$ 为球体被圆柱面所截部

分中第一卦限在 xOy 平面上的投影区域，易知其在极坐标下可表示为 $D: 0\leqslant r\leqslant 2a\cos\theta, 0\leqslant\theta\leqslant\frac{\pi}{2}$，故 $V=4\int_0^{\frac{\pi}{2}}\mathrm{d}\theta\int_0^{2a\cos\theta}\sqrt{4a^2-r^2}\,r\mathrm{d}r$.

编写 M 文件：

```
syms r theta
syms a positive
f=sqrt(4*a^2-r^2)*r;

r_l       =0;
r_u       =2*a*cos(theta);
theta_l =0;
theta_u =pi/2;
Itheta    =4*int(int(f,r,r_l,r_u),theta,theta_l,theta_u);

simplify(Itheta)
```

运行文件，结果为-64/9*a^3+16/3*a^3*pi

例 3 计算三重积分 $I=\iiint_\Omega\frac{\mathrm{d}x\mathrm{d}y\mathrm{d}z}{1+x^2+y^2}$，其中，$\Omega$ 由抛物面 $x^2+y^2=4z$ 与平面 $z=h(h>0)$ 所围成.

解 在柱面坐标下积分区域为：$\begin{cases}0\leqslant\theta\leqslant 2\pi,\\ 0\leqslant\rho\leqslant 2\sqrt{h},\\ \frac{\rho^2}{4}\leqslant z\leqslant h,\end{cases}$ 故 $I=\int_0^{2\pi}\mathrm{d}\theta\int_0^{2\sqrt{h}}\frac{\rho}{1+\rho^2}\mathrm{d}\rho\int_{\frac{\rho^2}{4}}^{h}\mathrm{d}z$.

编写 M 文件：

```
syms rho theta z
syms h positive
f=rho/(1+ rho^2);

theta_l=0;
theta_u=2*pi;
rho_l=0;
rho_u=2*sqrt(h);
z_l=rho^2/4;
z_u=h;
I  =int(int(int(f,z,z_l,z_u),rho,rho_l,rho_u),theta,theta_l,theta_u);

simplify(I)
```

运行文件，结果为

1/4*pi*(-4*h+4*log(4*h+1)*h+log(4*h+1))

例 4 计算曲线积分 $I=\int_{\Gamma}(x^2+y^2+z^2)\mathrm{d}s$，其中，$\Gamma$ 为螺旋线 $x=a\cos t, y=a\sin t, z=kt$ $(0\leqslant t\leqslant 2\pi)$ 的一段弧.

解 $I=\int_0^{2\pi}[(a\cos t)^2+(a\sin t)^2+(kt)^2]\sqrt{(-a\sin t)^2+(a\cos t)^2+k^2}\,\mathrm{d}t.$

编写 M 文件：

```
syms t k a
x=a*cos(t);
y=a*sin(t);
z=k*t;

t_l=0;
t_u=2*pi;

I=int((x^2+y^2+z^2)*sqrt(diff(x,t)^2+diff(y,t)^2+diff(z,t)^2),t,t_l,t_u);

simplify(I)
```

运行文件，结果为

```
2*(k^2+a^2)^(1/2)*a^2*pi+8/3*(k^2+a^2)^(1/2)*k^2*pi^3
```

例 5 计算曲线积分 $I=\int_L y^2\mathrm{d}x$，其中，L 为半径为 a 圆心在原点的上半圆周，方向为逆时针方向.

解 易知 $I=\int_0^{\pi}a^2\sin^2 t(-a\sin t)\mathrm{d}t$，编写 M 文件：

```
syms t
syms a positive
x=a*cos(t);
y=a*sin(t);

t_l=0;
t_u=pi;

I=int(y^2*diff(x,t),t,t_l,t_u);

simplify(I)
```

运行文件，结果为`-4/3*a^3`

例 6 计算曲线积分 $I=\iint_{\Sigma}\frac{\mathrm{d}S}{z}$，其中，$\Sigma$ 是由球面 $x^2+y^2+z^2=a^2$ 被平面 $z=a/2$ 所截出的顶部.

解 $\Sigma: z=\sqrt{a^2-x^2-y^2}, (x,y)\in D_{xy} D_{xy}: x^2+y^2\leqslant 3a^2/4$,故

$$I=\iint_{D_{xy}}\frac{a\mathrm{d}x\mathrm{d}y}{a^2-x^2-y^2}=a\int_0^{2\pi}\mathrm{d}\theta\int_0^{a\sqrt{3}/2}\frac{r\mathrm{d}r}{a^2-r^2}.$$

编写 M 文件:

```
syms r theta
syms a positive

f=a*r/(a^2-r^2);

theta_l=0;
theta_u=2*pi;
r_l=0;
r_u=sqrt(a^2-(a/2)^2);

I=int(int(f,r,r_l,r_u),theta,theta_l,theta_u);

simplify(I)
```

运行文件,结果为 2*a*log(2)*pi

例 7 计算曲面积分 $I=\iint_{\Sigma}xyz\mathrm{d}x\mathrm{d}y$,其中,$\Sigma$ 为球面 $x^2+y^2+z^2=1$ 外侧在第一和第八卦限部分

解 把 Σ 分为上下两部分,$\begin{cases}\Sigma_1: z=-\sqrt{1-x^2-y^2},\\ \Sigma_2: z=\sqrt{1-x^2-y^2},\end{cases}$ 在 xOy 平面上的投影为

$$(x,y)\in D_{xy}:\begin{cases}x^2+y^2\leqslant 1,\\ x\geqslant 0, y\geqslant 0\end{cases},$$

从而有

$$I=2\iint_{D_{xy}}xy\sqrt{1-x^2-y^2}\mathrm{d}x\mathrm{d}y=2\iint_{D_{xy}}r^2\sin\theta\cos\theta\sqrt{1-r^2}r\mathrm{d}r\mathrm{d}\theta.$$

编写 M 文件:

```
syms r theta

x=r*cos(theta);
y=r*sin(theta);

f=2*x*y*sqrt(1-x^2-y^2)*r;

theta_l=0;
theta_u=pi/2;
```

```
r_l=0;
r_u=1;
I=int(int(f,r,r_l,r_u),theta,theta_l,theta_u);

I
```

运行文件,结果为 2/15

实验习题七

1. 求下列二重积分:

(1) $\iint_D (x^2+y^2-x)\mathrm{d}x\mathrm{d}y$,其中,$D$ 是由直线 $y=2,y=x,y=2x$ 所围成的闭区域.

(2) $\iint_D \ln(1+x^2+y^2)\mathrm{d}x\mathrm{d}y$,其中,$D$ 是由圆周 $x^2+y^2=1$ 及坐标轴所围成的在第一象限内的闭区域.

2. 求下列三重积分:

(1) $\iiint_\Omega x\mathrm{d}x\mathrm{d}y\mathrm{d}z$,其中,$\Omega$ 为三个坐标面及平面 $x+2y+z=1$ 所围成的闭区域.

(2) $\iiint_\Omega (x^2+y^2)\mathrm{d}x\mathrm{d}y\mathrm{d}z$,其中,$\Omega$ 由曲面 $x^2+y^2=2z$ 及平面 $z=2$ 所围成的闭区域.

3. 求下列曲线积分:

(1) $\oint_L \sqrt{x^2+y^2}\mathrm{d}s$,其中,$L$ 为圆周 $x^2+y^2=ax$.

(2) $\int_\Gamma (y^2-z^2)\mathrm{d}x+2yz\mathrm{d}y-x^2\mathrm{d}z$,其中,$\Gamma$ 是曲线 $x=t,y=t^2,z=t^3$ 上由 $t_1=0$ 到 $t_2=1$ 的一段弧.

4. 求下列曲面积分:

(1) $\iint_\Sigma \frac{\mathrm{d}S}{x^2+y^2+z^2}$,其中,$\Sigma$ 是介于平面 $z=0$ 及 $z=H$ 之间的圆柱面 $x^2+y^2=R^2$.

(2) $\iint_\Sigma x\mathrm{d}y\mathrm{d}z+y\mathrm{d}z\mathrm{d}x+z\mathrm{d}x\mathrm{d}y$,其中,$\Sigma$ 为半球面 $z=\sqrt{R^2-x^2-y^2}$ 的上侧.

实验八 无穷级数的 Matlab 求解

实验目的:深入了解将函数展开为幂级数和 Fourier 级数的方法,掌握 Matlab 求无穷级数的和或者和函数,掌握 Matlab 将函数展开为幂级数和 Fourier 级数的方法.

基本函数和命令:

(1) Matlab 提供了函数 symsum 求无穷级数的和,格式为:symsum(u_n,n,n1,n2),其中 u_n 为级数的一般项,n1 为级数的首项指标,n2 为级数的末项指标(可以取无穷大,即 inf).

(2) Matlab 提供了函数 taylor 将函数展开为幂级数,格式为:taylor(fx,n,x,x0),其中 fx 为需要展开的函数,n 表示展开的项数,x0 表示在某点展开.

(3) Matlab 利用定积分求函数的 Fourier 系数,进而产生函数的 Fourier 级数.

例1　求级数$\sum_{n=1}^{\infty}\frac{1}{n^2},\sum_{n=0}^{\infty}\frac{2n-1}{2^n}$的和.

解　编写M文件：

```
syms n

u_n_1=1/n^2;
s_1=symsum(u_n_1,n,1,inf);

u_n_2=(2* n-1)/2^n;
s_2=symsum(u_n_2,n,0,inf);

s_1
s_2
```

运行文件,结果为：s_1= 1/6*pi^2;s_2=2

例2　求函数项级数$\sum_{n=1}^{\infty}\frac{\sin x}{n^2},\sum_{n=0}^{\infty}(-1)^{n+1}\frac{x^n}{n}$的和函数.

解　编写M文件：

```
syms n x

u_n1_x=sin(x)/n^2;
s_1=symsum(u_n1_x,n,1,inf);

u_n2_x=(-1)^(n+1)*x^n/n;
s_2=symsum(u_n2_x,n,1,inf);

s_1
s_2
```

运行文件,结果为 s_1=1/6*sin(x)*pi^2;s_2=log(1+x)

例3　将函数$\cos x$展开为x的幂级数,取前10项.

解　编写M文件：

```
syms n x

fx=cos(x);

n=10;
tay_f=taylor(fx,n,x,0);

tay_f
```

运行文件,结果为 tay_f=1-1/2*x^2+1/24*x^4-1/720*x^6+1/40320*x^8

例 4 将函数 $f(x)=\dfrac{1}{x^2+4x+3}$展开为 x 的幂级数,取前 5 项.

解 编写 M 文件:

```
syms n x

f x=1/(x^2+4*x+3);

n=5;
tay_f=taylor(fx,n,x,0);

t ay_f
```

运行文件,结果为

tay_f=1/3-4/9*x+13/27*x^2-40/81*x^3+121/243*x^4

例 5 设 $f(x)$是周期为 2π 的周期函数,它在$[-\pi,\pi)$上的表达式为 $f(x)=x$,描绘 $f(x)$的图像,并描绘 $f(x)$展开成 Fourier 级数的图像.

解 编写 M 文件:

```
syms x

n=3;

f x=x;
x_l=-pi;
x_u=pi;

a 0=int(fx,x,x_l,x_u)/x_u;
my_fou=a0/2;
fork=1:n
    an=int(fx*cos(k*x),x,x_l,x_u)/x_u;
    bn=int(fx*sin(k*x),x,x_l,x_u)/x_u;
    my_fou=my_fou+an*cos(k*x);
    my_fou=my_fou+bn*sin(k*x);
end

m y_fou=simplify(my_fou);

x x=-pi:pi/50:pi;
yy=subs(my_fou,x,xx);
```

```
ff=subs(fx,x,xx);

pic_f=plot(xx,ff);

set(pic_f,'color','r','LineWidth',2)
holdon

pic_fourier=plot(xx,yy);



axison;
xlabel('X轴');ylabel('Y轴');
axis([-3.5,3.5,-3.5,3.5]);

str=['n=', num2str(n)];
text(1,-1,str,'fontsize',12)
```

如图附录 8.1 所示.

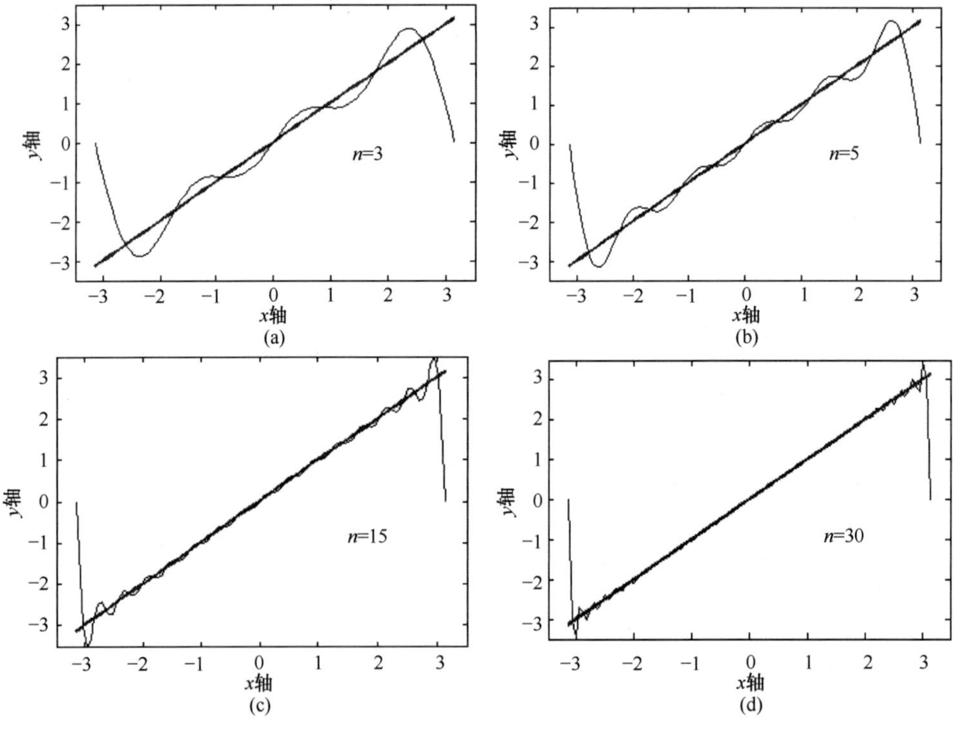

图附录 8.1　函数的 Fourier 级数逼近

实验习题八

1. 求下列级数的和：

(1) $\sum_{n=1}^{\infty}(-1)^n\ln\frac{n+1}{n}, \sum_{n=0}^{\infty}(-1)^n\frac{(n+1)!}{n^{n+1}}$.

(2) $\sum_{n=1}^{\infty}n(x-1)^n, \sum_{n=0}^{\infty}\frac{x^n}{n(n+1)}$.

2. 将下列函数展开为 x 的幂级数，去前 10 项：

(1) $\ln(x+\sqrt{x^2+1})$.　(2) $\frac{1}{(3-x)^2}$.

3. 设 $f(x)$是周期为 2π 的周期函数，它在$[-\pi,\pi)$上的表达式为

$$f(x)=\begin{cases}0, & x\in[-\pi,0)\\ e^x, & x\in[0,\pi).\end{cases}$$

描绘 $f(x)$的图像，并描绘 $f(x)$展开成 Fourier 级数的图像.

附录 2　常 用 曲 面

(1) 椭圆柱面$\frac{x^2}{a^2}+\frac{y^2}{b^2}=1$

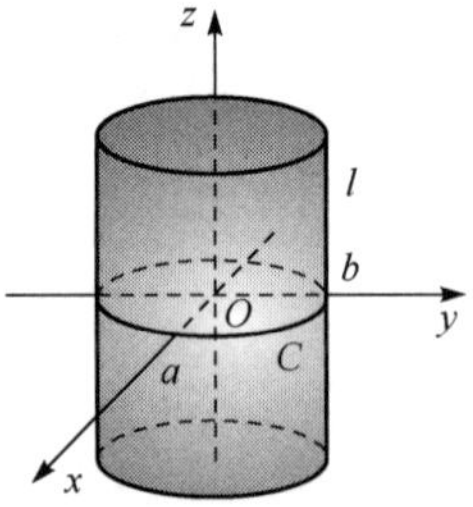

(2) 椭圆柱面$\frac{x^2}{a^2}+\frac{y^2}{b^2}=1$

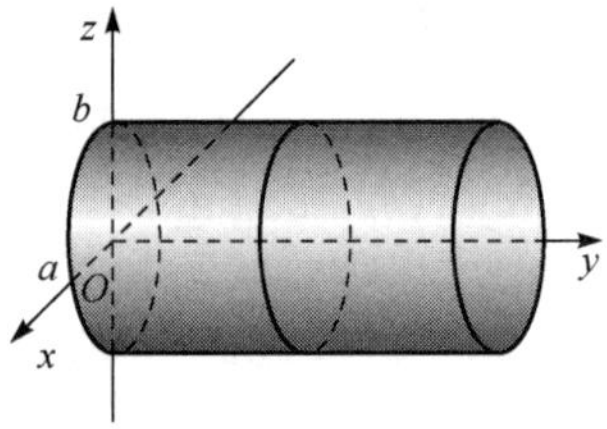

(3) 圆柱面 $y^2+z^2=R^2$

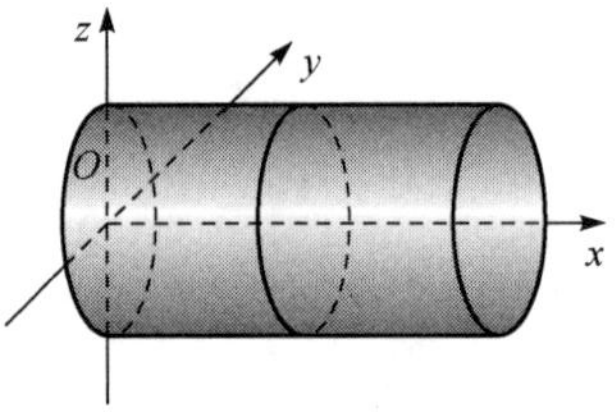

(4) 圆柱面 $x^2+z^2=R^2$

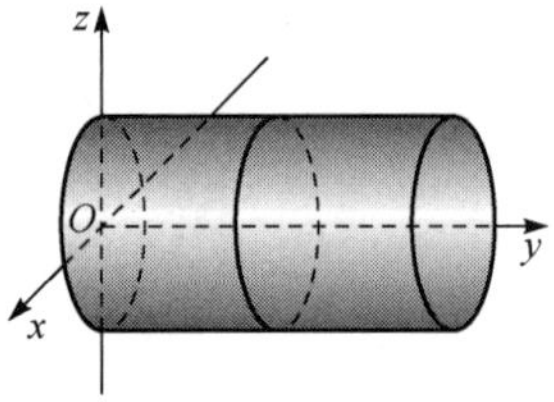

(5) 圆柱面 $x^2+z^2=2az$

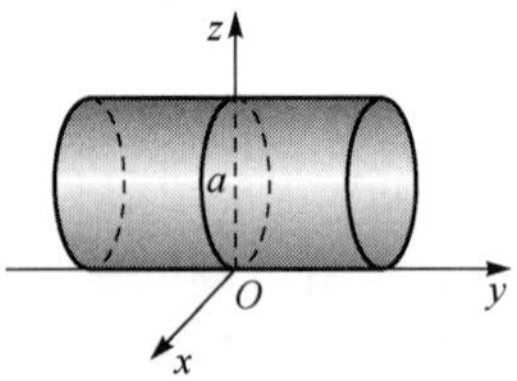

(6) 圆柱面$\left(x-\frac{a}{2}\right)^2+y^2=\left(\frac{a}{2}\right)^2$

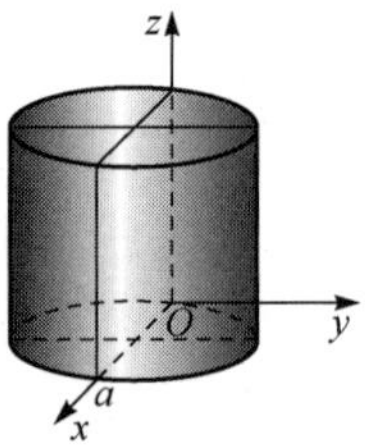

(7) 圆柱面 $x^2+y^2=R^2$

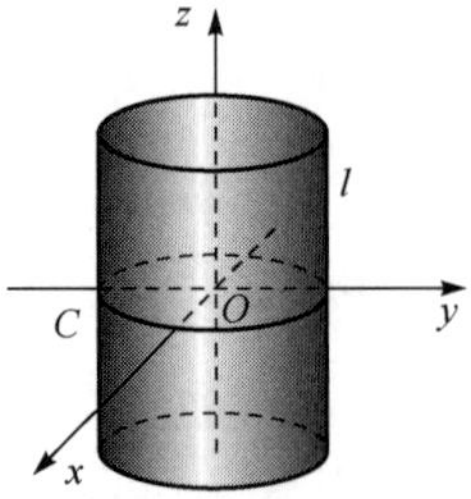

(8) 柱面 $F(x,y)=0$

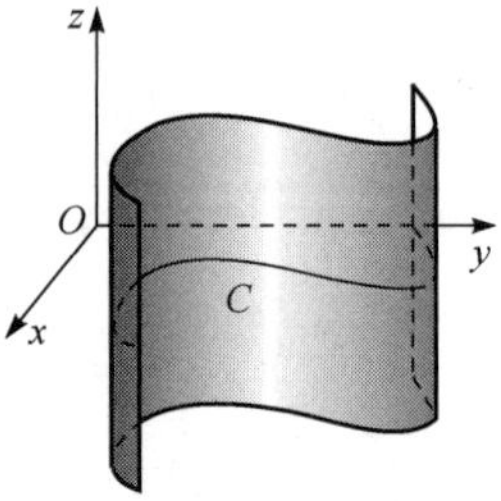

(9) 抛物柱面 $z=y^2$

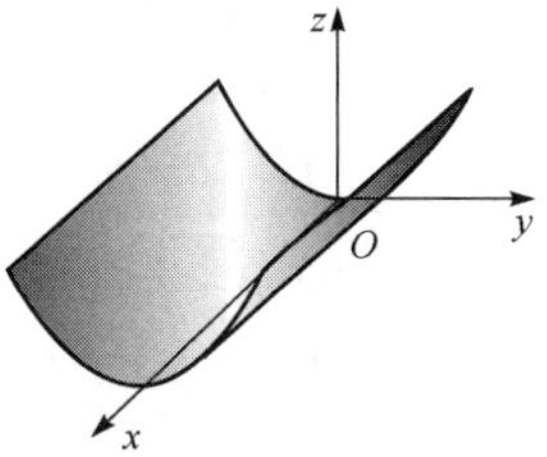

(10) 抛物柱面 $z=2-x^2$

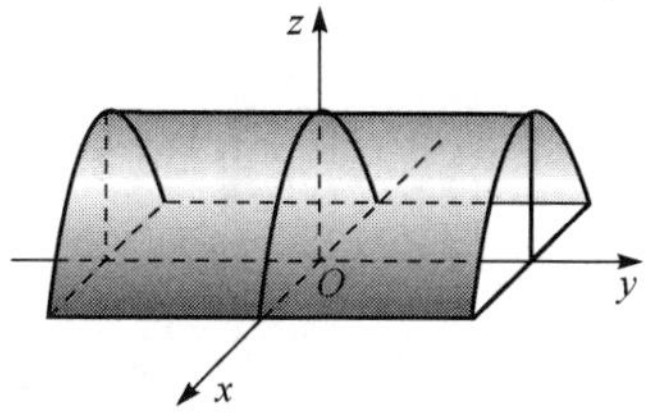

(11) 抛物柱面 $y^2=2x$

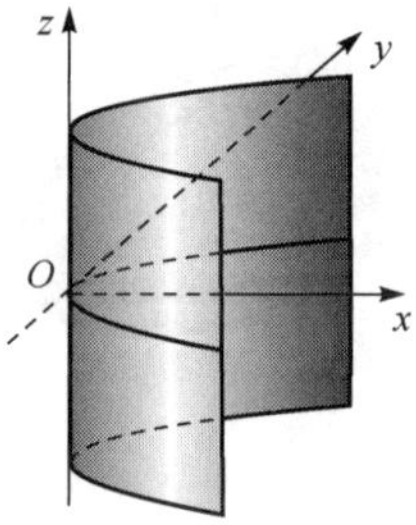

(12) 平面 $2x-3x-6=0$

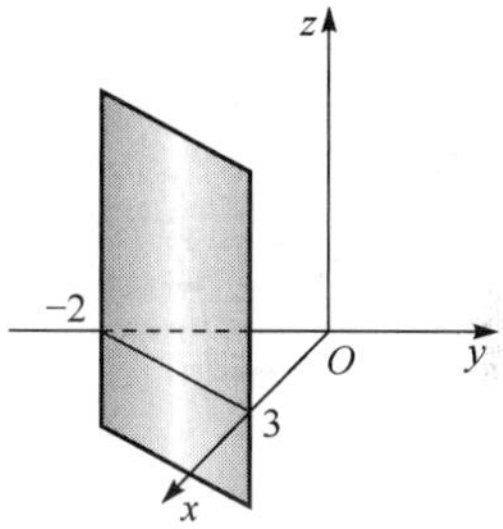

(13) 平面 $y+z=1$

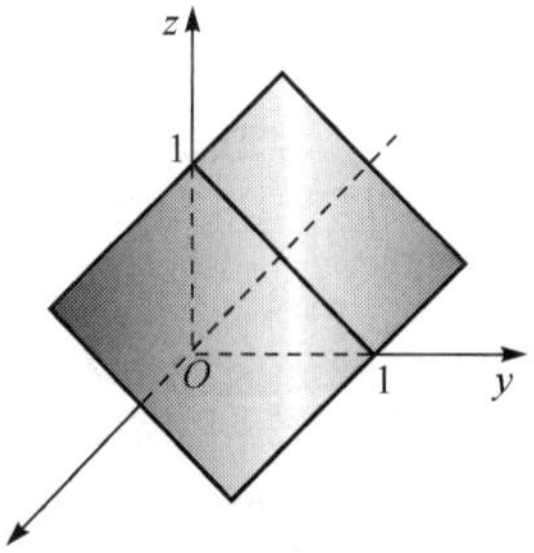

(14) 平面 $x-y=0$

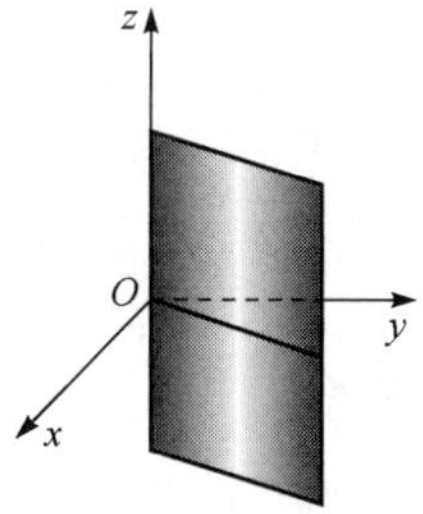

(15) 曲面 $F(x,y,z)=0$

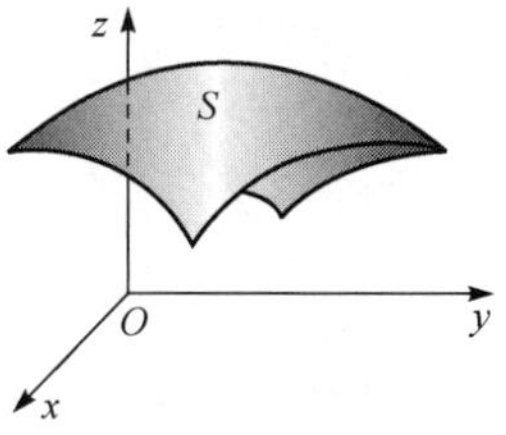

(16) 双曲柱面 $-\frac{x^2}{a^2}+\frac{y^2}{b^2}=1$

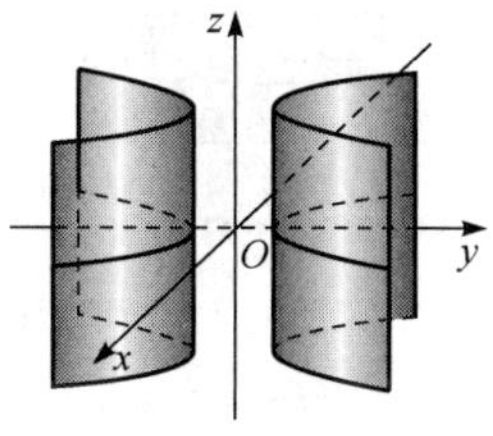

(17) 两曲面相交 $\begin{cases} z=\sqrt{4-x^2-y^2} \\ x-y=0 \end{cases}$

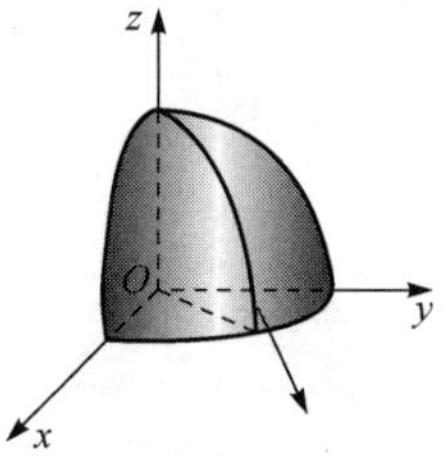

(18) 两柱面相交 $\begin{cases} x^2+y^2=a^2 \\ x^2+z^2=a^2 \end{cases}$

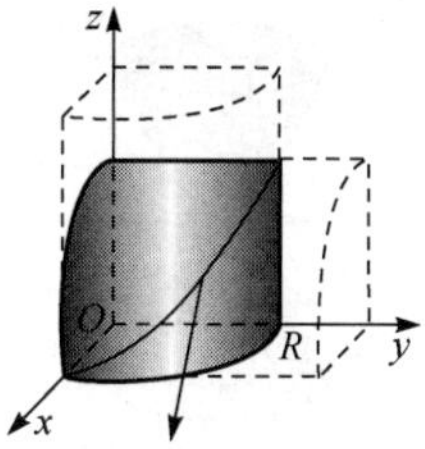

(19) 球面$(x-x_0)^2(y-y_0)^2+(z-z_0)^2=R^2$

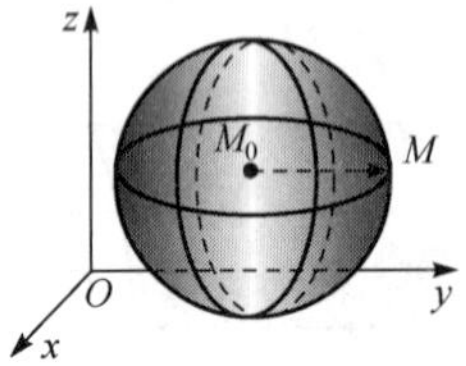

(20) 球面 $x^2+y^2+z^2=R^2$

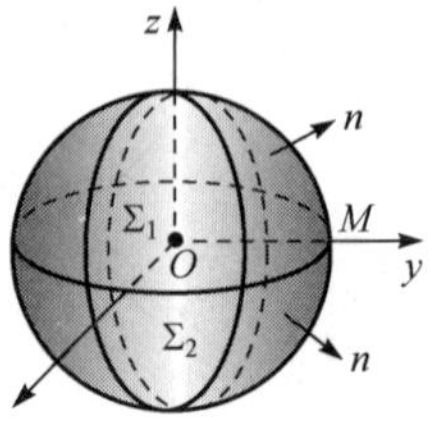

(21) 双曲抛物面(马鞍面)$-\dfrac{x^2}{2p}+\dfrac{y^2}{2q}=z(p\cdot q>0)$

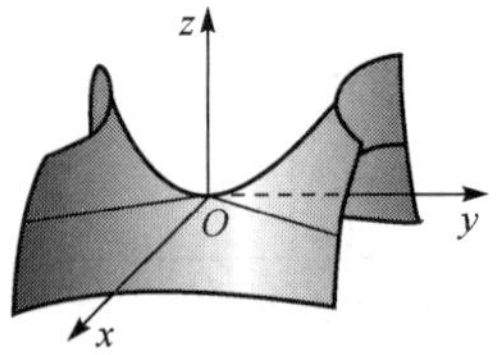

(22) 椭球面$\dfrac{x^2}{a^2}+\dfrac{y^2}{b^2}+\dfrac{z^2}{c^2}=1$

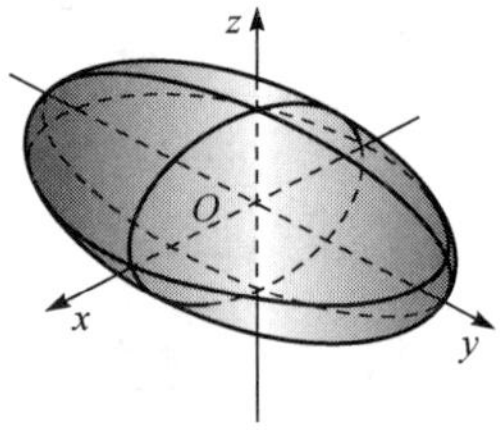

(23) 椭圆抛物面$\dfrac{x^2}{2p}+\dfrac{y^2}{2q}=z(p\cdot q>0)$

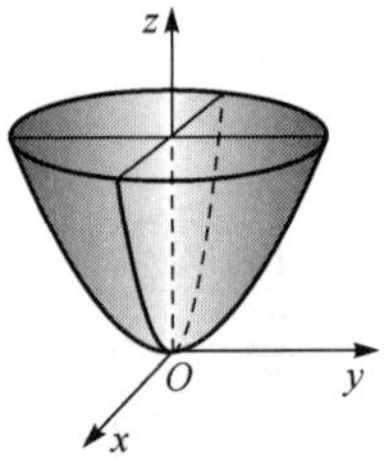

(24) 旋转曲面$f(\pm\sqrt{x^2+y^2},z)=0$
$f(y,\pm\sqrt{x^2+y^2})=0$

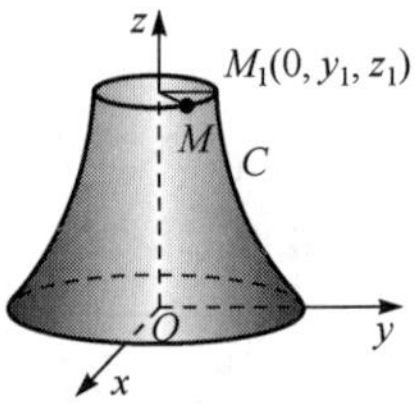

(25) 单叶双曲面$\dfrac{x^2}{a^2}+\dfrac{y^2}{b^2}-\dfrac{z^2}{c^2}=1$

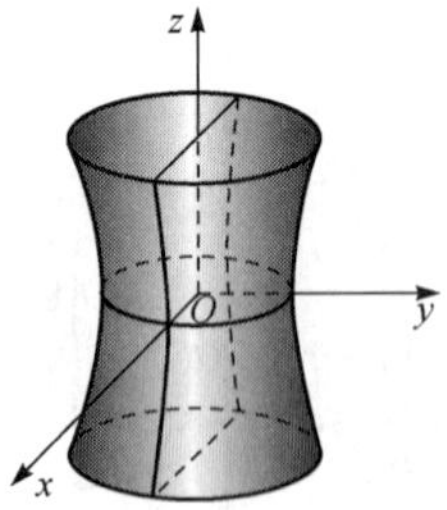

(26) 二次锥面$\dfrac{x^2}{a^2}+\dfrac{y^2}{b^2}-\dfrac{z^2}{c^2}=0$

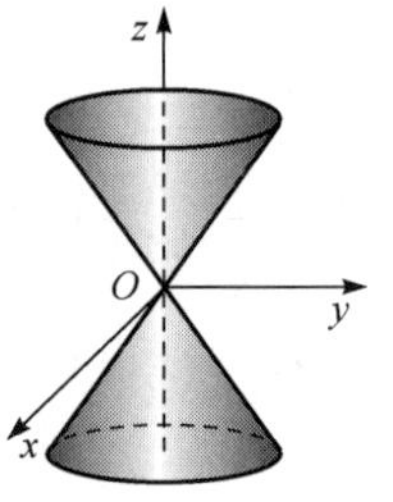

(27) 双叶双曲面$\dfrac{x^2}{2p}+\dfrac{y^2}{b^2}-\dfrac{z^2}{c^2}=-1$

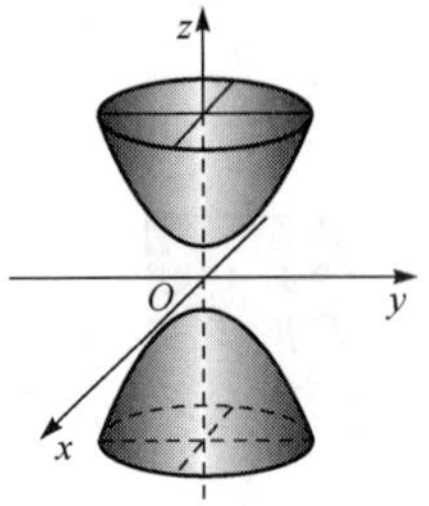

(28) 旋转抛物面$\dfrac{x^2}{2p}+\dfrac{y^2}{2q}=z,p=q<0$

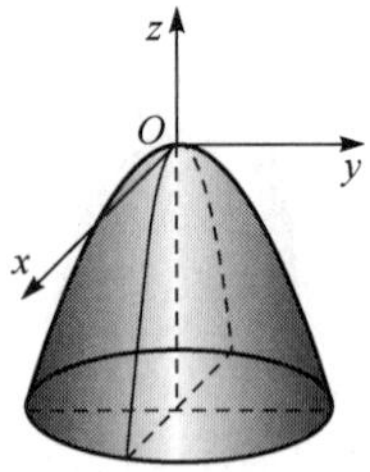

(29) 旋转抛物面 $\frac{x^2}{2p}+\frac{y^2}{2q}=z, p=q<0$

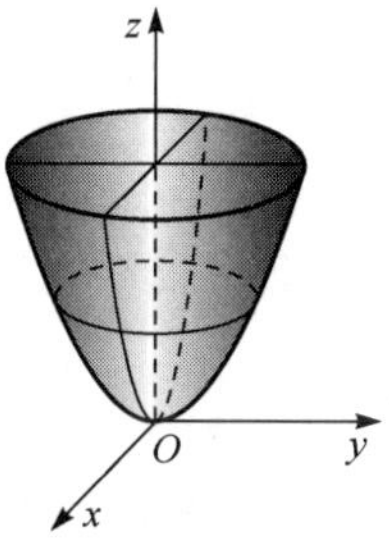

(30) 圆锥面 $z=\pm a\sqrt{x^2+y^2}$，
或 $z^2=a^2(x^2+y^2)$，其中 $a=\cot\alpha$

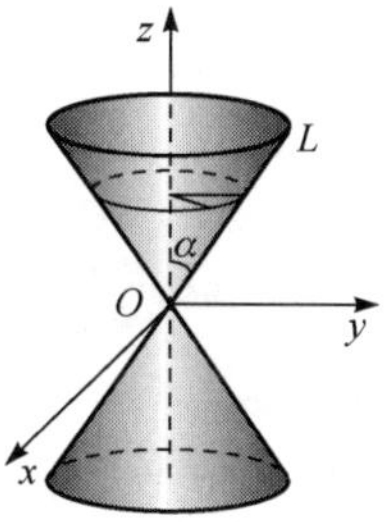

习题答案

习 题 7.1

1. 略. 2. 略.

3. 平行于 z 轴的直线上面的点的坐标为 (x_0, y_0, z)，平行于 xOy 面的平面上的点的坐标为 (x, y, z_0).

4. 关于坐标面 xOy, yOz, zOx 的对称点分别是 $(1,2,-3)$, $(-1,2,3)$, $(1,-2,3)$；关于 x 轴、y 轴、z 轴及原点对称点分别是：$(1,-2,-3)$, $(-1,2,-3)$, $(-1,-2,3)$ 及 $(-1,-2,-3)$.

5. $(-3,1,-2)$, $(3,1,-2)$, $(-3,-1,-2)$, $(-3,1,2)$, 及 $(3,-1,-2)$, $(3,1,2)$, $(-3,-1,2)$.

6. $5\sqrt{2}$； $\sqrt{34}$, $\sqrt{41}$, 5； 5, 3, 4.

7. (1) $\sqrt{14}$； (2) $\sqrt{21}$； (3) $\sqrt{67}$； (4) $\sqrt{46}$.

8. $\left(0,0,\dfrac{14}{9}\right)$. 9. 略. 10. $(-\sqrt{2},\sqrt{2},-\sqrt{2})$.

习 题 7.2

1. $\overrightarrow{D_1A}=-\left(\boldsymbol{c}+\dfrac{1}{5}\boldsymbol{a}\right)$, $\overrightarrow{D_2A}=-\left(\boldsymbol{c}+\dfrac{2}{5}\boldsymbol{a}\right)$, $\overrightarrow{D_3A}=-\left(\boldsymbol{c}+\dfrac{3}{5}\boldsymbol{a}\right)$, $\overrightarrow{D_4A}=-\left(\boldsymbol{c}+\dfrac{4}{5}\boldsymbol{a}\right)$.

2. 略.

3. $5\boldsymbol{a}-11\boldsymbol{b}+7\boldsymbol{c}$.

4. (1) $\boldsymbol{a}\perp\boldsymbol{b}$； (2) $\boldsymbol{a}//\boldsymbol{b}$ 且同向； (3) $\boldsymbol{a}//\boldsymbol{b}$ 且同反向； (4) $\boldsymbol{a}=\dfrac{|\boldsymbol{a}|}{|\boldsymbol{b}|}\boldsymbol{b}$.

5. 2. 6. $A(-2,3,0)$.

7. (1) $3,1,-2$； (2) $\sqrt{14}$； (3) $\dfrac{3}{\sqrt{14}},\dfrac{1}{\sqrt{14}},\dfrac{-2}{\sqrt{14}}$； (4) $\left(\dfrac{3}{\sqrt{14}},\dfrac{1}{\sqrt{14}},\dfrac{-2}{\sqrt{14}}\right)$；

8. $\dfrac{\pi}{4},\dfrac{\pi}{4},\dfrac{\pi}{2}$ 或 $\dfrac{\pi}{2},\dfrac{\pi}{2},\pi$. 9. $\pm\dfrac{1}{11}(6,7,-6)$.

10. $|\boldsymbol{R}|=\sqrt{21}$; $\cos\alpha=\dfrac{2}{\sqrt{21}}$, $\cos\beta=\dfrac{1}{\sqrt{21}}$, $\cos\gamma=\dfrac{4}{\sqrt{21}}$.

11. $(9,-8,1)$; $(-7,3,14)$.

12. $\sqrt{3}$, $\sqrt{38}$, $\boldsymbol{a}=\sqrt{3}\boldsymbol{e}_1$, $\boldsymbol{b}=\sqrt{38}\boldsymbol{e}_2$, $\boldsymbol{c}=3\boldsymbol{e}_3$. 13. $\left(\dfrac{\sqrt{3}}{3},\dfrac{\sqrt{3}}{3},\dfrac{\sqrt{3}}{3}\right)$. 14. $\left(\dfrac{11}{4},-\dfrac{1}{4},3\right)$.

15. $15,-\dfrac{1}{5}$.

习 题 7.3

1. (1) 不一定，如取 $\boldsymbol{a}=(1,0,1)$, $\boldsymbol{b}=(0,1,0)$；

(2) 不一定,如取 $\boldsymbol{a}=(1,0,1)$,$\boldsymbol{b}=(0,1,0)$;
(3) 不一定,如取 $\boldsymbol{a}=(1,0,1)$,$\boldsymbol{b}=(0,1,0)\boldsymbol{c}=(1,1,1)$;
(4) 不成立,因等号左边为数,右边为向量;
(5) 不一定,如取 $\boldsymbol{b}=(1,0,1)$,$\boldsymbol{c}=(0,1,0)$;
(6) 不一定,如取 $\boldsymbol{b}=(1,0,1)$,$\boldsymbol{c}=(0,1,0)$.

2. (1) -6; (2) -61

3. (1) 38; (2) 409; (3) 9.

4. (1) 3; (2) 14; (3) 11(5,1,7); (4) $\arccos\frac{\sqrt{21}}{14}$.

5. -7. 6. 略. 7. (1) -9; (2) $\frac{3\pi}{4}$; (3) -3.

8. $\frac{\pi}{3}$. 9. $\lambda=2\mu$. 10. $\pm\frac{\sqrt{10}}{30}(8,1,-5)$. 11. $\frac{1}{2}\sqrt{14}$.

12. (1) $(0,-8,-24)$; (2) 2; (3) 2.

13. (1) 共面,体积为 0; (2) 不共面,体积为$\frac{1}{3}$. 14. 4.

习 题 7.4

1. (1) $(3,-4,-1)$;4. (2) $(-1,2,0)$;3.

2. (1) 母线平行于 x 轴的椭圆柱面; (2) 母线平行于 y 轴的双曲柱面;
(3) 母线平行于 x 轴的抛物柱面; (4) 母线平行于 z 轴的圆柱面.

3. (1) $\frac{x^2}{4}+\frac{y^2+z^2}{9}=1$; (2) $-\frac{y^2}{4}+z^2+x^2=1$.

4. $x-y+5z+6=0$.

5. (1) $x-y-z=0$; (2) $3x-2y+z+7=0$; (3) $2x-y-3z+7=0$;
(4) $y-3=0$; (5) $3x+2z-5=0$; (6) $35y+12z=0$ 或 $3y-4z=0$.

6. 4. 7. $\frac{4\sqrt{14}}{7}$. 8. $\frac{5\sqrt{3}}{9}$. 9. $\frac{\pi}{3}$.

10. $S_1:\frac{x^2}{4}+\frac{y^2+z^2}{3}=1$;

$S_2:y^2+z^2=\left(\frac{1}{2}x-2\right)^2$ $\left(\text{过点}(4,0)\text{且与椭圆}\frac{x^2}{4}+\frac{y^2}{3}=1\text{相切的直线为}y=\pm\left(\frac{1}{2}x-2\right)\right)$.

习 题 7.5

1. 在平面解析几何中:(1)表示点$(-2,-9)$;(2)表示点$(0,3)$;在空间解析几何中:(1)表示过点$(-2,-9,0)$而平行于 z 轴的直线;(2)表示过点$(0,3,0)$而平行于 z 轴的直线.

2. 母线平行于 x 轴的柱面方程为 $z^2=4y+4z$;

母线平行于 y 轴的柱面方程为 $x^2+z^2=4z$；

母线平行于 z 轴的柱面方程为 $x^2+4y=0$.

3. 在 xOy，yOz，xOz 三个坐标面的投影曲线方程分别为

$$\left(x-\frac{1}{2}\right)^2+y^2=\frac{5}{4},\quad y^2+\left(z-\frac{3}{2}\right)^2=\frac{5}{4},\quad 1+x=x^2$$

4. (1) $\frac{x-3}{5}=\frac{y-2}{-1}=\frac{z+1}{-6}$； (2) $\frac{x}{-2}=\frac{y+3}{3}=\frac{z-1}{1}$； (3) $\frac{x-2}{2}=\frac{y+3}{3}=\frac{z-1}{-1}$.

5. $\frac{\sqrt{14}}{14}$. 6. $\frac{\pi}{6}$. 7. $\left(-\frac{3}{2},1,\frac{3}{2}\right)$. 8. 15.

9. $x^2+y^2\leqslant 4$；$x^2\leqslant z\leqslant 4$；$y^2\leqslant z\leqslant 4$.

10. 略. 11. 略.

模拟考场七

一、1. $(-1,-2,-3)$. 2. 1. 3. 6. 4. $F(\pm\sqrt{x^2+y^2},z)=0$. 5. $[\boldsymbol{abc}]=0$.

二、6. (A). 7. (C). 8. (C). 9. (B). 10. (D).

三、11. $\boldsymbol{a}\cdot\boldsymbol{b}+\boldsymbol{b}\cdot\boldsymbol{c}+\boldsymbol{c}\cdot\boldsymbol{a}=-\frac{1}{2}(|\boldsymbol{a}|^2+|\boldsymbol{b}|^2+|\boldsymbol{c}|^2)=-5$.

12. z 轴上所求点为 $C\left(0,0,\frac{1}{5}\right)$.

13. $\frac{x-2}{0}=\frac{y+3}{1}=\frac{z}{-1}$.

14. $x+y+z+2=0$.

15. $(-3,6,-9)$；$21/\sqrt{14}$.

16. xOy 面所围的部分：$(x-1)^2+y^2\leqslant 1$；

yOz 面所围的部分：$\left(\frac{z^2}{2}-1\right)^2+y^2\leqslant 1,z\geqslant 0$；

xOz 面所围的部分：$x\leqslant z\leqslant\sqrt{2x},x\geqslant 0$.

17. $3/\sqrt{26}$. 18. $x^2+y^2-2\left(z+\frac{5}{2}\right)^2=\frac{1}{2}$.

四、19. 略.

习 题 8.1

1. $\alpha=\arccos\frac{y^2+z^2-x^2}{2yz}$，$\beta=\arccos\frac{x^2+z^2-y^2}{2xz}$，$\gamma=\arccos\frac{x^2+y^2-z^2}{2xy}$.

2. 略.

3. 证明：$z=f(x,y)=\frac{1}{t^k}f(tx,ty)$，令 $t=\frac{1}{x}$ 即可.

4. (1) 令 $u=x+y$，$v=x-y$ 即可； (2)略.

5. (1) 0； (2) e； (3) -2； (4) 0； (5) 1； (6) ln2.

6. (1) 不存在； (2) 不存在； (3) 不存在.

7. (1) 圆 $x^2+y^2=(2n+1)\frac{\pi}{2}(n=0,1,2,\cdots)$上间断.

(2) $x=k_1\pi$ 或 $y=k_2\pi(k_1,k_2\in\mathbf{Z})$上间断.

8. (1) 定义域内连续;

(2) 当 $xy\neq 0$ 时，$\lim\limits_{(x,y)\to(x_0,y_0)} f(x,y)=\lim\limits_{x\to 0}0=f(x_0,y_0)$，连续. 当 $xy=0$ 时，不连续.

习 题 8.2

1. (1) $\dfrac{\partial z}{\partial x}=3x^2y-y^3,\dfrac{\partial z}{\partial y}=x^3-3xy^2$;

(2) $\dfrac{\partial z}{\partial x}=y\cos(xy)-2y\cos(xy)\sin(xy)=y\cos(xy)-y\sin 2(xy)$,

$\dfrac{\partial z}{\partial y}=x\cos(xy)-2x\cos(xy)\sin(xy)=x\cos(xy)-x\sin 2(xy)$;

(3) $\dfrac{\partial z}{\partial x}=-\sin(x+y)e^{xy}+y\cos(x+y)e^{xy}$,

$\dfrac{\partial z}{\partial y}=-\sin(x+y)e^{xy}+x\cos(x+y)e^{xy}$;

(4) $\dfrac{\partial z}{\partial x}=\cot\dfrac{x}{y}\cdot\sec^2\dfrac{x}{y}\cdot\dfrac{1}{y}=\dfrac{2}{y}\csc\dfrac{2x}{y}$,

$\dfrac{\partial z}{\partial y}=\cot\dfrac{x}{y}\cdot\sec^2\dfrac{x}{y}\cdot\left(-\dfrac{x}{y^2}\right)=-\dfrac{2x}{y^2}\csc\dfrac{2x}{y}$;

(5) $\dfrac{\partial u}{\partial x}=\dfrac{y}{z}x^{\frac{y}{z}-1},\dfrac{\partial u}{\partial y}=\dfrac{1}{z}x^{\frac{y}{z}}\ln x,\dfrac{\partial u}{\partial z}=-\dfrac{y}{z^2}x^{\frac{y}{z}}\ln x$;

(6) $\dfrac{\partial f}{\partial \rho}=e^{t\rho}+t\rho e^{t\rho},\dfrac{\partial f}{\partial \varphi}=-e^{-\varphi},\dfrac{\partial f}{\partial t}=\rho^2e^{t\rho}+1$.

2. (1) $f_x(1,0)=[f(x,0)]'|_{x=1}=[\arctan x^2]'|_{x=1}=1$;

(2) $f_x(1,2,0)=1$, $f_y(1,2,0)=\dfrac{1}{2},f_z(1,2,0)=\dfrac{1}{2}$;

(3) $f_x(x,1)=[f(x,1)]'=[x]'=1$.

3. $\dfrac{\pi}{4}$.

4. $\dfrac{\partial(x,y)}{\partial(\rho,\varphi)}=\begin{vmatrix}\cos\varphi & -\rho\sin\varphi\\ \sin\varphi & \rho\cos\varphi\end{vmatrix}=\rho$.

5. $f(x,y)$在$(0,0)$处连续. $f_x(0,0)$不存在. 而 $f_y(0,0)=\lim\limits_{\Delta y\to 0}\dfrac{f(0,\Delta y)-f(0,0)}{\Delta y}=0$.

6. $\dfrac{\partial z}{\partial x}=\ln(xy)+1,\dfrac{\partial^2 z}{\partial x^2}=\dfrac{1}{x},\dfrac{\partial^2 z}{\partial x\partial y}=\dfrac{1}{y},\dfrac{\partial^3 z}{\partial x^2\partial y}=0,\dfrac{\partial^3 z}{\partial x\partial y^2}=-\dfrac{1}{y^2}$.

7. $f_{xx}(0,0,1)=2,f_{yz}(0,-1,0)=0,f_{zzx}(2,0,1)=0$.

8. 略.

9. $z_x=-e^{-x}+e^{-(x-2y)}+2(x-2y)$.

10. $f(x,y)=x^2+xy^2+\sin y$.

习 题 8.3

1. (1) $dz=z_xdx+z_ydy=\left(2e^{-y}-\dfrac{3}{2\sqrt{x}}\right)dx-2xe^{-y}dy$;

(2) $dz=z_x dx+z_y dy=2x\cos(x^2+y^2)dx+2y\cos(x^2+y^2)dy$;

(3) $dz=z_x dx+z_y dy=-\dfrac{y}{x^2+y^2}dx+\dfrac{x}{x^2+y^2}dy$;

(4) $du=u_x dx+u_y dy+u_z dz=yzx^{yz-1}dx+zx^{yz}\ln x dy+yx^{yz}\ln x dz$.

2. $dz|_{(1,2)}=z_x|_{(1,2)}dx+z_y|_{(1,2)}dy=\dfrac{1}{3}dx+\dfrac{2}{3}dy$.

3. $dz|_{(2,1)}=z_x|_{(2,1)}\Delta x+z_y|_{(2,1)}\Delta y=-0.125$.

4. 略.　5. 略.

6. (1) $\sqrt{1.02^3+1.97^3}\approx\sqrt{1^3+2^3}+\dfrac{3}{2\sqrt{1^3+2^3}}\cdot 0.02-\dfrac{6}{2\sqrt{1^3+2^3}}\cdot 0.03=2.95$;

(2) 略.

7. 矩形的对角线变化近似值 $\Delta z\approx z_x|_{(6,8)}\Delta x+z_y|_{(6,8)}\Delta y=-0.0028\text{m}$.

矩形的面积变化近似值 $\Delta S\approx S_x|_{(6,8)}\Delta x+S_y|_{(6,8)}\Delta y=-0.014\text{m}$.

8. $0.5\pi^2$, 0.5%.　9. $73\pm5(\Omega)$, $5(\Omega)$, 7%.　10. $z=f(x,y)=x^3-3x^2y+y^3+C$.

习　题　8.4

1. (1) $\dfrac{dz}{dt}=\dfrac{\partial z}{\partial x}\dfrac{dx}{dt}+\dfrac{\partial z}{\partial y}\dfrac{dy}{dt}=\dfrac{3}{\sqrt{1-(x-y)^2}}-\dfrac{12t^2}{\sqrt{1-(x-y)^2}}=\dfrac{3-12t^2}{\sqrt{1-(3t-4t^3)^2}}$.

(2) $\dfrac{du}{dx}=\dfrac{\partial u}{\partial x}+\dfrac{\partial u}{\partial y}\dfrac{dy}{dx}+\dfrac{\partial u}{\partial z}\dfrac{dz}{dx}=\dfrac{ae^{ax}(y-z)}{a^2+1}+\dfrac{ae^{ax}\cos x}{a^2+1}+\dfrac{e^{ax}\sin x}{a^2+1}=e^{ax}\sin x$.

2. (1) $\dfrac{\partial z}{\partial x}=\dfrac{\partial z}{\partial u}\dfrac{\partial u}{\partial x}+\dfrac{\partial z}{\partial v}\dfrac{\partial v}{\partial x}=2u\ln v\cdot\left(-\dfrac{y}{x^2}\right)+\dfrac{u^2}{v}\cdot 2x$,

$\dfrac{\partial z}{\partial y}=\dfrac{\partial z}{\partial u}\dfrac{\partial u}{\partial y}+\dfrac{\partial z}{\partial v}\dfrac{\partial v}{\partial y}=2u\ln v\cdot\dfrac{1}{x}+\dfrac{u^2}{v}\cdot 2y$;

(2) $\dfrac{\partial w}{\partial x}=\dfrac{\partial w}{\partial u}\dfrac{\partial u}{\partial x}+\dfrac{\partial w}{\partial v}\dfrac{\partial v}{\partial x}=f_1\cdot 1+f_2\cdot 2x$,

$\dfrac{\partial w}{\partial y}=\dfrac{\partial w}{\partial u}\dfrac{\partial u}{\partial y}+\dfrac{\partial w}{\partial v}\dfrac{\partial v}{\partial y}=f_1\cdot 1+f_2\cdot 2y$,

$\dfrac{\partial w}{\partial z}=\dfrac{\partial w}{\partial u}\dfrac{\partial u}{\partial z}+\dfrac{\partial w}{\partial v}\dfrac{\partial v}{\partial z}=f_1\cdot 1+f_2\cdot 2z$;

(3) $\dfrac{\partial z}{\partial x}=y\varphi'(xy)+\dfrac{1}{y}g'\left(\dfrac{x}{y}\right)$, $\dfrac{\partial z}{\partial y}=x\varphi'(xy)-\dfrac{x}{y^2}g'\left(\dfrac{x}{y}\right)$;

(4) $\dfrac{\partial z}{\partial x}=2xyf'(x^2-y^2)$, $\dfrac{\partial z}{\partial y}=f(x^2-y^2)-2y^2f'(x^2-y^2)$;

(5) $\dfrac{\partial u}{\partial x}=f_1\cdot\dfrac{1}{y}$, $\dfrac{\partial u}{\partial y}=f_1\cdot\left(-\dfrac{x}{y^2}\right)+f_2\cdot\dfrac{1}{z}$, $\dfrac{\partial u}{\partial z}=f_2\cdot\left(-\dfrac{y}{z^2}\right)$;

(6) $\dfrac{\partial u}{\partial x}=f_1+yf_2+yzf_3$, $\dfrac{\partial u}{\partial y}=xf_2+xzf_3$, $\dfrac{\partial u}{\partial z}=xyf_3$.

3. (1) $\dfrac{\partial^2 z}{\partial x^2}=y^2[y^2f_{11}+2xyf_{12}]+2yf_2+2xy[y^2f_{21}+2xyf_{22}]$,

$\dfrac{\partial^2 z}{\partial x\partial y}=2yf_1+y^2[2xyf_{11}+x^2f_{12}]+2xf_2+2xy[2xyf_{21}+x^2f_{22}]$,

$$\frac{\partial^2 z}{\partial y^2}=2xf_1+2xy[2xyf_{11}+x^2f_{12}]+x^2[2xyf_{21}+x^2f_{22}];$$

(2) $\frac{\partial^2 z}{\partial x^2}=-\sin x\cdot f_1+\cos x[f_{11}\cdot\cos x+e^{x+y}f_{13}]+e^{x+y}f_3+e^{x+y}[f_{31}\cdot\cos x+e^{x+y}f_{33}]$,

$$\frac{\partial^2 z}{\partial x\partial y}=\cos x\cdot[-\sin y\cdot f_{12}+e^{x+y}f_{13}]+e^{x+y}f_3+e^{x+y}[-\sin y\cdot f_{32}+e^{x+y}f_{33}],$$

$$\frac{\partial^2 z}{\partial y^2}=-f_2\cdot\cos y-\sin y\cdot[-f_{22}\cdot\sin y+f_{23}\cdot e^{x+y}]$$
$$+e^{x+y}f_3+e^{x+y}[-f_{32}\cdot\sin y+f_{33}\cdot e^{x+y}].$$

4. $\frac{\partial^2 z}{\partial x\partial y}=\cos(xy)-xy\sin(xy)+f_{12}\cdot\left(-\frac{x}{y^2}\right)-\frac{1}{y^2}f_2-\frac{x}{y^3}f_{22}$.

5. 略. 6. $\frac{\partial^2 z}{\partial x\partial y}=-2f''(2x-y)+xg_{12}+g_2+xyg_{22}$.

习 题 8.5

1. (1) $\frac{dy}{dx}=-\frac{F_x(x,y)}{F_y(x,y)}=\frac{y-xy^2}{x^2y+x}$; (2) $\frac{dy}{dx}=-\frac{y^2f_1+f_2}{2xyf_1+f_2}$;

(3) $\frac{\partial z}{\partial x}=\frac{z\ln z}{z\ln y-x}$. $\frac{\partial z}{\partial y}=\frac{z^2}{xy-yz\ln z}$; (4) $\frac{\partial z}{\partial x}=\frac{zf_1}{1-xf_1-f_2}$. $\frac{\partial z}{\partial y}=-\frac{f_2}{1-xf_1-f_2}$.

2. $\frac{(1+e^z)^2-xye^z}{(1+e^z)^3}$.

3. $\frac{\partial u}{\partial x}=y^2z^3+3xy^2z^2z_x=y^2z^3+3xy^2z^2\frac{3yz-2x}{2z-3xy}$;$\frac{\partial u}{\partial y}=2xyz^3+3xy^2z^2\frac{3xz-2y}{2z-3xy}$.

4. $z(2.001,0.998)\approx z(2,1)+z_x\big|_{x=2,y=1,z=\frac{1}{2}}\cdot\Delta x+z_y\big|_{x=2,y=1,z=\frac{1}{2}}\cdot\Delta y$

$$=\frac{1}{2}+\frac{1}{12}\cdot 0.001+\frac{1}{2}\cdot(-0.002)\approx 0.49875.$$

5. (1) $\frac{dy}{dx}=-\frac{x(6z+1)}{2y(3z+1)}$,$\frac{dz}{dx}=\frac{x}{3z+1}$;

(2) $\frac{\partial u}{\partial x}=\frac{-uf_1'(2yvg_2'-1)-f_2'g_1'}{(xf_1'-1)(2yvg_2'-1)-f_2'g_1'}$,$\frac{\partial v}{\partial x}=\frac{(xf_1'+uf_1'-1)g_1'}{(xf_1'-1)(2yvg_2'-1)-f_2'g_1'}$;

(3) $\frac{\partial u}{\partial x}=\frac{\sin v}{e^u(\sin v-\cos v)+1}$,$\frac{\partial v}{\partial x}=\frac{\cos v-e^u}{u[e^u(\sin v-\cos v)+1]}$,

$\frac{\partial u}{\partial y}=\frac{-\cos v}{e^u(\sin v-\cos v)+1}$,$\frac{\partial v}{\partial y}=\frac{\sin v+e^u}{u[e^u(\sin v-\cos v)+1]}$.

6. $\frac{\partial z}{\partial x}=-3uv$;$\frac{\partial z}{\partial y}=\frac{3}{2}(u+v)$.

习 题 8.6

1. (1) $x+2y+3z=6$; (2)$\frac{x-1}{16}=\frac{y-1}{9}=\frac{z-1}{-1}$; (3)$B=1$; (4)$A=-2,B=-2$.

2. (1) (B); (2) (C); (3) (B).

3. 切平面方程为 $4(x-1)+2(y-2)+0(z-0)=0$,即 $2x+y-4=0$.

法线方程为$\begin{cases}\dfrac{x-1}{4}=\dfrac{y-2}{2},\\ z=0.\end{cases}$

4. 点$\left(\dfrac{\pi}{2}-1,1,2\sqrt{2}\right)$处的切线的方程为 $x-\dfrac{\pi}{2}+1=y-1=\dfrac{z-2\sqrt{2}}{\sqrt{2}}$.

点$\left(\dfrac{\pi}{2}-1,1,2\sqrt{2}\right)$处的法平面的方程为 $x+y+\sqrt{2}z=\dfrac{\pi}{2}+4$.

5. 略.　6. $\dfrac{x-1}{2}=\dfrac{y-1}{3}=\dfrac{z-1}{3}$.

7. 略.　8. $\dfrac{x-\frac{1}{3}}{3}=\dfrac{y+\frac{1}{9}}{2}=z-\dfrac{1}{27}$或者$\dfrac{x-1}{1}=\dfrac{y+1}{-2}=\dfrac{z-1}{3}$.

9. $\cos\alpha=\dfrac{\sqrt{6}}{6}$.

习　题　8.7

1. (1) 方向导数取得最大的方向，最大值；

(2) $\left.\dfrac{\partial f}{\partial l}\right|_{(0,0)}=f_x(x,y)|_{(0,0)}\cdot\cos\alpha+f_y(x,y)|_{(0,0)}\cdot\cos\beta=\sqrt{5}$;

(3) $\mathbf{grad}f(1,1,1)=(6,3,0)$;

(4) $\mathbf{grad}u=\cos(x^2+y^2+z^2)(2x,2y,2z)$.

2. (1) (B)；　(2) (A).

3. $-\dfrac{16}{243}$.　4. $-\dfrac{15\sqrt{3}}{6}$.　5. $\pm6\sqrt{2}$.　6. 0.

7. $\left(\dfrac{2}{6},-\dfrac{2}{6},\dfrac{4}{6}\right)$.　8. $\dfrac{u'_xv'_x+u'_yv'_y+u'_zv'_z}{\sqrt{{v'_x}^2+{v'_y}^2+{v'_z}^2}}$.　9. $|\mathbf{grad}u|_M|=\sqrt{5}$.

习　题　8.8

1. (1) (C)；　(2) (C)；　(3) (D)；　(4) (C).

2. 当 $a>0$ 时有极大值 $f_{\max}=\dfrac{a^3}{27}$,当 $a<0$ 时有极小值 $f_{\min}=\dfrac{a^3}{27}$.

3. 最大值为$\sqrt{9+5\sqrt{3}}$，　最小值为$\sqrt{9-5\sqrt{3}}$.

4. $V_{\max}=\dfrac{8\sqrt{3}}{9}abc$.　5. 最大值为 6,最小值为 1.

6. 最大值为 $f(2,1)=4$,最小值为 $f(4,2)=-64$.

7. 最短距离为 $d_{\min}=d\left(\dfrac{8}{5},-\dfrac{3}{5}\right)=\dfrac{1}{\sqrt{13}}$.

8. $S_{\min}=\dfrac{1}{4}$.　9. $f_{\max}=f\left(\dfrac{2}{3},\dfrac{1}{3}\right)=\dfrac{1}{3}$, $f_{\min}=f(0,2)=-4$.　10. 略.

11. 略.　12. 略.　13. 略.

模拟考场八

一、1. $-\dfrac{1}{6}$.　2. $dz|_{(0,1)}=0\cdot dx+dy$.

3. $\dfrac{\partial^2 z}{\partial x\partial y}=-\dfrac{1}{x}f'(xy)+\dfrac{1}{x}f'(xy)+yf''(xy)+\varphi'(x+y)+y\varphi''(x+y)$.

4. $\mathbf{grad}u|_M=\left(\dfrac{2}{9},\dfrac{4}{9},-\dfrac{4}{9}\right)$.

5. 切平面为 $2(x-1)+4(y-1)+6(z-1)=0$，即 $x+2y+3z-6=0$.

二、6. (C).　7. (C).　8. (C).　9. (D).　10. (A).

三、11. -2.

12. $\dfrac{\partial u}{\partial x}=f_1'(x,xy)+yf_2'(x,xy)$；$\dfrac{\partial v}{\partial y}=xg'(x+xy)$.

13. $du=\dfrac{1}{y}f_1'dx+\left(-\dfrac{x}{y^2}f_1'+\dfrac{1}{z}f_2'\right)dy-\dfrac{y}{z^2}f_2'dz$.

14. $z_x=\dfrac{ze^{\frac{x}{z}}}{xe^{\frac{x}{z}}+ye^{\frac{y}{z}}}$；　$z_y=\dfrac{ze^{\frac{y}{z}}}{xe^{\frac{x}{z}}+ye^{\frac{y}{z}}}$.

15. 点$(1,-2,1)$处的切线的方程为$\dfrac{x-1}{-6}=\dfrac{y+2}{0}=\dfrac{z-1}{6}$. 点$(1,-2,1)$处的法平面的方程为$x-z=0$.

四、16. 51.　17. 最大值为 $f(2,1)=4$，最小值为 $f(4,2)=-64$.

18. (1) $h(x,y)$在该点沿平面上 $\mathbf{grad}h(x_0,y_0)=(-2x_0+y_0,-2y_0+x_0)$方向的方向导数最大，$g(x_0,y_0)=\sqrt{5x_0^2+5y_0^2-8x_0y_0}$.

(2) $L(y,y;\lambda)=5x^2+5y^2-8xy+\lambda(x^2+y^2-xy-75)$，求得驻点 $M_1(5,-5)$，$M_2(-5,5)$，$M_3(5\sqrt{3},5\sqrt{3})$，$M_4(-5\sqrt{3},-5\sqrt{3})$

$f(M_1)=f(M_2)=450$，$f(M_3)=f(M_4)=150$，取 M_1，M_2 作为攀登的起点.

五、19. 略.

习　题　9.1

1. 略.

2. (1) $\iint\limits_D (x+y)^2 dxdy\leqslant\iint\limits_D (x+y)^3 dxdy$；

(2) $\iint\limits_D \ln(x+y)dxdy\leqslant\iint\limits_D \ln^2(x+y)dxdy$.

3. (1) $0\leqslant\iint\limits_D \sin^2 x\sin^2 y dxdy\leqslant\pi^2$；　(2) $2\leqslant\iint\limits_D(x+y+1)dxdy\leqslant 8$.

4. $\dfrac{1}{6}$.　5. 1.

习 题 9.2

1. (1) $\dfrac{p^5}{21}$； (2) $\dfrac{128}{105}$； (3) $\dfrac{4}{15}$； (4) $\dfrac{13}{6}$； (5) $\dfrac{64}{15}$； (6) $\dfrac{9}{4}$； (7) $\dfrac{1}{6}-\dfrac{1}{3e}$.

2. (1) $\int_0^2 dy\int_{\frac{y}{2}}^{y} f(x,y)dx+\int_2^4 dy\int_{\frac{y}{2}}^{2} f(x,y)dx$；

(2) $\int_{-1}^{1} dy\int_{-\sqrt{1-y^2}}^{\sqrt{1-y^2}} f(x,y)dx+\int_0^1 dy\int_{-\sqrt{1-y}}^{\sqrt{1-y}} f(x,y)dx$；

(3) $\int_0^4 dx\int_{\frac{x}{2}}^{\sqrt{x}} f(x,y)dy$； (4) $\int_0^1 dy\int_{e^y}^{e} f(x,y)dx$； (5) $\int_0^1 dy\int_{\sqrt{y}}^{3-2y} f(x,y)dx$.

3. 提示：$\left[\int_a^b f(x)dx\right]^2=\int_a^b f(x)\left[\int_a^b f(y)dy\right]dx=\iint\limits_D f(x)f(y)dxdy\leqslant\dfrac{1}{2}\iint\limits_D[f^2(x)+f^2(y)]dxdy=(b-a)\int_a^b f^2(x)dx$，其中 $D=[a,b]\times[a,b]$.

4. 提示：交换积分次序. 5. πa^2. 6. 6π. 7. $\dfrac{17}{6}$. 8. $\dfrac{4}{5}$.

习 题 9.3

1. (1) $\int_0^{\pi} d\theta\int_a^b f(r\cos\theta,r\sin\theta)rdr$； (2) $\int_0^{\frac{\pi}{2}} d\theta\int_0^{\sin\theta} f(r\cos\theta,r\sin\theta)rdr$；

(3) $\int_{-\frac{\pi}{4}}^{0} d\theta\int_0^{\frac{1}{\cos\theta}} f(r\cos\theta,r\sin\theta)rdr+\int_0^{\frac{\pi}{2}} d\theta\int_0^{\frac{1}{\sin\theta+\cos\theta}} f(r\cos\theta,r\sin\theta)rdr$.

2. (1) $\int_0^{\frac{\pi}{2}} d\theta\int_0^{2a\cos\theta} r^3 dr$； (2) $\int_0^{\frac{\pi}{4}} d\theta\int_0^{\frac{a}{\cos\theta}} r^2 dr$；

(3) $\int_0^{\frac{\pi}{2}} d\theta\int_{\frac{1}{\sin\theta+\cos\theta}}^{1} f(r^2)rdr$； (4) $\int_0^{\frac{\pi}{2}} d\theta\int_0^{a} r^3 dr$.

3. (1) $\dfrac{3}{64}\pi^2$； (2) $\pi(e^4-1)$； (3) $\dfrac{\pi^2}{8}-\dfrac{\pi}{4}$； (4) $R^3\pi$.

4. $\dfrac{3a^4\pi}{32}$. 5. $\dfrac{8\pi R^3}{27}$. 6. 略.

习 题 9.4

1. (1) $\int_0^1 dx\int_0^{1-x} dy\int_0^{xy} f(x,y,z)dz$； (2) $I=\int_{-1}^{1} dx\int_{-\frac{\sqrt{1-x^2}}{\sqrt{2}}}^{\frac{\sqrt{1-x^2}}{\sqrt{2}}} dy\int_{x^2+2y^2}^{1} f(x,y,z)dz$；

(3) $\int_{-1}^{1} dx\int_{-\sqrt{1-x^2}}^{\sqrt{1-x^2}} dy\int_{x^2+2y^2}^{2-x^2} f(x,y,z)dz$.

2. (1) $\dfrac{59\pi r^5}{480}$； (2) $\dfrac{1}{48}$； (3) $\dfrac{128\pi}{15}$； (4) $\dfrac{\pi h^2R^2}{4}$.

3. 提示：采用截面法（先二后一法）计算三重积分. 4. $\dfrac{3}{35}$.

习　题　9.5

1. (1) $\frac{7\pi}{12}$；(2) $\frac{1}{8}$；(3) 8π；(4) $\frac{16\pi}{3}$；(5) $\frac{16a^2}{9}$.

2. (1) $\frac{59\pi R^5}{480}$；(2) $\frac{7}{6}\pi R^4$；(3) $\frac{\pi}{10}$.

3. $f'(0)$. 提示：利用球坐标变换.

4. (1) $\frac{32\pi}{3}$；(2) πa^3；(3) $\frac{2}{3}\pi(5\sqrt{5}-4)$.

习　题　9.6

1. 20π； 2. $\sqrt{2}\pi$. 3. (1) $\bar{x}=0, \bar{y}=\frac{4b}{3\pi}$；(2) $\bar{y}=\frac{a^2+ab+b^2}{2(a+b)}, \bar{x}=0$.

4. (1) $\left(0,0,\frac{\pi}{6}\right)$；(2) $\left(\frac{2}{5}a,\frac{2}{5}a,\frac{7}{30}a^2\right)$. 5. (1) $\frac{8}{5}a^4$；(2) $\frac{11}{30}\pi a^5$.

6. (1) $F_x=0, F_y=0, F_z=2\pi Gc\rho\left(\frac{1}{\sqrt{R^2+c^2}}-\frac{1}{c}\right)$；

(2) $F_x=0, F_y=0, F_z=2\pi G\rho[h+\sqrt{a^2+(c-h)^2}-\sqrt{a^2+c^2}]$.

7. 略.

模拟考场九

一、1. (B). 2. (D). 3. (A). 4. (D).

二、5. $\int_0^1 dy\int_{\arcsin y}^{\pi-\arcsin y} f(x,y)dx$.

6. $\int_0^a dy\int_{\frac{1}{2a}y^2}^{a-\sqrt{a^2-y^2}} f(x,y)dx-\int_0^a dy\int_{2a}^{a+\sqrt{a^2-y^2}} f(x,y)dx+\int_a^{2a} dy\int_{\frac{1}{2a}y^2}^{2a} f(x,y)dx$.

7. $\int_0^1 dy\int_{y^2}^{y} \frac{\sin y}{y}dx = 1-\sin 1$.

三、8. $\frac{2}{3}\pi R^3$. 9. $\frac{2a^3}{3}+\frac{\pi a^2}{4}$. 10. $\frac{9}{4}$. 11. $\frac{22}{9}a^3+\frac{\pi}{2}a^3$.

12. $\frac{1}{3}+4\sqrt{2}\ln(\sqrt{2}+1)$. 13. 2π.

四、14. $\frac{\pi}{8}$. 15. 2π. 16. $\frac{28}{45}$. 17. $\frac{250}{3}\pi$

18. $\frac{256}{3}\pi$. 19. $\frac{4}{15}\pi a^5(1+m+n)$.

五、20. (1) 提示：改变累次积分的积分次序；(2) 提示：改变累次积分的积分次序.

六、21. (1) $\frac{8a^4}{3}$；(2) $\left(0,0,\frac{7}{15}a^2\right)$. 22. $\sqrt{\frac{2}{3}}\cdot R$.

习　题　10.1

1. (1) $\pi\alpha^{2n+1}$；(2) $\sqrt{2}$. 2. (1) (B)；(2) (A). 3. 略.

4. (1) 32； (2) $2\sqrt{2}$； (3) $\frac{4\sqrt{6}}{9}\pi$； (4) $\frac{4ab(a^2+ab+b^2)}{3(a+b)}$； (5) $\frac{256a^3}{15}$； (6) $\sqrt{2}a^2$.

5. $12a$. 6. $\left(\frac{4R}{3\pi},\frac{4R}{3\pi},\frac{4R}{3\pi}\right)$.

习 题 10.2

1. (1) $-\frac{39}{4}$； (2) $\int_L\left[P(x,y)\cdot\frac{1}{\sqrt{1+\frac{1}{4x}}}+Q(x,y)\frac{1}{2\sqrt{x+\frac{1}{4}}}\right]\mathrm{d}s$；

(3) $\int_\alpha^\beta[P(\varphi(t),\psi(t))\varphi'(t)+Q(\varphi(t),\psi(t))\psi'(t)]\mathrm{d}t$； (4) $\frac{\pi}{4}$.

2. (1) 0； (2) 0； (3) 2π； (4) $-\frac{14}{15}$.

3. (1) $-\frac{2}{3}a^3-\frac{\pi}{2}a^2$； (2) $-\frac{2}{3}a^3$.

4. 将被积表达式分解，其中一部分易求出原函数：

$$P\mathrm{d}x+Q\mathrm{d}y=\mathrm{d}\left(\mathrm{e}^x\sin y-\frac{b}{2}x^2-axy\right)+(a-b)y\mathrm{d}x$$

$$\Rightarrow I=\left(\mathrm{e}^x\sin y-\frac{b}{2}x^2-axy\right)\Big|_{(2a,0)}^{(0,0)}+(a-b)\int_0^\pi a\sin t(-a\sin t)\mathrm{d}t=\frac{a^2}{2}\left[4b+\pi(b-a)\right].$$

5. (1) 左边曲线积分 $=\pi\int_0^\pi(\mathrm{e}^{\sin x}+\mathrm{e}^{-\sin x})\mathrm{d}x$，

右边曲线积分 $=\pi\int_0^\pi(\mathrm{e}^{\sin x}+\mathrm{e}^{-\sin x})\mathrm{d}x$，结论成立；

(2) 注意 $\mathrm{e}^{\sin x}+\mathrm{e}^{-\sin x}\geqslant 2\sqrt{\mathrm{e}^{\sin x}\mathrm{e}^{-\sin x}}=2$，所以

$$\int_L x\mathrm{e}^{\sin y}\mathrm{d}y-y\mathrm{e}^{-\sin x}\mathrm{d}x=\pi\int_0^\pi(\mathrm{e}^{\sin x}+\mathrm{e}^{-\sin x})\mathrm{d}x\geqslant\pi\int_0^\pi 2\mathrm{d}x\geqslant 2\pi^2.$$

习 题 10.3

1. (1)～(3)说法均为错误，(4)中(iii)正确.

2. (1) 0； (2) π； (3) 0. 3. $\frac{25}{6}$.

4. 当 $R<1$ 时，积分为 0；当 $R>1$ 时，记 $I=\int_L P\mathrm{d}x+Q\mathrm{d}y$，验证当 $x^2+y^2\neq 0$ 时，$\frac{\partial Q}{\partial x}=\frac{\partial p}{\partial y}=\frac{y^2-4x^2}{(4x^2+y^2)^2}$，记 L 围成的圆域为 D，而 P,Q 在原点无定义，所以不能直接用 Green 公式. 先做一小椭圆 C_ε（取逆时针方向）：$4x^2+y^2=\varepsilon^2$，$\varepsilon>0$ 充分小，使得 C_ε 位于 D 内. 记 L 与 C_ε 围成区域 D_ε，在 D_ε 上用 Green 公式得

$$\int_L P\mathrm{d}x+Q\mathrm{d}y-\int_{L_\varepsilon}P\mathrm{d}x+Q\mathrm{d}y=\iint_{D_\varepsilon}\left(\frac{\partial Q}{\partial x}-\frac{\partial P}{\partial Y}\right)\mathrm{d}x\mathrm{d}y=0,$$

即

$$\int_L\frac{-y\mathrm{d}x+x\mathrm{d}y}{4x^2+y^2}=\int_{C_\varepsilon}\frac{-y\mathrm{d}x+x\mathrm{d}y}{4x^2+y^2}=\frac{1}{\varepsilon^2}\int_{C_\varepsilon}-y\mathrm{d}x+x\mathrm{d}y=\pi.$$

5. $\dfrac{1}{8}ma^2(\pi+4)$. 6. $\dfrac{2\pi R^2}{1+R^2}$. 7. $\dfrac{3}{2}\pi$. 8. $\lambda=3$，积分值为$\dfrac{1}{5}-16$.

习 题 10.4

1. (1) $\dfrac{111}{10}\pi$； (2) $\dfrac{1+\sqrt{2}}{2}\pi$； (3) $\int_0^{2\pi}d\theta\int_0^{\sqrt{2}}\sqrt{1+4r^2}\,rdr$.

2. (1) $4\sqrt{61}$； (2) $\pi a(a^2-h^2)$. 3. (1) $125\sqrt{2}\pi$； (2) $\dfrac{4}{3}\sqrt{3}$.

4. $4\pi R^2\left[\dfrac{R^2}{3}(a^2+b^2+c^2)+r^2\right]$. 5. π. 6. $2\pi\arctan\dfrac{H}{R}$.

7. $2a^2\left(\dfrac{\pi}{2}-1\right)$. 8. $\dfrac{14}{3}\pi\mu,\left(0,0,\dfrac{29}{35}\right)$.

习 题 10.5

1. (1) 0； (2)$\iint\limits_{\Sigma}(P\cos\alpha+Q\cos\beta+R\cos\gamma)ds$，法向量.

2. (1) $\dfrac{1}{3}a^3h^2$； (2) $\dfrac{\pi}{4}[(2a^2-1)e^{2a^2}+1]$. 3. $ah^2(1+\dfrac{1}{3}a^2)$. 4. $6+\dfrac{\pi^3}{2}$.

5. $I=\iint\limits_{D_{xy}}\left[(2x+z)\left(-\dfrac{\partial z}{\partial x}\right)+(x^2+y^2)\right]dxdy=-\iint\limits_{D_{xy}}(x^2+y^2)dxdy=-\dfrac{\pi}{2}$.

6. 直接化为二重积分

$$I=\iint\limits_{D}[2x^3(-z'_x)+2y^3(-z'_y)+3(1-x^2-y^2)^2-1]dxdy$$
$$=8\iint\limits_{D}x^4dxdy-6\iint\limits_{D}(x^2+y^2)dxdy+3\iint\limits_{D}(x^2+y^2)^2dxdy.$$

作极坐标变换

$$I=8\int_0^1r^5dr\cdot\int_0^{2\pi}\cos^4\theta d\theta-6\int_0^{2\pi}d\theta\cdot\int_0^1r^3dr+3\int_0^{2\pi}d\theta\cdot\int_0^1r^5dr=-\pi.$$

习 题 10.6

1. (1) 4π； (2) 0； (3) $2\pi R^3$. 2. $\dfrac{\pi}{3}a^3-\dfrac{2}{3}\pi a^2$.

3. $abc(a+b+c)$. 4. $-\dfrac{\pi}{2}$. 5. -32π. 6. 2π. 7. π. 8. 略. 9. 略.

模拟考场十

一、1. $\dfrac{3}{2}$. 2. -1. 3. $4\sqrt{2}$. 4. $\iiint\limits_{V}\dfrac{\partial P(x,y,z)}{\partial x}dxdydz$. 5. $\dfrac{4}{3}\pi a^3$.

二、6. (C). 7. (A). 8. (D). 9. (B). 10. (A).

三、11. π. 12. 13. 13. $\dfrac{1}{4}\sin2-\dfrac{7}{6}$. 14. $-3\pi ab$. 15. $\dfrac{64}{15}\sqrt{2}a^4$. 16. $2\pi\left[\dfrac{9\sqrt{3}-1}{5}+\dfrac{13}{6}\right]$.

17. $\dfrac{4}{3}\pi$. 18. $\lambda=3$. $u(x,y)=\dfrac{x^5}{5}+2x^2y^3-y^5$.

四、19. $y=\sin x$.

20. (1) 因为$\dfrac{\partial P(x,y)}{\partial y}=\dfrac{y^2 f(xy)-1+xy^3 f'(xy)}{y^2}=\dfrac{\partial Q(x,y)}{\partial x}$,所以积分与路径无关;

(2)$8-\dfrac{1}{2}$.

习 题 11.1

1. (1) $\dfrac{1+1}{1+1^2}+\dfrac{1+2}{1+2^2}+\dfrac{1+3}{1+3^2}+\dfrac{1+4}{1+4^2}+\dfrac{1+5}{1+5^2}+\cdots$;

(2) $\dfrac{1}{1^1}+\dfrac{2}{2^2}+\dfrac{3}{3^3}+\dfrac{4}{4^4}+\dfrac{5}{5^5}+\cdots$;

(3) $\dfrac{2}{1}+\dfrac{2\cdot 4}{1\cdot 3}+\dfrac{2\cdot 4\cdot 6}{1\cdot 3\cdot 5}+\dfrac{2\cdot 4\cdot 6\cdot 8}{1\cdot 3\cdot 5\cdot 7}+\dfrac{2\cdot 4\cdot 6\cdot 8\cdot 10}{1\cdot 3\cdot 5\cdot 7\cdot 9}+\cdots$;

(4) $\dfrac{-1}{2}+\dfrac{1}{2^2}+\dfrac{-1}{2^3}+\dfrac{1}{2^4}+\dfrac{-1}{2^5}+\cdots$.

2. (1) $(2n-1)+\dfrac{1}{2n}$; (2) $\dfrac{n+1}{n(n+1)}$; (3) $\dfrac{(-1)^{n-1}x^{2n}}{(4n-3)!}$; (4) $\dfrac{x^{\frac{n}{2}}}{2\cdot 4\cdot 6\cdots(2n)}$.

3. (1) 收敛; (2) 发散; (3) 收敛; (4) 发散; (5) 收敛; (6) 收敛.

习 题 11.2

1. (1) 收敛; (2) 收敛; (3) 发散; (4) 收敛; (5) 发散.
2. (1) $a<1$ 时收敛,$a>1$ 时发散,当 $a=1$ 时,级数为 p 级数,当 $s>1$ 时收敛,$s\leqslant 1$ 时发散;
   (2) 收敛; (3) 发散; (4) 收敛.
3. (1) 收敛; (2) 收敛; (3) 收敛; (4) 当 $b<a$ 时级数收敛,当 $b>a$ 时级数发散.
4. (1) 收敛; (2) 收敛; (3) 收敛. 5. 略.

习 题 11.3

1. (C). 2. (C).
3. (1) 条件收敛; (2) 绝对收敛; (3) 发散; (4) 条件收敛.
4. 当 $a>1$ 时,原级数绝对收敛;当 $0<a\leqslant 1$ 时,原级数条件收敛.

习 题 11.4

1. (1) $[-3,3)$; (2) $(-\infty,+\infty)$; (3) $\left[-\dfrac{1}{2},\dfrac{1}{2}\right]$; (4) $[-1,1]$; (5) $\left(-\dfrac{\sqrt{2}}{2},\dfrac{\sqrt{2}}{2}\right)$;

(6) $[4,6)$.

2. (1) $s(x)=\dfrac{1}{(1-x)^2}\quad(-1<x<1)$;

(2) $s(x)=\begin{cases}\dfrac{(1-x)}{x}\ln(1-x)+1, & x\in[-1,0)\cup(0,1),\\ 0, & x=0,\\ 1, & x=1;\end{cases}$

(3) $s(x)=\arctan x.\quad x\in[-1,1]$.

3. $\sum\limits_{n=0}^{\infty} I_n = s\left(\frac{\sqrt{2}}{2}\right)=\ln(2+\sqrt{2})$.

习 题 11.5

1. (1) $\sum\limits_{n=0}^{\infty}\frac{(\ln a)^n}{n!}x^n, x\in(-\infty,+\infty)$;

(2) $\ln a+\sum\limits_{n=1}^{\infty}\frac{(-1)^{n-1}}{n}\left(\frac{x}{a}\right)^n, x\in(-a,a]$;

(3) $\sum\limits_{n=1}^{\infty}\frac{(-1)^{n-1}}{n(n+1)}x^{n+1}+x\quad(-1<x\leqslant 1)$;

(4) $\frac{1}{2}+\frac{1}{2}\sum\limits_{n=0}^{\infty}(-1)^n\frac{4^n x^{2n}}{(2n)!}(-\infty<x<+\infty)$;

(5) $\sum\limits_{n=0}^{\infty}\frac{(-1)^n x^{2n}}{n!}(-\infty<x<+\infty)$.

2. (1) $\sum\limits_{n=0}^{\infty}(-1)^n\left(\frac{1}{2^{n+2}}-\frac{1}{2^{2n+3}}\right)(x-1)^n(-1<x<3)$;

(2) $\frac{1}{\ln 10}\sum\limits_{n=1}^{\infty}(-1)^{n-1}\frac{(x-1)^n}{n}\ (0<x\leqslant 2)$;

(3) $\sqrt{x^3}=1+\frac{3}{2}(x-1)+\frac{3\cdot 1}{2^2\cdot 2!}(x-1)^2+\cdots+\frac{3\cdot 1\cdot(-1)\cdot(-3)\cdots(5-2n)}{2^n\cdot n!}(x-1)^n$ $+\cdots(0\leqslant x\leqslant 2)$.

3. $\frac{\sqrt{2}}{2}\left[\sum\limits_{n=0}^{\infty}\frac{(-1)^n}{(2n)!}\left(x-\frac{\pi}{4}\right)^{2n}+\sum\limits_{n=0}^{\infty}\frac{(-1)^n}{(2n+1)!}\left(x-\frac{\pi}{4}\right)^{2n+1}\right](-\infty<x<+\infty)$.

*4. (1) 略； (2) $\sum\limits_{n=0}^{\infty}\frac{x^{3n}}{(3n)!}=\frac{2}{3}e^{-\frac{1}{2}x}\cos\frac{\sqrt{2}}{2}x+\frac{1}{3}e^x(-\infty<x<+\infty)$.

5. $s(x)=\frac{1}{2}\sin x+\frac{x}{2}\cos x, x\in(-\infty,+\infty), s(1)=\frac{1}{2}(\sin 1+\cos 1)$

*习 题 11.6

1. (1) $f(x)=\pi^2+1+12\sum\limits_{n=1}^{\infty}\frac{(-1)^n}{n^2}\cos nx\ (-\infty<x<+\infty)$;

(2) $f(x)=\frac{e^{2\pi}-e^{-2\pi}}{\pi}\left[\frac{1}{2}+\sum\limits_{n=1}^{\infty}\frac{(-1)^n}{n^2+4}(2\cos nx-n\sin nx)\right]\ (x\neq(2n+1)\pi, n=0,\pm 1,$ $\pm 2,\cdots)$.

2. (1) $f(x)=\frac{1+\pi-e^{-\pi}}{2\pi}+\frac{1}{\pi}\sum\limits_{n=1}^{\infty}\left\{\frac{1-(-1)^n e^{-\pi}}{1+n^2}\cos nx+\left[\frac{-n+(-1)^n n e^{-\pi}}{1+n^2}\right.\right.$ $\left.\left.+\frac{1-(-1)^n}{n}\right]\sin nx\right\}\ (-\pi<x<\pi)$;

(2) $\cos\frac{x}{2}=\frac{2}{\pi}+\frac{4}{\pi}\sum\limits_{n=1}^{\infty}(-1)^{n+1}\frac{1}{4n^2-1}\cos nx(-\pi\leqslant x\leqslant\pi)$.

3. 正弦级数为 $f(x)=\frac{4}{\pi}\sum_{n=1}^{\infty}\left[(-1)^n\left(\frac{2}{n^3}-\frac{\pi^2}{n}\right)-\frac{2}{n^3}\right]\sin nx\,(0\leqslant x<\pi)$；

余弦级数为 $f(x)=\frac{2}{3}\pi^2+8\sum_{n=1}^{\infty}\frac{(-1)^n}{n^2}\cos nx\,(0\leqslant x\leqslant\pi)$.

4. 略.　5. $f(x)=\frac{11}{12}+\frac{1}{\pi^2}\sum_{n=1}^{\infty}\frac{(-1)^{n+1}}{n^2}\cos(2n\pi x),x\in(-\infty,+\infty)$.　6. 略.

模拟考场十一

一、1. $\frac{2}{n(n+1)}$.　2. 4.　3. (A).　4. (C).　5. (C).

二、6. 发散.　7. 收敛.　8. 收敛.　9. 收敛.

10. 当 $a=1$ 时级数发散，当 $0<a<1,a>1$ 时级数收敛.

三、11. 条件收敛.　12. 发散.　13. 绝对收敛.

四、14. 0.　15. 0.　16. $2^{\frac{3}{4}}$.

五、17. 3.　18. $\frac{1}{2}(\cos1+\sin1)$.

19. $s(x)=\begin{cases}0, & x=0,\\ \frac{1}{1-x}+\frac{1}{x}\ln(1-x), & 0<|x|<1.\end{cases}$

20. $s(x)=\frac{x-1}{(2-x)^2},x\in(0,2)$.　21. $s(x)=\frac{1}{2}(e^x+e^{-x}),-\infty<x<+\infty$.

六、22. 略.

七、23. $\sum_{n=1}^{\infty}\frac{nx^{n-1}}{2^{n+1}},-2<x<2$.

24. $x+\sum_{n=1}^{\infty}(-1)^n\frac{(2n-1)!!}{(2n)!!(2n+1)}x^{2n+1},x\in[-1,1]$.